高等职业教育"互联网+"土建类系列教材

江苏高校品牌专业建设工程·建筑工程技术专业

建筑施工技术

主　编　朱　星　钱　军　强　伟
副主编　章陈瀑　陈　民　卞国祥
　　　　张　刚

U0360148

南京大学出版社

内容提要

本书是根据全国高等职业教育土建类专业教学指导委员会推荐的建筑施工技术课程教学标准,以国家现行建设工程标准、规范、规程为依据,以施工员、造价员等职业岗位能力的培养为导向,根据编者多年工作经验和教学实践,在自编教材基础上修改、补充编纂而成。本书对建筑工程施工工序、工艺、质量标准等做了详细的阐述,坚持以就业为导向,突出实用性、实践性。本书吸取了建筑施工的新技术、新工艺、新方法,其内容的深度和难度按照高等职业教育的特点,重点讲授理论知识在工程实践中的应用,培养高等职业学校学生的职业能力。全书共分十个单元,包括土方工程施工、地基与基础工程施工、砌体工程施工、混凝土结构工程施工、预应力混凝土工程施工、钢结构工程施工、结构安装工程施工、防水工程施工、建筑节能工程施工、装饰装修工程施工等。

本书具有较强的针对性、实用性和通用性,可作为高等职业教育建筑工程技术、工程造价、建筑工程管理、工程监理等专业的教材,也可作为土建类其他层次职业教育相关专业的培训教材和土建工程技术人员的参考书。

图书在版编目(CIP)数据

建筑施工技术 / 朱星,钱军,强伟主编. —南京:
南京大学出版社,2019.1(2025.1 重印)
ISBN 978 - 7 - 305 - 20870 - 6

Ⅰ. ①建… Ⅱ. ①朱… ②钱… ③强… Ⅲ. ①建筑施工—技术—高等学校—教材 Ⅳ. ①TU74

中国版本图书馆 CIP 数据核字(2018)第 197712 号

出版发行 南京大学出版社
社　　址 南京市汉口路 22 号　　　邮　　编　210093
书　　名 **建筑施工技术**
　　　　　 JIANZHU SHIGONG JISHU
主　　编 朱 星 钱 军 强 伟
责任编辑 朱彦霖　　　　　　编辑热线　025 - 83597482
照　　排 南京开卷文化传媒有限公司
印　　刷 南京新洲印刷有限公司
开　　本 787 mm×1092 mm　1/16　印张 21　字数 505 千
版　　次 2025 年 1 月第 1 版第 5 次印刷
ISBN 978 - 7 - 305 - 20870 - 6
定　　价 52.00 元

网　　址:http://www.njupco.com
官方微博:http://weibo.com/njupco
官方微信号:njupress
销售咨询热线:(025)83594756

前　言

"建筑施工技术"是建筑工程技术专业的核心技术课之一。其主要内容包括建筑工程施工项目的主要施工工艺、施工技术和方法。"建筑施工技术"课程实践性强、知识面广、综合性强、发展快，必须结合实际情况，综合运用有关学科的基本理论和知识，采用新技术和现代科学成果，解决生产实践问题。本书注重基本理论、基本原理和基本方法的学习和应用。

随着建筑工程技术专业教学改革的深入进行，建筑施工技术专业教学标准的发布实施，部分国家规范、行业标准的修订更新，对建筑施工技术课程提出了新的教学要求，为更好地贯彻实施标准，提高教学质量和水平，为培养社会急需的高素质技术技能型人才，以服务企业、服务市场和服务社会为宗旨，我们组织编写了这本《建筑施工技术》教材。

本书由泰州职业技术学院朱星、钱军、江苏大江建设工程有限公司强伟担任主编，闽西职业技术学院章陈瀑、南宁职业技术学院陈民、正太集团有限公司卞国祥、锦汇建设集团有限公司张刚担任副主编。具体分工如下：朱星负责学习情境 1、学习情境 6 的编写，钱军负责学习情境 4、学习情境 5 的编写，强伟负责学习情境 7、学习情境 9 的编写，章陈瀑负责学习情境 2、学习情境 8 的编写，陈民负责学习情境 3 的编写，卞国祥负责学习情境 10 的编写，全书由朱星负责统稿。

本书采用基于二维码的互动式学习平台，共 90 个二维码、500 条数字资源，配置有丰富的工程视频、动画、图片、教学 PPT 课件、案例、在线答题、拓展资料等，读者可通过微信扫描二维码获取相应知识点的数字资源，体现了数字出版和教材立体化建设的理念。

在本书编写过程中，江苏大江建设工程有限公司、正太集团有限公司、锦汇建设集团有限公司给予了实质性的帮助，对保证本书编写质量提出了不少建设性意见。本书在出版过程中得到了南京大学出版社的大力支持，且刘灿编辑在本书的数字化出版和立体化建设方面也做了较多的探索和努力，在此一并感谢。

由于编者水平有限，书中不足之处在所难免，恳请读者批评指正。

编者

2019 年 1 月

目 录

土方工程施工

【学习重点】

1. 了解土方工程的施工特点。
2. 了解土的分类与工程性质。
3. 掌握土方工程量的计算方法。
4. 熟悉土方施工机械的性能。
5. 了解排水与降水的施工方法。

资源合集

学习情境 1

在建筑工程的施工过程中,首先遇到的就是场地平整和基坑开挖,对具有大型深基坑的工程,该施工过程的成败与否对整个建筑工程的影响是非常大的,有时甚至是关键性的。因此,作为技术管理人员,必须重视土方工程。

土方工程包括一切土的挖掘、填筑和运输以及排水、降水、土壁支撑等准备工作和辅助工作。在土木工程中,最常见的土方工程有场地平整、基坑(槽)开挖、地坪填土、路基填筑及基坑回填土等。

土方工程施工往往具有工程量大、劳动繁重和施工条件复杂等特点;土方工程施工同时又受气候、水文、地质、地下障碍等因素的影响较大,不可确定的因素也较多,有时施工条件极为复杂。因此,在组织土方工程施工前,应详细分析与核对各项技术资料(如地形图、工程地质和水文地质勘查资料、地下管道、电缆和地下构筑物资料及土方工程施工图等),进行现场调查并根据现有施工条件制订出技术可行、经济合理的施工方案。

土方工程的顺利施工,不但能提高土方施工的劳动生产率,也能为其他工程的施工创造有利条件,对加快基本建设速度具有重大意义。

任务 1　土的分类与工程性质

工程图集＋视频

土方概述

含水量试验(烘干法)

1. 土方工程施工特点

土方工程是一切建筑物施工的先行,也是建筑工程施工中的重要环节之一。它包括场地平整、土方开挖、土方填筑等主要施工过程,也包括施工排、降水和土壁支撑等辅助施工过程。土方工程的施工有如下特点:

(1) 工程量大,劳动强度高

大型场地平整工程,土方工程量可达数百万立方米,施工面积达数平方千米;大型基坑的开挖,有的甚至深达二十多米,且施工工期长,任务重,劳动强度高。在组织施工时,为了减轻繁重的体力劳动,提高生产效率,加快施工进度,降低工程成本,应尽可能采用机械化施工。

(2) 施工条件复杂

土方工程施工多为露天作业,受气候条件、水文地质条件影响很大,施工中不确定因素较多。因此,施工前必须进行充分的调查研究,做好各项施工准备工作,制定合理的施工方案,确保施工顺利进行,保证工程质量。

（3）受场地影响大

任何建筑物基础都有一定埋置深度,基坑(槽)的开挖、土方的留置和存放都受到施工场地的影响,特别是城市内施工,场地狭窄,往往由于施工方案不妥,导致周围建筑设施、道路等出现安全问题。因此,施工前必须充分熟悉施工场地情况,了解周围建筑结构形式和地质技术资料,科学规划,制定切实可行的施工方案,确保周围建筑物和道路的安全。

2. 土的分类与鉴别

土的分类方法很多,在土方工程施工中,我们常根据土体开挖的难易程度将土划分为:松软土、普通土、坚土、砂砾坚土、软石、次坚石、坚石、特坚石八类。前四类属于一般土,后四类属于岩石,其分类和鉴别方法见表1.1。

土的开挖难易程度直接影响土方工程的施工方案、劳动量的消耗和工程费用。土体越硬,劳动消耗量越大,工程成本越高。正确区分和鉴别土的种类,可以合理地选择施工方法、准确套用定额,计算出土方工程的相关费用。

表 1.1　土的工程分类与现场鉴别方法

土的分类	土的名称	可松性系数		现场鉴别方法
		K_s	K_s'	
一类土 （松软土）	砂土;粉土;冲积砂土层;种植土;泥炭(淤泥)	1.08～1.17	1.01～1.03	能用锹、锄头挖掘
二类土 （普通土）	粉质黏土;潮湿的黄土;夹有碎石、卵石的砂;种植土;填筑土及粉土混卵(碎)石	1.14～1.28	1.02～1.05	用锹、锄头挖掘,少许用镐翻松
三类土 （坚土）	中等密实黏土;重粉质黏土;粗砾石;干黄土及含碎石、卵石的黄土、粉质黏土;压实的填筑土	1.24～1.30	1.04～1.07	用镐,少许用锹、锄头挖掘,部分用撬棍
四类土 （砂砾坚土）	坚硬密实的黏土及含碎石、卵石的黏土;粗卵石;密实的黄土;天然级配砂石;软泥灰岩及蛋白石	1.26～1.32	1.06～1.09	整个用镐、撬棍,然后用锹挖掘,部分用楔子及大锤
五类土 （软石）	硬质黏土;中等密实的页岩、泥灰岩、白垩土;胶结不紧的砾岩;软的石灰岩	1.30～1.45	1.10～1.20	用镐或撬棍、大锤挖掘,部分使用爆破方法
六类土 （次坚石）	泥岩;砂岩;砾岩;坚实的页岩;泥灰岩;密实的石灰岩;风化花岗岩;片麻岩	1.30～1.45	1.10～1.20	用爆破方法开挖,部分用风镐开挖
七类土 （坚石）	大理岩;辉绿岩;玢岩;粗、中粒花岗岩;坚实的白云岩、砂岩、砾岩、片麻岩、石灰岩、微风化的安山岩、玄武岩	1.30～1.45	1.10～1.20	用爆破方法开挖
八类土 （特坚石）	安山岩;玄武岩;花岗片麻岩、坚实的细粒花岗岩、闪长岩、石英岩、辉长岩、辉绿岩、玢岩	1.45～1.50	1.20～1.30	用爆破方法开挖

3. 土的工程性质

土的工程性质对土方工程施工有着直接影响,也是进行土方工程施工方案确定的基本资料。土的常见工程性质有:土的含水量、土的质量密度、土的可松性和土的渗透性。

(1) 土的含水量

土的含水量是指土中水的质量与固体颗粒质量的百分比。

$$W = \frac{m_1 - m_2}{m_2} \times 100\% = \frac{m_w}{m_s} \times 100\% \tag{1-1}$$

式中:m_1 为含水状态土的质量,kg;m_2 为烘干后土的质量,kg;m_w 为土中水的质量,kg;m_s 为固体颗粒的质量,是指土经温度 105 ℃烘干后的质量,kg。

含水量表示土体的干湿程度。含水量在 5% 以下称为干土;在 5%～30% 之间称为潮湿土;大于 30% 称为湿土。土的含水量随气候条件、雨雪和地下水的影响而变化。含水量对于挖土的难易、施工时边坡稳定及回填土的夯实质量都有影响。

(2) 土的质量密度

土的质量密度分为天然密度和干密度,表示土体密实程度。

1) 土的天然密度

土的天然密度,是指在天然状态下,单位体积土的质量。它与土的密实程度和含水量有关。土的天然密度按下式计算:

$$\rho = \frac{m}{V} \tag{1-2}$$

式中:ρ 为土的天然密度,kg/m³;m 为土的总质量,kg;V 为土的体积,m³。

土的天然密度随着土颗粒的组成、孔隙的多少和含水量的变化而变化,一般黏土的天然密度约为 1 600～2 200 kg/m³,密度越大,土体越硬,挖掘越困难。

2) 土的干密度

土的干密度,是指单位体积土中固体颗粒的质量,计算公式为

$$\rho_d = \frac{m_s}{V} \tag{1-3}$$

式中:ρ_d 为土的干密度,kg/m³;m_s 为土的固体颗粒质量,kg;V 为土的总体积,m³。

在一定程度上,土的干密度反映了土体颗粒排列的紧密程度。土的干密度愈大,表示土体愈密实。在填土压实时,土经过打夯,质量不变,体积变小,干密度增加,我们通过测定土的干密度,从而可判断土是否达到要求的密实度。

(3) 土的可松性

天然土经开挖后,其体积因松散而增加,虽经振动夯实,仍然不能完全复原,土的这种性质称为土的可松性。土的可松性程度用可松性系数表示,即

$$K_s = \frac{V_2}{V_1} \tag{1-4}$$

$$K'_s = \frac{V_3}{V_1} \tag{1-5}$$

式中：K_s、K'_s 为土的最初、最终可松性系数；V_1 为土在天然状态下的体积，m^3；V_2 为土挖出后在松散状态下的体积，m^3；V_3 为土经压（夯）实后的体积，m^3。

土的可松性对土方平衡调配、基坑开挖时留弃土方量及运输工具的选择有直接影响。土的最终可松性系数是计算填方所需挖土工程量的主要参数，各类土的可松性系数见表1.1。

（4）土的渗透性

土的渗透性是指土体被水透过的性能。土的渗透性用渗透系数 K 表示。渗透系数表示单位时间内水穿透土层的能力，以 m/d 或 m/h 表示；它同土的颗粒级配、密实程度等有关，是人工降低地下水位及选择各类井点的主要参数。土的渗透系数见表1.2。

表 1.2　土的渗透系数参考表

土的名称	渗透系数 $K/(\text{m} \cdot \text{d}^{-1})$	土的名称	渗透系数 $K/(\text{m} \cdot \text{d}^{-1})$
黏土	<0.005	中砂	$5.00\sim20.00$
粉质黏土	$0.005\sim0.10$	均质中砂	$35\sim50$
粉土	$0.10\sim0.50$	粗砂	$20\sim50$
黄土	$0.25\sim0.50$	圆砾石	$50\sim100$
粉砂	$0.50\sim1.00$	卵石	$100\sim500$
细砂	$1.00\sim5.00$		

任务 2　土方计算

1.2.1　场地设计标高的确定

大型工程项目通常都要确定场地设计平面，进行场地平整。场地平整就是挖高填低将自然地面改造成施工所要求的设计平面。计算场地挖方量和填方量，首先要确定场地设计标高。由设计平面的标高和天然地面的标高之差，可以得到场地各点的施工高度（即填挖高度），由此可计算场地平整的挖方和填方的工程量。场地设计标高应该满足场地整体规划、生产工艺、运输、排水及最高洪水位等方面的要求，并力求使场地内土方的挖、填平衡且使总的土方量最小。

1. 场地初步设计标高的确定

场地设计标高是进行场地平整和土方量计算的依据，也是总图规划和竖向设计的依据。合理地确定场地的设计标高，对减少土石方量、加快工程速度都有重要的经济意义。

如场地比较平缓，对场地设计标高无特殊要求，可按下述方法确定：

将场地划分成边长为 a 的若干方格，将方格网角点的原地形标高标在图上，如图 1.1 所示。原地形标高可利用等高线用插入法求得或在实地测量得到。

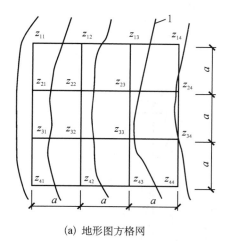 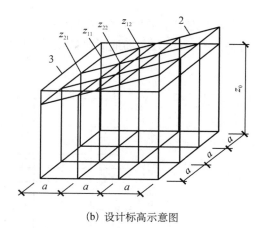

(a) 地形图方格网　　　　　　　　　　　　　(b) 设计标高示意图

图 1.1 场地设计标高计算示意图

1—等高线；2—自然地面；3—设计平面

按照挖填土方量相等的原则，场地设计标高可按下式计算：

$$Na^2 Z_O = \sum_{i=1}^{n} \left(a^2 \frac{z_{i1} + z_{i2} + z_{i3} + z_{i4}}{4} \right)$$

即

$$Z_O = \frac{1}{4n} \sum_{i=1}^{n} (z_{i1} + z_{i2} + z_{i3} + z_{i4}) \tag{1-1}$$

式中：Z_O 为所计算场地的初步设计标高；n 为方格数；z_{i1}、z_{i2}、z_{i3}、Z_{i4} 为第 i 个方格四个角点的天然地面标高。

由图 1-1 可知，11 号角点为一个方格独有，而 12、13、21、24、31、34、42、43 号角点为两个方格共有，22、23、32、33 号角点则为四个方格所共有。在用式（1-1）计算 Z_0 的过程中，类似 11 号角点的标高仅加一次，类似 12 号角点的标高加两次，类似 22 号角点的标高则加四次，这种在计算过程中被应用的次数 P_i，反映了各角点标高对计算结果的影响程度，测量上的术语称为"权"。考虑各角点标高的"权"，式（1-1）可改写成更便于计算的形式：

$$Z_O = \frac{1}{4n} \left(\sum z_{i1} + 2 \sum z_{i2} + 3 \sum z_{i3} + 4 \sum z_{i4} \right) \tag{1-2}$$

式中：Z_1 为 1 个方格独有的角点标高；Z_2、Z_3、Z_4 为分别为 2、3、4 个方格所共有的角点标高。

2. 场地设计标高的调整

按式（1-2）得到的场地设计标高 Z_O 仅为一理论值，实际上，还需要考虑以下因素对场地初步设计标高 Z_O 值进行调整。

（1）考虑泄水坡度对角点设计标高的影响

按调整后的同一设计标高进行场地平整时，整个场地表面均处于同一水平面，但实际上由于排水的要求，场地表面需要有一定泄水坡度。因此，还需根据场地泄水坡度的要求（单向泄水或双向泄水），计算出场地内各方格角点实际施工所用的设计标高。

（2）双向泄水时，场地各点设计标高的求法

场地双向泄水时，以 z_0 作为场地中心点的标高（图 1.2），则场地任意点的设计标高为：

$$z'_i = z_0 \pm l_x i_x \pm l_y i_y \qquad (1-3)$$

式中：z'_i 为考虑泄水坡度的角点设计标高；l_x、l_y 为该点至场地中心线 $x-x$、$y-y$ 的距离；i_x、i_y 为 $x-x$、$y-y$ 方向场地泄水坡度（不小于 2‰）。

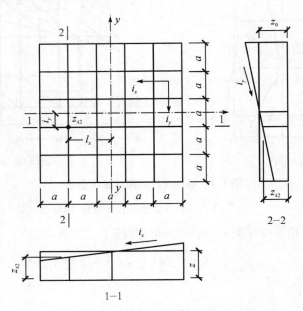

图 1.2　场地泄水坡度示意图

例如：图 1.2 中 Z_{42} 点的设计标高为：

$$Z_{42} = Z_0 - 1.5ai_x - 0.5ai_y$$

（3）土的可松性的影响

由于土具有可松性，会造成填土的多余，需相应地提高设计标高。设 Δh 为土的可松性引起设计标高的增加值，故考虑土的可松性后场地设计标高应调整为：

$$Z''_i = Z'_i + \Delta h \qquad (1-4)$$

其中

$$\Delta h = \frac{V_\mathrm{W} \times (K_\mathrm{S}' - 1)}{F_\mathrm{T} + F_\mathrm{W} \times K_\mathrm{S}'} \qquad (1-5)$$

式中：V_W 为按初步场地设计标高计算得出的总挖方体积；F_W、F_T 为分别为按初步场地设计标高计算得出的挖方区、填方区总面积；K_S' 为土的最后可松性系数。

（4）借土或弃土的影响

由于场地内大型基坑挖出的土方、修筑路堤填高的土方，以及从经济角度比较后，将部分挖方就近弃于场外（简称弃土）或将部分填方就近取土于场外（简称借土）等，均会引起挖填土方量的变化。必要时，亦需重新调整设计标高：

$$Z'''_i = Z'_i \pm \frac{Q}{n \times a^2} \qquad (1-6)$$

求得后,即可按下式计算各角点的施工高度 H_i:

$$H_i = Z'''_i - Z_i \qquad (1-7)$$

式中:Z_i 是 i 角点的原地形标高。

若 H_i 为正值,则该点为填方,H_i 为负值则为挖方。

1.2.2　场地平整土方量计算

在场地设计标高确定后,需平整的场地各角点的施工高度也就可以求出了,然后按每个方格角点的施工高度算出填、挖土方量,并计算场地边坡的土方量,这样就可以得到整个场地的填、挖土方量。计算前先确定"零线"的位置,有助于了解整个场地的挖、填区域分布状态。零线即挖方区与填方区的交线,在该线上,施工高度为 0。零线的确定方法是:在相邻角点施工高度为一挖一填的方格边线上,也就是在计算出的施工高度分别为一正和一负的相邻两角点之间的方格线上必有一零点,再用插入法求出零点的准确位置(图 1.3),如公式(1-8),然后将各相邻的零点连接起来即为零线。

如不需计算零线的确切位置,则绘出零线的大致走向即可。零线确定后,便可进行土方量的计算。方格中土方量的计算有两种方法:"四方棱柱体法"和"三角棱柱体法"。

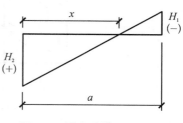

图 1.3　零点计算示意图

$$x = \frac{H_2}{H_2 + H_1} a \qquad (1-8)$$

式中:x 为角点至零点的距离;H_1、H_2 为相邻两角点的施工高度,m,均用绝对值表示;a 为方格网的边长,m。

1. 四方棱柱体的体积计算方法

如图 1.4(a)所示,方格四个角点全部为填或全部为挖时:

$$V = \frac{a^2}{4}(H_1 + H_2 + H_3 + H_4) \qquad (1-9)$$

式中:V 为挖方或填方体积,m³;H_1、H_2、H_3、H_4 为方格四个角点的施工高度,均取绝对值,m。

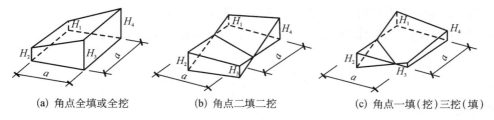

(a) 角点全填或全挖　　　(b) 角点二填二挖　　　(c) 角点一填(挖)三挖(填)

图 1.4　四方棱柱体的体积计算

如图 1.4(b)和(c)所示,如果方格四个角点,部分是挖方,部分是填方时:

$$V_填 = \frac{a^2}{4} \frac{(\sum H_填)^2}{\sum H} \qquad (1-10)$$

$$V_{挖} = \frac{a^2}{4} \frac{(\sum H_{挖})^2}{\sum H} \qquad (1-11)$$

式中：$\sum H_{填(挖)}$ 为方格角点中填（挖）方施工高度的总和，取绝对值，m；$\sum H$ 为方格四角点施工高度之总和，取绝对值，m；a 为方格边长，m。

2. 三角棱柱体的体积计算方法

在计算的过程中，先是顺着地形等高线将各个方格划分成三角形（图1.5），每个三角形的三个角点的填挖施工高度分别用 H_1、H_2、H_3 表示。当三角形三个角点全部为挖或全部为填时如图 1.6(a)所示。

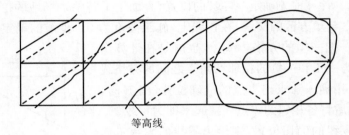

等高线

图 1.5 按地形将方格划分成三角形

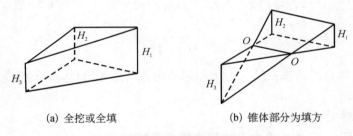

(a) 全挖或全填 　　　　　(b) 锥体部分为填方

图 1.6 三角棱柱体的体积计算示意图

$$V = \frac{a^2}{6}(H_1 + H_2 + H_3) \qquad (1-12)$$

式中：a 为方格边长，m；H_1、H_2、H_3 为三角形各角点的施工高度，m，用绝对值代入。

三角形三个角点有填有挖时，零线将三角形分成两部分，一个是底面为三角形的锥体，一个是底面为四边形的楔体[如图 1.6(b)所示]。其中，锥体部分的体积为：

$$V_{锥} = \frac{a^2}{6} \cdot \frac{H_3^3}{(H_1 + H_3)(H_2 + H_3)} \qquad (1-13)$$

楔体部分的体积为：

$$V_{楔} = \frac{a^2}{6}\left[\frac{H_3^3}{(H_1 + H_3)(H_2 + H_3)} - H_3 + H_2 + H_1\right] \qquad (1-14)$$

式中：H_1、H_2、H_3 分别为三角形各角点的施工高度，m，均取绝对值，其中，H_3 指的是锥体顶点的施工高度。

1.2.3　基坑、基槽土方量计算

在计算基坑（槽）和路堤的土方量时可按拟柱体的公式计算（图 1.7），即：

$$V = \frac{H}{6}(F_1 + 4F_0 + F_2) \tag{1-15}$$

式中：V 为土方工程量，m^3；H、F_1、F_2 如图 1.7 所示，对基坑而言，H 为基坑的深度，F_1、F_2 分别为基坑的上下底面积，m^2；对基槽或路堤，H 一般取基槽或路堤的长度，m，F_1、F_2 为两端端面的面积，m^2；F_0 为 F_1 与 F_2 之间的中截面面积，m^2。

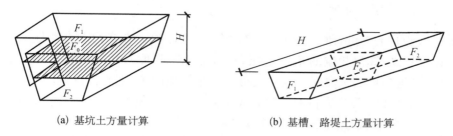

（a）基坑土方量计算	（b）基槽、路堤土方量计算

图 1.7　土方量计算示意图

基槽与路堤通常根据其形状（曲线、折线、变截面等）划分成若干计算段，分段计算土方量，然后再累加求得总的土方工程量。如果基槽、路堤是等截面的，则 $F_1 = F_2 = F_0$，可由式（1-15）很容易计算得出 $V = H \cdot F_1$。

【例 1-1】　某建筑外墙采用毛石基础，其断面尺寸如图 1.8 所示，已知土的可松性系数 $K_s = 1.3$，$K_s' = 1.05$。试计算每 50 m 长基槽的挖方量（按原土计算）；若留下回填土后，余土全部运走，计算预留填土量（按松散体积计算）及弃土量（按松散体积计算）。

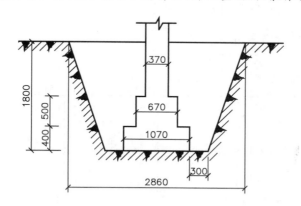

图 1.8　某基槽及基础剖面图

【解】　（1）基槽开挖截面积：

$$F = 1/2 \times (1.07 + 0.3 \times 2 + 2.86) \times 1.8 = 4.08 \,(m^2)$$

（2）每 50 m 长基槽挖方量（按原土计算）：

$$V_{挖} = 4.08 \times 50 = 204 \,(m^3)$$

（3）基础所占的体积：

$$V_{基} = (0.4 \times 1.07 + 0.5 \times 0.67 + 0.9 \times 0.37) \times 50 = 54.8\ (\text{m}^3)$$

（4）预留填土量（按松散体积计算）：

$$V_{留} = \frac{204 - 54.8}{1.05} \times 1.3 = 184.72\ (\text{m}^3)$$

（5）弃土量（按松散体积计算）：

$$V_{弃} = 204 \times 1.3 - 184.72 = 80.48\ (\text{m}^3)$$

1.2.4　土方平整计算步骤

大面积场地的土方量，通常采用方格网法计算。即根据方格网的自然地面标高和实际采用的设计标高，算出相应的角点填挖高度（即施工高度），然后计算出每一方格的土方量，并算出场地边坡的土方量。这样便可得整个场地的填、挖土方总量。

场地平整土方量计算有方格网法和横截面法两种。横截面法是将要计算的场地划分成若干横截面后，用横截面计算公式逐段计算，最后将逐段计算结果汇总。横截面法计算精度较低，可用于地形起伏变化较大地区。方格网法精度较高，适用于地形较平坦地区。本书主要介绍方格网法。

方格网法计算场地平整土方量步骤为：

1. 绘制方格网图

由设计单位根据地形图（一般在 1：500 的地形图上），将建筑场地划分为若干个方格网，方格边长主要取决于地形变化复杂程度，一般取 $a=10$ m、20 m、30 m、40 m 等，通常采用20 m。方格网与测量的纵横坐标网相对应，在各方格角点规定的位置上标注角点的自然地面标高（H）和设计标高（H_n），如图 1.9 所示。

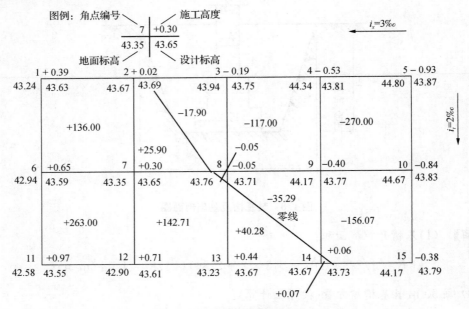

图 1.9　方格网法计算施工高度

2. 计算各方格角点的施工高度

各方格角点的施工高度为角点的设计地面标高与自然地面标高之差,是以角点设计标高为基准的挖方或填方的施工高度。各方格角点的施工高度按式(1-16)计算:

$$h_n = H_n - H \tag{1-16}$$

式中: h_n 为角点的施工高度,即填挖高度(以"+"为填,"-"为挖),m; H_n 为角点的设计标高,m; H 为角点的自然地面标高,m; n 为方格的角点编号(自然数列 $1,2,3,\cdots,n$)。

3. 计算"零点",确定零线

当同一方格的四个角点的施工高度同号时,该方格内的土方则全部为挖方或填方,如果同一方格中一部分角点的施工高度为"+",而另一部分为"-",则此方格中的土方一部分为填方,另一部分为挖方,沿其边线必然有一不挖不填的点,即为"零点",如图1.10所示。

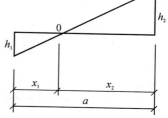

图 1.10　求零点的图解法

零点位置按式(1-17)计算:

$$x_1 = \frac{ah_1}{h_1 + h_2} \ ; x_2 = \frac{ah_2}{h_1 + h_2} \tag{1-17}$$

式中: x_1、x_2 为角点至零点的距离,m; h_1、h_2 为相邻两角点的施工高度,均用绝对值表示,m; a 为方格网的边长,m。

在实际工作中,为省略计算,确定零点的办法也可以用图解法,如图1.10所示。方法是用尺在各角点上标出挖填施工高度相应比例,用尺相连,与方格相交点即为零点位置。此法甚为方便,同时可避免计算或查表出错。将相邻的零点连接起来,即为零线。它是确定方格中挖方与填方的分界线。

4. 计算方格土方工程量

按方格底面积图形和表1.3所列计算公式,计算每个方格内的挖方量或填方量。

表 1.3　常用方格网点计算公式

项　　目	图　　式	计算公式
一点填方或挖方(三角形)		$V = \dfrac{1}{2}bc\dfrac{\sum h}{3} = \dfrac{bch_3}{6}$ 当 $b = a = c$ 时, $V = \dfrac{a^2 h_3}{6}$
二点填方或挖方(梯形)		$V_+ = \dfrac{b+c}{2}a\dfrac{\sum h}{4} = \dfrac{a}{8}(b+c)(h_1 + h_3)$ $V_- = \dfrac{d+e}{2}a\dfrac{\sum h}{4} = \dfrac{a}{8}(d+e)(h_2 + h_4)$

项　目	图　式	计算公式
三点填方或挖方（五角形）		$V = \left(a^2 - \dfrac{bc}{2}\right)\dfrac{\sum h}{5} = \left(a^2 - \dfrac{bc}{2}\right)\dfrac{h_1 + h_2 + h_4}{5}$
四点填方或挖方（正方形）		$V = \dfrac{a^2}{4}\sum h = \dfrac{a^2}{4}(h_1 + h_2 + h_3 + h_4)$

注：1. a—方格网的边长，m；b、c—零点到一角的边长，m；h_1、h_2、h_3、h_4—方格网四角点的施工高度，用绝对值代入，m；$\sum h$—填方或挖方施工高度总和，用绝对值代入，m；V—填方或挖方的体积，m³。

2. 本表计算公式是按各计算图形底面积乘以平均施工高度而得出的。

5. 边坡土方量的计算

场地的挖方区和填方区的边沿都需要做成边坡，以保证挖方土壁和填方区的稳定。边坡的土方量可以划分成两种近似的几何形体进行计算，一种为三角棱锥体，另一种为三角棱柱体。

（1）三角棱锥体边坡体积

三角棱锥体边坡体积，如图 1.11 中①～③、⑤～⑦、⑧～⑪所示，计算公式如下：

$$V_1 = \frac{1}{3}A_1 l_1 \tag{1-18}$$

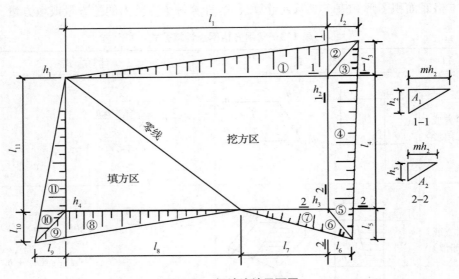

图 1.11　场地边坡平面图

式中：l_1 为三角棱锥体边坡的长度，m；A_1 为三角棱锥体边坡的端面积，m²；h_2 为角点的挖土高度，m；m 为边坡的坡度系数，$m=$ 宽/高。

（2）三角棱柱体边坡体积

三角棱柱体边坡体积，如图 1.11 中④所示，计算公式如下：

$$V_4 = \frac{A_1 + A_2}{2} l_4 \qquad (1-19)$$

当两端横断面面积相差很大的情况下，边坡体积按式（1-20）计算：

$$V_4 = \frac{l_4}{6}(A_1 + 4A_0 + A_2) \qquad (1-20)$$

式中：l_4 为三角棱柱体边坡的长度，m；A_1、A_2、A_0 为三角棱柱体边坡两端及中部横断面面积，m²。

6. 计算土方总量

将挖方区（或填方区）所有方格计算的土方量和边坡土方量汇总，即得该场地挖方和填方的总土方量。

【例 1-2】　某建筑施工场地地形图和方格网布置，如图 1.12 所示。方格网的边长 $a=$ 20 m，方格网各角点上的标高分别为地面的设计标高和自然标高，该场地为粉质黏土，为了保证填方区和挖方区边坡稳定性，设计填方区边坡坡度系数为 1.0，挖方区边坡坡度系数为 0.5，试用方格网法计算挖方和填方的总土方量。

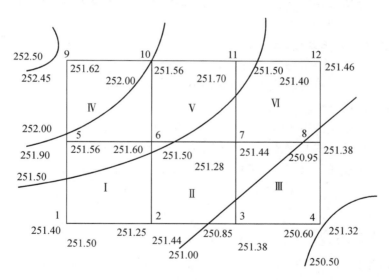

图 1.12　某建筑场地方格网布置图

【解】　1. 计算各角点的施工高度

根据方格网各角点的地面设计标高和自然标高，按照公式（1-16）计算得：

$h_1 = 251.50 - 251.40 = 0.10$（m）；　　　$h_2 = 251.44 - 251.25 = 0.19$（m）；

$h_3 = 251.38 - 250.85 = 0.53$（m）；　　　$h_4 = 251.32 - 250.60 = 0.72$（m）；

$h_5 = 251.56 - 251.90 = -0.34$（m）；　　$h_6 = 251.50 - 251.60 = -0.10$（m）；

$h_7 = 251.44 - 251.28 = 0.16$（m）；　　　$h_8 = 251.38 - 250.95 = 0.43$（m）；

$h_9 = 251.62 - 252.45 = -0.83(\text{m})$；　　$h_{10} = 251.56 - 252.00 = -0.44(\text{m})$；

$h_{11} = 251.50 - 251.70 = -0.20(\text{m})$；　　$h_{12} = 251.46 - 251.40 = 0.06(\text{m})$。

各角点施工高度计算结果标注图 1.13 中。

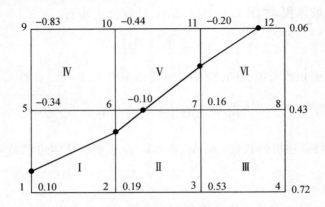

图 1.13　施工高度及零线位置

2. 计算零点位置

由图 1.13 可知，方格网边 1-5、2-6、6-7、7-11、11-12 两端的施工高度符号不同，这说明在这些方格边上有零点存在，由公式（1-17）求得：1-5 线：$x_1 = 4.55(\text{m})$；2-6 线：$x_1 = 13.10(\text{m})$；6-7 线：$x_1 = 7.69(\text{m})$；7-11 线：$x_1 = 8.89(\text{m})$；11-12 线：$x_1 = 15.38(\text{m})$。

将各零点标于图上，并将相邻的零点连接起来，即得零线位置，如图 1.13 所示。

3. 计算各方格的土方量

方格Ⅲ、Ⅳ底面为正方形，土方量为：

$V_{Ⅲ}(+) = 20^2/4 \times (0.53 + 0.72 + 0.16 + 0.43) = 184(\text{m}^3)$

$V_{Ⅳ}(-) = 20^2/4 \times (0.34 + 0.10 + 0.83 + 0.44) = 171(\text{m}^3)$

方格Ⅰ底面为两个梯形，土方量为：

$V_{Ⅰ}(+) = 20/8 \times (4.55 + 13.10) \times (0.10 + 0.19) = 12.80(\text{m}^3)$

$V_{Ⅰ}(-) = 20/8 \times (15.45 + 6.90) \times (0.34 + 0.10) = 24.59(\text{m}^3)$

方格Ⅱ、Ⅴ、Ⅵ底面为三边形和五边形，土方量为：$V_{Ⅱ}(+) = 65.73(\text{m}^3)$；$V_{Ⅱ}(-) = 0.88(\text{m}^3)$；$V_{Ⅴ}(+) = 2.92(\text{m}^3)$；$V_{Ⅴ}(-) = 51.10(\text{m}^3)$；$V_{Ⅵ}(+) = 40.89(\text{m}^3)$；$V_{Ⅵ}(-) = 5.70(\text{m}^3)$。

方格网总填方量：$\sum V(+) = 184 + 12.80 + 65.73 + 2.92 + 40.89 = 306.34(\text{m}^3)$

方格网总挖方量：$\sum V(-) = 171 + 24.59 + 0.88 + 51.10 + 5.70 = 253.26(\text{m}^3)$

4. 边坡土方量计算

如图 1.14 所示，除④、⑦按三角棱柱体计算外，其余均按三角棱锥体计算，由式（1-15）、（1-16）、（1-17）计算可得：$V_①(+) = 0.003(\text{m}^3)$；$V_②(+) = V_③(+) = 0.0001(\text{m}^3)$；$V_④(+) = 5.22(\text{m}^3)$；$V_⑤(+) = V_⑥(+) = 0.06(\text{m}^3)$；$V_⑦(+) = 7.93(\text{m}^3)$；$V_⑧(+) = V_⑨(+) = 0.01(\text{m}^3)$；$V_⑩ = 0.01(\text{m}^3)$；$V_{11} = 2.03(\text{m}^3)$；$V_{12} = V_{13} = 0.02(\text{m}^3)$；$V_{14} = 3.18(\text{m}^3)$。

边坡总填方量：$\sum V(+) = 0.003 + 0.0001 + 5.22 + 2 \times 0.06 + 7.93 + 2 \times 0.01 + 0.01 = 13.29(\text{m}^3)$

边坡总挖方量：$\sum V(-) = 2.03 + 2 \times 0.02 + 3.18 = 5.25(\text{m}^3)$

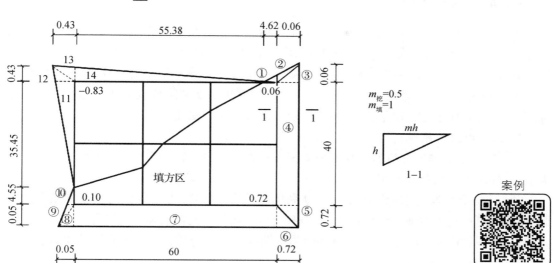

图 1.14　场地边坡平面图

案例

土方计算案例

1.2.5　土方工程的准备与辅助工作

土方工程的准备工作及辅助工作是保证土方工程顺利进行必不可少的，在编制土方工程施工方案时应做周密、细致的设计。在土方工程施工前、施工过程中乃至施工后，都要认真执行制定的有关措施，进行必要的监测，并根据施工中实际情况的变化及时调整实施方案。

土方工程施工前应做好下述准备和辅助工作：

（1）场地清理。场地清理包括清理地面及地下各种障碍。在施工前应拆除旧房和古墓，拆除或改建通信、电力设备、地下管线、上下水道以及其他建筑物，迁移树木，去除耕植土及河塘淤泥等工作。

（2）排除地面水。场地内低洼地区的积水必须排除，同时应注意雨水的排除，使场地保持干燥，以利于土方施工。地面水的排除一般采用排水沟、截水沟、挡水土坝等措施。

应尽量利用自然地形来设置排水沟，使水直接排到场外或流向低洼处，再利用水泵抽走。主排水沟最好设置在施工区的边缘或道路的两旁，其断面和纵向坡度应根据最大流量确定。

山区的场地平整施工，应在较高一面的山坡上开挖截水沟。在低洼地区施工时，除开挖排水沟外，必要时应修筑挡水土坝，以阻挡雨水的流入。

（3）做好材料、机具及土方机械的进场工作并保证机械的运转正常。

（4）修筑好临时道路及供水、供电等临时设施。

（5）做好土方工程测量、放线工作。

（6）根据土方施工设计做好土方工程的辅助工作，如边坡稳定、基坑（槽）支护、降低地下水等。

1.2.6 土方的调配

土方调配是大型土方施工设计的一个重要内容。土方量计算完成后,即可着手土方的调配工作。土方的调配就是对挖土的利用、堆弃和填土的取得三者之间的关系进行综合协调的处理。土方调配是在使土方总运输量最小或土方运输成本最小的条件下,来确定挖填方区土方的调配方向和数量及平均运距,从而达到缩短工期和降低成本的目的。好的土方调配方案,应该使土方运输量或费用达到最小,而且又能方便施工。

1. 土方调配的原则

(1) 应力求达到挖方与填方基本平衡和就近调配,使挖方量与运距的乘积之和尽可能为最小,即土方运输量或费用最小。

(2) 土方调配应考虑近期施工与后期利用相结合的原则,考虑分区与全场相结合的原则,还应尽可能与大型地下建筑物的施工相结合,以避免重复挖运和场地混乱。

(3) 合理布置挖、填方分区线,选择恰当的调配方向、运输线路,使土方机械和运输车辆的性能得到充分发挥。

(4) 好土用在回填质量要求高的地区。

(5) 土方平衡调配应尽可能与大型地下建筑物的施工相结合,将余土一次性运到指定弃土场,做到文明施工。

总之,在进行土方调配的时候,必须根据现场具体情况、有关技术资料、工期要求、土方施工方法与运输方法来综合考虑,并结合以上原则,经科学计算来进行比较,最终选择经济合理的调配方案。

2. 土方调配区的划分原则

在进行土方调配时,首先就要划分调配区。在划分调配区的时候要注意以下几点:

(1) 调配区的划分应该与工程建筑物(构筑物)的平面位置相协调,并考虑他们的开工顺序和工程分期开工的先后顺序。

(2) 调配区的大小应该满足土方施工主导施工机械的技术要求,如挖土机、铲运机等,尽可能地降低工程的施工成本。

(3) 调配区的范围应该和土方工程量计算时用的方格网相协调,可以把若干个方格组成一个调配区。

(4) 当土方运距比较大或者场地范围内的土方挖填量不平衡时,可以根据附近地形来考虑就近取土或弃土,这时一个取土区或一个弃土区都可以作为一个独立的调配区。

3. 平均运距的确定

在调配区的大小和位置确定之后,就可以计算各个挖填方调配区之间的平均运距。如果土方施工是用铲运机或推土机施工时,挖方和填方调配区土方重心之间的距离一般就是该挖、填方调配区之间的平均运距。

当挖、填方调配区之间距离比较远,采用汽车、自行式铲运机或其他运土工具沿工地现有的道路或者规定路线运土时,其运距应按路线实际距离进行计算。

4. 土方施工单价的确定

如果采用汽车或其他专用运土工具运土时,调配区之间的运土单价,可根据预算定额确定。

当采用多种机械施工时,确定土方的施工单价就比较复杂,因为不仅是单机核算问题,还要考虑运、填配套机械的施工单价,确定一个综合单价。

5. 土方调配

土方调配时,由于有多个挖方区和多个填方区,这样导致从不同的挖方区到不同的填方区运输路线就有很多种,也就是方案有很多种且最优方案可以不只是一个,这些方案调配区或调配土方量可以不同,但它们的目标函数 z 都是相同的。有若干最优方案,为人们提供了更多的选择余地。

当土方调配区数量较多时,为了找出最优方案,用表上作业法计算最优方案仍较费工,如采用手工计算,要找出所有最优方案需经过多次轮番计算,工作量很大。现已有较完善的电算程序,能准确、迅速地求得最优方案值,而且还能得到所有可能的最优方案。具体计算方法可以参考相关教材,在此不作详细介绍。

在线答题

土方计算

任务3 土方的机械化施工

土方工程的施工过程主要包括:土方开挖、运输、填筑与压实等。在施工中,除不适宜采用机械施工或小型基坑(槽)土方工程以外,应尽量采用机械化施工,以减轻劳动强度,加快施工进度,缩短工期。常用的土方施工机械有:推土机、铲运机、单斗挖土机及装载机等。

1. 常用土方施工机械的性能

(1)推土机

推土机是在拖拉机上安装铲刀等工作装置而成的机械。按照铲刀的操纵机构不同,可分为索式和油压式两种。图1.15所示是油压式 T_2-100 型推土机外形图,油压式推土机除了可升降推土铲刀外,还可调整铲刀的角度,因此具有更大的灵活性。

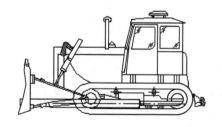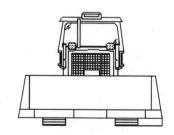

图1.15 T_2-100型推土机

1)推土机的特点及适用范围

推土机能够独立完成推土、运土和卸土工作,具有操纵灵活、运转方便、所需工作面较小、行驶速度快、易于转移、能爬30°左右的缓坡以及配合铲运机、挖土机工作等特点。能够推挖Ⅰ～Ⅳ类土,多用于场地清理与平整,开挖或堆筑1.5 m以内的基坑(槽)、路基、堤坝等。推土机的经济运距宜在100 m以内,效率最高为60 m。

2)推土机的作业方法

推土机的生产率主要取决于每次推土体积和铲土、运土、卸土、回转等工作的循环时间。铲土时应根据土质情况,尽量以最大切土深度在最短距离(6～10 m)内完成。上下坡坡度不得超过 35°，横坡不得超过 10°。为了提高生产率，可采用下坡推土、槽形推土、并列推土、多铲集运、铲刀附加侧板等方法。

（2）铲运机

铲运机由牵引机械和铲斗组成。按行走方式分为自行式和拖式两种（图 1.16 和图 1.17）。

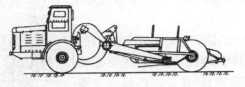 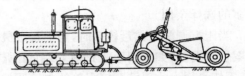

图 1.16　自行式铲运机　　　　　　　　图 1.17　拖式铲运机

1）铲运机的特点及适用范围

铲运机是一种能够独立完成铲土、运土、卸土、填筑和整平的土方机械，具有操作灵活、行驶速度快、对道路要求低、生产率高等特点，适宜挖运含水量在 27% 以下的一、二类土，但不适于在砾石层、冻土地带及沼泽地区使用，当挖运三、四类较坚硬的土时，宜用推土机助铲或用松土机配合松土 0.2～0.4 m 厚。常用于坡度在 20° 以内的大面积场地平整、大型基坑（槽）的开挖，以及路基、堤坝的填筑等。铲运机的适用运距为 800 m 以内，且运距在 200～350 m 时效率最高。

2）铲运机的作业方法

铲运机的基本作业是铲土、运土、卸土三个工作行程和一个回转行程。在施工中，选定铲斗容量后，应根据工程大小、运距长短，土的性质和地形条件等，选择合理的开行路线和施工方法，以提高其生产率。

铲运机的开行路线主要有三种：即环形路线、大环形路线和"8"字形路线（图 1.18）。

① 环形路线［图 1.18（a）和（b）］：从挖方到填方按环形路线回转，每一循环完成一次铲土和卸土。适用于 100 m 以内，填土高 1.5 m 内的路堤（堑）及基坑开挖、场地平整等工程。

② 大环形路线［图 1.18（c）］：当挖土和填土交替，挖填方工作面短，填方不高，且填土区在挖土区的两端时，采用此开行路线可在一个循环完成两次铲土和卸土。

③ "8"字形路线［图 1.18（d）］：当地段较长或地形起伏较大时，采用此开行路线可在一

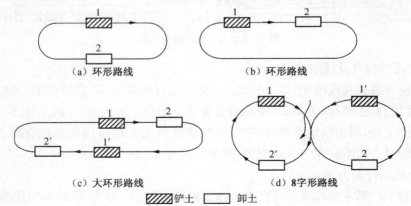

（a）环形路线　　　　　　　　　　（b）环形路线

（c）大环形路线　　　　　　　　　（d）8字形路线

▨▨▨ 铲土　　▭ 卸土

图 1.18　铲运机开行路线

个循环完成两次铲土和卸土。此方法可减少转弯次数和空载行程,且在运行中转弯方向不同,可避免机械单侧磨损。多用于开挖管沟、沟边卸土及取土较长(300～500 m)的侧向取土、填筑路基、场地平整等工程。

为了提高铲运机的生产率,除了确定合理的开行路线,还应根据施工条件选择合理的施工方法。常用的施工方法有:下坡铲土法、跨铲法、助铲法、交错铲土法等。

铲运机生产率计算可参照推土机生产率的方法计算。

(3)单斗挖土机

单斗挖土机是土方开挖中常用的一种机械。按其行走装置不同分为履带式和轮胎式两类;按其动力装置不同分为机械传动和液压传动两类;按其工作装置不同分为正铲、反铲、拉铲和抓铲四类(图 1.19)。

工程图集

土方的机械化施工

   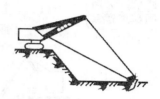

(a)正铲挖土机　　(b)反铲挖土机　　(c)拉铲挖土机　　　　(d)抓铲挖土机

图 1.19　单斗挖土机

1)正铲挖土机

正铲挖土机的工作特点是"前进向上,强制切土"[图 1.19(a)]。其挖土能力大,生产效率高。适用于开挖停机面以上的Ⅰ～Ⅳ类土(含水量≤27%),一般工作面高度应在 1.5 m以上,与运输汽车配合可开挖大型干燥基坑及土丘等。

根据挖土机的开挖路线与运输汽车的相对位置不同分为正向开挖、侧向卸土和正向开挖、后方卸土两种作业方法。

① 正向开挖、侧向卸土。即挖土机沿前进方向挖土,运输汽车停在侧面装土[图 1.20(a)]。挖土机铲臂卸土回转角度小(<90°),运输汽车行驶方便,生产效率高,应用广泛。多用于开挖工作面较大、深度不大的基坑或边坡。

② 正向开挖、后方卸土。即挖土机沿前进方向挖土,运输汽车停在挖土机后面装土[图1.20(b)]。挖土机铲臂卸土回转角度较大(在 180°左右),生产率低。一般用于开挖工作面较小且较深的基坑。

(a)正向开挖,侧向卸土　　　　　　　(b)正向开挖,后方卸土

图 1.20　正铲挖土机作业方法

2）反铲挖土机

反铲挖土机的工作特点是"后退向下，强制切土"[图1.19(b)]。其挖土能力比正铲挖土机小。适用于开挖停机面以下含水量较大的Ⅰ～Ⅲ类土，最大挖土深度为4～6 m（经济合理深度为1.5～3 m）的基坑和沟槽。反铲挖土机可与运输汽车配合施工，也可弃土于坑槽附近。

反铲挖土机的作业方法有：沟端开挖、沟侧开挖、沟角开挖和多层接力开挖等。一般多采用沟端开挖和沟侧开挖。

① 沟端开挖：即挖土机停在基坑（槽）的端部，后退挖土，向沟一侧弃土或装车运走[图1.21(a)]。挖土宽度和深度较大，一般开挖工作面宽度为：单面装土时为1.3R（R为挖土机的回转半径），双面装土时为1.7R。当基坑（槽）宽度超过1.7R时，可多次开行开挖或按"Z"字形路线开挖。

② 沟侧开挖：即挖土机停在基坑（槽）的一侧，沿坑槽边移动挖土[图1.21(b)]。挖土宽度较小（一般为0.8R），边坡不易控制，机身稳定性较差，能够弃土于距坑槽较远的地方。多用于开挖土方不需外运的情况。

视频集

反铲挖土机

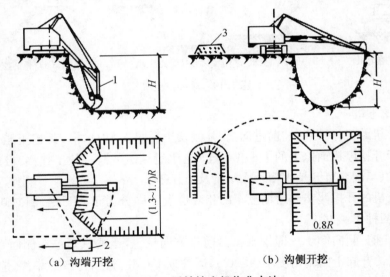

（a）沟端开挖　　　　　　　　（b）沟侧开挖

图1.21　反铲挖土机作业方法

1—反铲挖土机；2—自卸汽车；3—弃土堆

3）拉铲挖土机

拉铲挖土机的工作特点是："后退向下，自重切土"[图1.19(c)]。其挖土半径和挖土深度较大，但操纵性较差。适用于开挖停机面以下的Ⅰ～Ⅲ类土，也可进行水下挖土。常用于开挖大型基坑、沟槽，以及大型场地平整、填筑路基、堤坝等。其作业方法与反铲挖土机相似，可沟端开挖或沟侧开挖。

4）抓铲挖土机

抓铲挖土机的工作特点是："直上直下，自重切土"[图1.19(d)]。其挖土能力较小，操纵性较差。适用于开挖停机面以下的Ⅰ～Ⅱ类土，常用于开挖土质松软，作业面较窄的深基坑、沟槽、沉井等，特别适宜于水下开挖。

（4）装载机

装载机按行走方式不同分为履带式和轮胎式两种；按工作方式分单斗式装载机、链式装载机和轮斗式装载机。土方工程主要使用单斗式装载机，它具有操作灵活、轻便和快速等特点。适用于装卸土方和散料，也可用于松软土的表层剥离、地面平整和场地清理等工作。

（5）压实机械

根据土体压实机理，压实机械可分为冲击式、碾压式和振动压实机械三大类。

1）冲击式压实机械

冲击式压实机械主要有蛙式打夯机和内燃式打夯机两类，蛙式打夯机一般以电为动力。这两种打夯机适用于狭小的场地和沟槽作业，也可用于室内地面的夯实及大型机械无法到达的边角的夯实。

2）碾压式压实机械

按行走方式不同，碾压式压实机械可分为自行式压路机和牵引式压路机两类。自行式压路机常用的有光轮压路机、轮胎压路机。自行式压路机主要用于土方、砾石、碎石的回填压实及沥青混凝土路面的施工。牵引式压路机的行走动力一般采用推土机（或拖拉机）牵引，常用的有光面碾、羊足碾。光面碾用于土方的回填压实，羊足碾适用于黏性土的回填压实，不能用于砂土和面层土的压实。

3）振动压实机械

振动压实机械是利用机械的高频振动，把能量传给被压土，降低土颗粒间的摩擦力，在压实能量的作用下，达到较大的密实度。

按行走方式不同，振动压实机械分为手扶平板式振动压实机和振动压路机两类。手扶平板式振动压实机主要用于小面积的地基夯实。振动压路机按行走方式分为自行式和牵引式两种。振动压路机的生产效率高，压实效果好，能压实多种性质的土，主要用在工程量大的大型土石方工程中。

2．土方开挖方式与机械选择

在土方工程施工中合理选择土方机械，充分发挥机械性能，并使各种机械相互配合使用，以加快施工进度，提高施工质量，降低工程成本，具有十分重要的意义。

（1）场地平整

场地平整有土方的开挖、运输、填筑和压实等工序。地势较平坦、含水量适中的大面积平整场地，选用铲运机较适宜；地形起伏较大，挖方、填方量大且集中的平整场地，运距在1 000 m以上时，可选择正铲挖土机配合自卸车进行挖土、运土，在填方区配备推土机平整及压路机碾压施工；挖填方高度不大，运距在 100 m 以内时，采用推土机施工，灵活、经济。

（2）基坑开挖

单个基坑和中小型基础基坑，多采用抓铲挖土机和反铲挖土机开挖。抓铲挖土机适用于一、二类土质和较深的基坑，反铲挖土机适于四类以下土质，深度在 4 m 以内的基坑。

（3）基槽、管沟开挖

在地面上开挖具有一定截面、长度的基槽或沟槽，挖大型厂房的柱列基础和管沟，宜采用反铲挖土机挖土。如果水中取土或开挖土质为淤泥，且坑底较深，则可选择抓铲挖土机挖土。如果土质干燥，槽底开挖不深，基槽长30 m以上，可采用推土机或铲运机施工。

（4）整片开挖

基坑较浅，开挖面积大，且基坑土干燥，可采用正铲挖土机开挖。若基坑内土体潮湿，含水量较大，则采用拉铲或反铲挖土机作业。

（5）柱基础基坑、条形基础基槽开挖

对于独立柱基础的基坑及小截面条形基础基槽，可采用小型液压轮胎式反铲挖土机配以翻斗车来完成浅基坑（槽）的挖掘和运土。

任务4　土方的填筑与压实

在土方填筑前，应对基底进行处理。清除基底上的垃圾、草皮、树根等杂物，排除坑穴中的积水、淤泥等。若填方基底为耕植土或松土时，应将基底压实后进行填土。

1. 填土的要求

填土土料应符合设计要求，以保证填方的强度和稳定性。通常应选择强度高、压缩性小、水稳定性好的土料。如设计无要求时，应符合以下规定：

（1）碎石类土、砂土和爆破石渣（粒径≤每层铺土厚度的2/3），可作表层下的填料。

（2）含水量符合压实要求的黏性土，可作各层填料。

（3）淤泥和淤泥质土，一般不能用作填料，但在软土地区，经过处理含水量符合要求的，可用于填方中的次要部分。

对于有机物含量大于8%或水溶性硫酸盐含量大于5%的土，以及耕植土、冻土、杂填土等均不能用于填土。但在无压实要求的填方中，则不受限制。

2. 填土的方法

填土可采用人工填土和机械填土。一般要求如下：

（1）填土应尽量采用同类土填筑，并严格控制土的含水量在最优含水量范围内，以提高压实效果。

（2）填土应从场地最低处开始分层填筑，每层铺土厚度应根据压实机具及土的种类而定。当采用不同类土填筑时，应将透水性较大的土层置于透水性较小的土层之下，以避免在填方区形成水囊。

（3）坡地填土，应做好接槎，挖成1∶2阶梯形（一般阶高0.5 m，阶宽1.0 m）分层填筑，分段填筑时每层接缝处应做成坡度大于1∶1.5的斜坡，以防填土横移。

3. 填土的压实方法

填土的压实方法一般有：碾压、夯实、振动压实以及利用运土工具压实。对于大面积填土工程，多采用碾压和利用运土工具压实。对较小面积的填土工程，则宜用夯实机具进行压实。

（1）碾压法

碾压法是利用机械滚轮的压力压实土壤，使之达到所需的密实度。碾压机械有平碾、羊足碾和气胎碾。

平碾又称光碾压路机（图1.22），是一种以内燃机为动力的自行式压路机。按重量等级分为轻型（30～50 kN）、中型（60～90 kN）和重型（100～140 kN）三种，适于压实砂类土和黏性土，适用土类范围较广。轻型平碾压实土层的厚度不大，但土层上部变得较密实，当用轻型平碾初碾后，再用重型平碾碾压松土，就会取得较好的效果。如直接用重型平碾碾压松土，则由于强烈的起伏现象，其碾压效果较差。

图 1.22　光碾压路机

（a）两轴两轮　　（b）两轴三轮

羊足碾如图 1.23 和图 1.24 所示，一般无动力靠拖拉机牵引，有单筒、双筒两种。根据碾压要求，又可分为空筒及装砂、注水等三种。羊足碾虽然与土接触面积小，但对单位面积的压力比较大，土的压实效果好。羊足碾只能用来压实黏性土。

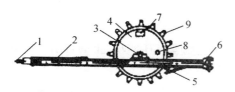

图 1.23　单筒羊足碾构造示意图

图 1.24　羊足碾

视频

雨天挖掘机、压路机填补坑洼路面

1—前拉头；2—机架；3—轴承座；4—碾筒；5—铲刀；
6—后拉头；7—装砂口；8—水口；9—羊足头

气胎碾又称轮胎压路机（图 1.25），它的前后轮分别密排着四个、五个轮胎，既是行驶轮，也是碾压轮。由于轮胎弹性大，在压实过程中，土与轮胎都会发生变形，而随着几遍碾压后铺土密实度的提高，沉陷量逐渐减少，因而轮胎与土的接触面积逐渐缩小，但接触应力则逐渐增大，最后使土料得到压实。由于在工作时是弹性体，其压力均匀，填土质量较好。

碾压法主要用于大面积的填土，如场地平整、路基、堤坝等工程。

图 1.25　轮胎压路机

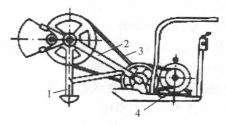

图 1.26　蛙式打夯机

1—夯头；2—夯架；3—三角胶带；4—底盘

用碾压法压实填土时，铺土应均匀一致，碾压遍数要一样，碾压方向应从填土区的两边逐渐压向中心，每次碾压应有 15～20 cm 的重叠；碾压机械开行速度不宜过快，一般平碾不应超过 2 km/h，羊足碾控制在 3 km/h 之内，否则会影响压实效果。

视频

蛙式打夯机

（2）夯实法

夯实法是利用夯锤自由下落的冲击力来夯实土壤，主要用于小面积的回填土或作业面受到限制的环境下。夯实法分人工夯实和机械夯实两种。人工夯实所用的工具有木夯、石夯等；常用的夯实机械有夯锤、内燃夯土机、蛙式打夯机和利用挖土机或起重机装上夯板后的夯土机等，其中蛙式打夯机（图 1.26）轻巧灵活，构造简单，在小型土方工程中应用最广。

（3）振动压实法

振动压实法是将振动压实机放在土层表面，借助振动机构使压实机振动土颗粒，土的颗粒发生相对位移而达到紧密状态。用这种方法振实非黏性土效果较好。

近年来，又将碾压和振动法结合起来而设计和制造了振动平碾、振动凸块碾等新型压实机械。振动平碾适用于填料为爆破碎石碴、碎石类土、杂填土或轻亚黏土的大型填方；振动凸块碾则适用于亚黏土或黏土的大型填方。当压实爆破石碴或碎石类土时，可选用重 8～15 t 的振动平碾，铺土厚度为 0.6～1.5 m，先静压，后振动碾压，碾压遍数由现场试验确定，一般为 6～8 遍。

4. 填土压实的影响因素

填土压实的质量与许多因素有关，其中主要影响因素有压实功、土的含水量以及每层铺土厚度。

（1）压实功的影响

填土压实后的密实度与压实机械在其上所施加的功有一定的关系。土的密度与所耗的功的关系如图 1.27 所示。当土的含水量一定，在开始压实时，土的密度急剧增加，待到接近土的最大密实度时，虽然压实功增加许多，但土的密度则变化甚小，实际施工中，对于砂土只需碾压或夯击 2～3 遍，对粉土只需 3～4 遍，对粉质黏土或黏土只需 5～6 遍。此外，松土不宜用重型碾压机械直接滚压，否则土层有强烈起伏现象，效率不高。如果先用轻碾压实，再用重碾压实就会取得较好的效果。

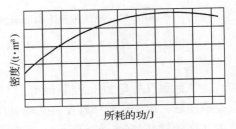

图 1.27　土的密度与压实功的
关系示意图

（2）含水量的影响

在同一压实功条件下，填土的含水量对压实质量有直接影响。较为干燥的土，由于颗粒之间的摩阻力较大，因而不易压实。当含水量超过一定限度时，土颗粒之间孔隙由水填充而呈饱和状态，也不能压实。当土的含水量适当时，水起润滑作用，土颗粒之间的摩阻力减少，压实效果好。每种土都有其最佳含水量。土在这种含水量的条件下，使用同样的压实功进行压实，所得到的密度最大，如图 1.28 所示。不同土有不同的最佳含水量，如砂土为 8%～12%、黏土为 19%～23%、粉质黏土为 12%～15%、粉土 15%～22%。工地简单检验黏性土含水量的方法一般是以手握成团落地开花为适宜。

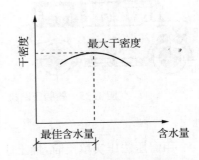

图 1.28　土的干密度与含水量的关系

为了保证填土在压实过程中处于最佳含水量状态，当土过湿时，应予翻松晾干，也可掺入同类干土或吸水性土料,当土过干时,则应预先洒水润湿。

（3）铺土厚度的影响

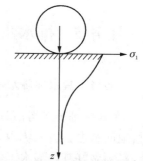

土在压实功的作用下,其应力随深度的增加而逐渐减小,如图 1.29 所示,其影响深度与压实机械、土的性质和含水量等有关。铺土厚度应小于压实机械压土时的作用深度,但其中还有最优土层厚度的问题,铺得过厚,要压很多遍才能达到规定的密实度,铺得过薄,则也要增加机械的总压实遍数。最优的铺土厚度应能使土方压实而机械的功耗费最少。可按照表 1.4 选用。

图 1.29　压实作用沿深度变化

表 1.4　每层铺土厚度与压实遍数

压实机具	每层铺土厚度/mm	每层压实遍数（遍）
平碾	250～300	6～8
振动压实机	250～350	3～4
柴油打夯机	200～250	3～4
人工打夯	＜200	3～4

在线答题

土方的填筑与压实

上述三个方面因素相互影响。为了保证压实质量,提高压实机械生产效率,应根据土质和压实机械在施工现场进行压实试验,以确定达到规定密实度所需压实遍数、铺土厚度及最优含水量。

5. 填土质量检查

填土压实后必须具有一定的密实度,以避免建筑物的不均匀沉陷。填土密实度以设计规定的控制干密度 ρ_d 或压实系数 λ_c 作为检查标准。

土的最大干密度 ρ_{dmax} 由试验室锤击实试验或计算求得,再根据规范规定的压实系数 λ_c,即可算出填土控制干密度 ρ_d 值。填土压实后的实际干密度,应有 90% 以上符合设计要求,其余 10% 的最低值与设计值的差,不得大于 0.08 g/cm³,且应分散,不得集中。

检查压实后的实际干密度,通常采用环刀法取样。填土工程质量检验标准见表 1.5。

表 1.5　填土工程质量检验标准

项目	序号	检查项目	柱基基坑基槽	场地平整 人工	场地平整 机械	管沟	地（路）面基础层	检查方法
主控项目	1	标高	－50	±30	±50	－50	－50	水准仪
	2	分层压实系数	设计要求					按规定或直观检查
一般项目	1	回填土料	设计要求					取样检查或直观检查
	2	分层厚度及含水量	设计要求					水准仪及抽样检查
	3	表面平整度	20	20	30	20	20	用靠尺或水准仪

任务5 排水及降水

1.5.1 集水井降水法

在开挖基坑或沟槽时,土壤的含水层常被切断,地下水将会不断地渗入坑内,雨季施工时,地面水也会流入坑内。为了保证施工的正常进行,防止边坡塌方和地基承载能力的下降,必须做好基坑降水工作。降水方法可分为重力降水(如积水井、明渠等)和强制降水(如轻型井点、深井泵、电渗井点等)。土方工程中采用较多的是集水井降水和轻型井点降水。

集水井降水,是在基坑或沟槽开挖时,在坑底设置集水井,并沿坑底的周围或中央开挖排水沟,使水在重力作用下由排水沟流入集水井内,然后用水泵抽出坑外(图1.30)。

四周的排水沟及集水井一般应设置在基础边线0.4 m范围以外、地下水流的上游,基坑面积较大时,可在基础范围内设置盲沟排水[盲沟是用透水性强的材料(如碎石等)铺成的排水沟,盲沟的主要排水方式就是渗透排水,就叫渗排水。目前工程中应用较多的是塑料盲沟]。根据

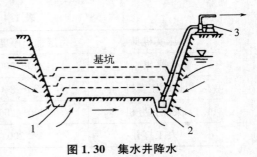

图1.30 集水井降水

1—排水沟;2—集水井;3—水泵

地下水量、基坑平面形状及水泵能力,集水井每隔20~40 m设置一个。

集水井的直径或宽度,一般为0.6~0.8 m。其深度随着挖土的加深而加深,要经常低于挖土面0.7~1.0 m,井壁可用竹、木或者砌筑等简易加固。排水沟底宽一般不小于300 mm,沟底纵向坡度一般不小于3‰,排水沟至少比坑底低0.3~0.4 m,集水井底应比排水沟低0.5 m以上,当基坑挖至设计标高后,井底应低于坑底1~2 m,铺设碎石0.3 m滤水层,以免在抽水时将泥砂抽出,防止井底的土被搅动,并做好较坚固的井壁。

集水井降水方法比较简单、经济,对周围影响小,因而应用较广。但当涌水量较大,水位差较大或土质为细砂或粉砂,易产生流砂、边坡塌方及管涌等时,此时往往采用强制降水的方法,人工控制地下水流的方向,降低水位。

1.5.2 井点降水法

1. 井点降水的作用

井点降水就是在基坑开挖前,预先在基坑四周埋设一定数量的滤水管(井),在基坑开挖前和开挖中,利用真空原理,通过水泵不断抽出地下水,使地下水位降低到坑底以下,从根本上解决了地下水涌入坑内的问题。井点降水有下述作用:防止地下水涌入坑内[图1.31(a)],防止边坡由于地下水的渗流而引起塌方[图1.31(b)],使坑底的土层消除地下水位差引起的压力,因此防止了坑底的管涌[图1.31(c)]。降水后,使板桩减少了横向荷载[图1.31(d)],消除了地下水的渗流,也就防止了流砂现象[图1.31(e)]。降低地下水位后,还能使土壤固结,增加地基的承载能力。

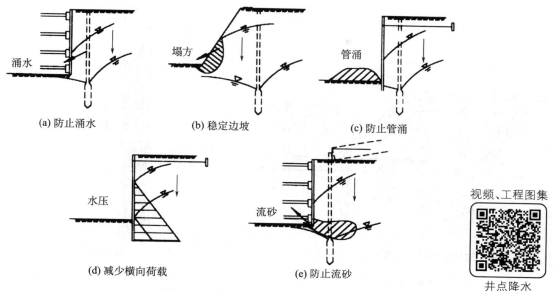

视频、工程图集

井点降水

图 1.31　井点降水的作用

2. 井点降水法的种类

各种井点降水方法一般根据土的渗透系数、降水深度、基坑规模、设备条件及经济比较等因素确定,可参照表 1.6 选择。

表 1.6　各种井点的适用范围

井点类别		土的渗透系数/(m·d⁻¹)	降水深度/m
轻型井点	一级轻型井点	$0.1 \sim 50$	$3 \sim 6$
	多级轻型井点	$0.1 \sim 50$	视井点级数而定
	喷射进点	$0.1 \sim 50$	$8 \sim 20$
	电渗井点	< 0.1	视选用的井点而定
管井点	管井井点	$20 \sim 200$	$3 \sim 5$
	深井井点	$10 \sim 250$	> 15

实际工程中,一般轻型井点应用最为广泛。

3. 一般轻型井点

(1)一般轻型井点设备

轻型井点设备由管路系统和抽水设备组成(图 1.32)管路系统包括滤管、井点管、弯联管及集水总管等。滤管(图 1.33)为进水设备,通常采用长 1.0~1.5 m、直径 38~57 mm 的无缝钢管,管壁钻有直径为 12~19 mm 的滤孔。骨架管外面包以两层孔径不同的铜丝布或塑料布滤网。为使流水畅通,有骨架管与滤网之间用塑料管或梯形钢丝隔开,塑料管沿骨架管绕成螺旋形。滤网外面再绕一层粗铁丝保护网,滤管下端为一铸铁塞头,滤管上端与井点管连接,井点管为直径 38 mm 或 51 mm,长 5~7 m 的钢管。井点管上端用弯联管与集水总管相连,下端与滤管用螺丝套头连接。集水总管为直径 100~125 mm 的无缝钢管,每段长 4 m,其上装有与井点管连接的短接头,间距 0.8 m 或 1.2 m。

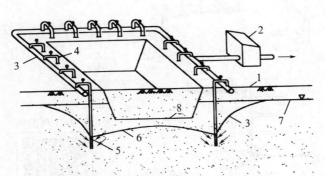

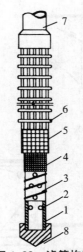

图 1.32　轻型井点法降低地下水位全貌

1—地面；2—泵站；3—总管；4—弯联管；

5—滤管；6—降低后的地下水位；

7—原地下水位；8—基坑底面

图 1.33　滤管构造

1—钢管；2—管壁上的小孔；3—缠绕的塑料管；

4—细滤网；5—粗滤网；6—粗铁丝保护网；

7—井点管；8—铸铁塞头

抽水设备是由真空泵、离心泵和水气分离器（又叫集水箱）等组成，其工作原理如图 1.34 所示。抽水时先开动真空泵，将水气分离器内部抽成一定程度真空，使土中的水分和空气受真空吸力作用而吸出，进入水气分离器。当进入水气分离器内的水达到一定高度，即可开动离心泵。在水气分离器内的水和空气向两个方向流去：水经离心泵排出，空气集中在上部由真空泵排出，少量从空气中带来的水从放水口放出。一套抽水设备的负荷长度（即集水管总管长度）为 100～120 m。常用的 W5、W6 型干式真空泵，其最大负荷长度分别为100 m 和 120 m。

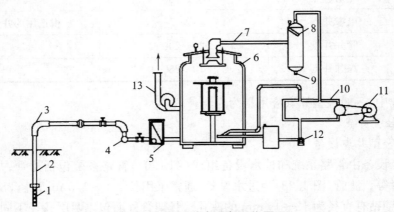

图 1.34　轻型井点设备工作原理

1—滤管；2—井点管；3—弯管；4—集水总管；5—过滤室；6—水气分离器；7—进水管；

8—副水气分离器；9—放水口；10—真空泵；11—电动机；12—循环水泵；13—离心水泵

（2）轻型井点布置和计算

布置应根据水文地质资料、工程要求和设备条件等确定。

一般要求掌握的水文地质资料有:地下水含水层厚度、承压或非承压水及地下水变化情况、土质、土的渗透系数、不透水层位置等。要求了解的工程性质主要是:基坑(槽)形状、大小及深度,此外尚应了解设备条件,如井管长度、泵的抽吸能力等。

布置包括高程布置与平面布置。平面布置即确定井点布置的形式、总管长度、井点管数量、水泵数量及位置等。高程布置则确定井点管的埋置深度。

布置和计算的步骤是:确定平面布置→高程布置→计算进点管数量等→调整设计。

1) 确定平面布置

根据基坑(槽)形状,轻型井点可采用单排布置[图 1.35(a)]、双排布置[图 1.35(b)]以及环形布置[图 1.35(c)],当土方施工机械需进出基坑时,也可采用 U 形布置[图 1.35(d)]。

单排布置适用于基坑、槽宽度小于 6 m,且降水深度不超过 5 m 的情况。井点管应布置在地下水的上游一侧,两端延伸长度不宜小于坑、槽的宽度[图 1.35(a)]。

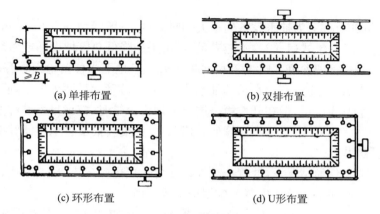

(a) 单排布置　　　　(b) 双排布置

(c) 环形布置　　　　(d) U形布置

图 1.35　轻型井点的平面布置

双排布置适用于基坑宽度大于 6m 或土质不良的情况。

环形布置适用于大面积基坑。如采用 U 形布置,则井点管不封闭的一段应设在地下水的下游方向。

2) 高程布置

如图 1.36 所示,高程布置系确定井点管埋深,即滤管上口至集水总管埋设面的距离,可按式(1-21)计算:

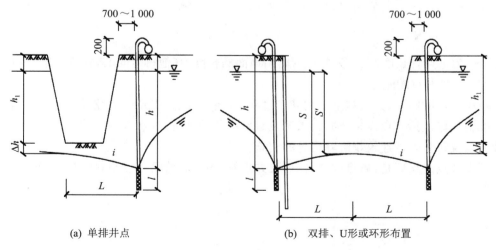

(a) 单排井点　　　　(b)　双排、U形或环形布置

图 1.36　高程布置计算

$$h \geqslant h_1 + \Delta h + iL \qquad (1-21)$$

式中：h 为井点管埋深，m；h_1 为集水总管埋设面至基底的距离，m；Δh 为基底至降低后的地下水位线的距离，m；i 为水力坡度；L 为井点管至水井中心的水平距离，当井点管为单排布置时，L 为井点管至边坡脚的水平距离，m。

计算结果尚应满足式(1-22)：

$$h \leqslant h_{p\max} \qquad (1-22)$$

式中：$h_{p\max}$ 为抽水设备的最大抽吸高度，一般轻型井点 6～7 m。

如果式(1-22)不能满足时，可采用降低总管埋设面或多级井点的方法。当计算得到的井点管埋设深度 h 略大于水泵高度 $h_{p\max}$ 且地下水位离地面较深时，可采用降低总管埋设面的方法，以充分利用水泵的抽水能力，此时总管埋设面可置于地下水位线以上。如略低于地下水位线也可，但在开挖第一层土方埋设总管时，应设集水井降水。

如果式(1-22)计算的 h 值与 $h_{p\max}$ 相差很多且地下水位离地表距离较近时，则可用多级井点。

任何情况下，滤管必须埋设在含水层内。

在上述公式中有关数据按下述取值：

① Δh 一般取 0.5～1 m，根据工程性质和水文地质状况确定。

② i 的取值：当单排布置时，$i = 1/4 \sim 1/5$；当双排布置时，$i = 1/7$；当环形布置时，$i = 1/10$。

③ L 为井点管至水井中心的水平距离，当基坑井点管为环形布置时，L 取短边方向的长度，这是由于沿长边布置的井点管比沿短边方向布置的井点管降水效应强的缘故。当基坑(槽)两侧是对称的，则 L 就是井点管至基坑中心的水平距离，如坑(槽)两侧不对称[如图 1.36(b)中一边打板桩、一边放坡]，则取井点管之间 1/2 距离计算。

④ 井点管布置应离坑边有一定距离(0.7～1m)，以防止边坡塌土而引起局部漏气。

⑤ 实际工程中，井点管均为定型的，有一定标准长度。通常根据给定井点管长度验算 Δh，如 $\Delta h \geqslant 0.5 \sim 1$ m 则可满足，Δh 可按式(1-23)计算：

$$\Delta h = h' - 0.2 - h_1 - il \qquad (1-23)$$

式中：h' 为进点管长度；0.2 为井点管露出地面的长度；其他符号同前，各符号单位均为 m。

（3）轻型井点的施工

轻型井点的施工，大致包括下列几个过程：准备工作、井点系统的埋设、使用及拆除。

准备工作包括井点设备、动力、水源及必要材料的准备，排水沟的开挖，附近建筑物的标高观测以及防止附近建筑物沉降措施的实施。

埋设井点的程序是：先排放总管，再设井点管，用弯联管将井点与总管接通，然后安装抽水设备。

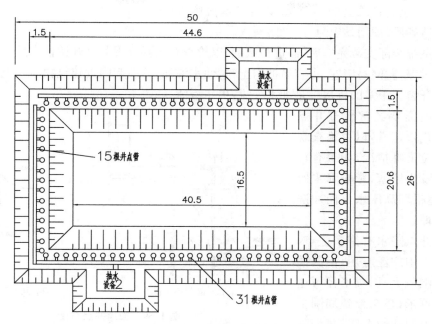

图 1.37　井点平面布置图

井点管的埋设一般用水冲法进行,并分为冲孔与埋管(图 1.38)两个过程。

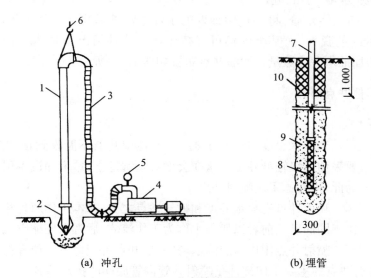

(a) 冲孔　　　　　　　(b) 埋管

图 1.38　井点管的埋设

1—冲管;2—冲嘴;3—胶管;4—高压水泵;5—压力表;

6—起重机吊钩;7—井点管;8—滤管;9—填砂;10—黏土封口

　　冲孔时,先用起重设备将冲管吊起并插在井点的位置上,然后开动高压水泵,将土冲松,冲管则边冲边沉。冲孔直径一般为 300 mm,以保证井管四周有一定厚度的砂滤层,冲孔深度宜比滤管底深 0.5 m 左右,以防冲管拔出时,部分土颗粒沉于底部而触及滤管底部。

　　井孔冲成后,立即拔出冲管,插入井点管,并在井点管与孔壁之间迅速填灌砂滤层,以防孔壁塌土。砂滤层的填灌质量是保证轻型井点顺利抽水的关键。一般宜选用干净粗砂,填灌均匀,并填至滤管顶上 1~1.5 m,以保证水流畅通。

井点填砂后,须用黏土封口,以防漏气。

井点系统全部安装完毕后,需进行试抽,以检查有无漏气现象。开始抽水后一般不应停抽。时抽时停,滤网易堵塞,也容易抽出土粒,使水混浊,并引起附近建筑物由于土粒流失而发生沉降开裂。正常的排水应是细水长流,出水澄清。

抽水时需要经常检查井点系统工作是否正常,以及检查观测井中水位下降情况,如果有较多井点管发生堵塞,影响降水效果时,应逐根用高压水反向冲洗或拔出重埋。

轻型井点降水有许多优点,在地下工程中广泛应用,但其抽水影响范围较大,影响半径可达百米至数百米,且会导致周围土壤固结而引起地面沉陷,要消除地面沉陷可采用回灌井点方法。即在井点设置线外 4~5 m 处,

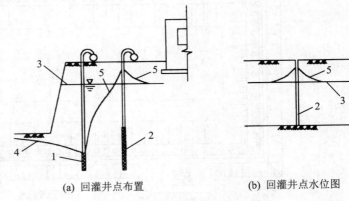

(a) 回灌井点布置   (b) 回灌井点水位图

图 1.39 回灌井点布置

1—降水井点;2—回灌井点;3—原水位线;
4—基坑内降低后的水位线;5—回灌后水位线

以间距 3~5 m 插入注水管,将井点中抽取的水经过沉淀后用压力注入管内,形成一道水墙,以防止土体过量脱水,而基坑内仍可保持干燥。这种情况下抽水管的抽水量约增加10%,可适当增加抽水井点数量。回灌井点布置如图 1.39 所示。

1.5.3 其他井点简介

1. 喷射井点

工程图集

其他井点图

当降水深度超过 6 m 时,一层轻型井点不能收到预期效果,这时就需要采用多级轻型井点。这样会增大基坑挖土量,增加设备用量和延长工期。为此,可考虑采用喷射井点。

喷射井点有喷水井点和喷气井点之分,基本工作原理相同,只是工作流体不同而已。前者以压力水作为工作流体,后者以压缩空气作为工作流体。

喷射井点用作深层降水,其一层井点可把地下水位降低 8~20 m,甚至20 m 以下。喷射井点的主要工作部件是喷射井管内管底端的扬水装置——喷嘴和混合室,当喷射井点工作时,由地面高压离心水泵供应的高压工作水,经过内外管之间的环形空间直达底端,在此处高压工作水由特制内管的两侧进水孔进入至喷嘴喷出,在喷嘴处由于过水断面突然收缩变小,使工作水流具有极高的流速(30~60 m/s),在喷口附近造成负压(形成真空),因而将地下水经滤管吸入,吸入的地下水在混合室与工作水混合,然后进入扩散室,水流从动能逐渐转变为位能,即水流的流速相对变小,而水流压力相对增大,把地下水连同工作水一起扬升出地面,经排水管道系统排至集水池或水箱,由此再用排水泵排出。在渗透系数大的土层中,由于土的透水性能好,地下水流向井点的流量大,进行喷射井点系统设计时,要有效地降低地下水位,主要是解决如何增大单井抽水能力问题。而在渗透系数小的土层

中,由于渗透水流非常缓慢,水难于从土层中渗出,因而要解决的主要问题不是提高单井的抽水能力,而是如何把地下水从土层中更快地聚集到井管内,即要在井管内形成最大限度的真空度,使之有较大的抽气能力。

喷射井点管单井的抽水、抽气能力,主要取决于喷嘴直径大小、喷嘴直径与混合室直径之比、混合室长度等。

2. 电渗井点

电渗井点是在降水井管的内侧打入金属棒(钢筋、钢管等),连以导线,以井点管为阴极,金属棒为阳极,通过直流电后,土颗粒自阴极向阳极移动,称电泳现象,使土体固结;地下水自阳极向阴极移动,称电渗现象,使软土地基易于排水。它用于渗透系数小于 0.1 m/d 的土层。

电渗井点是以轻型井管或喷射井管作阴极,$\phi 20 \sim 25$ mm 的钢筋或 $\phi 50 \sim 70$ mm 的钢管为阳极,埋设在井管内侧,与阴极并列或交错排列。当用轻型井点时,两者的距离为0.8～1.0 m;当用喷射井点时则为 1.2～1.5 m。阳极入土深度应比井管深 500 mm,露出地面 200～400 mm。阴、阳极数量相等,分别用电线联成通路,接到直流发电机或直流电焊机的相应电极上。

电渗井点降水的工作电压不宜大于60 V,土中通电的电流密度宜为 0.5～1.0 A/m²。为避免大部分电流从土表面通过,降低电渗效果,通电前应清除阴阳极间地面上的导电物,使地面保持干燥,如涂一层沥青则绝缘效果更好。通电时,为消除由于电解作用产生的气体积聚在电极附近,使土体电阻增大,加大电能消耗,宜采用间隔通电法,即每通电 24 h,停电2～3 h。在降水过程上,应量测和记录电压、电流密度、耗电量及水位变化。

3. 管井井点

管井井点由滤水井管、吸水管和抽水机械等组成。管井井点设备较为简单,排水量大,降水较深,较轻型井具有更大的降水效果,可代替多组轻型井点作用,水泵设在地面,易于维护。适于渗透系数较大、地下水丰富的土层、砂层或用明沟排水法造成土粒大量流失,引起边坡坍方及用轻型井点难以满足要求的情况下使用。但管井属于重力排水范畴,吸程高度受到一定限制,要求渗透系数 K 较大(20～200 m/d),降水深度仅为 3～5 m。

(1) 井点构造与设备

① 滤水井管。下部滤水井管过滤部分用钢筋焊接骨架,外包孔眼为 1～2 mm 滤网,长 2～3 m,上部井管部分用直径 200 mm 以上的钢管、塑料管或混凝土管。

② 吸水管。用直径 50～100 mm 的钢管或橡胶管,插入滤水井管内,其底端应沉到管井吸水时的最低水位以下,并装逆止阀,上端装设带法兰盘的短钢管一节。

③ 水泵。采用 BA 型或 A 型,流量 10～25 m³/h 离心式水泵。每个井管装置一台,当水泵排水量大于单孔滤水涌水量数量时,可另加设集水总管将相邻的相应数量的吸水管连成一体,共用一台水泵。

(2) 管井的布置

采取沿基坑外围四周呈环形布置或沿基坑(或沟槽)两侧或单侧呈直线形布置,井中心距基坑(槽)边缘的距离,依据所用钻机的钻孔方法而定,当用冲击钻时为 0.5～1.5 m,当用钻孔法成孔时不小于 3 m。管井埋设的深度和距离,根据需降水面积和深度及含水层的渗透系数 K 等而定,最大埋深可达 10 m,间距 10～15 m。

（3）管井的设备

管井埋设可采用泥浆护壁冲击钻成孔或泥浆护壁钻孔方法成孔。钻孔底部应比滤水井管深 200 mm 以上。井管下沉前应进行清洗滤井，冲除沉渣，可灌入稀泥浆用吸水泵抽出置换或用空压机洗井法，将泥渣清出井外，并保持滤网的畅通，然后下管。滤水井管应置于孔中心，下端用圆木堵塞管口，井管与孔壁之间用 3～15 mm 砾石填充作过滤层，地面下 0.5 m 内用黏土填充夯实。

水泵的设置标高根据要求的降水深度和所选用的水泵最大真空吸水高度而定，一般为 5～7 m，当吸程不够时，可将水泵设在坑内。

（4）管井的使用管理

管井使用时，应经试抽水，查检出水是否正常，有无淤塞等现象，如情况异常，应检修好后方可转入正常使用。抽水过程中应经常对抽水设备的电动机、传动机械、电流、电压等进行检查，并对井内水位下降和流量进行观测和记录。井管使用完毕，井管可用人字桅杆借助钢丝绳、倒链、绞磨或卷扬机将井管徐徐拔出，将滤水井管洗去泥砂后储存备用，所留孔洞用砂砾填实，上部 50 cm 深用黏性土填充夯实。

4. 深井井点降水方法

深井井点降水是在深基坑的周围埋置深于基底的井管，通过设置在井管内的潜水电泵将地下水抽出，使地下水位低于坑底。本法具有排水量大，降水深（>15 m），不受吸程限制，排水效果好；井距大，对平面布置的干扰小；可用于各种情况，不受土层限制；成孔（打井）用人工或机械均可，易于解决；井点制作、降水设备及操作工使用，单位降水费用较轻型井点低（80～120 元/m²）等优点；但一次性投资大，成孔质量要求严格，降水完毕，井管拔出较困难。适于渗透系数 K 较大（10～250 m/d），土质为砂类土，地下水丰富，降水深，面积大，时间长的情况，降水深可达 50 m 以内。

（1）井点系统设备

井点系统设备由深井井管和潜水泵等组成。

① 井管。由滤水管、吸水管和沉砂管三部分组成，可用钢管、塑料管和混凝土管制成，管径一般为 300～357 mm，内径宜大于潜水泵外径 50 mm。

② 水泵。用 QY 型或 QW-25 型、QW40-25 型潜水电泵，或 QJ50-52 型浸油或潜水电泵或深水泵。每井一台，并带吸水铸铁管或胶管，配上一个控制井内水位的自动开关，在井口安装 75 mm 阀门以便调节流量的大小，阀门用夹板固定。每个基坑井点群应有 2 台备用泵。

③ 排水管。用 ϕ325～500 mm 钢管或混凝土管，并设 0.3% 的坡度，与附近下水道接通。

（2）深水井布置

深井井点一般沿工程基坑周围离边坡上缘 0.5～1.5 m 呈环形布置；当基坑宽度较窄，也可在一侧呈直线形布置；当为面积不大的独立的深基坑，也可采取点式布置。井点宜深入到透水层 6～9 m，通常还应比所需降水的深度深 6～8 m，间距一般相当于埋深，为 10～30 m，基坑开挖深 8 m 以内，井距为 10～15 m；8 m 以上，井距为 15～20 m。井点不宜设在正式工程上，但可利用少量设护壁的人工挖孔作临时性降水深井用。在一个基坑布置的井点，应尽可能多地为附近工程基坑降水所利用，或上部二节尽可能地回收利用。

（3）深井井点埋设与使用

深井井点一般施工工艺程序是：井点测量定位→挖井口、安护筒→钻机就位→钻孔→回填井底砂垫层→吊放井管→回填井管与孔壁间的砂砾过滤层→洗井→井管内下设水泵、安装抽水控制电路→试抽水→降水井正常工作→降水完毕拔井管→封井。

习题

土方工程降水与排水

任务 6　基坑（槽）施工

1. 房屋定位

土方开挖以前，要做好建筑的定位放线工作。

建筑物定位是将建筑物外轮廓的轴线交点测定到地面上，用木桩标定出来，桩顶钉上小钉指示点位，这些桩叫角桩，如图 1.40 所示。然后根据角桩进行细部测设。

为了方便地恢复各轴线位置，要把主要轴线延长到安全地点并做好标志，称为控制桩。为便于开槽后施工各阶段中确定轴线位置，应把轴线位置引测到龙门板上，用轴线钉标定。龙门板顶部标高一般定在±0.00 m，主要是便于施工时控制标高。

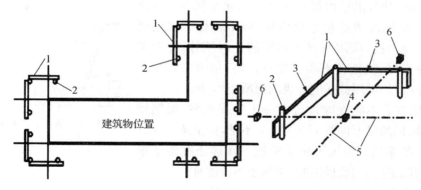

建筑物位置

图 1.40　建筑定位

1—龙门板；2—龙门桩；3—轴线钉；4—角桩；5—轴线；6—控制桩

2. 房屋放线

房屋放线是根据房屋定位确定的轴线位置，用石灰划出开挖的边线。开挖上口尺寸的确定应根据基础的设计尺寸和埋置深度、土壤类别及地下水情况，确定是否留工作面和放坡等。

3. 基槽（坑）土方开挖

基槽（坑）开挖时，严禁扰动基层土层，破坏土层结构，降低承载力。要加强测量，以防超挖。控制方法为：在距设计基底标高 300～500 mm 时，及时用水准仪抄平，打上水平控制桩，以作为挖槽（坑）时控制深度的依据。当开挖不深的基槽（坑）时，可在龙门板顶面拉上线，用尺子直接测量开挖深度；当开挖较深的基坑时，用水准仪引测槽（坑）壁水平桩，一般距槽底 300 mm，沿基槽每 3～4 m 钉设一个。

使用机械挖土时，为防止超挖，可在设计标高以上保留 200～300 mm 土层不挖，而改用人工挖土。

基础土方的开挖方法，有人工挖方和机械挖方两种。应根据基础特点、规模、形式、深度以及土质情况和地下水位,结合施工场地条件确定。一般大中型工程基坑土方量大,宜于使用土方机械施工,配合少量人工清槽;小型工程基槽窄,土方量小,宜采用人工或人工配合小型挖土机施工。

(1)人工开挖

① 在基础土方开挖之前,应检查龙门板、轴承线桩有无位移现象,并根据设计图纸校核基础灰线的位置、尺寸、龙门板标高等是否符合要求。

② 基础土方开挖应自上而下分步分层下挖,每步开挖深度约 30 cm,每层深度以 60 cm 为宜,按踏步型逐层进行剥土;每层应留足够的工作面,避免相互碰撞出现安全事故;开挖应连续进行,尽快完成。

③ 挖土过程中,应经常按事先给定的坑槽尺寸进行检查,不够时对侧壁土及时进行修挖,修挖槽邦应自上而下进行,严禁从坑壁下部掏挖"神仙土"。

④ 所挖土方应两侧出土,抛于槽边的土方距离槽边 1 m、高度 1 m 为宜,以保证边坡稳定,防止因压载过大产生塌方。除留足所需的回填土外,多余的土应一次运至用土处或弃土场,避免二次搬运。

⑤ 挖至距槽底约 50 cm 时,应配合测量放线人员抄出距槽底 50 cm 平线,沿槽边每隔3～4 m 钉水平标高小木桩(图 1.41)。应随时依此检查槽底标高,不得低于规定标高。如个别处超挖,应用与基土相同的土料填补,并夯实到要求的密实度,或用碎石类土填补,并仔细夯实。如在重要部位超挖时,可用低强度等级的混凝土填补。

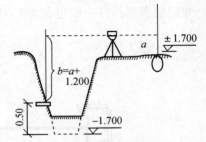

图 1.41　基槽底部抄平示意图

⑥ 如挖方后不能立即进行下一工序或在冬、雨期挖方,应在槽底标高以上保留 15～30 cm 不挖,待下道工序开始前再挖。冬期挖方每天下班前应挖一步虚土并盖草帘等保温,尤其是挖到槽底标高时,地基土不准受冻。

(2)机械挖方

1)点式开挖

厂房的柱基或中小型设备基础坑,因挖土量不大,基坑坡度小,机械只能在地面上作业,一般多采用抓铲挖土机和反铲挖土机。抓铲挖土机能挖一、二类土和较深的基坑;反铲挖土机适于挖四类以下土和深度在 4 m 以内的基坑。

2)线式开挖

大型厂房的柱列基础和管沟基槽截面宽度较小,有一定长度,适于机械在地面上作业,一般多采用反铲挖土机。如基槽较浅,又有一定的宽度,土质干燥时也可采用推土机直接下到槽中作业,但基槽需有一定长度并设上下坡道。

3)面式开挖

有地下室的房屋基础、箱形和筏式基础、设备与柱基础密集,采取整片开挖方式时。除可用推土机、铲运机进行场地平整和开挖表层外,多采用正铲挖土机、反铲挖土机或拉铲挖土机开挖。用正铲挖土机工效高,但需有上下坡道,以便运输工具驶入坑内,还要求土质干燥;反铲和拉铲挖土机可在坑上开挖,运输工具可不驶入坑内,坑内土潮湿也可以作业,但工效比正铲低。

任务7　季节性施工

1. 土方工程的冬季施工

冬期施工,是指室外日平均气温降低到5℃或5℃以下,或者最低气温降低到0℃或0℃以下时,用一般的施工方法难以达到预期目的,必须采取特殊的措施进行施工的方法。土方工程冬期施工造价高,功效低,一般应在入冬前完成。如果必须在冬期施工时,其施工方法应根据本地区气候、土质和冻结情况,并结合施工条件进行技术比较后确定。

（1）地基土的保温防冻

土在冬期由于受冻变得坚硬,挖掘困难。土的冻结有其自然规律,在整个冬期,土层的冻结厚度（冻结深度）可参见《建筑施工手册》,其中未列出的地区,在地面无雪和草皮覆盖的条件下全年标准冻结深度 Z_0,可按下式计算:

$$Z_0 = 0.28\sqrt{\sum T_m + 7} - 0.5 \qquad (1-24)$$

式中:$\sum T_m$ 为低于0℃的月平均气温的累计值（取连续10年以上的平均值）,以正号代入。

土方工程冬期施工,应采取防冻措施,常用的方法有松土防冻法、覆盖雪防冻法和隔热材料防冻法等。

1）松土防冻法。入冬前,在挖土的地表层先翻松25~40 cm厚表层土并耙平,其宽度应不小于土冻结深度的两倍与基底宽之和。在翻松的土中,有许多充满空气的孔隙,以降低土层的导热性,达到防冻的目的。

2）覆盖雪防冻法。降雪量较大的地区,可利用较厚的雪层覆盖作保温层,防止地基土冻结。对于大面积的土方工程,可在地面上与风主导方向垂直的方向设置篱笆、栅栏或雪堤（高度为0.5~1.0 m,其间距10~15 m）,人工积雪防冻。对于面积较小的基槽（坑）土方工程,在土冻结前,可以在地面上挖积雪沟（深30~50 cm）,并随即用雪将沟填满,以防止未挖土层冻结。

3）隔热材料防冻法。面积较小的基槽（坑）的地基土防冻,可在土层表面直接覆盖炉渣、锯末、草垫、树叶等保温材料,其宽度为土层冻结深度的两倍与基槽宽度之和。

（2）冻土的融化

冻结土的开挖比较困难,可用外加热能融化后挖掘。这种方式只有在面积不大的工程上采用,费用较高。

1）烘烤法。适用面积较小,冻土不深,燃料充足地区。常用锯末、谷壳和刨花等作燃料。在冻土上铺上杂草、木柴等引火材料,然后撒上锯末,上面压数厘米的土,让它不起火苗地燃烧,250 mm厚的锯末经一夜燃烧可熔化冻土300 mm左右,开挖时分层分段进行。

2）蒸汽熔化法。当热源充足,工程量较小时,可采用蒸汽熔化法。把带有喷气孔的钢管插入预先钻好的冻土孔中,通蒸汽熔化。

（3）冻土的开挖

冻土的开挖方法有人工法开挖、机械法开挖、爆破法开挖三种。

1）人工法开挖。人工开挖冻土适用于开挖面积较小和场地狭窄,不具备其他方法进行土方破碎开挖的情况。开挖时一般用大铁锤和铁楔子劈冻土。

2）机械法开挖。机械法开挖适用于大面积的冻土开挖。破土机械的选择，根据冻土层的厚度和工程量大小选用。当冻土层厚度小于 0.25 m 时，可直接用铲运机、推土机、挖土机挖掘开挖；当冻土层厚度为 0.6～1.0 m 时，用打桩机将楔形劈块按一定顺序打入冻土层，劈裂破碎冻土，或用起重设备将重 3～4 t 的尖底锤吊至 5～6 m 高时，脱钩自由落下，击碎冻土层（击碎厚度可达 1～2 m），然后用斗容量大的挖土机进行挖掘。

3）爆破法开挖。爆破法开挖适用面积较大，冻土层较厚的土方工程。采用打炮眼、填药的爆破方法将冻土破碎后，用机械挖掘施工。

（4）冬期回填土施工

由于冻结土块坚硬且不易破碎，回填过程中又不易被压实，待温度回升、土层解冻后会造成较大的沉降。为保证冬期回填土的工程质量，冬期回填土施工必须按照施工及验收规范的规定组织施工。

冬期填方前，要清除基底的冰雪和保温材料，排除积水，挖除冻块或淤泥。对于基础和地面工程范围内的回填土，冻土块的含量不得超过回填土总体积的 15%，且冻土块的粒径应小于 15 cm。填方宜连续进行，且应采取有效的保温防冻措施，以免地基土或已填土受冻。填方时，每层的虚铺厚度应比常温施工时减少 20%～25%。填方的上层应用未冻的、不冻胀或透水性好的土料填筑。

2. 土方工程的雨期施工

在雨期进行土方工程，施工难度大，对土的性质、工程质量及安全问题等方面影响较大。因此土方工程雨期施工应有保证工程质量和安全的技术措施；对于重要或特殊的土方工程应尽量在雨期前完成。

土方工程雨期施工的措施主要有：

（1）编制施工组织计划时，要根据雨期施工的行点，将不宜在雨期施工的分项工程提前或延后安排，对必须在雨期施工的工程制定有效的措施。

（2）合理组织施工。晴天抓紧室外工作，雨天安排室内工作，尽量缩小雨天室外作业时间和工作面。

（3）雨期开挖基槽（坑）或管沟时，应注意边坡稳定。必要时可放缓边坡坡度或设置支撑。施工时应加强对边坡和支撑的检查。为防止边坡被雨水冲塌，可在边坡上加钉钢丝网片，并喷上 50 mm 的细石混凝土。

（4）雨期施工的工作面不宜过大，应逐段、逐层分期完成。基础挖到标高后，及时验收并浇筑混凝土垫层，如基坑（槽）开挖后，不能及时进行下道工序时，应留保护层。对膨胀土地基及回填土要有防雨措施。

（5）为防止基坑浸泡，开挖时要在坑内做好排水沟、集水井。位于地下的池子和地下室，施工时应考虑周到。如预先考虑不周，浇筑混凝土后，遇有大雨时，容易造成池子和地下室上浮的事故。

习　题

1. 土的可松性对土方施工有何影响？

2. 基坑及基槽土方量如何计算？

3. 试述方格网法计算场地平整土方量的步骤和方法？

4. 试述断面法计算场地平整土方量的步骤和方法？

5. 什么是边坡系数？影响边坡稳定的因素有哪些。

6. 人工降低地下水位的方法有哪些？适用范围如何？

7. 单斗挖土机有哪几种类型？其工作特点和适用范围如何？正铲、反铲挖土机开挖方式有哪几种？如何选择？

8. 填土压实有哪几种方法？各有什么特点？影响填土压实的主要因素有哪些？

9. 什么是土的最佳含水量？土的含水量和控制干密度对填土压实质量有何影响？

10. 土方工程冬期施工有哪些防冻措施？雨期施工应注意哪些问题？

11. 某基坑底长 85 m，宽 60 m，深 8 m，工作宽度 0.5 m，四边放坡，边坡系数为 0.5。试计算土方开挖工程量。

12. 某建筑场地，如图 1.44 所示，方格网边长为 40 m，试用方格网法计算场地总挖方量和填方量？如填方区和挖方区的边坡系数均为 0.5 时，试计算场地边坡挖填、土方量？

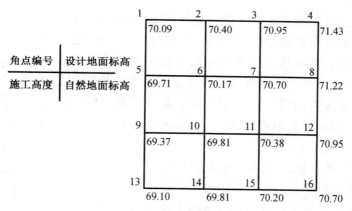

图 1.76　建筑场地方格网示意图

地基与基础工程施工

【学习重点】

1. 掌握填土与压实方法及质量检验方法。

2. 掌握高压旋喷地基、深层搅拌地基、钢筋混凝土条形基础等施工工艺和要求。

3. 了解钢筋混凝土预制桩、泥浆护壁成孔灌注桩、干作业钻孔灌注桩、人工挖孔灌注桩等施工工艺和要求。

4. 了解地下连续墙、深井等其他深基础。

资源合集

学习情境 2

任务 1 地基与基础的概念

2.1.1 地基与基础的概念

1. 地基的概念

任何建筑物都是支承在地层上的。土与其他固体连续介质不同,它是由矿物颗粒、水和空气所组成的三相松散介质,强度低,压缩性大。因此,建筑物的上部荷载不能直接通过墙、柱传给土层,而是通过扩大尺寸的下部结构把荷载传给土层。当土层承受建筑物的荷载作用后,土层在一定范围内改变其原有的应力状态,产生附加应力和变形,该附加应力和变形随着深度的增加向周围土中扩散并逐渐减弱。建筑物的下部结构即最下面部分称为基础,而由于建筑物荷载产生了不可忽视的附加应力和变形的那一部分地层称为地基。

地基是有一定深度和范围的,当地基由两层及两层以上土层组成时,通常将直接与基础底面接触的土层称为持力层;在地基范围内持力层以下的土层称为下卧层(当下卧层的承载力低于持力层的承载力时,称为软弱下卧层),如图 2.1 所示。

良好的地基应该具有较高的承载力和较低的压缩性,如果地基土较软弱,工程性质较差,须对地基进行人工加固处理后才能作为建筑物地基的,称为人工地基;未经加固处理,直接利用天然土层作为地基的,称为天然地基。由于人工地基施工周期长、造价高,因此建筑物应尽量建造在良好的天然地基上,以减少地基与基础部分的工程造价。

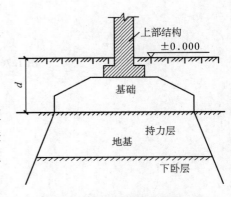

图 2.1 地基与基础示意图

2.1.2 基础的概念

建筑物的下部通常要埋入土层一定深度,使之坐落在较好的土层上。我们将埋入土层一定深度的建筑物下部承重结构称为基础,它位于建筑物上部结构和地基之间,承受上部结构传来的荷载,并将荷载传递给下部的地基。因此,基础起着上承和下传的作用,如图 2.1 所示。

基础都有一定的埋置深度(基础埋置深度是指设计室外地坪至基础底面之间的距离,简称埋深),根据基础埋深的不同,可分为浅基础和深基础。对一般房屋的基础,若土质较好,埋深不大($d \leqslant 5$ m),采用一般方法与设备施工的基础,称为浅基础,如独立基础、条形基础、筏板基础、箱形基础及壳体基础等;如果建筑物荷载较大或下部土层较软弱,需要将基础埋置于较深处($d > 5$ m)的好土层上,并须采用特殊的施工方法和机械设备施工的基础,称为深基础,如桩基础、沉井基础及地下连续墙基础等。

2.1.3 地基和基础的重要性

地基基础是建筑物的根基。基础是建筑物的主要组成部分,应具有足够的强度、刚度和耐久性,以保证建筑物的安全和使用年限。地基基础工程造价约占建筑物总投资的 $10\% \sim 30\%$。此外,由于地基与基础位于地面以下,属隐蔽工程,它的勘察、设计和施工质量的好坏,直接影响建筑物的安全,一旦发生质量事故,事先往往不易发现,其补救和处理往往比上部结构困难得多,且花费大,有时甚至是不可能的。

国内外由于地基基础设计不当导致建筑失败的例子屡见不鲜,应引以为戒。

【拓展】   **苏州虎丘塔**

苏州市虎丘塔,位于苏州市西北虎丘公园山顶,原名云岩寺塔,落成于宋太祖建隆二年(公元 961),全塔 7 层,塔高 47.5 m,塔底直径 13.66 m。塔平面呈八角形,由外壁、回廊及塔心三部分组成,塔身全部砖砌,外形完全模仿楼阁式木塔,每层都有 8 个壶门,拐角处的砖特制成圆弧形,十分美观。1961 年 3 月 4 日,国务院将此塔列为全国重点文物保护单位。虎丘塔地基为人工地基,由大块石组成,人工块石填土层厚 1~2 m,西南薄,东北厚;下为粉质

图 2.2   苏州虎丘塔

黏土,呈可塑至软塑状态,也是西南薄,东北厚;底部为风化岩石和基岩。由于地基土压缩层厚度土质不均匀及砖砌体偏心受压等原因,塔身向东北方向严重倾斜,塔顶偏离中心线 2.32 m,塔身东北面出现若干条垂直裂缝,而西南面塔身裂缝则呈水平方向。后来对该塔地基进行了加固处理,第一期加固处理是在塔身周围建造了一圈桩排式地下连续墙,第二期加固处理是采用注浆法和树根桩加固塔基,基本控制了塔的继续沉降和倾斜。苏州市虎丘塔示意图如图 2.2 所示。

任务 2　地基加固处理

2.2.1　地基处理的方法

当建筑物的地基存在着强度不足、压缩性过大或不均匀等问题时,为保证建筑物的安全与正常使用,有时必须考虑对地基进行人工处理。随着我国经济建设的发展和科学技术的进步,高层建筑物和重型结构物不断修建,对地基的强度和变形要求越来越高。因此,地基处理的运用也就越来越广泛。

1. 地基处理的目的与意义

在软弱地基上建造工程,可能会发生以下问题:沉降或差异沉降特大、大范围地基沉降、地基剪切破坏、承载力不足、地基液化、地基渗漏、管涌等一系列问题。地基处理的目的,就是针对这些问题,采取适当的措施来改善地基条件。这些措施主要包括以下五个方面。

(1) 改善剪切特性。地基的剪切破坏以及在土压力作用下的稳定性,取决于地基土的抗剪强度。因此为了防止剪切破坏以及减轻土压力,需要采取一定措施以增加地基土的抗剪强度。

(2) 改善压缩特性。需要研究采用何种措施以提高地基土的压缩模量,借以减少地基土的沉降。另外,防止侧向流动(塑性流动)产生的剪切变性,也是改善剪切特性的目的之一。

(3) 改善透水特性。由于在地下水的运动中所出现的问题,因此,需要研究采取何种措施使地基土变得不透水或减轻其水压力。

(4) 改善动力特性。地震时饱和松散粉细砂(包括一部分粉土)将会产生液化。为此,需要研究采取何种措施防止地基土液化,并改善其振动特性以提高地基的抗震性能。

(5) 改善特殊土的不良地基特性。主要是消除或减少黄土的湿陷性和膨胀土的胀缩性等特殊土的不良地基的特性。

2. 地基处理方法分类

我国各地自然地理环境不同,土质各异,地基条件区域性较强,地基处理方法也多样。表 2.1 是按照地基原理将处理方法进行分类的,在选择地基处理方案时,应考虑上部结构、基础和地基的共同作用,并经过技术经济比较,选用地基处理方案或加强上部结构和处理地基相结合的方案。

表 2.1　地基处理方法分类

编号	分类	处理方法	原理及作用	适用范围
1	碾压及夯实	重锤夯实,机械碾压,振动压实,强夯(动力固结)	利用压实原理,通过机械碾压夯击,把地基土压实,强夯则利用强大的夯击能,在地基中产生强烈的冲击波和动应力,迫使地基土固结密实	适用于碎石土、砂土、粉土、低饱和度的黏性土、杂填土等,对饱和黏性土应慎重采用

续表

编号	分类	处理方法	原理及作用	适用范围
2	换土垫层	砂石垫层,素土垫层,灰土垫层,矿渣垫层	以砂石、素土、灰土和矿渣等强度较高的材料置换地基表层软弱土,提高持力层的承载力,扩散应力,减少沉降量	适用于处理暗沟、暗塘等软弱土地基
3	排水固结	天然地基预压,砂井预压,塑料排水带预压,真空预压,降水预压	在地基中增设竖向排水体,加速地基的固结和强度增长,提高地基的稳定性,加速沉降发展,使基础沉降提前完成	适用于处理饱和软弱土层,对于渗透性极低的泥炭土,必须慎重对待
4	振密挤密	振冲挤密,灰土挤密桩,砂桩,石灰桩,爆破挤密	采用一定的技术措施,通过振动或挤密,使土体的孔隙减少,强度提高,必要时,在振动挤密的过程中,回填砂、砾石、灰土、素土等,与地基土组成复合地基,从而提高地基的承载力,减少沉降量	适用于处理松砂、粉土、杂填土及湿陷性黄土
5	置换及拌入	振冲置换,深层搅拌,高压喷射注浆,石灰桩等	采用专门的技术措施,以砂、碎石等置换软弱土地基中部分软弱土,或在部分软弱土地基中掺入水泥、石灰或砂浆等形成加固体,与未处理部分土组成复合地基,从而提高地基承载力,减少沉降量	适用于黏性土、冲填土、粉砂、细砂等。振冲置换法对于不排水抗剪强度小于 20 kPa 时慎用
6	加筋	土工合成材料加筋,锚固,树根桩,加筋土	在地基或土体中埋设强度较大的土工合成材料、钢片等加筋材料,使地基或土体能承受抗拉力,防止断裂,保持整体性,提高刚度,改变地基土体的应力场和应变场,从而提高地基的承载力,改善变形特性	适用于软弱土地基,填土及陡坡填土、砂土
7	其他	灌浆,冻结,托换技术,纠偏技术	通过独特的技术措施处理软弱土地基	根据实际情况确定

2.2.2　高压旋喷地基施工

1. 加固地基原理

高压喷射注浆法就是利用钻机把带有喷嘴的注浆管钻入(或置入)至土层预定的深度,以 20～40 MPa 的压力把浆液或水从喷嘴中喷射出来,形成喷射流,冲击破坏土层及预定形状的空间。当能量大、速度快和脉动状的喷射流的动压力大于土层结构强度时,土颗粒便从土层中剥落下来,一部分细粒土随浆液或水冒出地面,其余土颗粒在射流的冲击力、离心力和重力等作用下,与浆液搅拌混合,并按一定的浆土比例和质量大小,有规律地重新排列。这样注入的浆液将冲下的部分土混合凝结成加固体,从而达到加固土体的目的。它具有增大地基强度、提高地基承载力、止水防渗、减少支挡结构物的土压力、防止砂土液化和降低土的含水量等多种功能。其施工顺序如图 2.3 所示。

工程图集

高压旋喷桩
工程施工

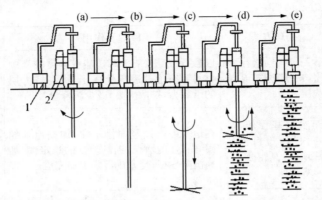

(a)开始钻进;(b)钻进结束;(c)高压旋喷开始;(d)边旋转边提升;(e)喷射完毕,桩体形成

图 2.3 旋喷法施工顺序示意图

1—超高压水力泵;2—钻机

高压喷射注浆法的适用范围:淤泥、淤泥质土、黏性土、粉土、黄土、砂土、人工填土和碎石等地基。当土中含有较多的大粒径块石、坚硬黏性土、大量植物根茎或有过多的有机质时,应根据现场实验结果确定其适用程度。

2.高压喷射注浆法的施工工艺

高压喷射注浆法的施工工艺流程如图 2.4 所示。

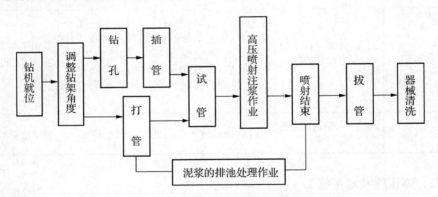

图 2.4 高压喷射注浆法的施工工艺流程

(1)钻机就位。钻机需平置于牢固坚实的地方,钻杆(注浆管)对准孔位中心,偏差不超过 10 cm,打斜管时需按设计调整钻架角度。

(2)钻孔下管或打管。钻孔的目的是将注浆管顺利置入预定位置,可先钻孔后下管,亦可直接打管,在下(打)管过程中,需防止管外泥砂或管内水泥浆小块堵塞喷嘴。

(3)试管。当注浆管置入土层预定深度后应用清水试压,若注浆设备和高压管路安全正常,则可搅拌制作水泥浆开始高压注浆作业。

(4)高压注浆作业。浆液的材料、种类和配合比,要视加固对象而定,在一般情况下,水泥浆的水灰比为 1:1～0.5,若用以改善灌注桩桩身质量,则应减小水灰比或采用化学浆。高压射浆自上而下连续进行,注意检查浆液初凝时间、注浆流量、风量、压力、旋转和提升速度等参数应符合设计要求。喷射压力高即射流能量大,加固长度大,效果好,若提升速度和旋转速度适当降低,则加固长度随之增加,在射浆过程中参数可随土质不同而改变,若参数不变,则容易使浆量增大。

(5)喷浆结束与拔管。喷浆由下而上至设计高度后,拔出喷浆管,喷浆即告结束,把浆液填入注浆孔中,多余的清除,但需防止浆液凝固时产生收缩的影响,拔管要及时,切不可久留孔中,否则浆液凝固后不能拔出。

(6)浆液冲洗。当喷浆结束后,立即清洗高压泵、输浆管路、注浆管及喷头。

2.2.3　深层搅拌地基施工

水泥土搅拌法是以水泥作为固化剂的主剂,通过特制的搅拌机械边钻边往软土中喷射浆液或雾状粉体,在地基深处将软土和固化剂(浆液或粉体)强制搅拌,使喷入软土中的固化剂与软土充分拌合在一起,利用固化剂和软土之间产生的一系列物理化学反应,形成抗压强度比天然土强度高得多,并具有整体性、稳定性和一定强度的水泥加固土桩柱体,由若干根这类加固土桩柱体和桩间土构成复合地基,从而达到提高地基承载力和增大变形模量的目的。

深层搅拌法是用于加固饱和黏性土地基的一种新技术。

1. 特点和适用范围

深层搅拌法加固软土,具有如下特点:

(1)深层搅拌法由于将固化剂和原地基软土就地搅拌混合,最大限度地利用了原土。

(2)施工过程中无振动、无噪声、无污染。

(3)深层搅拌法施工时对土无侧向挤压,因而对周围既有建筑物的影响很小。

(4)按照不同地基土性质及工程设计要求,合理选择固化剂及其配方,设计比较灵活。

(5)土体加固后重度基本不变,对软弱下卧层不致产生附加沉降。

(6)根据上部结构的需要,可灵活地采用柱状、壁状、格栅状和块状等加固体,这些加固体与天然地基形成复合地基,共同承担建筑物的荷载。

(7)可有效地提高地基承载力。

(8)施工工期较短,造价低廉,效益显著。

2. 施工工艺与施工要点

(1)施工工艺

深层搅拌法的施工工艺流程如图 2.5 所示,施工示意图如图 2.6 所示。

施工方案

深层搅拌桩

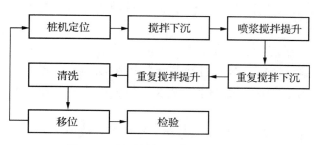

图 2.5　深层搅拌法的施工工艺流程

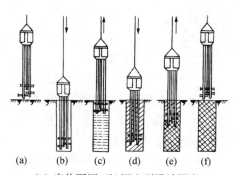

(a) 定位下沉;(b) 沉入到设计深度;
(c) 喷浆搅拌提升;(d) 原位重复搅拌下沉;
(e) 重复搅拌提升;(f) 搅拌完毕形成加固体

图 2.6　深层搅拌法施工示意图

（2）操作工艺

1）桩机定位。利用起重机或开动绞车将桩机移动到指定桩位。为保证桩位准确,必须使用定位卡,桩位偏差不大于 50 mm,导向架和搅拌轴应与地面垂直,垂直度的偏差不应超过 1.5%。

2）搅拌下沉。当冷却水循环正常后,启动搅拌机电机,使搅拌机沿导向架切土搅拌下沉,下沉速度由电机的电流表监控;同时按预定配比拌制水泥浆,并将其倒入集料斗备喷。

3）喷浆搅拌提升。搅拌机下沉到设计深度后,开启灰浆泵,使水泥浆连续自动喷入地基,并保持出口压力为 0.4～0.6 MPa,搅拌机边旋转边喷浆边按已确定的速度提升,直至设计要求的桩顶标高。搅拌头如被软黏土包裹,应及时清理。

4）重复搅拌下沉。为使土中的水泥浆与土充分搅拌均匀,再次将搅拌机边旋转边沉入土中,直到设计深度。

5）重复搅拌提升。将搅拌机边旋转边提升,再次至设计要求的桩顶标高,并上升至地面,制桩完毕。

6）清洗。向已排空的集料斗注入适量清水,开启灰浆泵清洗管道,直至基本干净,同时将黏附于搅拌头上的土清洗干净。

7）移位。重复上述 1）～6）步骤,进行下根桩施工。

（3）注意事项

1）所使用的水泥浆应过筛,制备好的浆液不得离析,泵送必须连续。

2）喷浆量及搅拌深度必须采用经国家计量部门认证的检测仪器自动记录。

3）当水泥浆液到达出浆口后,应喷浆搅拌 30s,在水泥浆与桩端土充分搅拌后,再开始提升搅拌头。

4）施工时因故停浆,应将搅拌头下沉至停浆点以下 0.5m 处,待恢复供浆时再喷浆搅拌提升。

2.2.4 其他地基加固方法

工程图集

预压法施工图

1. 预压法

预压法是在建筑物建造前,对地基土进行预压,使土体中的水排出,逐渐固结,地基发生沉降,同时强度逐步提高的方法。预压法包括堆载预压法、真空预压法等。预压法适用于淤泥质土、淤泥和冲填土等饱和黏性土地基。

（1）堆载预压法。在建筑物施工前,通过在拟建场地上预先堆置重物,进行堆载预压,以达到地基土固结沉降基本完成,通过地基土的固结以提高地基承载力。预压荷载一般等于建筑物的荷载,为了加速压缩过程,预压荷载也可比建筑物的重量大,称为超载预压。

堆载预压可分为塑料排水板或砂井地基堆载预压（图 2.7）和天然地基堆载预压。

（2）真空预压法。通过在需要加固的软土地基上铺设砂垫层,并设置竖向排水通道（砂井、塑料排水板）,再在其上覆盖不透气的薄膜形成一密封层使之与大气隔绝。然后用真空泵抽气,使排水通道保持较高的真空度,在土的孔隙水中产生负的孔隙水压力,孔隙水逐渐被吸出,从而使土体达到固结。该法的施工要点是:先设置竖向排水系统,埋设水平分布的滤管,砂垫层上的密封膜采用 2～3 层的聚氯乙稀薄膜,按先后顺序同时铺设,面积大时宜分区预压;做好真空度、地面沉降量、深层沉降、水平位移等观测;预压结束后,应清除砂槽和腐质土层;应注意对周边环境的影响(图 2.8)。该法适用于饱和均质黏性土及含薄层砂夹层的黏性土,特别适用于超软土地基的加固。

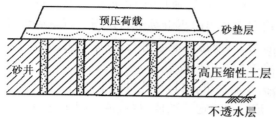

图 2.7　砂井堆载预压法

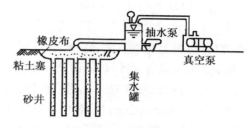

图 2.8　真空预压法示意图

2. 强夯法

强夯法是利用近十吨或数十吨的重锤从近十米或数十米的高处自由落下,对土进行强力夯击并反复多次,从而达到提高地基土的强度并降低其压缩性的处理目的。强夯法的作用机理是用很大的冲击能(一般为 500～800 kJ),使土体中出现冲击波和很大的应力,迫使土中空隙压缩,土体局部液化,夯击点周围产生裂隙,形成良好的排水通道,使土中的孔隙水(气)顺利溢出,土体迅速固结,从而降低此深度范围内土体的压缩性,提高地基承载力。同时,强夯技术可显著减少地基土的不均匀性,降低地基差异沉降。

强夯法适用于碎石土、砂土、低饱和度的粉土和黏性土、湿陷性黄土、杂填土和素填土等地基,对于软土地基,一般来说处理效果不显著。

强夯法施工可按下列步骤进行:

(1) 清理并平整施工场地。

(2) 标出第一遍夯点位置,并测量场地高程。

(3) 起重机就位,使夯锤对准夯点位置。

(4) 测量夯前锤顶高程。

工程图集

强夯法施工图

(5) 将夯锤起吊到预定高度,待夯锤脱钩自由下落后,放下吊钩,测量锤顶高程以计算夯沉量。若发现因坑底倾斜而造成夯锤歪斜时,应及时将坑底整平。

(6) 重复步骤(5),按设计规定的夯击次数及收锤标准,完成一个夯点的夯击。

(7) 换夯点重复步骤(3)～(6),直至完成第一遍全部夯点的夯击。

(8) 用推土机将夯坑填平,并测量场地高程。

(9) 在达到规定的间隔时间后,按上述步骤逐次完成全部夯击遍数,最后用低能量满夯,把场地表层松土夯实,并测量场地高程。

3. 振冲法

振冲地基,又称振冲桩复合地基,是以起重机吊起振冲器,启动潜水电机带动偏心块,使振冲器产生高频振动,同时开动水泵,通过喷嘴喷射高压水成孔,然后分批填以砂石骨料形成一根根桩体,桩体与原地基构成复合地基以提高地基的承载力,减少地基的沉降和沉降差的一种快速、经济有效的加固方法。该法具有技术可靠,机具设备简单,操作技术易于掌握,施工简便,省三材,加固速度快,地基承载力高等特点。

其施工要点如下：

（1）施工前应先在现场进行振冲试验，以确定成孔合适的水压、水量、成孔速度、填料方法、达到土体密实时的密实电流值、填料量和留振时间。

（2）振冲前，应按设计图定出冲孔中心位置并编号。

（3）启动水泵和振冲器，使振冲器以 1～2 m/min 的速度徐徐沉入土中。每沉入 0.5～1.0 m，宜留振 5～10 s 进行扩孔，待孔内泥浆溢出时再继续沉入。当下沉达到设计深度时，振冲器应在孔底适当停留并减小射水压力，以便排除泥浆进行清孔。如此往复1～2次，使孔内泥浆变稀，排泥清孔 1～2 min 后，将振冲器提出孔口。

（4）填料和振密方法，一般采取成孔后，将振冲器提出孔口，从孔口往下填料，然后再下降振冲器至填料中进行振密(图 2.9)，待密实电流达到规定的数值，将振冲器提出孔口。如此自下而上反复进行直至孔口，成桩操作即告完成。

（5）振冲桩施工时桩顶部约 1 m 范围内的桩体密实度难以保证，一般应予以挖除，另做地基，或用振动碾压使之压实。

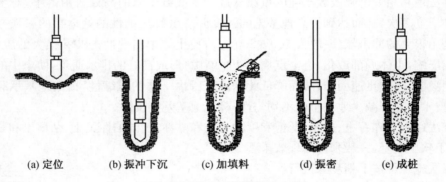

| (a) 定位 | (b) 振冲下沉 | (c) 加填料 | (d) 振密 | (e) 成桩 |

图 2.9　振冲法制桩施工工艺

工程图集

挤密法施工图

4. 挤密法

利用挤密或振动在软弱土层中挤土成孔，从侧向将土挤密，然后向孔内回填碎石、砂、灰土、土等材料，形成碎石桩、砂桩、石灰桩等，与桩间土一起组成复合地基，从而提高地基承载力，减少沉降量，是深层加密处理的一种方法。深层挤密法主要有砂石桩法、石灰桩法、土或灰土挤密法等。

（1）砂石桩可采用振动成桩法或锤击成桩法施工，桩径一般为 300～800 mm，桩长不宜小于 4 m，桩体材料可以用碎石、卵石、角砾、圆砾、砂砾、粗砂、中砂或石屑等，桩顶部宜铺设一层厚度为 300～500 mm 的砂石垫层。此法适用于挤密松散砂土、粉土、黏性土、素填土、杂填土等地基。

（2）石灰桩的施工可以采用洛阳铲或机械成孔，成孔后填入生石灰块或同时在生石灰中掺入适量的水硬性掺和料(如粉煤灰、火山灰、炉渣等)。成孔直径常用 300～400 mm，桩长一般不宜超过 6～8 mm。石灰桩法用于处理饱和黏性土、淤泥、淤泥质土、素填土和杂填土等地基。

（3）土或灰土挤密桩可选用沉管(振动、锤击)、冲击或爆破等方法成孔，成孔后将孔底夯实，然后用素土或灰土在最佳含水量状态下分层回填夯实，待挤密桩施工结束后，将表层挤松的土挖除或分层夯压密实。桩孔直径宜为 300～450 mm，桩顶标高以上应设置 300～500 mm 厚的 2∶8 灰土垫层。此法适用于处理地下水位以上的湿陷性黄土、素填土和杂填土等地基,可处理的地基深度为 5～15 mm。

5. **换土垫层法**

换土垫层法也称换填法,是将在基础底面以下处理范围内的软弱土层部分或全部挖去,然后分层换填密度大、强度高、水稳定性好的砂、碎石或灰土等材料及其他性能稳定和无侵蚀性的材料,并碾压、夯实或振实至要求的密实度为止。

换土垫层法
施工图

换土垫层按其回填材料的不同可分为砂垫层、碎石垫层、素土垫层、灰土垫层、矿渣垫层、粉煤灰垫层等。垫层的作用是提高浅基础下地基的承载力,满足地基稳定要求;减少沉降量;加速软弱土层的排水结固;防止持力层的冻胀或液化。

目前国内常用的垫层施工方法,主要有机械碾压法、重锤夯实法和振动压实(平板压实)法。

(1)机械碾压法

机械碾压法是采用压路机、推土机、羊足碾或其他压实机械来压实地基土。施工时先将拟建建筑物一定深度内范围的软弱土挖去,开挖的深度和宽度应根据换土垫层设计的具体要求确定。然后在基坑底部碾压,再将砂石、素土或灰土等垫层材料分层铺垫在基坑内,逐层压实。

(2)重锤夯实法

重锤夯实法是用起重机械将夯锤提升到一定高度,然后自由落锤,不断重复夯击以加固地基。重锤夯实法一般适用于地下水位距地表 0.8 m 以上,有效夯实深度内土的饱和度小于并接近 0.6 时。当夯击振动对邻近建筑物或设备产生有害影响时不得采用重锤夯实。

(3)平板振动法

平板振动法是利用振动压实机来压实非黏性土或黏粒含量少、透水性较好的松散杂填土地基的方法。

2.2.5　地基处理施工质量检验标准

1. **一般要求**

(1)建筑物地基的施工应具备下述资料:① 岩土工程勘察资料;② 邻近建筑物和地下设施类型、分布及结构质量情况;③ 工程设计图纸、设计要求及需达到的标准、检验手段。

(2)砂、石子、水泥、钢材、石灰、粉煤灰等原材料的质量、检验项目、批量和检验方法,应符合国家现行标准的规定。

(3)地基施工结束,宜在一个间歇期后进行质量验收,间歇期由设计确定。

(4)地基加固工程,应在正式施工前进行试验段施工,论证设定的施工参数及加固效果。为验证加固效果所进行的载荷试验,其施加载荷应不低于设计载荷的 2 倍。

(5)竣工后的地基强度或承载力必须达到设计要求的标准。检验的数量,每单位工程不应少于 3 点;1 000 m² 以上工程,每 100 m² 至少应有 1 点;3 000 m² 以上工程,每 300 m² 至少应有 1 点。每一独立基础下至少应有 1 点,基槽每 20 m 应有 1 点。

(6)对复合地基承载力检验,数量为总数的 0.5%～1%,且不应少于 3 处。有单桩强度检验要求时,数量为总数的 0.5%～1%,且不应少于 3 根。

2. 预压地基

堆载施工应检查堆载高度、沉降速率。真空预压施工应检查密封膜的密封性能、真空表读数等。预压地基和塑料排水带质量检验标准应符合表 2.2 的规定。

表 2.2 预压地基和塑料排水带质量检验标准

项目	序	检查项目	允许偏差或允许值		检查方法
			单位	数值	
主控项目	1	预压载荷	%	≤2	水准仪
	2	固结度(与设计要求比)	%	≤2	根据设计要求采用不同的方法
	3	承载力或其他性能指标	设计要求		按规定方法
一般项目	1	沉降速率(与控制值比)	%	±10	水准仪
	2	砂井或塑料排水带位置	mm	±100	用钢尺量
	3	砂井或塑料排水带插入深度	mm	±200	插入时用经纬仪检查
	4	插入塑料排水带时的回带长度	mm	≤500	用钢尺量
	5	塑料排水带或砂井高出砂垫层距离	mm	≥200	用钢尺量
	6	插入塑料排水带的回带根数	%	<5	目测

注:如真空预压,主控项目中预压载荷的检查为真空度降低值<2%。

3. 振冲地基

施工前应检查振冲器的性能,电流表、电压表的准确度及填料的性能。施工中应检查密实电流、供水压力、供水量、填料量、孔底留振时间、振冲点位置、振冲器施工参数等(施工参数由振冲试验或设计确定)。振冲地基质量检验标准应符合表 2.3 的规定。

表 2.3 振冲地基质量检验标准

项目	序	检查项目	允许偏差或允许值		检查方法
			单位	数值	
主控项目	1	填料粒径	设计要求		抽样检查
	2	密实电流(黏性土)	A	50～55	电流表读数
		密实电流(砂性土或粉土)	A	40～50	
		(以上为功率 30 kW 振冲器)			
		密实电流(其他类型振冲器)	A_0	1.5～2.0	电流表读数,A_0 为空振电流
	3	地基承载力	设计要求		按规定方法
一般项目	1	填料含泥量	%	<5	抽样检查
	2	振冲器喷水中心与孔径中心偏差	mm	≤50	用钢尺量
	3	成孔中心与设计孔位中心偏差	mm	≤100	用钢尺量
	4	桩体直径	mm	<50	用钢尺量

4. 高压喷射注浆地基

施工前应检查水泥、外掺剂等的质量,桩位、压力表、流量表的精度和灵敏度,高压喷射设备的性能等。施工中应检查施工参数(压力、水泥浆量、提升速度、旋转速度等)及施工程序。桩体质量及承载力检验应在施工结束后 28 d 进行。高压喷射注浆地基质量检验标准应符合表 2.4 的规定。

表 2.4　高压喷射注浆地基质量检验标准

项	序	检查项目	允许偏差或允许值		检查方法
			单位	数值	
主控项目	1	水泥及外掺剂质量	符合出厂要求		查产品合格证书或抽样送检
	2	水泥用量	设计要求		查看流量表及水泥浆水灰比
	3	桩体强度或完整性检验	设计要求		按规定方法
	4	地基承载力	设计要求		按规定方法
一般项目	1	钻孔位置	mm	≤50	用钢尺量
	2	钻孔垂直度	%	≤1.5	经纬仪测钻杆或实测
	3	孔深	mm	±200	用钢尺量
	4	注浆压力	按设定参数指标		查看压力表
	5	桩体搭接	mm	>200	用钢尺量
	6	桩体直径	mm	≤50	开挖后用钢尺量

5. 水泥土搅拌桩地基

施工前应检查水泥及外掺剂的质量、桩位、搅拌机工作性能及各种计量设备完好程度(主要是水泥浆流量计及其他计量装置)。施工中应检查机头提升速度、水泥浆或水泥注入量、搅拌桩的长度及标高。水泥土搅拌桩地基质量检验标准应符合表 2.5 的规定。

表 2.5　水泥土搅拌桩地基质量检验标准

项	序	检查项目	允许偏差或允许值		检查方法
			单位	数值	
主控项目	1	水泥及外渗剂质量	设计要求		查产品合格证书或抽样送检
	2	水泥用量	参数指标		查看流量计
	3	桩体强度	设计要求		按规定办法
	4	地基承载力	设计要求		按规定办法
一般项目	1	机头提升速度	m/min	≤0.5	量机头上升距离及时间
	2	桩底标高	mm	±200	测机头深度
	3	桩顶标高	mm	200 −50	水准仪(最上部 500 mm 不计入)
	4	桩位偏差	mm	<50	用钢尺量
	5	桩径		<0.04D	用钢尺量,D 为桩径

任务3 浅基础施工

2.3.1 浅基础的类型

浅基础,根据使用材料性能不同可分为无筋扩展基础(刚性基础)和扩展基础(柔性基础)。

无筋扩展基础又称刚性基础,一般包括由砖、石、素混凝土、灰土和三合土等材料建造的墙下条形基础或柱下独立基础。其特点是抗压强度高,而抗拉、抗弯、抗剪性能差,适用于六层和六层以下的民用建筑和轻型工业厂房。无筋扩展基础的截面尺寸有矩形、阶梯形和锥形等,墙下及柱下基础截面形式如图2.10所示。为保证无筋扩展基础内的拉应力及剪应力不超过基础的允许抗拉、抗剪强度,一般基础的刚性角及台阶宽高比应满足设计及施工规范要求。

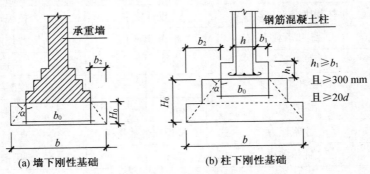

(a) 墙下刚性基础   (b) 柱下刚性基础

图2.10 无筋扩展基础截面形式

b—基础底面宽度;b_0—基础顶面的墙体宽度或柱脚宽度;H_0—基础高度;b_2—基础台阶宽度

扩展基础一般均为钢筋混凝土基础,按构造形式不同又可分为条形基础(包括墙下条形基础与柱下独立基础)、杯口基础、筏式基础、箱形基础等。

1. 砌石基础

在石料丰富的地区。可因地制宜,利用本地资源优势,做成砌石基础。基础采用的石料分毛石和料石两种,一般建筑采用毛石较多,价格低廉,施工简单。毛石分为乱毛石和平毛石。用水泥砂浆采用铺浆法砌筑。灰缝厚度为 20～30 mm。毛石应分皮卧砌,上下错缝内外搭接,砌第一层石块时,基底要坐浆。石块大面向下,基础最上一层石块,宜选用较大平面较好的石块砌筑,如图2.11所示。

施工视频

毛石基础
施工视频

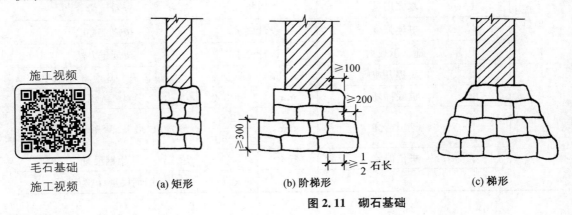

(a) 矩形   (b) 阶梯形   (c) 梯形

图2.11 砌石基础

2. 杯口基础

杯口基础常用于装配式钢筋混凝土柱的基础,形式一般有杯口基础、双杯口基础、高杯口基础等。

(1)杯口模板

杯口模板可用木模板或钢模板,可做成整体式,也可做成两半形式,中间各加楔形板一块,拆模时,先取出楔形板,然后分别将两半杯口模板取出。为便于拆模,杯口模板外可包钉薄铁皮一层。支模时杯口模板要固定牢固。在杯口模板底部留设排气孔,避免出现空鼓,如图 2.12 所示。

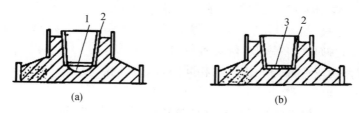

(a)　　　　　　　　　　(b)

图 2.12　杯口内模板排气孔示意图

1—空鼓　2—杯口模板　3—底板留排气孔

(2)混凝土浇筑

混凝土要先浇筑至杯底标高,方可安装杯口内模板,以保证杯底标高准确,一般在杯底均留有 50 mm 厚的细石混凝土找平层,在浇筑基础混凝土时,要仔细控制标高。

3. 筏式基础

筏形基础是由整板式钢筋混凝土板(平板式)或由钢筋混凝土底板、梁整体(梁板式)两种类型组成,适用于有地下室或地基承载能力较低而上部荷载较大的基础,筏形基础在外形和构造上如倒置的钢筋混凝土楼盖,分为梁板式和平板式两类,如图 2.13 所示。

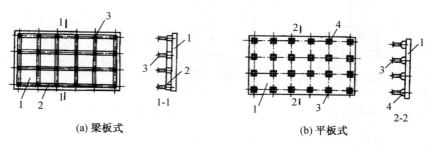

(a) 梁板式　　　　　　　　　　(b) 平板式

图 2.13　筏形基础

1—底板;2—梁;3—柱;4—支墩

施工要点:

(1)根据地质勘探和水文资料,地下水位较高时,应采用降低水位的措施,使地下水位降低至基底以下不少于 500 mm,保证在无水情况下,进行基坑开挖和钢筋混凝土筏体施工。

(2)根据筏体基础结构情况、施工条件等确定施工方案。

(3)加强养护。混凝土筏形基础施工完毕后,表面应加以覆盖和洒水养护,以保证混凝土的质量。

4. 箱型基础

箱形基础是由钢筋混凝土底板、顶板和纵横内外隔墙组成的整体空间结构。这种基础具有很大的整体刚度,基础中空部分可作为地下室,与实体相比可减小基底压力。箱形基础适用于地基软弱、平面形状简单的高层建筑,如图 2.14 所示。

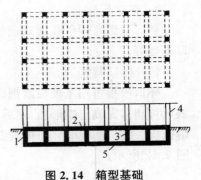

图 2.14 箱型基础

1—外墙;2—顶板;3—内墙;
4—上部结构;5—底板

2.3.2 砖基础施工

砖基础用普通烧结砖与水泥砂浆砌成。砖基础砌成的台阶形状称为"大放脚",有等高式和不等高式两种(图 2.15)。等高式大放脚是两皮一收,两边各收进 1/4 砖长;不等高式大放脚是两皮一收与一皮一收相间隔,两边各收进 1/4 砖长。

施工方案

砖基础
砌筑工艺

大放脚的底宽应根据计算确定,各层大放脚的宽度应为半砖宽的整数倍。在大放脚的下面一般做垫层,垫层材料可用 3∶7 或 2∶8 灰土。为了防止土中水分沿砖块中毛细管上升而侵蚀墙身,应在室内地坪以下一皮砖处设置防潮层。防潮层一般用 1∶2 水泥防水砂浆,厚约 20 mm(图 2.16)。

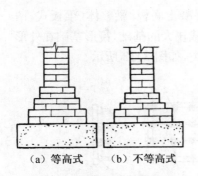

（a）等高式　（b）不等高式

图 2.15 砖基础大放脚形式

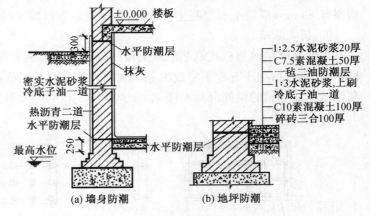

（a）墙身防潮　　（b）地坪防潮

图 2.16 防潮层设置

砖基础施工注意:

(1)基槽(坑)开挖:应设置好龙门桩及龙门板,标明基础、墙身和轴线的位置。

(2)大放脚的形式:当地基承载力大于 150 kPa 时,采用等高式大放脚,即两皮一收;否则应采用不等高式大放脚,即两皮一收与一皮一收相间隔,基础底宽应根据计算而定。

(3)砖基础若不在同一深度,则应先由底往上砌筑。在高低台阶接头处,下面台阶要砌一定长度(一般不小于基础扩大部分的高度)的实砌体,砌到上面后与上面的砖一起退台。

(4)砖基础接槎应留成斜槎,如因条件限制留成直槎时,应按规范要求设置拉结筋。

2.3.3　钢筋混凝土基础施工

墙下或柱下钢筋混凝土条形基础较为常见,工程中柱下基础底面形状很多情况是矩形的,称作柱下独立基础,它只不过是条形基础的一种特殊形式,其构造如图 2.17 和图 2.18 所示。条形基础的抗弯和抗剪性能良好,可在竖向荷载较大、地基承载力不高的情况下采用,因为高度不受台阶宽高比的限制,故适宜于"宽基浅埋"的场合,其横断面一般呈倒 T 形。

(a) 阶梯形1　　　(b) 阶梯形2　　　(c) 锥形

图 2.17　柱下混凝土独立基础

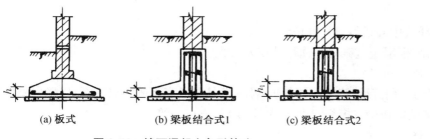

(a) 板式　　　(b) 梁板结合式1　　　(c) 梁板结合式2

钢筋混凝土
基础施工

图 2.18　墙下混凝土条形基础

1. 构造要求

(1)垫层厚度一般为 100 mm,混凝土强度等级为 C10,基础混凝土强度等级不宜低于 C15。

(2)底板受力钢筋的最小直径不宜小于 8 mm,间距不宜大于 200 mm。当有垫层时钢筋保护层的厚度不宜小于 35 mm,无垫层时不宜小于 70 mm。

(3)插筋的数目与直径应和柱内纵向受力钢筋相同。插筋的锚固及柱的纵向受力钢筋的搭接长度,按国家现行设计规范的规定执行。

2. 工艺流程

钢筋混凝土基础施工工艺流程:基槽清理、验槽→混凝土垫层浇筑、养护→抄平、放线→基础底板钢筋绑扎、支模板→相关专业施工(如避雷接地施工)→钢筋、模板质量检查,清理→基础混凝土浇筑→混凝土养护→拆模。

3. 施工注意要点

(1)基槽(坑)应进行验槽,局部软弱土层应挖去,用灰土或砂砾分层回填夯实至与基底相平,并将基槽(坑)内清除干净。

(2)如地基土质良好,且无地下水,基槽(坑)第一阶可利用原槽(坑)浇筑,但应保证尺寸正确,砂浆不流失。上部台阶应支模浇筑,模板支撑要牢固,缝隙孔洞要堵严,木模应浇水湿润。

(3)基础混凝土浇筑高度在 2 m 以内,混凝土可直接卸入基槽(坑)内,注意混凝土能充满边角;浇筑高度在 2 m 以上时,应通过漏斗、串筒或溜槽防止混凝土产生离析分层。

（4）浇筑台阶式基础应按台阶分层一次浇筑完成，每层先浇筑边角，后浇筑中间。应注意防止上下台阶交接处混凝土出现蜂窝和脱空现象。

（5）锥形基础如斜坡较陡，斜面应支模浇筑，并应注意防止模板上浮。斜坡较平时，可不支模，注意斜坡及边角部位混凝土的捣固密度，振捣完后，再用人工将斜坡表面修正、拍平、拍实。

（6）当基槽（坑）因土质不一挖成阶梯形式时，先从最低处浇筑，按每阶高度，其各边搭接长度不应小于 500 mm。

（7）混凝土浇筑完后，外露部分应适当覆盖，洒水养护；拆模后，及时分层回填土方并夯实。

2.3.4 基础施工质量检查与防治措施

浅基础施工工程是建筑工程中最重要的分部工程之一，涉及多项工种工程。以下介绍部分浅基础施工中遇到的质量通病防治。

1．基础位置、尺寸偏差大

（1）现象

1）基础轴线或中心线偏离设计位置。

2）毛石基础、混凝土基础等平面尺寸误差过大。

（2）预防措施

选用尺寸合适的毛石砌筑基础的各步台阶，尤其是最底下的一层毛石，以确保基础尺寸准确。混凝土基础应在检查模板尺寸、位置无误后，方可浇筑。

（3）治理方法

1）轴线偏差过大，可能导致地基或桩基偏心受力，留下隐患。因此发现基础位置偏差太大时，必须请设计等有关方面协商处理。

2）基础尺寸减小后，造成地基应力提高，地基变形加大，由此造成上部建筑开裂等问题屡见不鲜。当基础尺寸严重偏小时，应约请有关方面研究采取加固补强措施。

砖石、混凝土基础尺寸、位置允许偏差及检验方法见表 2.6 和表 2.7 所示。

表 2.6　基础尺寸、位置允许偏差及检验方法

项次	项　　目	允许偏差/mm				检验方法
		砖	毛石	毛料石	粗料石	
1	轴线位置偏移	10	20		15	用经纬仪或拉线和钢尺检查
2	基础顶面标高	±15	±25		±15	用水平仪和钢尺检查
3	砌体厚度	—	+30 −0	+30 −0	+15 −0	钢尺检查

表 2.7　混凝土基础尺寸、位置允许偏差及检验方法

项次	项目	允许偏差/mm		检验方法
		独立基础	其他基础	
1	轴线位移	10	15	钢尺检查
2	截面尺寸	+8，−5		钢尺检查

2. 基础标高偏差过大

（1）现象

基础顶面标高不在同一水平面，其偏差明显超过施工规范的规定，这将影响上层墙体标高。此类通病在砖、石基础中较常见。

（2）预防措施

1）基础施工前应校核标志板（龙门板）标高，发现偏差应及时修正。

2）砌体施工应设置皮数杆，并应根据设计要求、块材规格和灰缝厚度在皮数杆上标明皮数及竖向构造的变化部位。

3）基础垫层（基层）施工时，应准确控制其顶面标高，宜在允许的负偏差范围内。

4）砌筑基础前，应对基层标高普查一遍，局部凹洼处，可用细石混凝土垫平。

（3）治理方法

基础顶面标高偏差过大时，应用细石混凝土找平后再砌墙，并以找平后的顶面标高为准设置皮数杆。

3. 毛石基础根部不实

（1）现象

毛石基础第一层毛石未坐实、挤紧。

（2）防治措施

1）基础砌筑前应认真验槽。若发现地基不良，应会同有关部门处理，并办理隐检记录。

2）第一皮砌体应选用较大的平毛石砌筑，砌前应坐浆，并将石块大面向下。

3）砌筑时毛石应平铺卧砌，毛石长面与基础长度方向垂直（即顶砌），互相交叉紧密排好。接着灌入 2/5 较稀的砂浆，然后用小石块将毛石之间的缝隙填实，用手锤敲打密实，再将其余空隙灌满砂浆。

4. 石砌基础组砌形式不良

（1）现象

毛石基础不分皮砌筑，同皮内的石块内外不搭砌，上下皮石块不错缝，台阶形基础错台处不搭砌。

（2）防治措施

1）毛石基础的第一皮及转角处、交接处和洞口处，应用较大的平毛石砌筑，大面朝下，放平放稳。

2）毛石基础应分皮卧砌，各皮石块间应利用自然形状经敲打修整使能与先砌石块基本吻合，搭砌紧密；应上下错缝，内外搭砌，不得采用外面侧立石块中间填心的砌筑方法。

3）毛石基础各皮必须设置拉结石。拉结石应均匀分布，相互错开，其一般间距为 2 m 左右。

4）阶梯形毛石基础，上级阶梯的石块应至少压砌下级阶梯的 1/2，相邻阶梯的毛石应相互错缝搭砌。

5）毛石与毛石之间不得直接接触，应留 20～35 mm 的灰缝，灰缝较小（≤30 mm）时，可用砂浆填满；灰缝较大（>30 mm）时，应选用小石块加砂浆填塞密实，不准使用成堆的碎石填塞。

5. 混凝土基础外观缺陷

（1）现象

1）基础中心线错位。

2）基础平面尺寸、台阶形基础台阶宽和高的尺寸偏差过大。

3）条形基础上口宽度不准,基础顶面的边线不直;下口陷入混凝土内;拆模后上段混凝土有缺损,侧面有蜂窝、麻面;底部支模不牢。

4）杯形基础的杯口模板位移;芯模上浮,或芯模不易拆除。

（2）防治措施

1）在确认测量放线标记和数据正确无误后,方可以此为据,安装模板。模板安装中,要准确地挂线和拉线,以保证模板垂直度和上口平直。

2）模板及支撑应有足够的强度和刚度,支撑的支点应坚实可靠。

3）上段模板应支承在预先横插圆钢或预制混凝土垫块上;也可用临时木支撑将上部侧模支撑牢靠,并保持标高、尺寸准确。

4）发现混凝土由上段模板下翻上来时,应及时铲除、抹平,防止模板下口被卡住。

5）模板支撑支承在土上时,下面应垫木板,以扩大支承面。模板长向接头处应加拼条,使板面平整,连接牢固。

6）杯基芯模板应刨光直拼,表面涂隔离剂,底部钻几个小孔,以利排气（水）。

7）浇筑混凝土时,两侧或四周应均匀下料并振捣。脚手板不得格在模板上。

任务 4 桩基础施工

2.4.1 钢筋混凝土预制桩施工

工程视频、图集

钢筋混凝土
预制桩施工

钢筋混凝土预制桩是在预制构件厂或施工现场预制,用沉桩设备在设计位置上将其沉入土中,其特点:坚固耐久,不受地下水或潮湿环境影响,能承受较大荷载,施工机械化程度高,进度快,能适应不同土层施工。

目前最常用的预制桩是预应力混凝土管桩。它是一种细长的空心等截面预制混凝土构件,是在工厂经先张预应力、离心成型、高压蒸养等工艺生产而成。

钢筋混凝土预制桩施工前,应根据施工图设计要求、桩的类型、成孔过程对土的挤压情况、地质探测和试桩等资料,制定施工方案。一般的施工程序如图 2.19 所示。

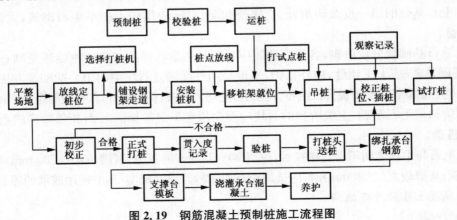

图 2.19 钢筋混凝土预制桩施工流程图

1. 打桩前的准备

桩基础工程在施工前,应根据工程规模的大小和复杂程度,编制整个分部工程施工组织设计或施工方案。沉桩前,现场准备工作的内容有平整场地、抄平放线、铺设水电管网、沉桩机械设备的进场和安装以及桩的供应等。

（1）场地平整

施工场地应平整、坚实(坡度不大于 10％),必要时宜铺设道路,经压路机碾压密实,场地四周应设置排水措施。

（2）抄平放线定桩位

依据施工图设计要求,把桩基定位轴线桩的位置在施工现场准确地测定出来,并作出明显的标志(用小木桩或洒白石灰点标出桩位,或使用龙门板拉线法确定桩位)。在打桩现场附近设置 2～4 个水准点,用以抄平场地和作为检查桩入土深度的依据。桩基轴线的定位点及水准点,应设置在不受打桩影响的地方。

（3）进行打桩试验

施工前应做数量不少于 2 根桩的打桩工艺试验,用以了解桩的沉入时间、最终沉入度、持力层的强度、桩的承载力以及施工过程中可能出现的各种问题和反常情况等,以便检验所选的打桩设备和施工工艺,确定是否符合设计要求。

（4）确定打桩顺序

打桩顺序直接影响到桩基础的质量和施工速度,应根据桩的密集程度(桩距大小)、桩的规格、长短、桩的设计标高、工作面布置、工期要求等综合考虑,合理确定打桩顺序。根据桩的密集程度,打桩顺序一般分为逐排打设、自中间向四周打设和由中间向两侧打设三种,如图 2.20 所示。

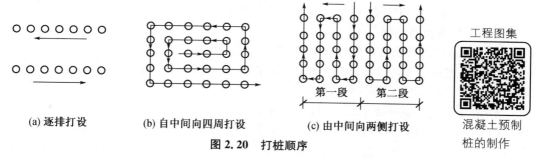

(a) 逐排打设 (b) 自中间向四周打设 (c) 由中间向两侧打设

图 2.20 打桩顺序

工程图集

混凝土预制
桩的制作

根据基础的设计标高和桩的规格,宜按先深后浅、先大后小、先长后短的顺序进行打桩。但一侧毗邻建筑物时,由毗邻建筑物处向另一方向施打。

（5）桩帽、垫衬和打桩设备机具准备。

2. 桩的制作、运输、堆放

（1）桩的制作

较短的桩多在预制厂生产,较长的桩一般在打桩现场附近或打桩现场就地预制。

桩分节制作时,单节长度的确定,应满足桩架的有效高度、制作场地条件、运输与装卸能力的要求,同时应避免桩尖接近硬持力层或桩尖处于硬持力层。中接桩,上节桩和下节桩应尽量在同一纵轴线上预制,使上下节钢筋和桩身减少偏差。

（2）桩的运输

混凝土预制桩达到设计强度 70％方可起吊,达到 100％后方可进行运输。如提前吊运,必须验算合格。桩在起吊和搬运时,吊点应符合设计规定,如无吊环,设计又未作规定时,绑扎点的数量及位置按桩长而定,应符合起吊弯矩最小的原则,可按图 2.21 所示位置捆绑。

钢丝绳与桩之间应加衬垫,以免损坏棱角。起吊时应平稳提升,吊点同时离地,如要长距离运输,可采用平板拖车或轻轨平板车。

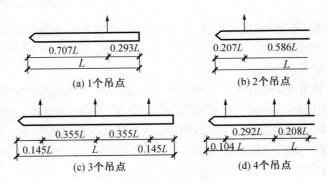

图 2.21　吊点的合理位置

（3）桩的堆放

桩堆放时,地面必须平整、坚实,垫木间距应根据吊点确定,各层垫木应位于同一垂直线上,最下层垫木应适当加宽,堆放层数不宜超过 4 层。不同规格的桩,应分别堆放。

3. 锤击沉桩施工

锤击沉桩也称打入桩(图 2.22),是利用桩锤下落产生的冲击能量将桩沉入土中,锤击沉桩是混凝土预制桩最常用的沉桩方法。该法施工速度快,机械化程度高,适应范围广,现场文明程度高,但施工时有噪音和振动,对于城市中心和夜间施工有所限制。

（1）打桩设备及选择

打桩所用的机具设备主要包括桩锤、桩架及动力装置。

1）桩锤是把桩打入土中的主要机具,有落锤、汽锤(单动汽锤和双动汽锤)、柴油桩锤、振动桩锤等。

2）桩架是支持桩身和桩锤,在打桩过程中引导桩的方向及维持桩的稳定,并保证桩锤沿着所要求方向冲击桩体的设备。桩架一般由底盘、导向杆、起吊设备、撑杆等组成。

3）打桩机械的动力装置是根据所选桩锤而定的,主要有卷扬机、锅炉、空气压缩机等。当采用空气锤时,应配备空气压缩机;当选用蒸汽锤时,则要配备蒸汽锅炉和卷扬机。

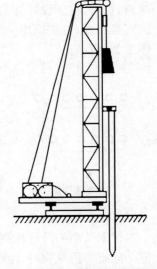

图 2.22　打入桩施工示意图

（2）打桩工艺

1）吊桩就位

按既定的打桩顺序,先将桩架移动至桩位处并用缆风绳拉牢,然后将桩运至桩架下,利用桩架上的滑轮组,由卷扬机提升桩。当桩提升至直立状态后,即可将桩送入桩架的龙门导管内,同时把桩尖准确地安放到桩位上,并与桩架导管相连接,以保证打桩过程中不发生倾斜或移动。桩就位后,为了防止击碎桩顶,在桩锤与桩帽、桩帽与桩之间应放上硬木、粗草纸或麻袋等桩垫作为缓冲层,桩帽与桩顶四周应留 5～10 mm 的间隙。然后进行检查,使桩身、桩帽和桩锤在同一轴线上即可开始打桩。

2）打桩

打桩时采用"重锤低击"可取得良好效果,这是因为这样锤桩对桩头的冲击小,回弹也小,桩头不易损坏,大部分能量都用于克服桩身与土的摩阻力和桩尖阻力上,桩就能较快地沉入土中。

初打时地层软、沉降量较大,宜低锤轻打,随着沉桩加深(1~2 m),速度减慢,再酌情增加起锤高度,要控制锤击应力。打桩时应观察桩锤回弹情况,如经常回弹较大时则说明桩锤太轻,不能使桩下沉,应及时更换。至于桩锤的落距以多大为宜,根据实践经验,在一般情况下,单动汽锤以 0.6 m 左右为宜,柴油锤不超过 1.5 m,落锤不超过 1.0 m 为宜。

在打桩过程中,如突然出现桩锤回弹、贯入度突增、锤击时桩弯曲、倾斜、颤动、桩顶破坏加剧等情况,则表明桩身可能已破坏。

打桩最后阶段,沉降太小时,要避免硬打,如难沉下,要检查桩垫、桩帽是否适宜,需要时可更换或补充软垫。

3)接桩

预制桩施工中,由于受到场地、运输及桩机设备等的限制,而将长桩分为多节进行制作。混凝土预制方桩接头数量不宜超过 2 个,预应力管桩接头不宜超过 4 个。接桩时要注意新接桩节与原桩节的轴线一致。目前预制桩的接桩工艺主要有硫磺胶泥浆锚法、电焊接桩和法兰螺栓接桩等三种。前一种适用于软弱土层,后两种适用于各类土层。

4)打入末节桩体

① 送桩。设计要求送桩时,送桩的中心线应与桩身吻合一致方能进行送桩。送桩下端宜设置桩垫,要求厚薄均匀。若桩顶不平可用麻袋或厚纸垫平。送桩留下的桩孔应立即回填密实。

② 截桩。在打完各种预制桩开挖基坑时,按设计要求的桩顶标高将桩头多余的部分截去。截桩头时不能破坏桩身,要保证桩身的主筋伸入承台,长度应符合设计要求。当桩顶标高在设计标高以下时,在桩位上挖

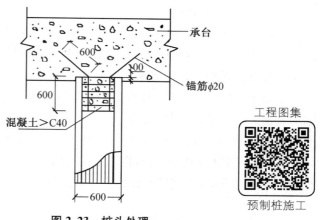

图 2.23　桩头处理

成喇叭口,凿掉桩头混凝土,剥出主筋并焊接接长至设计要求长度,与承台钢筋绑扎在一起,用桩身同强度等级的混凝土与承台一起浇筑接长桩身,如图 2.23 所示。

4. 静力压桩施工

静力压桩是在软土地基上,利用静力压桩机或液压压桩机,用无振动的静力压力(自重和配重)将预制桩压入土中的一种新工艺。静力压桩已在我国沿海软土地基上较为广泛地采用,与普通的打桩和振动沉桩相比,压桩可以消除噪声和振动的公害,故特别适用于医院和有防震要求部门附近的施工。

静力压桩机(图 2.24)的工作原理是:通过安置在压桩机上的卷扬机的牵引,由钢丝绳、滑轮及压梁,将整个桩机的自重力(800~1 500 kN)反压在桩顶上,以克服桩身下沉时与土的摩擦力,迫使预制桩下沉。桩架高度 10~40 m,压入桩长度已达 37 m,桩断面为 400 mm×400 mm~500 mm×500 mm。

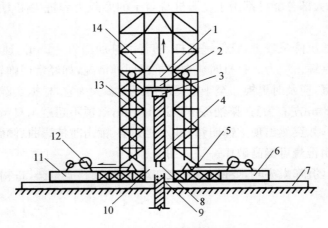

图 2.24 静力压桩机示意图

1—活动压梁;2—油压表;3—桩帽;4—上段桩;5—加重物仓;6—底盘;7—轨道;
8—上段接桩锚筋;9—下段桩;10—桩架;11—底盘;12—卷扬机;
13—加压钢绳滑轮组;14—桩架导向笼

压桩施工,一般情况下都采取分段压入,逐段接长的方法。接桩的方法目前有三种:焊接法、法兰接法和浆锚法。

焊接法接桩(图 2.25)时,必须对准下节桩并垂直无误后,用点焊将拼接角钢连接固定,再次检查位置正确后则进行焊接。施焊时,应两人同时对角对称地进行,以防止节点变形不匀而引起桩身歪斜。焊缝要连续饱满。

浆锚法接桩(图 2.26)时,首先将上节桩对准下节桩,使四根锚筋插入锚筋孔中(直径为锚筋直径的 2.5 倍),下落压梁并套住桩顶,然后将桩和压梁同时上升约 200 mm(以四根锚筋不脱离锚筋孔为度)。此时,安设好施工夹箍(施工夹箍:由四块木板,内侧用人造革包裹 40 mm 厚的树脂海绵块而成),将溶化的硫磺胶泥注满锚筋孔内和接头平面上,然后将上节桩和压梁同时下落,当硫磺胶泥冷却并拆除施工夹箍后,即可继续加荷施压。

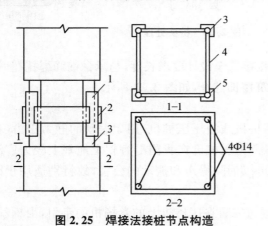

图 2.25 焊接法接桩节点构造

1—角钢与主筋焊接;2—钢板;3—主筋;
4—箍筋;5—焊缝

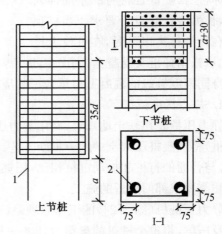

图 2.26 浆锚法接桩节点构造

1—锚筋;2—锚筋孔

为保证接桩质量,应做到:锚筋应刷净并调直;锚筋孔内应有完好螺纹,无积水、杂物和油污;接桩时接点的平面和锚筋孔内应灌满胶泥;灌注时间不得超过 2 min;灌注后停歇时间应符合有关规定。

5. 其他沉桩方法

(1)水冲沉桩法

水冲沉桩法是锤击沉桩的一种辅助方法。它是利用高压水流经过桩侧面或空心管内部的射水管冲击桩尖附近土层,便于锤击沉桩。一般是边冲水边打桩,当沉桩至最后 1~2 m 时停止冲水,用锤击至规定标高。水冲法适用于砂土和碎石土,有时对于特别长的预制桩,单靠锤击有一定的困难时,亦用水冲法辅助之。

(2)振动沉桩法

振动沉桩法是利用振动机,将桩与振动机连接在一起,振动机产生的振动力通过桩身使土体振动,使土体的内摩擦角减小、强度降低而将桩沉入土中。此法在砂土中效率最高。

2.4.2　灌注桩施工

混凝土灌注桩是直接在施工现场桩位上成孔,然后在孔内安装钢筋笼,浇筑混凝土成桩。与预制桩相比,灌注桩具有不受地层变化限制,不需要接桩和截桩,节约钢材、振动小、噪声小等特点,但施工工艺复杂,影响质量的因素多。灌注桩按成孔方法分为:钻孔灌注桩、人工挖孔灌注桩、沉管灌注桩等。

1. 灌注桩施工准备工作

(1)确定成孔施工顺序

1)对土没有挤密作用的钻孔灌注桩和干作业成孔灌注桩,应结合施工现场条件,按桩机移动的原则确定成孔顺序。

2)对土有挤密作用和振动影响的钻孔灌注桩、沉管灌注桩等,为保证邻桩不受影响造成事故,一般可结合现场施工条件确定成孔顺序:间隔 1 个或 2 个桩位成孔;在邻桩混凝土初凝前或终凝后成孔;5 根以上单桩组成的群桩基础,中间的桩先成孔,外围的桩后成孔。

3)人工挖孔桩当桩净距小于 2 倍直径且小于 2.5 m 时,桩应采用间隔开挖;排桩跳挖的最小净距不得小于 4.5 m,孔深不宜大于 40 m。

(2)桩孔结构的控制

1)桩孔直径的偏差应符合规范规定,在施工中,如桩孔直径偏小,则不能满足设计要求(桩承载力不够);如直径偏大,则使工程成本增加,影响经济效益。

2)桩孔深度应根据桩型来确定控制标准。对桩孔的深度,一般先以钻杆和钻具粗挖,再以标准测量绳吊陀测量。

3)护筒的位置主要取决于地层的稳定情况和地下水位的位置。

(3)钢筋笼的制作

制作钢筋笼,可采用专用工具,人工制作。首先计算主筋长度并下料,弯制加强箍和缠绕筋,然后焊制钢筋笼。制作钢筋笼时,要求主筋环向均匀布置,箍筋的直径及间距、主筋的保护层、加强箍的间距等均应符合设计规定。钢筋笼在运输、吊装过程中,要防止钢筋扭曲变形。吊放入孔内时,应对准孔位慢放,严禁高起猛落,强行下放,防止倾斜、弯折或碰撞孔壁,为防止钢筋笼上浮,可采用叉杆对称地点焊在孔口护筒上。

（4）混凝土的配制

混凝土强度等级不应低于 C15,水下浇筑混凝土不应低于 C20。所用粗、细骨料必须符合有关要求。混凝土坍落度的要求是:用导管水下灌注混凝土宜为 160～220 mm,非水下直接灌注的混凝土宜为 80～100 mm,非水下素混凝土宜为 60～80 mm。

（5）混凝土的灌注

桩孔检查合格后,应尽快灌注混凝土。灌注混凝土时,桩顶灌注标高应超过桩顶设计标高的半米以上。灌注时环境温度低于 0℃时,混凝土应采取保温措施。

2.钻孔灌注桩

钻孔灌注桩是指利用钻孔机械钻出桩孔,并在孔中浇筑混凝土（或先在孔中吊放钢筋笼）而成的桩。根据钻孔机械的钻头是否在土壤的含水层中施工,钻孔灌注桩又分为泥浆护壁成孔和干作业成孔两种施工方法。

（1）泥浆护壁成孔灌注桩

泥浆护壁成孔是利用原土自然造浆或人工造浆浆液进行护壁,通过循环泥浆将被钻头切下的土块携带排出孔外成孔,然后安装绑扎好的钢筋笼,导管法水下灌注混凝土沉桩。此法对于不论地下水高低的土层都适用,但在岩溶发育地区慎用。

泥浆护壁成孔灌注桩施工工艺流程如图 2.27 所示。

施工视频

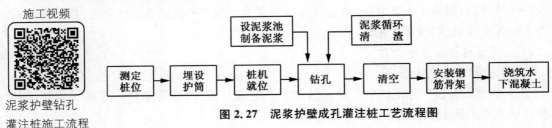

泥浆护壁钻孔
灌注桩施工流程

图 2.27　泥浆护壁成孔灌注桩工艺流程图

1）施工准备

① 埋设护筒

护筒是用 4～8 mm 厚钢板制成的圆筒,其内径应大于钻头直径 100 mm,其上部宜开设 1～2 个溢浆孔（图 2.28）。

护筒的作用是固定桩孔位置,防止地面水流入,保护孔口,增高桩孔内水压力,防止塌孔和成孔时引导钻头方向。

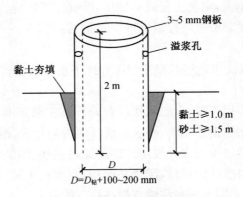

图 2.28　护筒埋设示意图

埋设护筒时,先挖去桩孔处地表土,将护筒埋入土中,保证其位置准确、稳定。护筒中心与桩位中心的偏差不得大于50 mm,护筒与坑壁之间用黏土填实,以防漏水。护筒的埋设深度,在黏土中不宜小于1.0 m,在砂土中不宜小于1.5 m。护筒顶面应高于地面0.4~0.6 m,并应保持孔内泥浆面高出地下水位1 m以上,在受水位涨落影响时,泥浆面应高出最高水位1.5 m以上。

② 制备泥浆

泥浆组成为水、黏土、化学处理剂和一些惰性物质。泥浆在桩孔内吸附在孔壁上,将土壁上孔隙填渗密实,避免孔内壁漏水,保持护筒内水压稳定,并具有较强的黏结力,可以稳固土壁、防止塌孔;通过循环泥浆可将切削碎的泥石碴屑悬浮后排出,起到携砂、排土的作用。同时,泥浆还可对钻头有冷却和润滑作用,保证钻头和钻具保持冷却和在孔内顺利起落。

制备泥浆方法:在黏性土中成孔时可在孔中注入清水,钻机旋转时,切削土屑与水旋拌,用原土造浆。在其他土中成孔时,泥浆制备应选用高塑性黏土或膨润土。

2) 成孔

泥浆护壁成孔灌注桩成孔方法按成孔机械分类有钻机成孔(回转钻机成孔、潜水钻机成孔、冲击钻机成孔)和冲抓锥成孔,其中以钻机成孔应用最多。

① 回转钻机成孔

回转钻机是由动力装置带动钻机回转装置转动,再由其带动带有钻头的钻杆移动,由钻头切削土层。适用于地下水位较高的软、硬土层,如淤泥、黏性土、砂土、软质岩层。

回转钻机钻孔方式根据泥浆循环方式的不同,分为正循环回转钻机成孔和反循环回转钻机成孔。正循环回转钻机成孔的工艺如图2.29所示。由空心钻杆内部通入泥浆或高压水,从钻杆底部喷出,携带钻下的土渣沿孔壁向上流动,由孔口将土渣带出流入泥浆池。反循环回转钻机成孔的工艺如图2.30所示。泥浆带渣流动的方向与正循环回转钻机成孔的情形相反。反循环工艺的泥浆上流的速度较高,能携带较大的土渣。

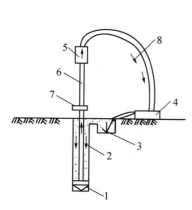
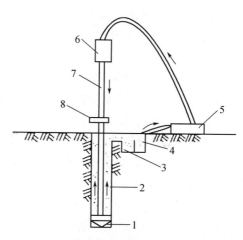

图2.29 正循环回转钻机成孔工艺原理图

1—钻头;2—泥浆循环方向;3—沉淀池;
4—泥浆泵;5—水龙头;6—钻杆;
7—钻机回转装置;8—混合液流向

图2.30 反循环回转钻机成孔工艺原理图

1—钻头;2—新泥浆流向;3—沉淀池;
4—泥浆池;5—砂石泵;6—水龙头;
7—钻杆;8—钻机回转装置

② 潜水钻机成孔

潜水钻机成孔示意图如图 2.31 所示。潜水钻机是一种将动力、变速机构、钻头连在一起加以密封,潜入水中工作的一种体积小而轻的钻机。这种钻机的钻头有多种形式,以适应不同桩径和不同土层的需要,钻头可带有合金刀齿,靠电机带动刀齿旋转切削土层或岩层。钻头靠桩架悬吊吊杆定位,钻孔时钻杆不旋转,仅钻头部分放置切削下来的泥渣通过泥浆循环排出孔外。

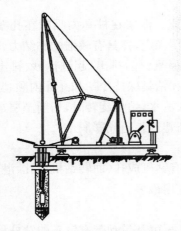 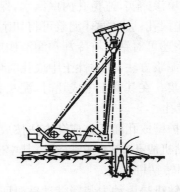

图 2.31　潜水钻机钻孔示意图　　　　图 2.32　简易冲击钻孔机示意图

③ 冲击钻机成孔

冲击钻机通过机架、卷扬机把带刃的重钻头(冲击锤)提高到一定高度,靠自由下落的冲击力切削破碎岩层或冲击土层成孔(图 2.32)。部分碎渣和泥浆挤压进孔壁,大部分碎渣用掏渣筒掏出。此法设备简单,操作方便,对于有孤石的砂卵石岩、坚质岩、岩层均可成孔。

3) 清孔

成孔后,即进行验孔和清孔。验孔是用探测器检查桩位、直径、深度和孔道情况;清孔即清除孔底沉渣、淤泥浮土,以减少桩基的沉降量,提高承载能力。

4) 水下浇筑混凝土

在灌注桩、地下连续墙等基础工程中,常要直接在水下浇筑混凝土。其方法是利用导管输送混凝土并使之与环境水隔离,依靠管中混凝土的自重,使管口周围的混凝土在已浇筑的混凝土内部流动、扩散,以完成混凝土的浇筑工作,如图 2.33 所示。

在施工时,先将导管放入孔中(其下部距离底面约 100 mm),用麻绳或铅丝将球塞悬吊在导管内水位以上 0.2 m(塞顶铺 2~3 层稍大于导管内径的水泥纸袋,再散铺一些干水泥,以防混凝土中骨料卡住球塞),然后浇入混凝土,当球塞以上导管和承料漏斗装满混凝土后,剪断球塞吊绳,混凝土靠自重推动球塞下落,冲向基底,并向四周扩散。球塞冲出导管,浮至水面,可重复使用。冲入基底的混凝土将管口包住,形成混凝土堆。同时不断地将混凝土浇入导管中,管外混凝土面不断被管内的混凝土挤压上升。随着管外混凝土面的上升,导管也逐渐提高(到一定高度,可将导管顶段拆下)。但不能提升过快,必须保证导管下端始终埋入混凝土内,其最大埋置深度不宜超过 5 m。混凝土浇筑的最终高程应高于设计标高约 100 mm,以便清除强度低的表层混凝土(清除应在混凝土强度达到 2~2.5 N/mm² 后方可进行)。

导管法浇筑水下混凝土的关键:一是保证混凝土的供应量应大于导管内混凝土必须保

持的高度和开始浇筑时导管埋入混凝土堆内必需的埋置深度所要求的混凝土量；二是严格控制导管提升高度，且只能上下升降，不能左右移动，以避免造成管内返水事故。

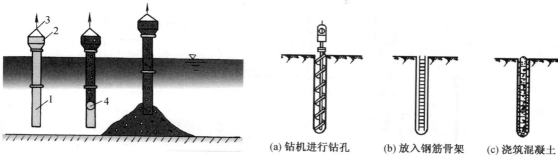

图 2.33　导管法浇筑水下混凝土示意图

1—导管；2—承料漏斗；3—提升机具；4—球塞

(a) 钻机进行钻孔　　(b) 放入钢筋骨架　　(c) 浇筑混凝土

图 2.34　螺旋钻机钻孔灌注桩施工过程示意图

（2）干作业钻孔灌注桩

干作业钻孔灌注桩是先用钻机在桩位处进行钻孔，然后在桩孔内放入钢筋骨架，再灌注混凝土而成桩。其施工过程如图 2.34 所示。

干作业成孔一般采用螺旋钻机钻孔。适用于成孔深度内没有地下水的一般黏土层、砂土及人工填土地基，不适于有地下水的土层和淤泥质土。

1）干作业钻孔灌注桩的施工工艺为：螺旋钻机就位对中→钻机成孔、排土→钻至预定深度、停钻→起钻，测孔深、孔斜、孔径→清理孔底虚土→钻机移位→安放钢筋笼→安放混凝土溜筒→灌溉混凝土成桩→桩头养护。

2）钻机就位后，钻杆垂直对准桩位中心，开钻时先慢后快，减少钻杆的摇晃，及时纠正钻孔的偏斜或位移。钻孔时，螺旋刀片旋转削土，削下的土沿整个钻杆螺旋叶片上升而涌出孔外，钻杆可逐节接长直至钻到设计要求规定的深度。用导向钢筋将钢筋骨架送入孔内，同时防止泥土杂物掉进孔内。钢筋骨架就位后，应立即灌注混凝土，以防塌孔。灌注时，应分层浇筑、分层捣实，每层厚度 50～60 cm。

3. 人工挖孔灌注桩

人工挖孔灌注桩是采用人工挖掘方法成孔，然后放置钢筋笼，浇筑混凝土而成的桩基础。其施工特点是设备简单；无噪音、无振动、不污染环境，对施工现场周围原有建筑物的影响小；施工速度快，可按施工进度要求决定同时开挖桩孔的数量，必要时各桩孔可同时施工；土层情况明确，可直接观察到地质变化，桩底沉渣能清除干净，施工质量可靠。尤其当高层建筑选用大直径的灌注桩，而施工现场又在狭窄的市区时，采用人工挖孔比机械挖孔具有更大的适应性。但其缺点是人工耗量大，开挖效率低，安全操作条件差等。

施工动画

挖孔灌注桩

施工时，为确保挖土成孔施工安全，必须考虑预防孔壁坍塌和流砂现象发生的措施。因此，施工前应根据地质水文资料，拟定出合理的护壁措施和降排水方案。护壁方法很多，可以采用现浇混凝土护壁、沉井护壁、喷射混凝土护壁等。

（1）现浇混凝土护壁

现浇混凝土护壁法施工即分段开挖、分段浇筑混凝土护壁，既能防止孔壁坍塌，又能起到防水作用。现浇混凝土护壁施工工艺流程,如图 2.35 所示。

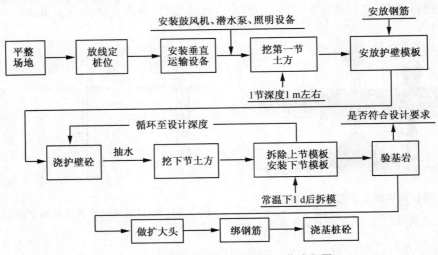

图 2.35　现浇混凝土护壁施工工艺流程图

桩孔采取分段开挖,每段高度取决于土壁直立状态的能力,一般 0.5～1.0 m 为一施工段,开挖井孔直径为设计桩径加混凝土护壁厚度。

护壁施工段,即支设护壁内模板(工具式活动钢模板)后浇筑混凝土,模板的高度取决于开挖土方施工段的高度,一般为 1 m,由 4 块至 8 块活动钢模板组合而成,支成有锥度的内模。内模支设后,吊放用角钢和钢板制成的两半圆形合成的操作平台入桩孔内,置于内模板顶部,以放置料具和浇筑混凝土操作之用。混凝土的强度一般不低于 C15,浇筑混凝土时要注意振捣密实。

当护壁混凝土强度达到 1 MPa(常温下约 24 h)后可拆除模板,开挖下段的土方,再支模浇筑护壁混凝土,如此循环,直至挖到设计要求的深度。

当桩孔挖到设计深度,并检查孔底土质是否已达到设计要求后,再在孔底挖成扩大头。待桩孔全部成型后,用潜水泵抽出孔底的积水,然后立即浇筑混凝土。当混凝土浇筑至钢筋笼的底面设计标高时,再吊入钢筋笼就位,并继续浇筑桩身混凝土而形成桩基。

(2)沉井护壁

当桩径较大,挖掘深度大,地质复杂,土质差(松软弱土层),且地下水位高时,应采用沉井护壁法挖孔施工。

沉井护壁施工是先在桩位上制作钢筋混凝土井筒,井筒下捣制钢筋混凝土刃脚,然后在筒内挖土掏空,井筒靠其自重或附加荷载来克服筒壁与土体之间的摩擦阻力,边挖边沉,使其垂直地下沉到设计要求深度。

4. 沉管灌注桩

沉管灌注桩是利用锤击打桩设备或振动沉桩设备,将带有钢筋混凝土的桩尖(或钢板靴)或带有活瓣式桩靴的钢管沉入土中(钢管直径应与桩的设计尺寸一致),造成桩孔,然后放入钢筋骨架并浇筑混凝土,随之拔出套管,利用拔管时的振动将混凝土捣实,便形成所需要的灌注桩。利用锤击沉桩设备沉管、拔管成桩,称为锤击沉管灌注桩;利用振动器振动沉管、拔管成桩,称为振动沉管灌注桩。

（1）锤击沉管灌注桩

锤击沉管灌注桩适宜于一般黏性土、淤泥质土和人工填土地基，其施工过程如图 2.36 所示，施工工艺流程如图 2.37 所示。

锤击沉管灌注桩施工要点：

1）桩尖与桩管接口处应垫麻绳（或草绳）垫圈，以防地下水渗入管内和做缓冲层。沉管时先用低锤锤击，观察无偏移后，才正常施打。

2）拔管前，应先锤击或振动套管，在测得混凝土确已流出套管时方可拔管。

3）桩管内混凝土尽量填满，拔管时要均匀，保持连续密锤轻击，并控制拔管速度，一般土层以不大于1 m/min为宜，软弱土层与软硬交界处，应控制在 0.8 m/min 以内为宜。

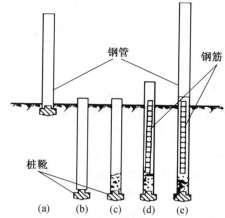

(a) 就位；(b) 沉钢管；(c) 开始灌注混凝土；
(d) 下钢筋骨架继续浇筑混凝土；(e) 拔管成型

图 2.36　沉管灌注桩施工过程

4）在管底未拔到桩顶设计标高前，倒打或轻击不得中断，注意使管内的混凝土保持略高于地面，并保持到全管拔出为止。

5）桩的中心距在 5 倍桩管外径以内或小于 2 m 时，均应跳打施工；中间空出的桩须待邻桩混凝土达到设计强度的 50% 以后，方可施打。

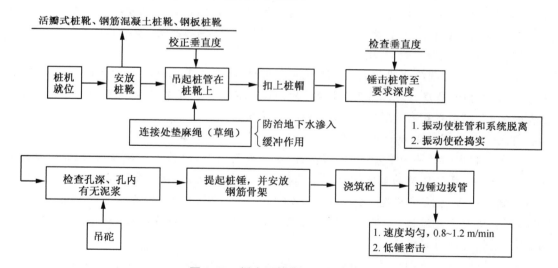

图 2.37　锤击沉管施工工艺流程图

（2）振动沉管灌注桩

振动沉管灌注桩采用激振器或振动冲击沉管。其施工过程为：

1）桩机就位。将桩尖活瓣合拢对准桩位中心，利用振动器及桩管自重，把桩尖压入土中。

2）沉管。开动振动箱，桩管即在强迫振动下迅速沉入土中。沉管过程中，应经常探测管内有无水或泥浆，如发现水、泥浆较多，应拔出桩管，用砂回填桩孔后方可重新沉管。

视频集

振动沉管
灌注桩施工

3）上料。桩管沉到设计标高后停止振动,放入钢筋笼,再上料斗将混凝土灌入桩管内,一般应灌满桩管或略高于地面。

4）拔管。开始拔管时,应先启动振动箱8～10 min,并用吊铊测得桩尖活瓣确已张开,混凝土确已从桩管中流出以后,卷扬机方可开始抽拔桩管,边振边拔。拔管速度应控制在1.5 m/min以内。

【例2-2】 工程概况:山东省公路工程总公司某公司承建某工程,总桩量为24根,桩型为灌注桩,桩径为1 000 mm,桩深为13 m。2 m左右为少量淤泥层,2～5 m为砂层,5～13 m为亚黏土层。成孔工艺:采用旋挖钻机取土成孔;成桩工序为:定桩位→埋护筒→注泥浆→钻进取土→一次清孔→放钢筋笼→插入导管→二次清孔→砼灌注→拔出护筒。

所遇难题:钻孔作业至5～13 m亚黏土层时,桩孔缩径现象严重及成桩过程中孔的坍塌。经研究发现,最大的影响在于静态泥浆的配比、钻具的结构及护筒的埋护不合理,易造成护壁泥皮过薄、钻具下方负压过高及孔口渗透,从而引起坍塌事故。

解决方向1:静态泥浆的配比

针对工程的地质情况,加强泥浆技术,重新调整泥浆配比,控制泥浆比重,提高泥粉质量,增加黏性及润滑感,适当添加处理剂,增强絮凝能力,确保护壁泥皮的厚度及强度,防止钻进过程孔口渗漏坍塌。

解决方向2:护筒的埋护

针对现场地质情况,专门定制高4 m、厚10 mm、直径1.4 m的护筒。护筒内径尺寸较大,能贮存足够的泥浆,钻杆提出桩孔时可确保护筒内的水压,维护孔壁泥皮的稳定。同时单边铡隙达到200 mm,可有效避免回转斗升降过程碰撞、刮拉护筒,保护孔口的稳固。

解决方向3:回转斗的结构改进

将回转斗盛料桶改为圆锥式,侧壁加焊导流槽,以有利于在桩孔内的导向及泥浆的导流,减小桩孔内的负压。施工表明,改进后的回转斗在提升过程中,液压系统压力明显降低,桩身的缩孔、坍塌现象有所缓减,具有良好的使用效果。

解决方向4:钻机的钻进控制

钻进过程中回转斗的底盘斗门必须保证处于关闭状态,以防止回转斗内砂土或黏土落入护壁泥浆中,破坏泥浆的配比。每个工作循环严格控制钻进尺度,避免埋钻事故。同时应适当控制回转斗的提升速度。施工表明,ϕ1 000 mm的桩径,升降速度宜保持在0.75～0.85 m/s,提升速度过快,泥浆在回转斗与孔壁之间高速流过,冲刷孔壁,破坏泥皮,对孔壁的稳定不利,容易引起坍塌。

施工总结:施工中影响桩孔坍塌的因素很多,最重要的是如何因地制宜,有效针对不同的地质情况,制定相应的施工工艺,以确保钻进成孔的顺利进行,避免施工事故的发生。

习 题

1. 地基加固的方法有哪些?
2. 试述强夯法的夯实步骤。
3. 试述高压喷射注浆地基的施工质量验收标准。
4. 试述浅基础的类型。

5. 砖基础施工的注意事项有哪些?

6. 试述干作业钻孔灌注桩的施工工艺。

7. 锤击沉桩法的特点有哪些?

8. 灌注桩成孔方法有哪些?

9. 试述泥浆护壁成孔灌注桩回转钻机钻孔方式正循环与反循环的区别。

10. 桩基础工程安全技术的内容有哪些?

砌体工程施工

【学习重点】

1. 掌握砌体材料的性能和要求。
2. 掌握脚手架及垂直运输设施的种类及安全使用。
3. 了解砌体工程施工工艺。
4. 掌握砌体工程质量保证措施。

任务1 脚手架工程搭设

3.1.1 脚手架的基本要求与分类

脚手架是指在施工现场为安全防护、工人操作和解决楼层水平运输而搭设的支架,是施工临时设施,也是施工作业中必不可少的工具和手段。脚手架工程对施工人员的操作安全、工程质量、工程成本、施工进度以及邻近建筑物和场地影响都很大,在工程建造中占有相当重要的地位。

1. 脚手架的基本要求

(1)要有足够的宽度(一般为 1.5~2.0 m)、步架高度(砌筑脚手架为 1.2~1.4 m,装饰脚手架为 1.6~1.8 m),且能够满足工人操作、材料堆置以及运输方便的要求。

(2)应具有稳定的结构和足够的承载力,能确保在各种荷载和气候条件下,不超过允许变形、不倾倒、不摇晃,并有可靠的防护设施,以确保在架设、使用和拆除过程中的安全可靠性。

(3)应与楼层作业面高度相统一,并与垂直运输设施(如施工电梯、井字架等)相适应,以确保材料由垂直运输转入楼层水平运输的需要。

(4)搭拆简单,易于搬运,能够多次周转使用。

(5)应考虑多层作业、交叉流水作业和多工种平行作业的需要,减少重复搭拆次数。

2. 脚手架的分类

脚手架的种类很多。按构造形式分为多立杆式(也称杆件组合式)、框架组合式(如门式)、格构件组合式(如桥式)和台架等;按支固方式分为落地式、悬挑式、悬吊式(吊篮)等;按搭拆和移动方式为人工装拆脚手架、附着升降脚手架、整体提升脚手架、水平移动脚手架和升降桥架;按用途分为主体结构脚手架、装修脚手架和支撑脚手架等;按搭设位置分为外脚手架和里脚手架;按使用材料分为木、竹和金属脚手架。本节仅介绍几种常用的脚手架。

3.1.2 多立杆式脚手架

多立杆式脚手架主要由立杆(又称立柱)、纵向水平杆(即大横杆)、横向水平杆(即小横杆)、底座、支撑及脚手板构成受力骨架和作业层,再加上安全防护设施而组成。常用的有扣件式钢管脚手架(扣件式节点)和碗扣式钢管脚手架(碗扣式节点)两种。

1. 扣件式钢管脚手架

扣件式钢管脚手架的组成如图 3.1 所示,它具有承载能力大、装拆方便、搭设高度大、周转次数多、摊销费用低等优点,是目前使用最普遍的周转材料之一。

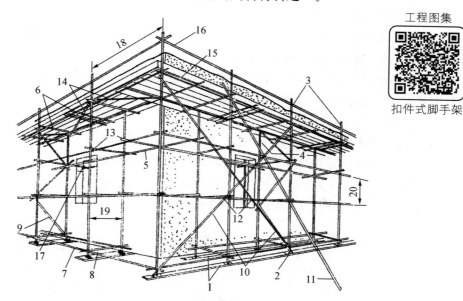

工程图集

扣件式脚手架

图 3.1　扣件式钢管脚手架的组成

1—垫板;2—底座;3—外立柱;4—内立柱;5—纵向水平杆;6—横向水平杆;7—纵向扫地杆;
8—横向扫地杆;9—横向斜撑;10—剪刀撑;11—抛撑;12—旋转扣件;13—直角扣件;
14—水平斜撑;15—挡脚板;16—防护栏杆;17—连墙固定件;
18—柱距;19—排距;20—步距

(1)扣件式钢管脚手架主要组成部件及其作用

1)钢管

脚手架钢管其质量应符合现行国家标准《碳素结构钢》中 Q235 - A 级钢的规定,其尺寸应按表 3.1 采用。钢管宜采用 $\phi 48 \times 3.5$ 的钢管,每根质量不应大于 25 kg。

表 3.1　脚手架钢管尺寸(mm)

截面尺寸		最大长度	
外径 ϕ	壁厚 t	横向水平杆	其他杆
48	3.5	2 200	4 000～6 500
51	3.0		

根据钢管在脚手架中的位置和作用不同,钢管可分为立杆、大横杆、小横杆、连墙杆、剪刀撑、水平斜拉杆等,其作用分别为:

① 立杆。平行于建筑物并垂直于地面,将脚手架荷载传递给底座。

② 大横杆。平行于建筑物并在纵向水平连接各立杆,承受、传递荷载给立杆。

③ 小横杆。垂直于建筑物并在横向连接内、外大横杆,承受、传递荷载给大横杆。

④ 剪刀撑。设在脚手架外侧面并与墙面平行的十字交叉斜杆,可增强脚手架的纵向刚度。

⑤ 连墙杆。连接脚手架与建筑物,承受并传递荷载,且可防止脚手架横向失稳。

⑥ 水平斜拉杆。设在有连墙杆的脚手架内、外立柱间的步架平面内的"之"字形斜杆,可增强脚手架的横向刚度。

⑦ 纵向水平扫地杆。采用直角扣件固定在距底座上皮不大于 200 mm 处的立杆上,起约束立杆底端在纵向发生位移的作用。

⑧ 横向水平扫地杆。采用直角扣件固定在紧靠纵向扫地杆下方的立杆上的横向水平杆,起约束立杆底端在横向发生位移的作用。

2) 扣件

扣件是钢管与钢管之间的连接件,其基本形式有三种,如图 3.2 所示。

① 旋转扣件(回转扣)。用于两根呈任意角度交叉钢管的连接。

② 直角扣件(十字扣)。用于两根呈垂直交叉钢管的连接。

③ 对接扣件(一字扣)。用于两根钢管的对接连接。

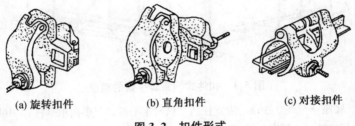

(a) 旋转扣件　　　　(b) 直角扣件　　　　(c) 对接扣件

图 3.2　扣件形式

3) 脚手板

脚手板是提供施工作业条件并承受和传递荷载给水平杆的板件,可用竹、木等材料制成。脚手板若设于非操作层起安全防护作用。

4) 底座

设在立杆下端,承受并传递立杆荷载给地基,如图 3.3 所示。

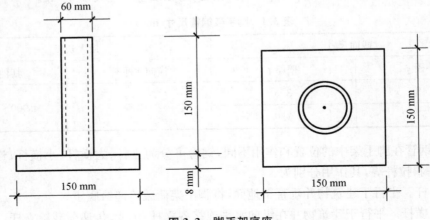

图 3.3　脚手架底座

5）安全网

保证施工安全和减少灰尘、噪声、光污染，包括立网和平网两部分。

（2）扣件式钢管脚手架的构造

扣件式钢管脚手架的基本构造形式有单排架和双排架两种，如图 3.4 所示。单排架和双排架一般用于外墙砌筑与装饰。

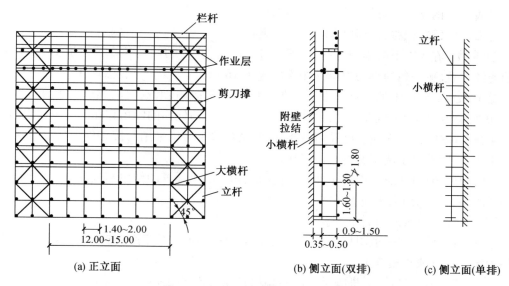

图 3.4　扣件式钢管脚手架构造形式

1）立杆

横距为 1.0～1.50 m，纵距为 1.20～2.0 m，每根立杆均应设置标准底座。由标准底座底面向上 200 mm 处，必须设置纵、横向扫地杆，用直角扣件与立杆连接固定。立杆接长除顶层可以采用搭接外，其余各层必须采用对接扣件连接。立杆的对接、搭接应满足下列要求：

① 立杆上的对接扣件应交错布置，两相邻立杆的接头应错开一步，其错开的垂直距离不应小于 500 mm，且与相近的纵向水平杆距离应小于 1/3 步距。

② 对接扣件距主节点（立杆、大、小横杆三者的交点）的距离不应大于 1/3 步距。

③ 立杆的搭接长度不应小于 1 m，用不少于两个旋转扣件固定，端部扣件盖板的边沿至杆端距离不应小于 100 mm。

2）大横杆

大横杆要水平设置，长度不应小于 2 跨，大横杆与立杆要用直角扣件扣紧，且不能隔步设置或遗漏。两大横杆的接头必须采用对接扣件连接。接头位置距立杆轴心线的距离不宜大于跨度的 1/3，同一步架中内外两根纵向水平杆的对接接头应尽量错开一跨，上下相邻两根纵向水平杆的对接接头也应尽量错开一跨，错开的水平距离不应小于 500 mm。

3）小横杆

小横杆设置在立杆与大横杆的相交处，用直角扣件与大横杆扣紧，且应贴近立杆布置。小横杆距离立杆轴心线的距离不应大于 150 mm；当为单排脚手架时，小横杆的一端与大横杆连接，另一端插入墙内长度不小于 180 mm，当为双排脚手架时，小横杆的两端应用直角扣件固定在大横杆上。

4）支撑

支撑有剪刀撑（又称十字撑）和横向支撑（又称横向斜拉杆、之字撑）。剪刀撑是设置在脚手架外侧面、与外墙面平行的十字交叉斜杆，可增强脚手架的纵向刚度；横向支撑是设置在脚手架内、外排立杆之间的、呈之字形的斜杆，可增强脚手架的横向刚度。双排脚手架应设剪刀撑与横向支撑，单排脚手架应设剪刀撑。

剪刀撑的设置应符合下列要求：

① 高度 24 m 以下的单、双排脚手架，均应在外侧立面的两端各设置一道剪刀撑，由底至顶连续设置；中间每道剪刀撑的净距不应大于 15 m。

② 高度 24 m 以上的双排脚手架应在外侧立面整个长度和高度上连续设置剪刀撑。

③ 每道剪刀撑跨越立杆的根数宜在 5～7 根之间，与地面的倾角宜在 45°～60°之间。

④ 剪刀撑的连接除顶层可采用搭接外，其余各接头必须采用对接扣件连接。搭接长度不小于 1 m，用不少于两个旋转扣件连接。

⑤ 剪刀撑的斜杆应用旋转扣件固定在与之相交的小横杆的伸出端或立杆上，旋转扣件中心线距主节点的距离不应大于 150 mm。

横向支撑的设置应符合下列要求：

① 横向支撑的每一道斜杆应在 1～2 步内，由底至顶呈"之"字形连续布置，两端用旋转扣件固定在立杆或小横杆上。

② "一"字形、开口形双排脚手架的两端均必须设置横向支撑，中间每隔 6 跨设置一道。

③ 24 m 以下的封闭型双排脚手架可不设横向支撑，24 m 以上者除两端应设置横向支撑外，中间应每隔 6 跨设置一道。

5）连墙件

连墙件（又称连墙杆）是连接脚手架与建筑物的部件。既要承受、传递风荷载，又要防止脚手架横向失稳或倾覆。

连墙件的布置形式、间距大小对脚手架的承载能力有很大影响，它不仅可以防止脚手架的倾覆，而且还可加强立杆的刚度和稳定性。连墙件的布置间距可参考表 3.2。

表 3.2　连墙件布置最大间距（m）

脚手架高度 H		竖向间距	水平间距
双排	≤50	≤6（3 步）	≤6（3 跨）
	>50	≤4（2 步）	≤6（3 跨）
单排	≤24	≤6（3 步）	≤6（3 跨）

连墙件根据传力性能、构造形式的不同，可分为刚性连墙件和柔性连墙件。通常采用刚性连墙件，使脚手架与建筑物连接可靠。24 m 以上的双排脚手架必须采用刚性连墙件与墙体连接，如图 3.5 所示；当脚手架高度在 24 m 以下时，也可采用柔性连墙件（如用铅丝或 $\phi6$ 钢筋），这时必须配备顶撑顶在混凝土梁、柱等结构部位，以防止向内倾倒，如图 3.6 所示。

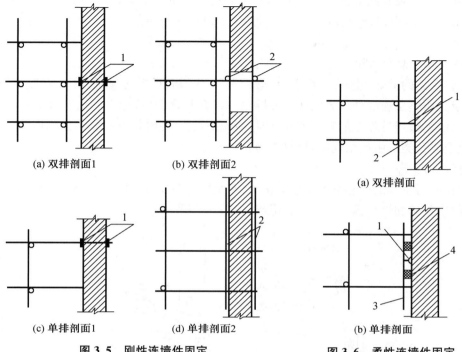

(a) 双排剖面1　　(b) 双排剖面2

(c) 单排剖面1　　(d) 单排剖面2

(a) 双排剖面

(b) 单排剖面

图 3.5　刚性连墙件固定

1—扣件;2—短钢管

图 3.6　柔性连墙件固定

1—8 号铅丝与墙内埋设的钢筋环拉住;
2—顶墙横杆;3—短钢管;4—木楔

（3）扣件式钢管脚手架的搭设与拆除

1）扣件式钢管脚手架的搭设

脚手架的搭设要求钢管的规格相同,地基平整夯实;对高层建筑物脚手架的基础要进行验算,脚手架地基的四周应排水畅通,立杆底端要设底座或垫板,垫板长度不小于 2 跨,木垫板不小于 50 mm 厚,也可用槽钢。

通常,脚手架的搭设顺序为:放置纵向水平扫地杆→逐根竖立立杆(随即与扫地杆扣紧)→安装横向水平扫地杆(随即与立杆或纵向水平扫地杆扣紧)→安装第一步纵向水平杆(随即与各立杆扣紧)→安装第一步横向水平杆→安装第二步纵向水平杆→安装第二步横向水平杆→加设临时斜撑杆(上端与第二步纵向水平杆扣紧,在装设两道连墙杆后可拆除)→安装第三、四步纵横向水平杆→安装连墙杆、接长立杆,加设剪刀撑→铺设脚手板→挂安全网(向上安装重复步骤)。

开始搭设第一节立杆时,每 6 跨应暂设一根抛撑;当搭设至设有连墙件的构造点时,应立即设置连墙件与墙体连接,当装设两道连墙件后抛撑便可拆除;双排脚手架的小横杆靠墙一端应离开墙体装饰面至少 100 mm,杆件相交的伸出端长度不小于 100 mm,以防止杆件滑脱;扣件规格必须与钢管外径一致,扣件螺栓拧紧,扭力矩为 40~65 N·m;除操作层的脚手板外,宜每隔 1.2 m 高满铺一层脚手板,在脚手架全高或高层脚手架的每个高度区段内,铺板层不多于 6 层,作业层不超过 3 层,或者根据设计搭设。

对于单排架的搭设应在墙体上留脚手架眼,但在墙体下列部位不允许留脚手架眼:砖过梁上与过梁两端成 60°角的三角形范围内及过梁净跨度 1/2 的高度范围内;宽度小于 1 m 的窗间墙;梁或梁垫下及其两侧各 500 mm 的范围内;砖砌体的门窗洞口两侧 200 mm 和墙转角处 450 mm 的范围内;其他砌体的门窗洞口两侧 300 mm 和转角处 600 mm 的范围内;独立柱或附墙砖柱。

2）扣件式脚手架的拆除

扣件式脚手架的拆除应按由上而下,后搭者先拆,先搭者后拆的顺序进行。严禁上下同时拆除,以及先将整层连墙件或数层连墙件拆除后再拆其余杆件;如果采用分段拆除,其高差不应大于 2 步架;当拆除至最后一节立杆时,应先搭设临时抛撑加固后,再拆除连墙件;拆下的材料应及时分类集中运至地面,严禁抛扔。

2. 碗扣式钢管脚手架

碗扣式钢管脚手架的核心部件是碗口接头,它是由焊在立杆上的下碗扣、可滑动的上碗扣、上碗扣的限位销和焊在横杆上的接头组成,如图 3.7 所示。

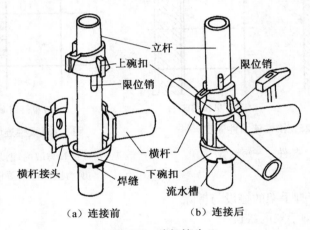

图 3.7　碗扣接头

连接时,只需将横杆插入下碗扣内,将上碗扣沿限位销扣下,顺时针旋转,靠近上碗扣螺旋面使之与限位销顶紧,从而将横杆和立杆牢固地连接在一起,形成框架结构。碗扣式接头可同时连接 4 根横杆,横杆可以相互垂直也可以偏转成一定的角度,位置随需要确定。该脚手架具有多功能、高功效、承载力大、安全可靠、便于管理、易改造等优点。

（1）碗扣式钢脚手架的构配件及用途

碗扣式钢脚手架的构配件按其用途可分为主要构件、辅助构件和专用构件三类。

1）主要构件

① 立杆。由一定长度 $\phi 48$ mm$\times 3.5$ mm 钢管上每隔 600 mm 安装碗扣接头,并在其顶端焊接立杆焊接管制成。用作脚手架的垂直承力杆。

② 顶杆。即顶部立杆,在顶端设有立杆的连接管,以便在顶端插入托撑。用作支撑架（柱）、物料提升架等顶端的垂直承力杆。

③ 横杆。由一定长度的 $\phi 48$ mm$\times 3.5$ mm 钢管两端焊接横杆接头制成,用于立杆横向连接管,或框架水平承力杆。

④ 单横杆。仅在 $\phi 48$ mm$\times 3.5$ mm 钢管一端焊接横杆接头,用作单排脚手架横向水平杆。

⑤ 斜杆。用于增强脚手架的稳定性,提高脚手架的承载力。

⑥ 底座。由 150 mm$\times 150$ mm$\times 8$ mm 的钢板在中心焊接连接杆制成,安装在立杆的

底部,用作防止立杆下沉并将上部荷载分散传递给地基的构件。

2) 辅助构件

辅助构件是用于作业面及附壁拉结等的杆部件。

① 间横杆。为满足普通钢或木脚手板的需要而专设的杆件,可搭设于主架横杆之间的任意部位,用以减小支承间距和支撑挑头脚手板。

② 架梯。由钢踏步板焊在槽钢上制成,两端带有挂钩,可牢固地挂在横杆上,用于作业人员上下脚手架的通道。

③ 连墙撑。该构件为脚手架与墙体结构间的连接件,用以加强脚手架抵抗风载及其他永久性水平荷载的能力,提高其稳定性,防止倒塌。

3) 专用构件

专用构件是用作专门用途的杆部件。

① 悬挑架。由挑杆和撑杆用碗扣接头固定在楼层内支承架上构成。用于其上搭设悬挑脚手架,可直接从楼内挑出,不需在墙体结构设预埋件。

② 提升滑轮。用于提升小物料而设计的杆部件,由吊柱、吊架和滑轮等组成。吊柱可插入宽挑梁的垂直杆中固定,与宽挑梁配套使用。

(2) 搭设要点

1) 组装顺序

组装顺序为:底座→立杆→横杆→斜杆→接头锁紧→脚手板→上层立杆→立杆连接→横杆。

2) 注意事项

① 立杆、横杆的设置。一般地,双排外脚手架立杆的横向间距取 1.2 m,横杆的步距取 1.8 m,立杆的纵向间距根据建筑物结构及作用荷载等具体要求确定,常选用 1.2 m、1.8 m、2.4 m 三种尺寸。

② 直角交叉。对一般方形建筑物的外脚手架,在拐角处两直角交叉的排架要连在一起,以增加脚手架的整体稳定性。

③ 斜杆的设置。斜杆用于增强脚手架稳定性,可装成节点斜杆,也可装成非节点斜杆。一般情况下斜杆应尽量设置在脚手架的节点上,对于高度在 30 m 以下的脚手架,可根据荷载情况,设置斜杆的框架面积为整架立面面积的 1/5～1/2;对于高度在 30 m 以上的高层脚手架,设置斜杆的框架面积不小于整架立面面积的 1/2。在拐角边缘及端部必须设置斜杆,中间可均匀间隔布置。

④ 连墙撑的设置。连墙撑是脚手架与建筑物之间的连接件,用于提高脚手架的横向稳定性,承受偏心荷载和水平荷载等。一般情况下,对于高度在 30 m 以下的脚手架,可 4 跨 3 步布置一个(约 40 m²),对于高层及重载脚手架,则要适当加密;50 m 以下的脚手架至少应 3 跨 3 步布置一个(约 25 m²);50 m 以上的脚手架至少应 3 跨 2 步布置一个(约 20 m²)。连墙撑尽量连接在横杆层碗扣接头内,同脚手架、墙体保持垂直,并随建筑物及架子的升高及时设置,尽量采用梅花形布置方式。

3.1.3　其他脚手架

1. 门式钢管脚手架

门式钢管脚手架是 20 世纪 80 年代初由国外引进的一种多功能型脚手架,它由门架及配件组成。门式钢管脚手架结构设计合理,受力性能好,承载能力高,装拆方便,安全可靠,是目前国际上应用较为广泛的一种脚手架。

(1)门式钢管脚手架主要组成部件

门式脚手架由门架、剪刀撑(交叉拉杆)、水平梁架(平行架)、挂扣式脚手板、连接棒和锁臂等构成基本单元(图3.8)。将基本单元相互连接起来并增设梯型架、栏杆等部件即构成整片脚手架。门式脚手架的组成部件如图3.8~图3.11所示。

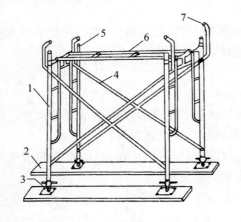

工程图集

门式钢管脚手架

图 3.8　门式脚手架的基本单元

1—门架;2—平板;3—螺旋基脚;4—剪刀撑;
5—连接棒;6—水平梁架;7—锁臂

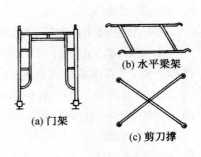

(a) 门架　　(b) 水平梁架　　(c) 剪刀撑

图 3.9　门式脚手架主要部件

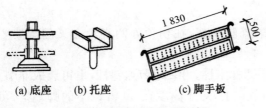

(a) 底座　(b) 托座　(c) 脚手板

图 3.10　底座、托座、脚手板

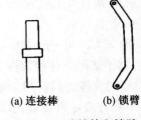

(a) 连接棒　(b) 锁臂

图 3.11　连接棒和锁臂

(2)门式钢管脚手架的搭设与拆除

1)搭设

门式脚手架的搭设顺序为:铺放垫木(垫板)→拉线放底座→自一端立门架,并随即装剪刀撑→装水平梁架(或脚手板)→装梯子→装通长大横杆→装连墙件→装连接棒→装上一步门架→装锁臂→重复以上步骤,逐层向上安装→装长剪刀撑→装设顶部栏杆。

2)拆除

拆除脚手架时,应自上而下进行,各部件拆除的顺序与安装顺序相反,不允许将拆除的部件从高空抛下,而应将拆下的部件收集分类后,用垂直吊运机具运至地面,集中堆放保管。

2. 悬吊式脚手架

悬吊式脚手架也称吊篮,主要用于建筑外墙施工和装修。它是将架子(吊篮)的悬挂点固定在建筑物顶部悬挑出来的结构上,通过设在每个架子上的简易提升机械和钢丝绳,使吊篮升降,以满足施工要求,具有节约大量钢管材料、节省劳力、缩短工期、操作方便灵活、技术经济效益好等优点。吊篮可分为两大类,一类是手动吊篮,利用手扳葫芦进行升降;一类是电动吊篮,利用电动卷扬机进行升降。

（1）手动吊篮的基本组成

手动吊篮由支承设施（建筑物顶部悬挑梁或桁架）、吊篮绳（钢丝绳或钢筋链杆）、安全绳、手扳葫芦（或倒链）和吊架组成（图 3.12）。

（2）支设要求

1）吊篮内侧与建筑物间隙为 0.1～0.2 m,两个吊篮之间的间隙不得大于 0.2 m,吊篮的最大长度不宜超过 8.0 m,宽度为 0.8～1.0 m,高度不宜超过两层。吊篮外侧端部防护栏杆高 1.5 m,每边栏杆间距不大于 0.5 m,挡脚板不低于 0.18 m。吊篮内侧必须于 0.6 m 和 1.2 m 处各设防护栏杆一道,挡脚板不低于 0.18 m。吊篮顶部必须设防护棚,外侧面与两端面用密目网封严。

2）吊篮的立杆（或单元片）纵向间距不得大于 2 m。通常支承脚手板的横向水平杆间距不宜大于 1 m,脚手板必须与横向水平杆绑牢或卡牢,不允许有松动或探头板。

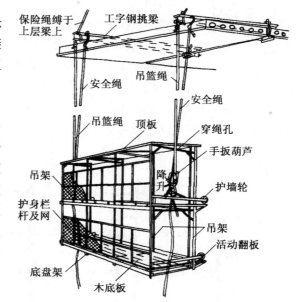

图 3.12　双层作业的手动提升式吊篮示意图

3）吊篮架体的外侧面和两端面应加设剪刀撑或斜撑杆卡牢。

4）吊篮内侧两端应装有可伸缩的护墙轮等装置,使吊篮在工作时能靠紧建筑物,以减少架体晃动。同时,超过一层架高的吊篮架要设爬梯,每层架的上下人孔要有盖板。

5）悬挂吊篮的挑梁,必须按设计规定与建筑结构固定牢靠,挑梁挑出长度应保证悬挂吊篮的钢丝绳（或钢筋链杆）垂直地面。挑梁之间应用纵向水平杆连接成整体,以保证挑梁结构的稳定。

6）吊篮绳若用钢筋链杆,其直径不小于 16 mm,每节链杆长 800 mm,每 5～10 根链杆应相互连成一组,使用时用卡环将各组连接至需要的长度。安全绳均采用直径不小于 13 mm 的钢丝绳通长到底布置。

7）挑梁与吊篮吊绳连接端应有防止滑脱的保护装置。

（3）操作方法

先在地面上用倒链组装好吊篮架体,并在屋顶挑梁上挂好承重钢丝绳和安全绳,然后将承重钢丝绳穿过手扳葫芦的导绳孔向吊钩方向穿入、压紧,往复扳动前进手柄,即可提升吊篮;往复扳动倒退手柄即可下落,但不可同时扳动上下手柄。如果采用钢筋链杆作承重吊杆,则先把安全绳与钢筋链杆挂在已固定好的屋顶挑梁上,然后把倒链挂在钢筋链杆的链环上,下部吊住吊篮,利用倒链升降。因为倒链行程有限,因此在升降过程中,要多次人工交替倒链,如此接力升降。

附着升降式
脚手架

3. 附着升降式脚手架

附着升降式脚手架,是指仅需搭设一定高度并附着于工程结构上,依靠自身的升降设备和装置,随工程结构施工逐层爬升,并能实现下降作业的外脚手架。这种脚手架适用于现浇钢筋混凝土结构的高层建筑。

附着升降式脚手架按爬升构造方式分为:导轨式、主套架式、悬挑式、吊拉式(互爬式)等(如图 3.13 所示)。其中主套架式、吊拉式采用分段升降方式;悬挑式、导轨式既可采用分段升降,亦可采用整体升降。无论采用哪一种附着升降式脚手架,其技术关键是:与建筑物有牢固的固定措施,升降过程均有可靠的防倾覆措施,设有安全防坠落装置和措施,具有升降过程中的同步控制措施。

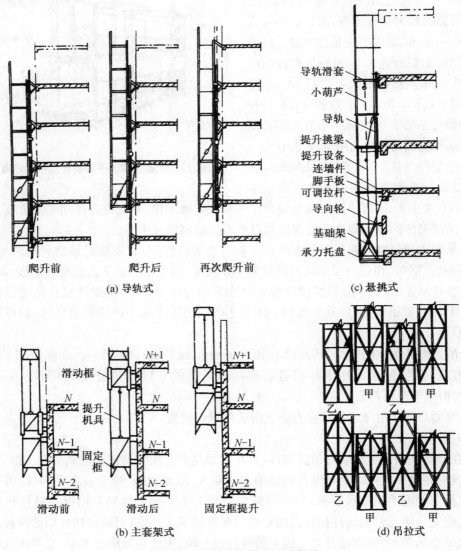

图 3.13 附着升降脚手架示意图

附着升降式脚手架主要由架体结构、附着支撑、升降装置、安全装置等组成,如图 3.14 所示。

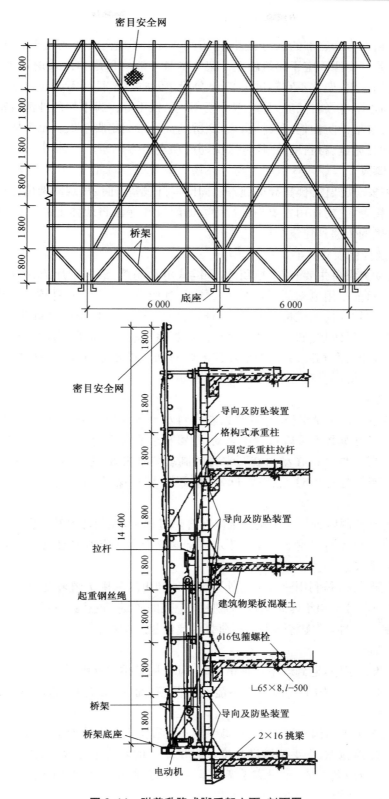

图 3.14 附着升降式脚手架立面、剖面图

（1）架体结构

架体常用桁架作为底部的承力装置，桁架两端支承于横向刚架或托架上，横向刚架又通过与其连接的附墙支座固定于建筑物上。架体本身一般均采用扣件式钢管搭设，架高不应大于楼层高度的 5 倍，架宽不宜超过 1.2 m，分段单元脚手架长度不应超过 8 m。主要构件有立杆、纵横向水平杆、斜杆、剪刀撑、脚手板、梯子、扶手等。脚手架的外侧设密目式安全网进行全封闭，每步架设防护栏杆及挡脚板，底部满铺一层固定脚手板。整个架体的作用是提供操作平台、物料搬运、材料堆放、操作人员通行和安全防护等。

（2）爬升机构

爬升机构是实现架体升降、导向、防坠、固定提升设备、连接吊点和架体通过横向刚架与附墙支座的连接等，它的作用主要是进行可靠的附墙和保证将架体上的恒载与施工活荷载安全、迅速、准确的传递到建筑结构上。

（3）动力及控制设备

提升用的动力设备主要有：手拉葫芦、环链式电动葫芦、液压千斤顶、螺杆升降机、升板机、卷扬机等。目前采用电动葫芦者居多，原因是其使用方便、省力、易控。当动力设备采用电控系统时，一般均采用电缆将动力设备与控制柜相连，并用控制柜进行动力设备控制；当动力设备采用液压系统控制时，一般则采用液压管路与动力设备和液压控制台相连，然后液压控制台再与液压管路相连，并通过液压控制台对动力设备进行控制；总之，动力设备的作用是为架体实现升降提供动力。

（4）安全装置

1）导向装置。作用是保持架体前后、左右对水平方向位移的约束，限定架体只能沿垂直方向运动，并防止架体在升降过程中晃动、倾覆和水平向错动。

2）防坠装置。作用是在动力装置本身的制动装置失效、起重钢丝绳或吊链突然断裂和梯吊梁掉落等情况发生时，能在瞬间准确、迅速锁住架体，防止其下坠造成伤亡事故发生。

3）同步提升控制装置。作用是使架体在升降过程中，控制各提升点保持在同一水平位置上，以便防止架体本身与附墙支座的附墙固定螺栓产生次应力和超载而发生伤亡。

4. 悬挑脚手架

悬挑式外脚手架，是利用建筑结构外边缘向外伸出的悬挑结构来支承外脚手架，将脚手架的荷载全部或部分传递给建筑结构。悬挑脚手架的关键是悬挑支承结构，它必须有足够的强度、刚度和稳定性，并能将脚手架的荷载传递给建筑结构。

（1）适用范围

在高层建筑施工中，遇到以下三种情况时，可采用悬挑式外脚手架。

1）±0.000 以下结构工程回填土不能及时回填，而主体结构工程必须立即进行，否则将影响工期。

2）高层建筑主体结构四周为裙房，脚手架不能直接支承在地面上。

3）超高层建筑施工，脚手架搭设高度超过了架子的容许搭设高度，因此将整个脚手架按容许搭设高度分成若干段，每段脚手架支承在由建筑结构向外悬挑的结构上。

（2）悬挑支承结构

悬挑支承结构主要有以下两类：

1）用型钢作梁挑出，端头加钢丝绳（或用钢筋花篮螺栓拉杆）斜拉，组成悬挑支承结构。由于悬出端支承杆件是斜拉索（或拉杆），又简称为斜拉式，如图 3.15（a）和（b）所示。斜拉式悬挑外脚手架悬出端支承杆件是斜拉索（或拉杆），其承载能力由拉杆的强度控制，因此断面较小，能节省钢材，且自重轻。

2）用型钢焊接的三角桁架作为悬挑支承结构，悬出端的支承杆件是三角斜撑压杆，又称为下撑式，如图 3.15（c）所示。下撑式悬挑外脚手架，悬出端支承杆件是斜撑受压杆，其承载能力由压杆稳定性控制，因此断面较大，钢材用量较多。

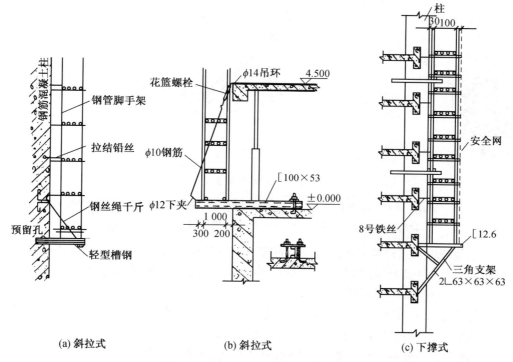

（a）斜拉式　　　（b）斜拉式　　　（c）下撑式

图 3.15　悬挑支撑结构的结构形式

（3）构造及搭设要点

1）斜拉式支承结构可在楼板上预埋钢筋环，外伸钢梁（工字钢、槽钢等）插入钢筋环内固定；或钢梁一端埋置在墙体结构的混凝土内。外伸钢梁另一端加钢丝绳斜拉，钢丝绳固定到预埋在建筑物内的吊环上。

2）下撑式支承结构可将钢梁一端埋置在墙体结构的混凝土内，另一端利用钢管或角钢制作的斜杆连接，斜杆下端焊接到混凝土结构中的预埋钢板上（如图 3.16）。当结构中钢筋过密，挑梁无法埋入时，可采用预埋件，将挑梁与预埋件焊接。预埋件的锚固筋要采用锚塞焊，并由计算确定。

3）根据结构情况和工地条件采用其他可靠的形式与结构连接。

4）当支承结构的纵向间距与上部脚手架立杆的纵向间距相同时，立杆可直接支承在悬挑的支承结构上；当支承结构的纵向间距大于上部脚手架立杆的纵向间距时，则立杆应支承在设置于两个支承结构之间的两根纵向钢梁上。

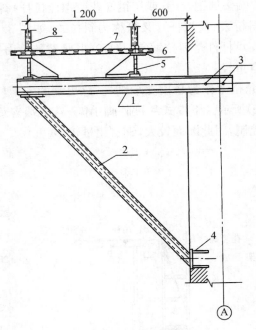

图 3.16　三角桁架式挑架

1—型钢挑架；2—圆钢管斜杆；3—埋入结构内的钢挑梁端部穿以钢筋增加锚固；

4—预埋件；5—纵向钢梁；6—压板；7—槽钢横梁；8—脚手架立柱

5) 上部脚手架立杆与支承结构应有可靠的定位连接措施，以确保上部架体的稳定。通常在挑梁或纵向钢梁上焊接 150～200 mm、外径 ϕ40 mm 的短钢管，将立杆套在短钢管上顶紧固定，并同时在立杆下部设置扫地杆。

6) 悬挑支承结构以上部分的脚手架搭设方法与一般外脚手架相同，并按要求设置连墙杆。悬挑脚手架的高度（或分段的高度）不得超过 25 m。

悬挑脚手架的外侧立面一般均应采用密目网（或其他围护材料）全封闭围护，以确保架上人员操作安全和避免物件坠落。

7) 新设计组装或加工的定型脚手架段，在使用前应进行不低于 1.5 倍使用施工荷载的静载试验和起吊试验，试验合格（未发现焊缝开裂、结构变形等情况）后方能投入使用。

8) 塔式起重机应具有满足整体吊升（降）悬挑脚手架段的起吊能力。

9) 必须设置可靠的人员上下的安全通道（出入口）。

10) 使用中应经常检查脚手架和悬挑支承结构的工作情况。当发现异常时及时停止作业，进行检查和处理。

任务 2　垂直运输设施

垂直运输设施指担负垂直运送材料和施工人员上下的机械设备和设施。在砌筑工程中不仅要运输大量的砖（或砌块）、砂浆，而且还要运输脚手架、脚手板和各种预制构件；不仅有垂直运输，而且有地面和楼面的水平运输。其中垂直运输是影响砌筑工程施工速度的重要因素。

目前砌筑工程采用的垂直运输设施有井架、龙门架、塔式起重机和建筑施工电梯等，本

拓展资料

碗扣式脚手架

节重点介绍塔式起重机和建筑施工电梯。

3.2.1 塔吊

塔式起重机是起重臂安装在塔身顶部且可作 360°回转的起重机。它具有较高的起重高度、工作幅度和起重能力,具有速度快、生产效率高,且机械运转安全可靠,使用和装拆方便等优点,因此,广泛地用于多层和高层的工业与民用建筑的结构安装。塔式起重机按起重能力可分为:轻型塔式起重机,起重量为 0.5~3 t,一般用于 6 层以下的民用建筑施工;中型塔式起重机,起重量为 3~15 t,适用于一般工业建筑与民用建筑施工;重型塔式起重机,起重量为 20~40 t,一般用于重工业厂房的施工和高炉等设备的吊装。

由于塔式起重机具有提升、回转和水平运输的功能,且生产效率高,在吊运长、大、重的物料时有明显的优势,故在有可能条件下宜优先采用。

塔式起重机的布置应保证其起重高度与起重量满足工程的需求,同时起重臂的工作范围应尽可能地覆盖整个建筑,以使材料运输切实到位。此外,主材料的堆放、搅拌站的出料口等均应尽可能地布置在起重机工作半径之内。

塔式起重机一般分为轨道(行走)式、爬升式、附着式、固定式等几种,如图 3.17 所示。

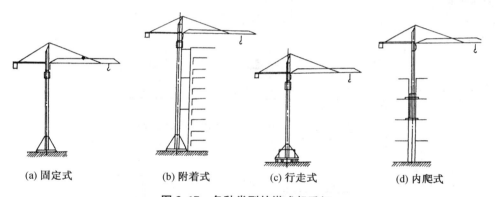

(a) 固定式　　　(b) 附着式　　　(c) 行走式　　　(d) 内爬式

图 3.17　各种类型的塔式起重机

1. 固定式塔式起重机

固定式塔式起重机的底架安装在独立的混凝土基础上,塔身不与建筑物拉结。这种起重机适用于安装大容量的油罐、冷却塔等特殊构筑物。

2. 轨道(行走)式塔式起重机

轨道(行走)式塔式起重机是一种能在轨道上行驶的起重机。它能负荷在直线和弧形轨道上行走,能同时完成垂直和水平运输,使用安全,生产效率高。轨道式塔式起重机分为上回转式(塔顶回转)和下回转式(塔身回转)两类。但需要铺设轨道,且装拆和转移不便,台班费用较高。

3. 附着式塔式起重机

附着式塔式起重机是固定在建筑物近旁混凝土基础上的起重机械,为上回转、小车变幅或俯仰变幅起重机械。塔身由标准节组成,相互间用螺栓连接,它可以借助顶升系统随着建筑施工进度而自行向上接高。为了减少塔身的计算高度,规定每隔 20 m 左右将塔身与建筑物用锚固装置联结起来,以保证塔身的刚度和稳定。一般高度为 70~100 m,特点是适合狭窄工地施工。

（1）附着式塔式起重机基础

附着式塔式起重机底部应设钢筋混凝土基础,其构造做法有整体式和分块式两种。采用整体式混凝土基础时,塔式起重机通过专用塔身基础节和预埋地脚螺栓固定在混凝土基础上,如图 3.18 所示;采用分块式混凝土基础时,塔身结构固定在行走架上,而行走架的四个支座则通过垫板支在四个混凝土基础上,如图 3.19 所示。基础尺寸应根据地基承载力和防止塔吊倾覆的需要确定。

工程图集

垂直运输设施

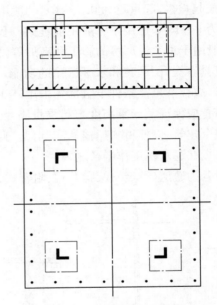

图 3.18　整体式混凝土基础

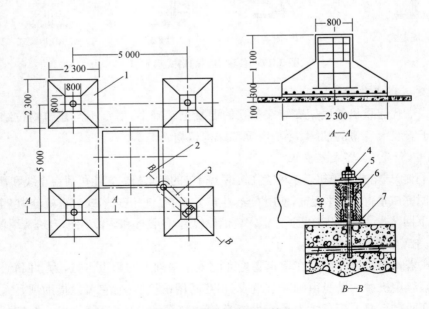

图 3.19　分块式混凝土基础

1—钢筋混凝土基础;2—塔式起重机底座;3—支腿;4—紧固螺母;
5—垫圈;6—钢套;7—钢板调整片(上下各一)

在高层建筑深基础施工阶段,如需在基坑边附近构筑附着式塔式起重机基础时,可采用灌注桩承台式钢筋混凝土基础。在高层建筑综合体施工阶段,如需在地下室顶板或裙房屋顶楼板上安装附着式塔式起重机时,应对安装塔吊处的楼板结构进行验算和加固,并在楼板下面加设支撑(至少连续两层)以保证安全。

（2）附着式塔式起重机的锚固

附着式塔式起重机在塔身高度超过限定自由高度时,即应加设附着装置与建筑结构拉结。一般说来,设置 2～3 道锚固即可满足施工需要。第一道锚固装置在距塔式起重机基础表面 30～40 m 处,自第一道锚固装置向上,每隔 16～20 m 设一道锚固装置。在进行超高层建筑施工时,不必设置过多的锚固装置,可将下部锚固装置抽换到上部使用。

附着装置由锚固环和附着杆组成。锚固环由两块钢板或型钢组焊成的"U"形梁拼装而成。锚固环宜设置在塔身标准节对接处或有水平腹杆的断面处,塔身节主弦杆应视需要加以补强。锚固环必须箍紧塔身结构,不得松脱。附着杆由型钢、无缝钢管组成,也可以是型钢组焊的桁架结构。安装和固定附着杆时,必须用经纬仪对塔身结构的垂直度进行检查。如发现塔身偏斜时,可通过调节螺母来调整附着杆的长度,以消除垂直偏差。锚固装置应尽可能保持水平,附着杆最大倾角不得大于 10°。附着装置如图 3.20 所示。

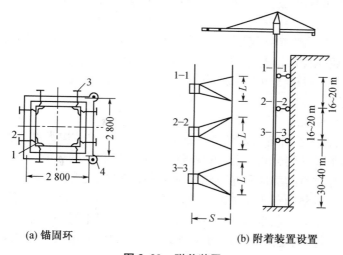

(a) 锚固环　　　　　(b) 附着装置设置

图 3.20　附着装置

1—塔身;2—锚固环;3—螺旋千斤顶;4—耳环

固定在建筑物上的锚固支座,可套装在柱子上或埋设在现浇混凝土墙板里,锚固点应紧靠楼板,其距离以不大于 20 cm 为宜。墙板或柱子混凝土强度应提高一级,并应增加配筋。在墙板上设锚固支座时,应通过临时支撑与相邻墙板相连,以增强墙板刚度。

（3）附着式塔式起重机的顶升接高

附着式塔式起重机可借助塔身上端的顶升机构,随着建筑施工进度而自行向上接高。自升液压顶升机构主要由顶升套架、长行程液压千斤顶、顶升横梁及定位销组成。液压千斤顶装在塔身上部结构的底端承座上,活塞杆通过顶升横梁支承在塔身顶部。需要接高时,利用塔顶的行程液压千斤顶,将塔顶上部结构(起重臂等)顶高,用定位销固定;千斤顶回油,推入标准节,用螺栓与下面的塔身联成整体,每次可接高 2.5 m。QT4-10 型附着式塔式起重机顶升过程如下:

1) 将标准节吊到摆渡小车上,并将过渡节与塔身标准节的螺栓松开,准备顶升[图 3.21(a)]。

2) 开动液压千斤顶,将塔式起重机上部结构包括顶升套架向上升到超过一个标准节的高度,然后用定位销将套架固定。塔式起重机上部结构的重量通过定位销传递到塔身[图 3.21(b)]。

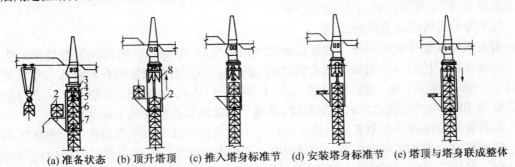

(a) 准备状态　(b) 顶升塔顶　(c) 推入塔身标准节　(d) 安装塔身标准节　(e) 塔顶与塔身联成整体

图 3.21　QT4-10 型附着式塔式起重机顶升过程示意图

1—摆渡小车;2—标准节;3—承座;4—液压千斤顶;5—顶升横梁;
6—顶升套架;7—定位销;8—过渡节

3) 液压千斤顶回缩,形成引进空间,此时将装有标准节的摆渡小车推入引进空间内[图 3.21(c)]。

4) 利用液压千斤顶将待接高的标准节稍微提起,退出摆渡小车,然后将其平稳地落在下面的塔身上,并用螺栓加以连接[图 3.21(d)]。

5) 再用液压千斤顶稍微向上顶起,拔出定位销,下降过渡节,使之与已接高的塔身联成整体[图 3.21(e)]。

4. 塔式起重机的选用

塔式起重机的选用要综合考虑建筑物的高度;建筑物的结构类型;构件的尺寸和重量;施工进度、施工流水段的划分和工程量;现场的平面布置和周围环境条件等各种情况。同时要兼顾装、拆塔式起重机的场地和建筑结构满足塔架锚固、爬升的要求。

首先,根据施工对象确定所要求的参数,包括幅度(又称回转半径)起重量、起重力矩和吊钩高度等;然后根据塔式起重机的技术性能,选定塔式起重机的型号。

其次,根据施工进度、施工流水段的划分及工程量和所需吊次、现场的平面布置,确定塔式起重机的配量台数、安装位置及轨道基础的走向等。

根据施工经验,16 层及其以下的高层建筑采用轨道式塔式起重机最为经济;25 层以上的高层建筑,宜选用附着式塔式起重机或内爬式塔式起重机。

选用塔式起重机时,应注意以下事项:

(1) 在确定塔式起重机形式及高度时,应考虑塔身锚固点与建筑物相对应的位置以及塔式起重机平衡臂是否影响臂架正常回转等问题。

(2) 在多台塔式起重机作业条件下,应处理好相邻塔式起重机塔身高度差,以防止两塔碰撞,应使彼此工作互不干扰。

(3) 在考虑塔式起重机安装的同时,应考虑塔式起重机的顶升、接高、锚固以及完工后的落塔、拆运等事项。如起重臂和平衡臂是否落在建筑物上、辅机停车位置及作业条件、场内运输道路有无阻碍等。

(4) 在考虑塔式起重机安装时,应保证顶升套架的安装位置(即塔架引进平台或引进轨道应与臂架同向)及锚固环的安装位置正确无误。

（5）应注意外脚手架的支搭形式与挑出建筑物的距离，以免与下回转塔式起重机转台尾部回转时发生矛盾。

3.2.2　施工电梯

施工电梯又称外用施工电梯，是一种安装于建筑物外部，运送施工人员和建筑器材用的垂直提升机械。采用施工电梯运送施工人员上下楼层，可节省工时，减轻工人体力消耗，提高劳动生产率。因此，施工电梯被认为是高层建筑施工不可缺少的关键设备之一。

1. 施工电梯的分类

施工电梯一般分为齿轮齿条驱动电梯和绳轮驱动电梯两类。

（1）齿轮齿条驱动施工电梯

齿轮齿条驱动施工电梯由塔架（又称立柱，包括基础节、标准节、塔顶天轮架节）、吊厢、地面停机站、驱动机组、安全装置、电控柜站、门机电联锁盒、电缆、电缆接受筒、平衡重、安装小吊杆等组成，如图 3.22 所示。塔架由钢管焊接格构式矩形断面标准节组成，标准节之间采用套柱螺栓连接。其特点是刚度好，安装迅速；电机、减速机、驱动齿轮、控制柜等均装设在吊厢内，检查维修保养方便；采用高效能的锥鼓式限速装置，当吊厢下降速度超过 0.65 m/s时，吊厢会自动制动，从而保证不发生坠落事故；可与建筑物拉结，并随建筑物施工进度而自升接高，升运高度可达 100～150 m。

齿轮齿条驱动施工电梯按吊厢数量分为单吊厢式和双吊厢式，吊厢尺寸一般为 3 m×1.3 m×2.7 m；按承载能力分为两级，一级载重量为 1 000 kg 或乘员 11～12 人，另一级载重量为 2 000 kg 或乘员 24 人。

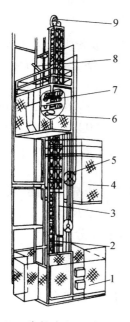

图 3.22　齿轮齿条驱动施工电梯

1—外笼；2—导轨架；3—对重；4—吊厢；
5—电缆导向装置；6—锥鼓限速器；
7—传动系统；8—吊杆；9—天轮

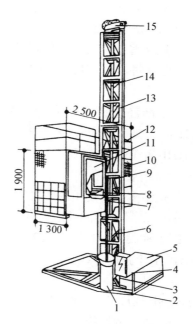

图 3.23　绳轮驱动施工电梯（SFD－1000 型）

1—盛线筒；2—底座；3—减震器；4—电器厢；
5—卷扬机；6—引线器；7—电缆；8—安全机构；
9—限速机构；10—吊厢；11—驾驶室；12—围栏；
13—立柱；14—连接螺栓；15—柱顶

施工电梯安全
操作视频和规程

（2）绳轮驱动施工电梯

绳轮驱动施工电梯是近年来开发的新产品，由三角形断面钢管塔架、底座、单吊厢、卷扬机、绳轮系统及安全装置等组成，如图 3.23 所示。其特点是结构轻巧，构造简单，用钢量少，造价低，能自升接高。吊厢平面尺寸为 2.5 m×1.3 m，可载货 1 000 kg 或乘员 8～10 人。因此，绳轮驱动施工电梯在高层建筑施工中应用逐渐扩大。

2. 施工电梯的选择

高层建筑外用施工电梯的机型选择，应根据建筑体型、建筑面积、运输总重、工期要求、造价等确定。从节约施工机械费用出发，对 20 层以下的高层建筑工程，宜使用绳轮驱动施工电梯；25 层特别 30 层以上的高层建筑应选用齿轮齿条驱动施工电梯。根据施工经验，一台单吊厢式齿轮齿条驱动施工电梯的服务面积约为 20 000～40 000 m²，参考此数据可为高层建筑工地配置施工电梯，并尽可能选用双吊厢式。

任务 3   砌筑材料

3.3.1   砌块材料

工程图集

砌体材料

1. 砖

砌筑用砖分为实心砖和空心砖两种。普通砖的规格为 240 mm×115 mm×53 mm。根据使用材料和制作方法的不同，砖又分为烧结普通砖、烧结多孔砖、烧结空心砖、蒸压灰砂空心砖、蒸压粉煤灰砖等。

（1）烧结普通砖

烧结普通砖为实心砖，是以黏土、页岩、煤矸石或粉煤灰为主要原料，经压制、焙烧而成。按原料不同，可分为烧结黏土砖、烧结页岩砖、烧结煤矸石砖和烧结粉煤灰砖。

视频

红砖的制作过程

烧结普通砖的外形为直角六面体，其公称尺寸为：长 240 mm、宽 115 mm、高 53 mm。根据抗压强度分为 MU30、MU25、MU20、MU15、MU10 五个强度等级。

（2）烧结多孔砖

烧结多孔砖使用的原料与生产工艺与烧结普通砖基本相同，其孔洞率不小于 25%。砖的外形为直角六面体，其长度、宽度及高度尺寸（mm）应分别符合 290、240，190、180、175、140、115，90 的要求。根据抗压强度分为 MU30、MU25、MU20、MU15、MU10 五个强度等级。

（3）烧结空心砖

烧结空心砖的烧制、外形、尺寸要求与烧结多孔砖一致，在与砂浆的接合面上应设有增加结合力的深度 1 mm 以上的凹线槽。

根据抗压强度分为 MU5、MU3、MU2 三个强度等级。

（4）蒸压灰砂空心砖

蒸压灰砂空心砖是以石英砂和石灰为主要原料，压制成型，经压力釜蒸汽养护而制成的孔洞率大于 15% 的空心砖。

其外形规格与烧结普通砖一致，根据抗压强度分为 MU25、MU20、MU15、MU10、MU7.5 五个强度等级。

（5）蒸压粉煤灰砖

蒸压粉煤灰砖以粉煤灰为主要原料，掺配适量的石灰、石膏或其他碱性激发剂，再加入一定数量的炉渣作为骨料蒸压制成。

其外形规格与烧结普通砖一致，根据抗压强度、抗折强度分为 MU20、MU15、MU10、MU7.5 四个强度等级。

2. 石料

砌筑用石料有毛石和料石两类。所选石材应质地坚实，无风化剥落和裂纹。用于清水墙、柱表面的石材，应色泽均匀。石材表面的泥垢、水锈等杂质，砌筑前应清除干净，以利于砂浆和块石黏结。毛石分为乱毛石和平毛石。乱毛石是指形状不规则的石块；平毛石是指形状不规则，但有两个平面大致平行的石块。毛石应呈块状，其中部厚度不宜小于 150 mm。料石按其加工面的平整程度分为细料石、粗料石和毛料石三种。料石的宽度、厚度均不宜小于 200 mm，长度不宜大于厚度的 4 倍。根据抗压强度分为 MU100、MU80、MU60、MU50、MU40、MU30、MU20、MU15、MU10 九个强度等级。

3. 砌块

砌块一般是以混凝土或工业废料作原料制成的实心或空心的块材。它具有自重轻、机械化和工业化程度高、施工速度快、生产工艺和施工方法简单且可大量利用工业废料等优点，因此，用砌块代替普通黏土砖是墙体改革的重要途径。

砌块按形状分为实心砌块和空心砌块两种。按制作原料分为粉煤灰、加气混凝土、混凝土、硅酸盐、石膏砌块等数种。按规格来分有小型砌块、中型砌块和大型砌块。砌块高度为 115～380 mm 的称小型砌块；高度为 380～980 mm 的称中型砌块；高度大于 980 mm 的称大型砌块。常用的有普通混凝土小型空心砌块、轻集料混凝土小型空心砌块、蒸压加气混凝土砌块、粉煤灰砌块。

（1）普通混凝土小型空心砌块

普通混凝土小型空心砌块以水泥、砂、碎石或卵石加水预制而成。其主规格尺寸为 390 mm×190 mm×190 mm，有两个方形孔，空心率不小于 25%。

根据抗压强度分为 MU20、MU15、MU10、MU7.5、MU5、MU3.5 六个强度等级。

（2）轻集料混凝土小型空心砌块

轻集料混凝土小型空心砌块以水泥、砂、轻集料加水预制而成。其主规格尺寸为 390 mm×190 mm×190 mm。按其孔的排数分为：单排孔、双排孔、三排孔和四排孔等四类。

根据抗压强度分为 MU10、MU7.5、MU5、MU3.5、MU2.5、MU1.5 六个强度等级。

（3）蒸压加气混凝土砌块

蒸压加气混凝土砌块以水泥、矿渣、砂、石灰等为主要原料，加入发气剂，经搅拌成型、蒸压养护而成。其主规格尺寸为 600 mm×250 mm×250 mm。

根据抗压强度分为 MU10、MU7.5、MU5、MU3.5、MU2.5、MU2、MU1 七个强度等级。

（4）粉煤灰砌块

粉煤灰砌块以粉煤灰、石灰、石膏和轻集料为原料，加水搅拌，振动成型，蒸汽养护而成。

其主规格尺寸为 880 mm×380 mm×240 mm,880 mm×430 mm×240 mm。砌块端面应加灌浆槽,坐浆面宜设抗剪槽。

根据抗压强度分为 MU13、MU10 两个强度等级。

3.3.2 砌筑砂浆

砂浆是由胶结材料、细骨料及水组成的混合物。按照胶结材料的不同,砂浆可分为水泥砂浆(水泥、砂、水)、混合砂浆(水泥、砂、石灰膏、水)、石灰砂浆(石灰膏、砂、水)、石灰黏土砂浆(石灰膏、黏土、砂、水)、黏土砂浆(黏土、水)。石灰砂浆、石灰黏土砂浆、黏土砂浆强度较低,只用于临时设施的砌筑。建筑工程常用的砌筑砂浆为水泥砂浆、混合砂浆。其强度等级宜用 M20、M15、M10、M7.5、M5、M2.5。一般水泥砂浆用于潮湿环境和强度要求较高的砌体;石灰砂浆主要用于砌筑干燥环境中以及强度要求不高的砌体;混合砂浆主要用于地面以上强度要求较高的砌体。

砌筑砂浆使用的水泥品种及标号,应根据砌体部位和所处环境来选择。水泥在进场使用前,应分批对其强度、安定性进行复验(检验批应以同一生产厂家、同一编号为一批)。

水泥贮存时应保持干燥。当在使用中对水泥质量有怀疑或水泥出厂超过三个月(快硬硅酸盐水泥超过一个月)时,应做复查试验,并按其结果使用。不同品种的水泥,不得混合使用。

生石灰熟化成石灰膏时,应用孔径不大于 3 mm×3 mm 的网过滤,熟化时间不得少于 7 d;磨细生石灰粉的熟化时间不得小于 2 d。沉淀池中储存的石灰膏,应采取防止干燥、冻结和污染的措施,脱水硬化后的石灰膏严禁使用。

细骨料宜采用中砂并过筛,不得含有害杂物,其含泥量应满足下列要求:对水泥砂浆和强度等级不小于 M5 的水泥混合砂浆,不应超过 5%;对强度等级小于 M5 的水泥混合砂浆,不应超过 10%。

凡在砂浆中掺入有机塑化剂、早强剂、缓凝剂、防冻剂等,应经试验和试配符合要求后,方可使用。拌制砂浆用水,水质应符合国家现行标准。

砌筑砂浆应通过试配确定配合比,各组分材料应采用重量计量。

砌筑砂浆应采用砂浆搅拌机进行拌制。自投料完算起,搅拌时间应符合下列规定:水泥砂浆和混合砂浆不得小于 2 min;掺用外加剂的砂浆不得少于 3 min;掺用有机塑化剂的砂浆,应为 3~5 min。

为便于操作,砌筑砂浆应有较好的和易性,即良好的流动性(稠度)和保水性。和易性好的砂浆能保证砌体灰缝饱满、均匀、密实,并能提高砌体强度。砌筑砂浆的稠度见表 3.3。

表 3.3　砌筑砂浆的稠度

砌体种类	砂浆稠度/mm	砌体种类	砂浆稠度/mm
烧结普通砖砌体	70~90	普通混凝土小型空心砌块砌体	50~70
轻集料混凝土小型空心砌块砌体	60~90	加气混凝土小型空心砌块砌体	50~70
烧结多孔砖、空心砖砌体	60~80	石砌体	30~50

掺用外加剂时,应先将外加剂按规定浓度溶于水中,在拌和水时投入外加剂溶液,外加剂不得直接投入拌制的砂浆中。

施工中当采用水泥砂浆代替水泥混合砂浆时,应重新确定砂浆强度等级。

砂浆应随拌随用,水泥砂浆和水泥混合砂浆应分别在 3 h 和 4 h 内使用完毕;当施工期间最高气温超过 30℃时,应分别在拌成后 2 h 和 3 h 内使用完毕。对掺用缓凝剂的砂浆,其使用时间可根据具体情况延长。

对所用的砂浆应做强度检验。制作试块的砂浆,应在现场取样,每一楼层或 250 m³ 砌体中的各种强度等级的砂浆,每台搅拌机应至少检查一次,每次至少留一组试块(每组 6 块),其标准养护 28 d 的抗压强度应满足设计要求。

任务4　砖砌体施工

3.4.1　砖砌体施工的基本要求

砌体工程所用的材料应有产品的合格证书、产品性能检测报告。块材、水泥、钢筋、外加剂等尚应有材料的主要性能的进场复验报告。严禁使用国家明令淘汰的材料。

砖砌体的组砌要求:上下错缝,内外搭接,以保证砌体的整体性;同时组砌要有规律,少砍砖,以提高砌筑效率,节约材料。实心砖墙常用的厚度有半砖、一砖、一砖半、两砖等。依其组砌形式不同,最常见的有以下几种:一顺一丁、三顺一丁、梅花丁、全丁式等,如图 3.24 所示。

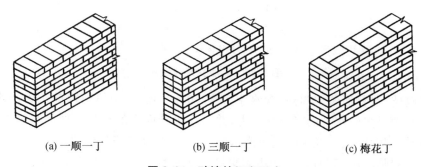

(a) 一顺一丁　　　　　(b) 三顺一丁　　　　　(c) 梅花丁

图 3.24　砖墙的组砌形式

一顺一丁的砌法是一皮中全部顺砖与一皮中全部丁砖相互交替砌成,上下皮间的竖缝相互错开 1/4 砖。砌体中无任何通缝,而且丁砖数量较多,能增强横向拉结力。这种组砌方式,砌筑效率高,墙面整体性好,墙面容易控制平直,多用于一砖厚墙体的砌筑。但当砖的规格参差不齐时,砖的竖缝就难以整齐。

三顺一丁的砌法是三皮中全部顺砖与一皮中全部丁砖间隔砌成。上下皮顺砖间的竖缝错开 1/2 砖长;上下皮顺砖与丁砖间竖缝错开 1/4 砖长。这种砌法由于顺砖较多,砌筑效率较高,但三皮顺砖内部纵向有通缝,整体性较差,一般使用较少。宜用于一砖半以上的墙体的砌筑或挡土墙的砌筑。

梅花丁又称沙包式、十字式。梅花丁的砌法是每皮中丁砖与顺砖相隔,上皮丁砖坐于下皮顺砖,上下皮间相互错开 1/4 砖长。这种砌法内外竖缝每皮都能错开,故整体性好,灰缝整齐,而且墙面比较美观,但砌筑效率较低。砌筑清水墙或当砖的规格不一致时,采用这种砌法较好。

全丁砌筑法就是全部用丁砖砌筑,上下皮竖缝相互错开1/4砖长,此法仅用于圆弧形砌体,如水池、烟囱、水塔等。

为了使砖墙的转角处各皮间竖缝相互错开,必须在外角处砌七分头砖(3/4砖长)。当采用一顺一丁组砌时,七分头的顺面方向依次砌顺砖,丁面方向依次砌丁砖[图3.25(a)]。

砖墙的丁字接头处,应分皮相互砌通,内角相交处竖缝应错开1/4砖长,并在横墙端头处加砌七分头砖[图3.25(b)]。

砖墙的十字接头处,应分皮相互砌通,交角处的竖缝应错开1/4砖长[图3.25(c)]。

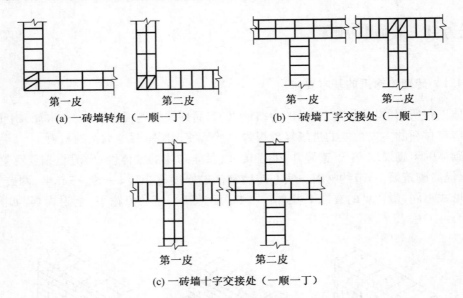

(a) 一砖墙转角（一顺一丁）　(b) 一砖墙丁字交接处（一顺一丁）

(c) 一砖墙十字交接处（一顺一丁）

图3.25　砖墙交接处组砌

常温下砌砖,对普通砖、空心砖含水率宜在10%～15%,一般应提前1天浇水润湿,避免砖吸收砂浆中过多的水分而影响黏结力,并可除去砖面上的粉末。但浇水过多会产生砌体走样或滑动。灰砂砖、粉煤灰砖适量浇水,其含水率控制在5%～8%为宜。

在墙上留置临时施工洞口、其侧边离交接处墙面不应小于500 mm,洞口净宽度不应超过1 m。临时施工洞口应做好补砌。

不得在下列墙体或部位设置脚手眼:半砖厚墙;过梁上与过梁成60°角的三角形范围及过梁净跨度1/2的高度范围内;宽度小于1 m的窗间墙;墙体门窗洞口两侧200 mm和转角处450 mm范围内;梁或梁垫下及其左右500 mm范围内。施工脚手眼补砌时,灰缝应填满砂浆,不得用干砖填塞。

设计要求的洞口、管道、沟槽应于砌筑时正确留出或预埋,未经设计同意,不得打凿墙体和在墙体上开凿水平沟槽。宽度超过300 mm的洞口上部,应设置过梁。

砖墙每日砌筑高度不得超过1.8 m。砖墙分段砌筑时,分段位置宜设在变形缝、构造柱或门窗洞口处;相邻工作段的砌筑高度不得超过一个楼层高度,也不宜大于4 m。尚未施工楼板或屋面的墙或柱,当可能遇到大风时,其允许自由高度不得超过表3.4的规定。如超过

表3.4中的限值时,必须采用临时支撑等有效措施。

表3.4　墙和柱的允许自由高度(m)

墙(柱)厚/mm	砌体密度>1 600 kg/m³			砌体密度1 300～1 600 kg/m³		
	风载/(kN·m⁻²)			风载/(kN·m⁻²)		
	0.3 (约7级风)	0.4 (约8级风)	0.5 (约9级风)	0.3 (约7级风)	0.4 (约8级风)	0.5 (约9级风)
190				1.4	1.1	0.7
240	2.8	2.1	1.4	2.2	1.7	1.1
370	5.2	3.9	2.6	4.2	3.2	2.1
490	8.6	6.5	4.3	7.0	5.2	3.5
620	14.0	10.5	7.0	11.4	8.6	5.7

注：① 本表适用于施工处相对标高(H)在10 m范围内的情况。如10 m<H≤15 m,15 m<H≤20 m时,表中的允许自由高度应分别乘以0.9、0.8的系数;如H>20 m时,应通过抗倾覆验算确定其允许自由高度。
② 当所砌筑的墙有横墙或其他结构与其连接,而且间距小于表列限值的2倍时,砌筑高度可不受本表的限制。

3.4.2　施工前的准备

1. 砖的准备

砖要按规定的数量、品种、强度等级及时组织进场,按砖的强度等级、外观、几何尺寸进行验收,并应检查出厂合格证。常温施工时,黏土砖应在砌筑前1～2天浇水湿润,以浸入砖内深度15～20 mm为宜。

2. 砂浆准备

主要是做好配制砂浆所用原材料的准备。若采用混合砂浆,则应提前两周将石灰膏淋制好,待使用时再进行拌制。

3. 其他准备

(1)检查校核轴线和标高。在允许偏差范围内,砌体的轴线和标高的偏差,可在基础顶面或楼板面上予以校正。(2)砌筑前,组织机械进场和进行安装。(3)准备好脚手架,搭好搅拌棚,安设搅拌机,接水,接电,试车。(4)制备并安设好皮数杆。

3.4.3　砖砌体的施工工艺

砖砌体的施工工艺为:抄平、放线、摆砖、立皮数杆、盘角及挂线、砌筑、勾缝与清理等。

1. 抄平放线(也称抄平弹线)

(1)抄平

砌墙前应在基础防潮层或楼层上定出各层标高,并用水泥砂浆或C15细石混凝土找平,使各段墙底标高符合设计要求。

(2)放线

根据龙门板或轴线控制桩上的标志轴线,利用经纬仪和墨线弹出基础或墙体的轴线、边线及门窗洞口位置线。二层以上墙体轴线可以用经纬仪或垂球将轴线引测上去。

工程图集＋视频

砌砖工艺

基础放线是保证墙体平面位置的关键工序,是体现定位测量精度的主要环节,稍有疏忽就会造成错位。所以,在放线过程中要充分重视以下环节:

1) 龙门板在挖槽的过程中易被碰动。因此,在投线前要对控制桩、龙门板进行复查,避免问题的发生。

2) 对于偏中基础,要注意偏中的方向。

3) 附墙垛、烟囱、温度缝、洞口等特殊部位要标清楚,防止遗忘。

2. 摆砖

摆砖也称摆底,是在弹好线的基础顶面上按选定的组砌方式先用砖试摆,目的在于核对所弹出的墨线在门窗洞口、墙垛等处是否符合砖模数,以便借助灰缝调整,使砖的排列和砖缝宽度均匀合理。摆砖时,山墙摆丁砖,檐墙摆顺砖,即"山丁檐顺"。

3. 立皮数杆

皮数杆一般是用 50 mm×70 mm 的方木做成,上面划有砖的皮数、灰缝厚度、门窗、楼板、圈梁、过梁、屋架等构件的位置及建筑物各种预留洞口和加筋的高度,作为墙体砌筑时竖向尺寸的控制标志。

划皮数杆时应从±0.000 开始。从±0.000 向下到基础垫层以上为基础部分皮数杆,±0.000 以上为墙身皮数杆。楼房如每层高度相同时划到二层楼地面标高为止,平房划到前后檐口为止。划完后在杆上以每五皮砖为级数,标上砖的皮数,如 5,10,15,…并标明各种构件和洞口的标高位置及其大致图例(如图 3.26 所示)。

皮数杆一般设置在墙的转角、内外墙交接处、楼梯间及墙面变化较多的部位;如墙面过长时,应每隔 10~15 m 立一根。立皮数杆时可用水准仪测定标高,使各皮数杆立在同一标高上。在砌筑前,应检查皮数杆上±0.000 与抄平桩上的±0.000 是否符合,所立部位、数量是否符合,检查合格后方可进行施工。

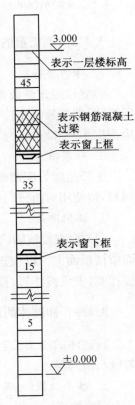

图 3.26 皮数杆

4. 盘角及挂线

墙体砌砖时,应根据皮数杆先在转角及交接处砌 3~5 皮砖,并保证其垂直平整,称为盘角。然后再在其间拉准线,依准线逐皮砌筑中间部分。盘角主要是根据皮数杆控制标高,依靠线锤、托线板等使之垂直。中间部分墙身主要依靠准线使之灰缝平直,一般"三七"墙以内应单面挂线,"三七"墙以上应双面挂线。

5. 砌筑、勾缝

(1) 砌筑

砖的砌筑宜采用"三一"砌法。"三一"砌法,又叫大铲砌筑法,即一铲灰、一块砖、一挤揉,并随手将挤出的砂浆刮平。这种砌法灰缝容易饱满,黏结力强,能保证砌筑质量。

除"三一砌筑法"外也可采用铺浆法等。当采用铺浆法砌筑时,铺浆长度不宜超过750 mm,施工期间气温超过 30℃,铺浆长度不宜超过 500 mm。

(2) 勾缝

勾缝是砌清水墙的最后一道工序,可以用砂浆随砌随勾缝,叫作原浆勾缝;也可砌完墙后再用 1：1.5 水泥砂浆或加色砂浆勾缝，称为加浆勾缝。勾缝具有保护墙面和增加墙面美观的作用，为了确保勾缝质量，勾缝前应清除墙面黏结的砂浆和杂物，并洒水湿润，在砌完墙后，应划出 10 mm 深的灰槽，灰缝可勾成凹、平、斜或凸形状。勾缝完毕还应清扫墙面。

6. 楼层轴线的引测

为了保证各层墙身轴线的重合和施工方便，在弹墙身线时，应根据龙门板上标注的轴线位置将轴线引测到房屋的外墙基上。二层以上各层墙的轴线，可用经纬仪或垂球引测到楼层上去，同时还需根据图上轴线尺寸用钢尺进行校核。

（1）首层墙体轴线引测方法

基础砌完后，根据控制桩将主墙体的轴线，利用经纬仪引到基础墙身上，如图 3.27 所示，并用墨线弹出墙体轴线，标出轴线号或"中"字形式，即确定了上部砖墙的轴线位置。同时，用水准仪在基础露出自然地坪的墙身上，抄出 −0.100 m 或 −0.150 m 标高线，并在墙的四周都弹出墨线来，作为以后砌上部墙体时控制标高的依据。

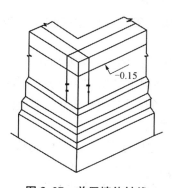

图 3.27 首层墙体轴线

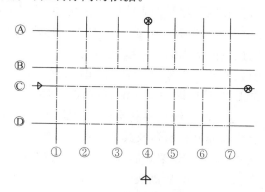

图 3.28 二层以上墙体轴线引测

（2）二层以上墙体轴线引测方法

首层楼板安装完毕、抄平之后，即可进行二层的放线工作。

1）先在各横墙的轴线中，选取在长墙中间部位的某道轴线，如图 3.28 所示，取④轴线作为横墙中的主轴线。根据基础墙①轴线，向④轴线量出尺寸，量准确后在④轴立墙上标出轴线位置。以后每层均以此④轴立线为放线的主轴线。

同样，在山墙上选取纵墙中一条在山墙中部的轴线，如图 3.28 中的 C 轴，在 C 轴墙根部标出立线，作为以上各层放纵墙线的主轴线。

2）两条轴线选定之后，将经纬仪支架在选定的墙体轴线前，一般离开所测高度 10 m 左右，用望远镜照准该轴线，在楼层操作人员的配合下，在楼板边棱上确定该墙体轴线的位置，并做好标记，如图 3.29 所示。依次可在楼层板确定④、C 轴的端点位置，确定互相垂直的一对主轴线。

3）在楼层上定出了互相垂直的一对主轴线

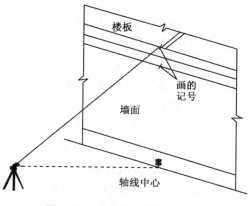

图 3.29 经纬仪测墙体轴线

之后,其他各道墙的轴线就可以根据图纸的尺寸,以主轴线为基准线,利用钢尺及小线在楼层上进行放线。

如果没有经纬仪,可采用垂球法,如图 3.30 所示。

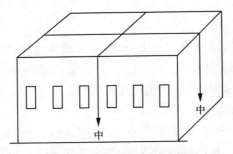

图 3.30　楼层轴线引测(垂球法)

7. 各层标高的控制

基础砌完之后,除要把主墙体的轴线,由龙门桩或龙门板上引到基础墙上外,还要在基础墙上抄出一条−0.100 m 或−0.150 m 标高的水平线。楼层各层标高除立皮数杆控制外,亦可用在室内弹出的水平线控制。

当砖墙砌起一步架高后,应随即用水准仪在墙内进行抄平,并弹出离室内地面高 500 mm 的线,在首层即为 0.5 m 标高线(现场叫 50 线),在以上各层即为该层标高加 0.5 m 的标高线。这道水平线是控制层高及放置门、窗过梁高度的依据,也是室内装饰施工时做地面标高、墙裙、踢脚线、窗台及其他有关的装饰标高的依据。

当二层墙砌到一步架高后,随即用钢尺在楼梯间处,把底层的 0.5 m 标高线引入到上层,就得到二层 0.5 m 标高线。如层高为 3.3 m,那么从底层 0.5 m 标高线往上量 3.3 m 划一铅笔痕,随后用水准仪及标尺从这点抄平,把楼层的全部 0.5 m 标高线弹出。

3.4.4　砖砌体的质量要求

1. 基本要求

砖砌体的质量应符合《砌体结构工程施工质量验收规范》(GB 50202—2011)的要求,做到横平竖直、砂浆饱满、上下错缝、内外搭接、接槎牢固。

(1)横平竖直

横平,即要求每一皮砖必须在同一水平面上,每块砖必须摆平。为此,首先应将基础或楼面抄平,砌筑时严格按皮数杆层层挂准线,每块砖按准线砌平。

竖直,即要求砌体表面轮廓垂直平整,且竖向灰缝垂直对齐。因而在砌筑过程中要随时用线锤和托线板进行检查,做到"三皮一吊,五皮一靠",以保证砌筑质量。

(2)砂浆饱满

砂浆饱满度对砌体强度影响较大。水平灰缝和竖缝的厚度一般规定为(10±2)mm,要求水平灰缝的砂浆饱满度不得小于 80%,竖向灰缝宜采用挤浆或加浆方法,使其砂浆饱满。

(3)上下错缝,内外搭接

为保证砌体的强度和稳定性,砌体应按一定的组砌形式进行砌筑,错缝及搭接长度一般不少于 60 mm,并避免墙面和内缝中出现连续的竖向通缝。

（4）接槎牢固

砖墙的转角处和交接处一般应同时砌筑，以保证墙体的整体性和砌体结构的抗震性能。如不能同时砌筑，应按规定留槎并做好接槎处理，通常应将留置的临时间断做成斜槎。实心墙的斜槎长度不应小于墙高度的 2/3，接槎时必须将接槎处的表面清理干净，浇水湿润，填实砂浆并保持灰缝垂直；如临时间断处留斜槎确有困难时，非抗震设防及抗震设防烈度为 6 度、7 度地区，除转角处外也可留直槎，但必须做成凸槎，并加设拉结筋。拉结筋的数量为每 120 mm 墙厚放置一根 $\phi 6$ 的钢筋，间距沿墙高不得超过 500 mm，埋入长度从墙的留槎处算起，每边均不得少于 500 mm（对抗震设防烈度为 6 度、7 度地区，不得小于 1 000 mm），末端应有 90°弯钩，如图 3.31 所示。

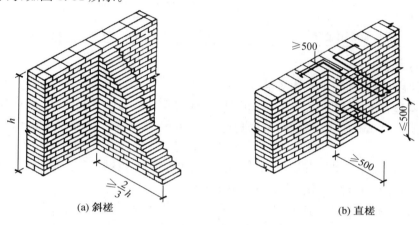

(a) 斜槎　　　　　　　　　　　　　　(b) 直槎

图 3.31　留槎

2. **砖砌体的有关规定**

（1）砂浆的配合比应采用重量比，石灰膏或其他塑化剂的掺量应适量，微沫剂的掺量（按 100% 纯度计）应通过试验确定。

（2）限定砂浆的使用时间。水泥砂浆在 3 h 内用完，混合砂浆在 4 h 内用完。如气温超过 30℃适用时间均应减少 1 h。

（3）普通黏土砖在砌筑前应浇水润湿，含水率宜为 10%～15%，灰砂砖和粉煤灰砖可不必润砖。

（4）砖砌体的尺寸和位置允许偏差，应符合表 3.5 的规定。

表 3.5　砖砌体的尺寸和位置的允许偏差

项次	项　目		允许偏差/mm			检验方法
			基础	墙	柱	
1	轴线位置偏移		10	10	10	用经纬仪和尺检查或用其他测量仪器检查
2	基础顶面和楼面标高		±15	±15	±15	用水平仪和尺检查
3	垂直度	每层	—	5	5	用 2 m 托线板检查
		全高 ≤10 m	—	10	10	用经纬仪、吊线和尺检查，或用其他测量仪器检查
		全高 >10	—	20	20	

项次	项　　目		允许偏差/mm			检验方法
			基础	墙	柱	
4	表面平整度	清水墙、柱	—	5	5	用 2 m 靠尺和楔形塞尺检查
		混水墙、柱	—	8	8	
5	门窗洞口高、宽（后塞口）		—	±5	—	用尺检查
6	水平灰缝厚度（10 皮砖累计）		—	±8	—	与皮数杆比较，用尺检查
7	外墙上下窗口偏移		—	20	—	以底层窗口为准，用经纬仪或吊线检查
8	水平灰缝平直度	清水墙	—	7	—	拉 10 m 线和尺检查
		混水墙	—	10	—	
9	清水墙游丁走缝		—	20	—	吊线和尺检查，以每层第一皮砖为准

3. 钢筋混凝土构造柱

（1）混凝土构造柱的主要构造措施

通常，构造柱的截面尺寸为 240 mm×180 mm 或 240 mm×240 mm。竖向受力钢筋采用 4 根直径为 12 mm 的Ⅰ级钢筋，箍筋直径 4～6 mm，其间距不大于 250 mm，且在柱上下端适当加密。

砖墙与构造柱应沿墙高每隔 500 mm 设置 $2\phi6$ 的水平拉结钢筋，两边伸入墙内不宜小于 1 m；若外墙为一砖半墙，则水平拉结钢筋应用 3 根。

砖墙与构造柱相接处，应砌成马牙槎，从每层柱脚开始，先退后进；每个马牙槎沿高度方向的尺寸不宜超过 300 mm（或 5 皮砖高）；每个马牙槎退进应不小于 60 mm。

构造柱必须与圈梁连接。其根部可与基础圈梁连接，无基础圈梁时，可增设厚度不小于 120 mm 的混凝土底脚，深度从室外地坪以下不应小于 500 mm。

（2）钢筋混凝土构造柱施工要点

1）构造柱的施工顺序为：绑扎钢筋、砌砖墙、支模板、浇筑混凝土。必须在该层构造柱混凝土浇筑完毕后，才能进行上一层的施工。

2）构造柱的竖向受力钢筋伸入基础圈梁或混凝土底脚内的锚固长度，以及绑扎搭接长度，均不应小于 35 倍钢筋直径。接头区段内的箍筋间距不应大于 200 mm。钢筋混凝土保护层厚度一般为 20 mm。

视频＋图片

砖砌体
施工范例

3）砌砖墙时，当马牙槎齿深为 120 mm 时，其上口可采用第一皮先进 60 mm，往上再进 120 mm 的方法，以保证浇筑混凝土时上角密实。

4）构造柱的模板，必须与所在砖墙面严密贴紧，以防漏浆。

5）浇筑构造柱的混凝土坍落度一般为 50～70 mm。振捣宜采用插入式振动器分层捣实，振捣棒应避免直接触碰钢筋和砖墙；严禁通过砖墙传振，以免砖墙变形和灰缝开裂。

任务 5　砌块砌体施工

用砌块代替普通黏土砖作为墙体材料是墙体改革的重要途径。目前工程中多采用中小型砌块。中型砌块施工，是采用各种吊装机械及夹具将砌块安装在设计位置，一般要按建筑物的平面尺寸及预先设计的砌块排列图逐块按次序吊装、就位、固定。小型砌块施工,与传统的砖砌体砌筑工艺相似,也是手工砌筑,但在形状、构造上有一定的差异。

3.5.1　砌块安装前的准备工作

1. 编制砌块排列图

砌块砌筑前,应根据施工图纸的平面、立面尺寸,并结合砌块的规格,先绘制砌块排列图,砌块排列图如图 3.32 所示。绘制砌块排列图时在立面图上按比例绘出纵横墙,标出楼板、大梁、过梁、楼梯、孔洞等位置,在纵横墙上绘出水平灰缝线,然后以主规格为主、其他型号为辅,按墙体错缝搭砌的原则和竖缝大小进行排列。在墙体上大量使用的主要规格砌块,称为主规格砌块;与它相搭配使用的砌块,称为副规格砌块。小型砌块施工时,也可不绘制砌块排列图,但必须根据砌块尺寸和灰缝厚度计算皮数和排数,以保证砌体尺寸符合设计要求。

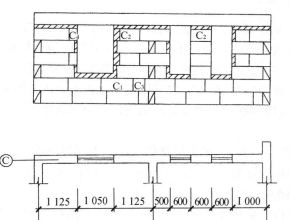

图 3.32　砌块排列图

若设计无具体规定,砌块应按下列原则排列:

(1) 尽量多用主规格的砌块或整块砌块,减少非主规格砌块的规格与数量。

(2) 砌筑应符合错缝搭接的原则,搭接长度不得小于砌块高的 1/3,且不应小于 150 mm。当搭接长度不足时,应在水平灰缝内设置 $2\phi^b4$ 的钢筋网片予以加强,网片两端离该垂直缝的距离不得小于 300 mm。

(3) 外墙转角处及纵横交接处,应用砌块相互搭接,如不能相互搭接,则每两皮应设置一道拉结钢筋网片。

(4) 水平灰缝一般为 10～20 mm,有配筋的水平灰缝为 20～25 mm。竖缝宽度为 15～20 mm,当竖缝宽度大于 40 mm 时应用与砌块同强度的细石混凝土填实,当竖缝宽度大于 100 mm 时,应用黏土砖镶砌。

(5) 当楼层高度不是砌块(包括水平灰缝)的整数倍时,用黏土砖镶砌。

(6) 对于空心砌块,上下皮砌块的壁、肋、孔均应垂直对齐,以提高砌体的承载能力。

2. 砌块的堆放

砌块的堆放位置应在施工总平面图上周密安排,应尽量减少二次搬运,使场内运输路线最短,以便于砌筑时起吊。堆放场地应平整夯实,使砌块堆放平稳,并做好排水工作;砌块不宜直接堆放在地面上,应堆在草袋、煤渣垫层或其他垫层上,以免砌块底面玷污。砌块的规格、数量必须配套,不同类型分别堆放。

3. 砌块的吊装方案

砌块墙的施工特点是砌块数量多,吊次也相应地多,但砌块的重量不是很大。砌块安装方案与所选用的机械设备有关,通常采用的吊装方案有两种:一是以塔式起重机进行砌块、砂浆的运输,以及楼板等构件的吊装,由台灵架吊装砌块。如工程量大,组织两栋房屋对翻流水等可采用这种方案;二是以井架进行材料的垂直运输,杠杆车进行楼板吊装,所有预制构件及材料的水平运输则用砌块车和劳动车,台灵架负责砌块的吊装。

除应准备好砌块垂直、水平运输和吊装的机械外,还要准备安装砌块的专用夹具和有关工具。

3.5.2 砌块施工工艺

砌块施工时需弹墙身线和立皮数杆,并按事先划分的施工段和砌块排列图逐皮安装。其安装顺序是先外后内、先远后近、先下后上。砌块砌筑时应从转角处或定位砌块处开始,并校正其垂直度,然后按砌块排列图内外墙同时砌筑并且错缝搭砌。

每个楼层砌筑完成后应复核标高,如有偏差则应找平校正。铺灰和灌浆完成后,吊装上一皮砌块时,不允许碰撞或撬动已安装好的砌块。如相邻砌体不能同时砌筑时,应留阶梯形斜槎,不允许留直槎。

砌块施工的主要工序:铺灰、吊砌块就位、校正、灌缝和镶砖等。

(1) 铺灰。采用稠度良好(50~70 mm)的水泥砂浆,铺3~5 m长的水平缝。夏季及寒冷季节应适当缩短,铺灰应均匀平整。

(2) 砌块安装就位。采用摩擦式夹具,按砌块排列图将所需砌块吊装就位。砌块就位应对准位置徐徐下落,使夹具中心尽可能与墙中心线在同一垂直面上,砌块光面在同一侧,垂直落于砂浆层上,待砌块安放稳妥后,才可松开夹具。

(3) 校正。用线锤和托线板检查垂直度,用拉准线的方法检查水平度。用撬棍、楔块调整偏差。

(4) 灌缝。采用砂浆灌竖缝,两侧用夹板夹住砌块,超过 30 mm 宽的竖缝采用不低于C20的细石混凝土灌缝,收水后进行嵌缝,即原浆勾缝。以后,一般不应再撬动砌块,以防破坏砂浆的黏结力。

(5) 镶砖。当砌块间出现较大竖缝或过梁找平时,应镶砖。采用 MU10 级以上的红砖,最后一皮用丁砖镶砌。镶砖工作必须在砌砖校正后即刻进行,镶砖时应注意使砖的竖缝灌密实。

3.5.3 混凝土小砌块砌体施工

混凝土小砌块包括普通混凝土小型空心砌块和轻骨料混凝土小型空心砌块。

施工时所用的小砌块的产品龄期不应小于 28 d。普通混凝土小砌块饱和吸水率低、吸水速度迟缓,一般可不浇水,天气炎热时,可适当洒水湿润。

轻骨料混凝土小砌块的吸水率较大,宜提前浇水湿润。底层室内地面以下或防潮层以下的砌体,应采用强度等级不低于 C20 的混凝土灌实小砌块的孔洞。

小砌块墙体应对孔错缝搭砌,搭接长度不应小于 90 mm。墙体的个别部位不能满足上述要求时,应在灰缝中设置拉结钢筋或钢筋网片,但竖向通缝仍不得超过两皮小砌块。

浇灌芯柱的混凝土,宜选用专用的小砌块灌孔混凝土,当采用普通混凝土时,其坍落度不应小于 90 mm。砌筑砂浆强度大于 1 MPa 时,方可浇灌芯柱混凝土。浇灌时清除孔洞内的砂浆等杂物,并用水冲洗;先注入适量与芯柱混凝土相同的去石水泥砂浆,再浇灌混凝土。

小砌块墙体转角处和纵横交接处应同时砌筑。临时间断处应砌成斜槎,斜槎水平投影长度不应小于高度的 2/3。

小砌块砌体的灰缝应横平竖直,水平灰缝厚度和竖向灰缝宽度宜为 10 mm,但不应大于 12 mm,也不应小于 8 mm。砌体水平灰缝的砂浆饱满度,应按净面积计算不得低于 90%;竖向灰缝饱满度不得小于 80%,竖缝凹槽部位应用砌筑砂浆填实;不得出现瞎缝、透明缝。

3.5.4 蒸压加气混凝土砌块砌体施工

加气混凝土砌块可砌成单层墙或双层墙体。单层墙是将加气混凝土砌块立砌,墙厚为砌块的宽度。双层墙是将加气混凝土砌块立砌两层,中间夹以空气层,两层砌块间,每隔 500 mm 墙高在水平灰缝中放置 $\phi 4 \sim \phi 6$ 的钢筋扒钉,扒钉间距为 600 mm,空气层厚度约 $70 \sim 80$ mm。

承重加气混凝土砌块墙的外墙转角处、墙体交接处,均应沿墙高 1 m 左右,在水平灰缝中放置拉结钢筋,拉结钢筋为 $\phi 6$,钢筋伸入墙内不少于 1 000 mm。

加气混凝土砌块砌筑前,应根据建筑物的平面、立面图绘制砌块排列图。在墙体转角处设置皮数杆,皮数杆上画出砌块皮数及砌块高度,并拉准线砌筑。

加气混凝土砌块墙的上下皮砌块的竖向灰缝应相互错开,相互错开长度宜为 300 mm,并且不小于 150 mm。

加气混凝土砌块墙的灰缝应横平竖直,砂浆饱满,水平灰缝砂浆饱满度不应小于 90%;竖向灰缝砂浆饱满度不应小于 80%。水平灰缝厚度宜为 15 mm;竖向灰缝宽度宜为 20 mm。

加气混凝土砌块墙的转角处,应使纵横墙的砌块相互搭砌,砌块隔皮露端面。加气混凝土砌块墙的 T 形交接处,应使横墙砌块隔皮露端面,并坐中于纵墙砌块,砌块的搭砌如图 3.33 所示。

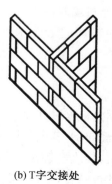

(a) 转角处   (b) T字交接处

图 3.33 加气混凝土砌块搭砌

3.5.5 粉煤灰砌块砌体施工

粉煤灰砌块墙砌筑前,应按设计图绘制砌块排列图,并在墙体转角处设置皮数杆。粉煤灰砌块的砌筑面应适量浇水。

粉煤灰砌块的砌筑方法可采用"铺灰灌浆法"。先在墙顶上摊铺砂浆,然后将砌块按砌筑位置摆放到砂浆层上,并与前一块砌块靠拢,留出不大于 20 mm 的空隙。待砌完一皮砌块后,在空隙两旁装上夹板或塞上泡沫塑料条,在砌块的灌浆槽内灌砂浆,直至灌满。等到砂浆开始硬化不流淌时,即可卸掉夹板或取出泡沫塑料条。粉煤灰砌块砌筑如图 3.34 所示。

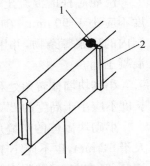

图 3.34 粉煤灰砌块砌筑
1—灌浆;2—泡沫塑料条

粉煤灰砌块上下皮的垂直灰缝应相互错开,错开长度应不小于砌块长度的 1/3。其灰缝厚度、砂浆饱满度及转角、交接处的要求同加气混凝土砌块。

粉煤灰砌块墙砌到接近上层楼板底时,因最上一皮不能灌浆,可改用烧结普通砖斜砌挤紧。

砌筑粉煤灰砌块外墙时,不得留脚手眼。每一楼层内的砌块墙应连续砌完,尽量不留接搓。如必须留搓时应留成斜搓,或在门窗洞口侧边间断。

3.5.6 石砌体施工

1. 毛石基础施工

砌筑毛石基础所用毛石应质地坚硬、无裂纹,尺寸为 200~400 mm,强度等级一般为 MU20 以上。所用水泥砂浆为 M2.5~M5 级,稠度为 50~70 mm,灰缝厚度一般为 20~30 mm。不宜采用混合砂浆。

基础砌筑前,应校核毛石基础放线尺寸。

砌筑毛石基础的第一皮石块应坐浆,选较大而平整的石块将大面向下,分皮卧砌,上下错缝,内外搭砌;每皮厚度约 300 mm,搭接不小于 80 mm,不得出现通缝。毛石基础扩大部分,如做成阶梯形,上级阶梯的石块应至少压砌下级阶梯的 1/2,每阶内至少砌两皮,扩大部分每边比墙宽出 100 mm。为增加整体稳定性,应大、中、小毛石搭配使用,并按规定设置拉结石,拉结石长度应超过墙厚的 2/3。毛石砌到室内地坪以下 50 mm,应设置防潮层,一般用 1:2.5 的水泥砂浆加适量防水剂铺设,厚度为 20 mm。毛石基础每天砌筑高度为 1.2 m。

2. 石墙施工

(1) 毛石墙施工

首先应在基础顶面根据设计要求抄平放线、立皮杆、拉准线,然后进行墙体施工。砌筑第一层石块时,应大面向下,其余各层应利用自然形状相互搭接紧密,面石应选择至少具有一面平整的毛石砌筑,较大空隙用碎石填塞。墙体砌筑每层高 300~400 mm,中间隔 1 m 左右应砌与墙同宽的拉结石,上、下层间的拉结石位置应错开。施工时,上下层应相互错缝,内外搭接,不得采用外面侧立石块、中间填心的砌筑方法。每日砌筑高度不应超过 1.2 m,分段砌筑时所留踏步搓高度不超过一个步架。

（2）料石墙施工

料石墙的砌筑应用铺浆法，竖缝中应填满砂浆并插捣至溢出为止。上下皮应错缝搭接，转角处或交接处应用石块相互搭砌，如确有困难时，应在每楼层范围内至少设置钢筋网或拉结筋两道。

（3）石墙勾缝

石墙的勾缝形式多采用平缝或凸缝。勾缝前先将灰缝刮深 20～30 mm，墙面喷水湿润，并修整。勾缝宜用 1∶1 水泥砂浆，或用青灰和白灰浆掺加麻刀勾缝。勾缝线条必须均匀一致，深浅相同。

任务 6　季节性施工

3.6.1　冬期施工

1. 冬期施工的概念

根据当地气象资料，如室外日平均气温连续 5 d 稳定低于 5℃时，则砌筑工程应采取冬期施工措施。此外，当日最低气温低于 0℃时，砌筑工程也应采取冬期施工措施。砌筑工程冬期施工应有完整的冬期施工方案。

2. 砌筑工程冬期施工方法

砌筑工程的冬期施工以采用掺盐砂浆法为主，对保温绝缘、装饰等方面有特殊要求的工程，可采用冻结法或其他施工方法。

（1）掺盐砂浆法

掺入盐类的水泥砂浆、水泥混合砂浆或微沫砂浆称为掺盐砂浆。采用这种砂浆砌筑的方法称为掺盐砂浆法。

1）掺盐砂浆法的原理和适用范围

掺盐砂浆法就是在砌筑砂浆内掺入一定数量的抗冻剂（主要有氯化钠和氯化钙，其他还有亚硝酸钠、碳酸钾和硝酸钙等），来降低水溶液的冰点，以保证砂浆中有液态水存在，使水化反应在一定负温下不间断进行，使砂浆强度在负温下能够继续增长。同时，由于降低了砂浆中水的冰点，砖石砌体的表面不会因为结冰而形成冰膜，故砂浆和砖石砌体能较好地黏结。掺盐砂浆法具有施工简便、费用低，取材方便等优点，所以在我国砖石砌体冬期施工中应用广泛。

由于氯盐砂浆吸湿性大，使结构保温性能下降，并有析盐现象等。对下列工程严禁采用掺盐砂浆法施工：对装饰有特殊要求的建筑物；使用湿度大于 80％的建筑物；接近高压电路的建筑物；配筋、钢埋件无可靠的防腐处理措施的砌体；处于地下水位变化范围内及水下未设防水层的结构。

2）掺盐砂浆法的施工要求

采用掺盐法进行施工，应按不同负温界限控制掺盐量，当砂浆中氯盐掺量过少，砂浆内会出现大量的冰结晶体，水化反应极其缓慢，会降低早期强度。如果氯盐掺量大于 10％，砂浆的后期强度会显著降低，同时导致砌体析盐量过大，增大吸湿性，降低保温性能。按气温情况规定的掺盐量见表 3.6。

表 3.6　砂浆掺盐量(占用水量的%)

氯盐及砌体材料种类		日最低气温/℃			
		≥−10	−11~−15	−16~−20	−21~−25
氯化钠(单盐)	砖、砌块	3	5	7	—
	砌石	4	7	10	—
(双盐)	氯化钠	砖、砌块	—	—	5	7
	氯化钙		—	—	2	3

注:掺盐量以无水盐计。

承重结构的砂浆强度等级应按常温施工时提高一级。拌和砂浆前要对原材料加热,且应优先加热水;当满足不了温度时,再进行砂的加热。当拌和水的温度超过 60℃时,拌制时的投料顺序是:水和砂先拌,然后再投放水泥。掺盐砂浆中掺入微沫剂时,盐溶液和微沫剂在砂浆拌和过程中先后加入。砂浆应采用机械进行拌和,搅拌时间应比常温季节增加一倍。拌和后的砂浆应注意保温。

由于氯盐对钢筋有腐蚀作用,掺盐法用于设有构造配筋的砌体时,钢筋可以涂樟丹 2~3 道或者涂沥青 1~2 道,以防钢筋锈蚀。

掺盐砂浆法砌筑砖砌体,应采用"三一"法砌筑,使砂浆与砖的接触面能充分结合。砌筑时要求砂浆饱满,灰缝厚度均匀,水平缝和垂直缝的厚度和宽度,应控制在 8~10 mm。采用掺盐砂浆法砌筑砌体,砌体在转角处和交接处应同时砌筑,对不能同时砌筑而又必须留置的临时间断处,应砌成斜槎,砌体表面宜采用保温材料加以覆盖,继续施工前,应先用扫帚扫净砖表面,然后再施工。

(2)冻结法

冻结法是指不掺化学外加剂的普通水泥砂浆或水泥混合砂浆进行砌筑的一种冬期施工方法。

1)冻结法的原理和适应范围

冻结法的砂浆内不掺任何抗冻化学剂,允许砂浆在铺砌完后就受冻,受冻的砂浆可以获得较大的冻结强度,且在解冻后其强度仍可继续增长。所以对有保温、绝缘、装饰等特殊要求的工程和受力配筋砌体以及不受地震区条件限制的工程,均可采用冻结法施工。

冻结法施工所用砂浆,经冻结、融化和硬化三个阶段后,砂浆强度、砂浆与砖石砌体间的黏结力都有不同程度的降低。砌体在融化阶段,由于砂浆强度接近于零,将会增加砌体的变形和沉降。所以对下列结构不宜选用:空斗墙;毛石墙;承受侧压力的砌体;在解冻期间可能受到振动或动荷载的砌体;在解冻期间不允许发生沉降的砌体。

2)冻结法的施工要求

采用冻结法施工时,应按照"三一"法砌筑,砌筑时一般采用一顺一丁的组砌方式。冻结法施工中宜采用水平分段施工,墙体一般应在一个施工段范围内,砌筑至一个施工层的高度,不得间断。每日砌筑高度和临时间断处均不宜大于 1.2 m。不设沉降缝的砌体,其分段处的高差不得大于 4 m。

砌体解冻时,由于砂浆的强度接近于零,所以增加了砌体解冻期间的变形和沉降,其下沉量比常温施工增加 10%~20%。解冻期间,由于砂浆受冻后强度降低,砂浆与砌体之间的黏结力减弱,所以砌体在解冻期间的稳定性较差。用冻结法施工的砌体,在开冻前需进行检查,开冻过程中应组织观测。如发现裂缝、不均匀下沉等情况,应分析原因并立即采取加固措施。

为保证砖砌体在解冻期间能够均匀沉降不出现裂缝,应遵守下列要求:解冻前应清除房屋中剩余的建筑材料等临时荷载;在解冻前,宜暂停施工;留置在砌体中的洞口和沟槽等,宜在解冻前填砌完毕;跨度大于 0.7m 的过梁,宜采用预制构件;门窗框上部应留 3~5 mm 的空隙,作为解冻后预留沉降量,在楼板水平面上,墙的拐角处、交接处和交叉处每半砖墙厚设置一根 $\phi6$ 的拉筋。

在解冻期进行观测时,应特别注意多层房屋下层的柱和窗间墙、梁端支承处、墙交接处等地方。此外,还必须观测砌体沉降的大小、方向和均匀性,砌体灰缝内砂浆的硬化情况。观测一般需 15 d 左右。

解冻时除对正在施工的工程进行强度验算外,还要对已完成的工程进行强度验算。

3.6.2 雨期施工

砌筑用砖在雨期必须集中堆放,不宜浇水。砌墙时要求干湿砖合理搭配,湿度过大的砖不可上墙。雨期施工每日砌筑高度不宜超过 1.2 m。

雨期遇大雨必须停工。砌砖收工时应在砖墙顶盖一层干砖,避免大雨冲刷灰浆。大雨过后受雨冲刷过的新砌墙体应翻砌最上面两皮砖。

稳定性较差的窗间墙、独立砖柱,应加设临时支撑或及时浇筑圈梁,以增加其稳定性。

砌体施工时,内、外墙尽量同时砌筑,并注意转角及丁字墙间的连接要同时跟上。遇台风时,应在与风向相反的方向加设临时支撑,以保证墙体的稳定。

雨后继续施工,需复核已完工砌体的垂直度和标高。

习 题

1. 脚手架的基本要求有哪些?
2. 扣件式钢管脚手架由哪些部件组成? 安全要求有哪些?
3. 脚手架有哪些形式? 适用于哪些场合?
4. 附着式塔式起重机如何锚固?
5. 塔式起重机如何选用?
6. 砌筑砂浆使用时应注意哪些问题?
7. 砖砌体如何组织施工?
8. 砌块安装前的准备工作有哪些?
9. 简述砌块施工工艺。

混凝土结构工程施工

【学习重点】

1. 了解钢筋混凝土工程的特点、施工过程以及施工的安全技术。

2. 了解模板的类型及构造要求；熟悉模板设计的主要内容及步骤；掌握模板的安装和拆卸的要求及方法。

3. 了解钢筋的种类、性能及加工工艺；熟悉钢筋验收的内容与方法、钢筋冷拉、冷拔的作用和控制方法；掌握钢筋的焊接及机械连接工艺、钢筋配料和代换原则、钢筋安装及质量检验方法。

4. 了解混凝土原材料的特性、施工设备和机具性能；熟悉混凝土冬期施工工艺要求和常用质量保证措施及厚大体积混凝土的浇筑方案；掌握混凝土的配料、搅拌、运输、浇筑、振捣及养护工艺；掌握混凝土施工质量检查和缺陷修补的主要方法。

资源合集

任务 1　模板工程施工

学习情境 4

4.1.1　模板构造

模板与其支撑体系组成模板系统。模板系统是一个临时架设的结构体系，其中模板是新浇混凝土成型的模具，它与混凝土直接接触，是混凝土构件具有所要求的形状、尺寸和表面质量的保证；支撑体系是指支撑模板，承受模板、构件及施工中各种荷载的作用，并使模板保持所要求的空间位置的临时结构。

模板应保证混凝土结构和构件浇筑后的各部分形状和尺寸以及相互位置的准确性；具有足够的稳定性、刚度及强度；装拆方便，能够多次周转使用、形式要尽量做到标准化、系列化；接缝应不易漏浆、表面要光洁平整。

1. 模板的分类

（1）按模板材料分有木模板、竹模板、钢模板、混凝土预制模板、塑料模板、橡胶模板等。

（2）按模板受力条件分有承重模板和侧面模板。承重模板主要承受混凝土重量和施工中的垂直荷载；侧面模板主要承受新浇混凝土的侧压力。侧面模板按其支承受力方式，又分为简支模板、悬臂模板和半悬臂模板。

（3）按模板使用特点分有固定式、拆移式、移动式和滑动式。固定式用于形状特殊的部位，不能重复使用。后三种模板都能重复使用，或连续使用在形状一致的部位。但其使用方式有所不同：拆移式模板需要拆散移动；移动式模板的车架装有行走轮，可沿专用轨道使模板整体移动；滑动式模板是以千斤顶或卷扬机为动力，可在混凝土连续浇筑的过程中，使模板面紧贴混凝土面滑动。

2. 定型组合钢模板

定型组合钢模板系列包括钢模板、连接件、支承件三部分。其中，钢模板包括平面钢模板和拐角模板;连接件有 U 形卡、L 形插销、钩头螺栓、紧固螺栓、蝶形扣件等;支承件有圆钢管、薄壁矩形钢管、内卷边槽钢、单管伸缩支撑等。

(1) 钢模板的规格和型号。钢模板包括平面模板、阳角模板、阴角模板和连接角模,如图 4.1 所示。单块钢模板由面板、边框和加劲肋焊接而成。面板厚 2.3 mm 或 2.5 mm,边框和加劲肋上面按一定距离(如 150 mm)钻孔,可利用 U 形卡和 L 形插销等拼装成大块模板。

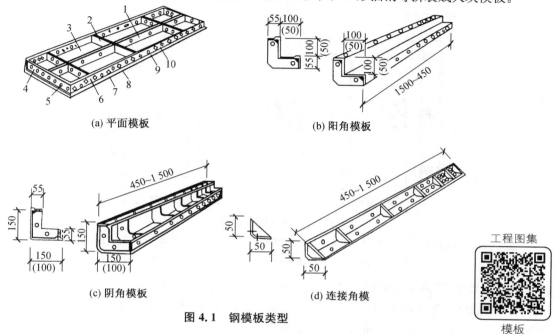

(a) 平面模板　　　　　　　　　　(b) 阳角模板

(c) 阴角模板　　　　　(d) 连接角模

工程图集

模板

图 4.1　钢模板类型

1—中纵肋;2—中横肋;3—面板;4—横肋;5—插销孔;6—纵肋;

7—凸棱;8—凸鼓;9—U 形卡孔;10—钉子孔

钢模板的宽度以 50 mm 进级,长度以 150 mm 进级,其规格和型号已做到标准化、系列化。如型号为 P3015 的钢模板,P 表示平面模板,3015 表示宽×长为 300 mm×1 500 mm;型号为 Y1015 的钢模板,Y 表示阳角模板,1015 表示宽×长为 100 mm×1 500 mm。如拼装时出现不足模数的空隙时,用镶嵌木条补缺,用钉子或螺栓将木条与板块边框上的孔洞连接。

(2) 连接件

1) U 形卡。它用于钢模板之间的连接与锁定,使钢模板拼装密合。U 形卡安装间距一般不大于 300 mm,即每隔一孔卡插一个,安装方向一顺一到相互交错,如图 4.2(a)所示。

2) L 形插销。它插入模板两端边框的插销孔内,用于增强钢模板纵向拼接的刚度和保证接头处板面平整,如图 4.2(b)所示。

3) 钩头螺栓。用于钢模板与内、外钢楞之间的连接固定,使之成为整体,安装间距一般不大于 600 mm,长度应与采用的钢楞尺寸相适应,如图 4.2(c)所示。

4) 紧固螺栓。用于紧固钢模板内外钢楞,增强组合模板的整体刚度,长度与采用的钢楞尺寸相适应,如图 4.2(d)所示。

5) 对拉螺栓。用来保持模板与模板之间的设计厚度并承受混凝土侧压力及水平荷载,使模板不致变形,如图 4.2(e)所示。

6) 扣件。用于将钢模板与钢楞紧固,与其他的配件一起将钢模板拼装成整体。按钢楞

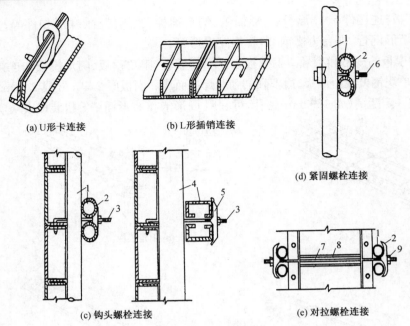

(a) U形卡连接　　　　(b) L形插销连接

(d) 紧固螺栓连接

(c) 钩头螺栓连接　　　　(e) 对拉螺栓连接

图 4.2　钢模板连接件

1—圆钢管钢楞;2—"3"形扣件;3—钩头螺栓;4—内卷边槽钢钢楞;5—蝶形扣件;
6—紧固螺栓;7—对拉螺栓;8—塑料套管;9—螺母

的不同形状尺寸,分别采用碟型扣件和"3"型扣件,其规格分为大小两种。

（3）支承件。配件的支承件包括钢楞、柱箍、梁卡具、圈梁卡、钢管架、斜撑、组合支柱、钢管脚手支架、平面可调桁架和曲面可变桁架等,如图 4.3～图 4.6 等。

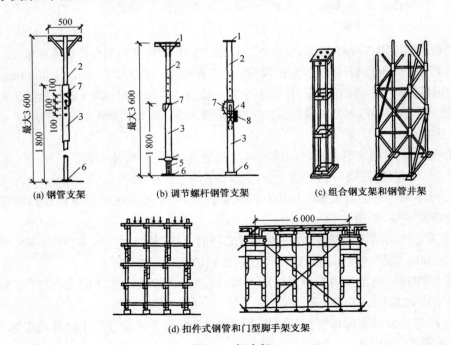

(a) 钢管支架　　　(b) 调节螺杆钢管支架　　　(c) 组合钢支架和钢管井架

(d) 扣件式钢管和门型脚手架支架

图 4.3　钢支架

1—顶板;2—插管;3—套管;4—转盘;5—螺杆;6—底板;7—插销;8—转动手柄

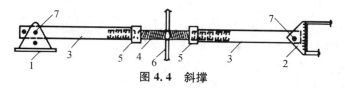

图 4.4 斜撑

1—底座；2—顶撑；3—钢管斜撑；4—花篮螺丝；5—螺母；6—旋杆；7—销钉

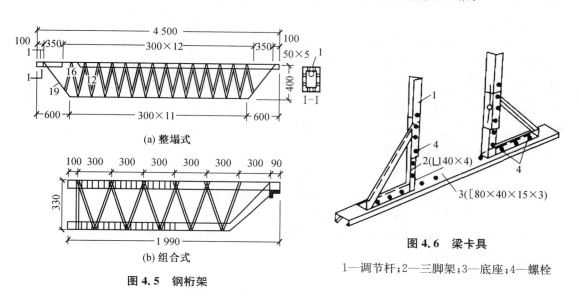

(a) 整塌式

(b) 组合式

图 4.5 钢桁架

图 4.6 梁卡具

1—调节杆；2—三脚架；3—底座；4—螺栓

3. 木模板

木模板的木材主要采用松木和杉木，其含水率不宜过高，以免干裂，材质不宜低于三等材。

木模板的基本元件是拼板，它由板条和拼条（木档）组成，如图 4.7 所示。板条厚 25～50 mm，宽度不宜超过 200 mm，以保证在干缩时，缝隙均匀，浇水后缝隙要严密且板条不翘曲，但梁底板的板条宽度不受限制，以免漏浆。拼条截面尺寸为 25 mm×35 mm～50 mm×50 mm，拼条间距根据施工荷载大小及板条的厚度而定，一般取 400～500 mm。图 4.8 是独立柱基础模板。

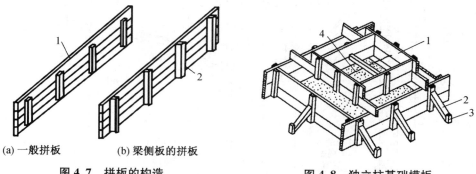

(a) 一般拼板 (b) 梁侧板的拼板

图 4.7 拼板的构造

1—板条；2—拼条

图 4.8 独立柱基础模板

1—侧模；2—斜撑；3—木柱；4—铅丝

4. 钢框胶合板模板

钢框胶合板模板是指钢框与木胶合板或竹胶合板结合使用的一种模板。钢框胶合板模板由钢框和防水木、竹胶合板平铺在钢框上,用沉头螺栓与钢框连牢,构造如图4.9所示。用于面板的竹胶合板是用竹片或竹帘涂胶黏剂,纵横向铺放,组坯后热压成型。为使钢框竹胶合板板面光滑平整,便于脱模和增加周转次数,一般板面采用涂料覆面处理或浸胶纸覆面处理。

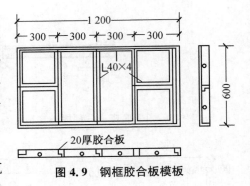

图 4.9　钢框胶合板模板

5. 滑动模板

滑动模板(简称为滑模),是在混凝土连续浇筑过程中,可使模板面紧贴混凝土面滑动的模板。采用滑模施工要比常规施工节约木材(包括模板和脚手板等)70%左右;采用滑模施工可以节约劳动力30%～50%;采用滑模施工要比常规施工的工期短,速度快,可以缩短施工周期30%～50%;滑模施工的结构整体性好,抗震效果明显,适用于高层或超高层抗震建筑物和高耸构筑物施工;滑模施工的设备便于加工、安装、运输。

(1)滑板系统装置的三个组成部分

1)模板系统。包括提升架、围圈、模板及加固、连接配件。

2)施工平台系统。包括工作平台、外圈走道、内外吊脚手架。

3)提升系统。包括千斤顶、油管、分油器、针形阀、控制台、支承杆及测量控制装置。滑模构造如图4.10所示。

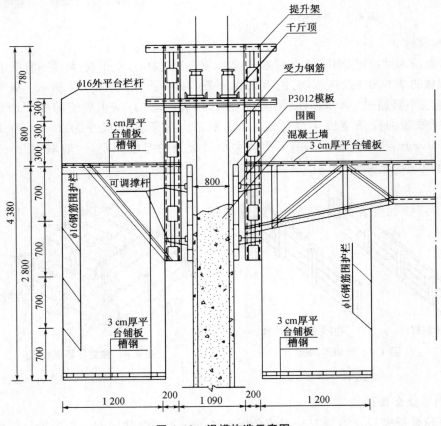

图 4.10　滑模构造示意图

（2）主要部件构造及作用

1）提升架：提升架是整个滑模系统的主要受力部分。各项荷载集中传至提升架，最后通过装设在提升架上的千斤顶传至支承杆上。提升架由横梁、立柱、牛腿及外挑架组成。各部分尺寸及杆件断面应通盘考虑经计算确定。

2）围圈：围圈是模板系统的横向连接部分，将模板按工程平面形状组合为整体。围圈也是受力部件，它既承受混凝土侧压力产生的水平推力，又承受模板的重量、滑动时产生的摩阻力等竖向力。在有些滑模系统的设计中，也将施工平台支承在围圈上。围圈架设在提升架的牛腿上，各种荷载将最终传至提升架上。围圈一般用型钢制作。

3）模板：模板是混凝土成型的模具，要求板面平整，尺寸准确，刚度适中。模板高度一般为 90~120 cm，宽度为 50 cm，但根据需要也可加工成小于 50 cm 的异形模板。模板通常用钢材制作，也有用其他材料制作的，如钢木组合模板，是用硬质塑料板或玻璃钢等材料做面板的有机材料复合模板。

4）施工平台与吊脚手架：施工平台是滑模施工中各工种的作业面及材料、工具的存放场所。施工平台应视建筑物的平面形状、开门大小、操作要求及荷载情况设计。施工平台必须有可靠的强度及必要的刚度，确保施工安全，防止平台变形导致模板倾斜。如果跨度较大时，在平台下应设置承托桁架。

吊脚手架用于对已滑出的混凝土结构进行处理或修补，要求沿结构内外两侧周围布置。吊脚手架的高度一般为 1.8 m，可以设双层或三层。吊脚手架要有可靠的安全设备及防护设施。

5）提升设备：提升设备由液压千斤顶、液压控制台、油路及支承杆组成。支承杆可用直径为 25 mm 的光圆钢筋做成，每根支承杆长度以 3.5~5 m 为宜。支承杆的接头可用螺栓连接（支承杆两头工加工成阴阳螺纹）或现场用小坡口焊接连接。若回收重复使用，则需要在提升架横梁下附设支承杆套管。如有条件并经设计部门同意，则该支承杆钢筋可以直接打在混凝土中以代替部分结构配筋，可利用 50%~60%。

6. 爬升模板

爬升模板是在混凝土墙体浇筑完毕后，利用提升装置将模板自行提升到上一个楼层，浇筑上一层墙体的垂直移动式模板。爬升模板采用整片式大平模，模板由面板及肋组成，而不需要支撑系统；提升设备采用电动螺杆提升机、液压千斤顶或导链。爬升模板是将大模板工艺和滑升模板工艺相结合，既保持大模板施工墙面平整的优点又保持了滑模利用自身设备使模板向上提升的优点，墙体模板能自行爬升而不依赖塔吊。爬升模板适用于高层建筑墙体、电梯井壁、管道间混凝土施工。

爬升模板由钢模板、提升架和提升装置三部分组成，如图 4.11 所示。

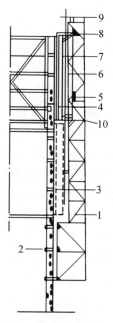

图 4.11　爬升模板

1—爬架；2—螺栓；3—预留爬架孔；4—爬模；
5—爬架千斤顶；6—爬模千斤顶；7—爬杆；
8—模板挑横梁；9—爬架挑横梁；10—脱模千斤顶

7. 台模

台模是浇筑钢筋混凝土楼板的一种大型工具式模板。在施工中可以整体脱模和转运，利用起重机从浇筑完的楼板下吊出，转移至上一楼层，中途不再落地，所以亦称"飞模"。台模按其支架结构类型分为：立柱式台模、桁架式台模、悬架式台模等。

台模适用于各种结构的现浇混凝土，适用于小开间、小进深的现浇楼板，单座台模面板的面积从 2～6 m² 到 60 m² 以上。台模整体性好，混凝土表面容易平整、施工进度快。

台模由台面、支架（支柱）、支腿、调节装置、行走轮等组成。台面是直接接触混凝土的部件，表面应平整光滑，具有较高的强度和刚度。目前常用的面板有：钢板、胶合板、铝合金板、工程塑料板及木板等。如图 4.12 所示。

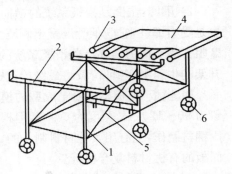

图 4.12 台模

1—支腿；2—可伸缩的横梁；3—檩条；
4—面板；5—斜撑；6—滚轮

8. 预制混凝土薄板

预制混凝土薄板是一种永久性模板。施工时，薄板安装在墙或梁上，下设临时支撑；然后在薄板上浇筑混凝土叠合层，形成叠合楼板，如图 4.13 所示。

图 4.13 预制混凝土叠合楼板

1—预制薄板；2—现浇叠合层；3—预应力钢丝；4—叠合面

根据配筋的不同，预制混凝土薄板可分为三类：第一类是预应力混凝土薄板；第二类是双钢筋混凝土薄板；第三类是冷扎扭钢筋混凝土薄板。预制混凝土薄板的功能：一是作底模；二是作为楼板配筋；三是提供光滑平整的底面，可不做抹灰，直接喷浆。这种叠合楼板与预制空心板比较，可节省模板、便于施工、缩短工期、整体性与连续性好、抗震性强并可减少楼板总厚度。

9. 压型钢板模板

在多高层钢结构或钢—混凝土结构中，楼层多采用组合楼盖，其中组合楼板结构就是压型钢板与混凝土通过各种不同的剪力连接形式组合在一起形成的，如图 4.14 所示。

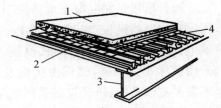

图 4.14 组合楼板

1—混凝土；2—压型钢板；
3—钢梁；4—剪力钢筋

压形钢板作为组合楼盖施工中的混凝土模板，其主要优点是：薄钢板经压折后，具有良好的结构受力性能，既可部分地或全部地起组合楼板中受拉钢筋作用，又可仅作为浇筑混凝土的永久性模板；特别是楼层较高，又有钢梁，采用压型钢板模板，楼板浇注混凝土独立地进行，不影响钢结构施工，上下楼层间无制约关系；不需满堂支撑，无支模和拆模的烦琐作业，施工进度显著加快。但压型钢板模板本身的造价高于组合钢模板，消耗钢材较多。

4.1.2　模板施工

1. 一般结构模板的构造与安装

（1）基础模板的构造与安装

基础的特点是高度不大而体积较大,基础模板一般利用地基或基槽(坑)进行支撑。如土质良好,基础的最下一级可不用模板,直接原槽浇筑。安装时,要保证上下模板不发生相对位移,如为杯形基础,则还要在其中放入杯口模板。图4.8为独立柱基础木模板,图4.15为独立柱基础组合钢模板。

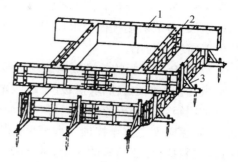

图 4.15　独立柱基础组合钢模板

1—扁钢连接件；2—T 形连接件；3—角钢三角撑

（2）柱模板的构造与安装

柱的特点是断面尺寸不大但比较高。柱模板的构造和安装主要考虑保证垂直度及抵抗新浇混凝土的侧压力,同时,也要便于浇筑混凝土、清理垃圾等。

1）木模板的柱模板构造与安装

木模板的柱模板由两块内拼板夹在两块外拼板之间组成,如图4.16所示。也可用短横板代替外拼板钉在内拼板上。柱模板底部开有清理孔,沿高度每隔 2 m 开有浇筑孔。柱底部一般有一钉在底部混凝土上的木框,用来固定柱模板的位置。为承受混凝土的侧压力,拼板外要设柱箍,柱箍可为木制、钢制或钢木制。柱箍间距与混凝土侧压力大小、拼板的厚度有关,由于柱模板底部所受侧压力较大,因而柱模板下部柱箍较密。柱模板顶部根据需要开有与梁模板连接的缺口。

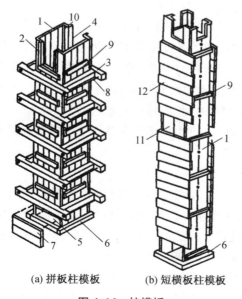

(a) 拼板柱模板　　(b) 短横板柱模板

图 4.16　柱模板

1—内拼板；2—外拼板；3—柱箍；4—梁缺口；5—清理孔；6—木框；7—盖板；
8—接紧螺栓；9—拼条；10—三角木条；11—浇筑孔；12—短横

视频集

梁板柱模板
安装与拆除

在安装柱模板前,应先绑扎好钢筋,测出标高并标在钢筋上,同时在已浇筑的基础顶面或楼面上固定好柱模底部的木框,在内外拼板上弹出中心线,根据柱边线及木框,竖立模板,用支撑临时固定,经校正,检查无误后再用斜撑固定。在同一条轴线上的柱,应先校正两端的柱模板,再从两端柱模板上口中心线拉一条铁丝来校正中间柱模板。柱模之间用水平撑和剪刀撑相互拉结。

2)组合钢模板的柱模板构造与安装

组合钢模板也由四块拼板围成,四角由连接角模连接,每块拼板由若干块钢模板组成。

采用组合钢模板的柱模板可在现场拼装,也可在场外预拼装。现场拼装时,先装最下一圈,然后逐圈而上直至柱顶。钢模板拼装完经垂直度校正后,便可装设柱箍,并用水平及斜向拉杆(斜撑)保持模板的稳定。场外预拼装时,在场外设置一钢模板拼装平台,将柱模板按配置图预拼成四片,然后运至现场安装就位,用连接角模连接成整体,最后装上柱箍。

(3)梁模板的构造与安装

梁的特点是跨度大而宽度不大,梁底一般是架空的。梁模板的模板,可采用木模板、定型组合钢模板等。

1)木模板的梁模板构造与安装

木模板的梁模板,一般由底模、侧模、夹木及支架系统组成。混凝土对梁侧模板有侧压力,对梁底模板有垂直压力,因此梁模板及其支架必须能承受这些荷载而不致发生超过规范允许的过大变形。为承受垂直荷载,在梁底模板下,每隔一定间距(800~1 200 mm)用顶撑(琵琶撑)顶住。顶撑可以用圆木、方木或钢管制成。顶撑底要加垫一对木楔块调整标高。为使顶撑传下来的集中荷载均匀地传给地面,在顶撑底加铺垫板。多层结构施工中,应使上、下层的顶撑在同一竖向直线上。为承受混凝土侧压力,侧模板底部用夹木固定,上部由斜撑和水平拉条固定。

单梁的侧模板一般拆除较早,因此侧模板应包在底模板的外面。柱的模板也可较早拆除,所以梁的模板不应伸到柱模板的缺口内,同样次梁模板也不应伸到主梁模板的缺口内。

梁模板安装时,下层楼板应达到足够的强度或具有足够的顶撑支撑。安装顺序是:沿梁模板下方楼地面上铺垫板,在柱模缺口处钉衬口档,把底板搁置在衬口档上,接着立靠近柱或墙的顶撑,再将梁等分,立中间部分顶撑,顶撑底部打入木楔,并检查、调整标高,接着把侧模板放上,两头钉于衬口档上,在梁侧模板底外侧钉夹木,再钉斜撑、水平拉条。有主次梁时,要待主梁模板安装并校正好后才能进行次梁模板安装。梁模板安装后要再拉中线检查,复核各梁模板的中心线位置是否正确。

2)定型组合钢模板的梁模板构造与安装

定型组合钢模板的梁模板,也由三片模板组成,底模板及两侧模板用连接角模连接,梁侧模板顶部则用阴角模板与楼板模板相接。为了抵抗浇筑混凝土时的侧压力,并保持一定的梁宽,两侧模板之间应根据需要设置对拉螺栓。整个模板用支架支承,支架应支设在垫板上,垫板厚5 mm,长度至少要能支承三个支架。垫板下的地基必须平整坚实。

组合钢模板的梁模板,一般在钢模板拼装台上按配板图拼成三片,用钢楞加固后运往现场安装。安装底模板前,应先立好支架,调整好支架顶的标高,再将梁底模板安装在支架顶上,最后安装梁侧模板。组合钢模板的梁模板也可以采用整体安装的方法,即在钢模拼装平台上,将三片钢模用钢楞、对拉螺栓等加固稳定后,放入钢筋,运往施工现场用起重机吊装就位。

如梁的跨度等于或大于 4 m,应使梁模板起拱,以防止新浇混凝土的荷载使跨中模板下挠。如设计无规定时,木模板起拱高度宜为全跨长度的 1.5/1 000～3/1 000;钢模板起拱高度宜为全跨长度的 1/1 000～3/1 000。

（4）楼板模板的构造与安装

楼板的面积大而厚度比较薄,侧向压力小。楼板模板及其支架系统,主要承受钢筋、模板、混凝土的自重荷载及其施工荷载,保证模板不变形。

1）木模板的楼板模板构造与安装

如图 4.17 所示,木楼板模板的底模板铺设在楞木上,楞木搁置在梁侧模板外的托木上,若楞木面不平,可以加木楔调平。当楞木的跨度较大时,中间应加设立柱,立柱上钉通长杠木。楼板底模板应垂直于楞木方向铺钉。当底模板采用定型模板时,应适当调整楞木间距来配合定型模板的规格。

在主、次梁模板安装完毕后,才可以安装托木、楞木及楼板底模。

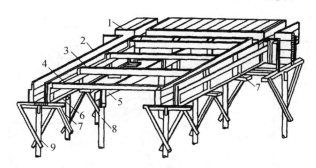

图 4.17　有梁楼板木模板

1—楼板模板;2—梁侧模板;3—楞木;4—托木;5—杠木;
6—夹木;7—短撑木;8—立柱;9—顶撑

2）定型组合钢模板的楼板模板构造与安装

组合钢模板的楼板模板由平面钢模板拼装而成,其周边用阴角模板与梁或墙模板相连接。楼板模板用钢楞及支架支承,为了减少支架用量,扩大板下施工空间,宜用伸缩式桁架支承,如图 4.18 所示。

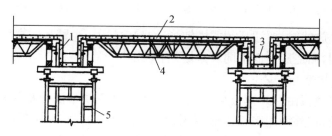

图 4.18　伸缩式桁架支承

1—梁模板;2—楼板模板;3—对拉螺栓;4—伸缩式桁架;5—门型支架

组合钢模板楼板模板的安装:先安装梁模板支承架、钢楞或桁架,再安装楼板模板。楼板模板的安装可以散拼,即按配板图在已安装好的支架上逐块拼装。也可以整体安装。

（5）楼梯模板的构造与安装

楼梯模板的构造与楼板模板相似，不同点是楼梯模板要倾斜支设，且要能形成踏步。

图 4.19 是一种楼梯模板（木模板），安装时，在楼梯间的墙上按设计标高画出楼梯段、楼梯踏步及平台梁、平台板的位置。先立平台梁、平台板的模板（同楼板模板的安装），然后在楼梯基础侧板上钉托木，楼梯模板的斜楞钉在基础梁和平台梁侧模板外的托木上。在斜楞上面铺钉楼梯底模板，下面设杠木和斜向顶撑，斜向顶撑间距 1～1.2 m，用拉杆拉结。再沿楼梯边立外帮板，用外帮板上的横挡木、斜撑和固定夹木将外帮板钉固在夹木上。再在靠墙的一面把反三角板立起，反三角板的两端可钉于平台梁和梯基的侧模板上，然后在反三角板与外帮板之间逐块钉上踏步侧板，踏步侧板的一头钉在外帮板的木档上，另一头钉在反三角板上的三角木块（或小木条）侧面上。如果梯段较宽，应在梯段中间再加反三角板，以免发生踏步侧板凸肚现象。为了确保梯板符合要求的厚度，在踏步侧板下面可以垫若干小木块，在浇筑混凝土时随时取出。

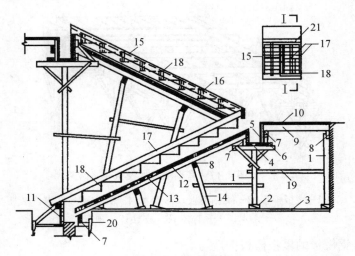

图 4.19　楼梯模板

1—支柱；2—木楔；3—垫板；4—平台梁底板；5—侧板；6—夹木；7—托木；8—杠木；9—木楞；
10—平台底板；11—梯基侧板；12—斜木楞；13—楼梯段底板；14—斜向顶撑；15—外帮板；
16—横挡木；17—反三角板；18—踏步侧板；19—拉杆；20—木桩；21—平台梁外侧模板

在楼梯段模板放线时，要注意每层楼梯第一步与最后一个踏步的高度，常因疏忽了楼地面面层厚度的不同，而造成高低不同现象，影响使用。

（6）墙模板的构造与安装

一般结构的墙模板由两片模板组成，每片模板由若干块平面模板拼成。这些平面模板可以竖拼也可以横拼，外面用竖横钢楞（木模板可用木楞）加固，并用斜撑保持稳定，用对拉螺栓（或钢拉杆）以抵抗混凝土的侧压力和保持两片模板之间的间距（墙厚）。

墙模板的安装，首先沿边线抹水泥砂浆做好安装墙模板的基底处理，然后按配板图由一端向另一端，由下向上逐层拼装。钢模板也可先拼装成整块后再安装。

墙的钢筋可以在模板安装前绑扎，也可以在安装好一边的模板后再绑扎钢筋，最后安装另一边模板。

（7）现浇结构模板安装的偏差应符合表 4.1 的规定。

表 4.1　现浇结构模板安装的允许偏差及检验方法

项　　目		允许偏差/mm	检验方法
轴线位置		5	钢尺检查
底模上表面标高		±5	水准仪或拉线、钢尺检查
截面内部尺寸	基础	±10	钢尺检查
	柱、墙、梁	+4，−5	钢尺检查
层高垂直度	不大于 5 m	6	经纬仪或吊线、钢尺检查
	大于 5 m	8	经纬仪或吊线、钢尺检查
相邻两板表面高低差		2	钢尺检查
表面平整度		5	2 m 靠尺和塞尺检查

2. 模板的拆除

模板的拆除日期取决于混凝土的强度、各个模板的用途、结构的性质、混凝土硬化时的气温等。及时拆模可提高模板的周转率，也可为其他工种施工创造条件。但过早拆模，混凝土会因强度不足，或受到外力作用而变形甚至断裂，造成重大质量事故。

（1）侧模板

侧模板拆除时的混凝土强度应能保证其表面及棱角不因拆除模板而受损坏。

（2）底模板及支架

底模板及支架拆除时的混凝土强度应符合设计要求；当无设计要求时，混凝土强度应符合表 4.2 的规定。

表 4.2　底模拆除时的混凝土强度要求

构件类型	构件跨度/m	达到设计抗压强度标准值的百分率/%
板	≤2	≥50
	>2,8≤	≥75
	>8	≥100
梁、拱、壳	≤8	≥75
	>8	≥100
悬臂构件	—	≥100

（3）拆模顺序

一般是先支后拆，后支先拆，先拆除侧模板，后拆除底模板。重大复杂模板的拆除，事先应制定拆模方案。对于肋形楼板的拆模顺序，首先拆除柱模板，然后拆除楼板底模板、梁侧模板，最后拆除梁底模板。

多层楼板模板支架的拆除，应按下列要求进行：上层楼板正在浇筑混凝土时，下一层楼板的模板支撑不得拆除，再下一层楼板模板的支架仅可拆除一部分；跨度≥4 m 的梁均应保留支架，其间距不得大于 3 m。

（4）拆模注意事项

模板拆除时，不应对楼层形成冲击荷载。拆模时应尽量避免混凝土表面或模板受到损坏。拆除的模板和支撑应及时清理、修整，按尺寸和种类分别堆放，以便下次使用。若定型组合钢模板背面油漆脱落，应补刷防锈漆。已拆除模板和支架的结构，应在混凝土达到设计强度指标后，才允许承受全部使用荷载。当承受施工荷载产生的效应比使用荷载更为不利时，必须经过核算，并加设临时支撑。

任务 2 钢筋工程施工

工程图集

4.2.1 钢筋的验收与配料

钢筋(76 个)

1. 钢筋的验收与贮存

（1）钢筋的验收。钢筋进场应具有出厂证明书或试验报告单，每捆（盘）钢筋应有标牌，同时应按有关标准和规定进行外观检查和分批做力学性能试验。钢筋在使用时，如发现脆断、焊接性能不良或机械性能显著不正常等，则应进行钢筋化学成分检验。

（2）钢筋的贮存。钢筋进场后，必须严格按批分等级、牌号、直径、长度挂牌存放，不得混淆。钢筋应尽量堆入仓库或料棚内。条件不具备时，应选择地势较高，土质坚硬的场地存放。堆放时，钢筋下部应垫高，离地至少 20 cm 高，以防钢筋锈蚀。在堆场周围应挖排水沟，以利泄水。

2. 钢筋的配料计算

钢筋的配料是指识读工程图纸、计算钢筋下料长度和编制配筋表。

（1）钢筋下料长度

1）钢筋长度。施工图（钢筋图）中所指的钢筋长度是钢筋外缘至外缘之间的长度，即外包尺寸。

2）混凝土保护层厚度。混凝土保护层厚度是指受力钢筋外缘至混凝土表面的距离，其作用是保护钢筋在混凝土中不被锈蚀。混凝土的保护层厚度，一般用水泥砂浆垫块或塑料卡垫在钢筋与模板之间来控制。塑料卡的形状有塑料垫块和塑料环圈两种。塑料垫块用于水平构件，塑料环圈用于垂直构件。

3）钢筋接头增加值。由于钢筋直条的供货长度一般为 6～10 m，而有的钢筋混凝土结构的尺寸很大，需要对钢筋进行接长。钢筋接头增加值见表 4.3～表 4.5。

表 4.3 纵向受拉钢筋的最小搭接长度

钢筋类型		混凝土强度等级			
		C15	C20～C25	C30～C35	≥C40
光圆钢筋	HPB300 级	45d	35d	30d	25d
带肋钢筋	HRB400 级、RRB400 级	—	55d	40d	35d

注：1. 两根直径不同钢筋的搭接长度，以较细钢筋直径计算。d 为钢筋直径，后同。

2. 本表适用于纵向受拉钢筋的绑扎搭接接头面积百分率不大于 25%。当纵向受拉钢筋搭接接头面积百分率大于 25%，但不大于 50% 时，其最小搭接长度应按表中的数值乘以系数 1.2 取用；当接头面积百分率大于 50% 时，应按表中的数值乘以系数 1.35 取用。

3. 当符合下列条件时,纵向受拉钢筋的最小搭拉长度应根据上述要求确定后,按下列规定进行修正:

(1) 当带肋钢筋的直径大于 25 mm 时,其最小搭接长度应按相应数值乘以系数 1.1 取用;

(2) 对环氧树脂涂层的带肋钢筋,其最小搭接长度应按相应数值乘以 1.25 使用;

(3) 当在混凝土凝固过程中受力钢筋易受扰动时(如滑模施工),其最小搭接长度应按相应数值乘以系数 1.1 取用;

(4) 对末端采用机械锚固措施的带肋钢筋,其最小搭接长度可按相应数值乘以系数 0.7 取用;

(5) 当带肋钢筋的混凝土保护层厚度大于搭接钢筋直径的 3 倍且配有箍筋时,其最小搭接长度可按相应数值乘以系数 0.8 取用;

(6) 对有抗震设防要求的结构构件,其受力钢筋的最小搭接长度对一、二级抗震等级应按相应数值乘以系数 1.05 采用;对三级抗震等级应按相应数值乘以系数 1.05 采用。在任何情况下,受拉钢筋的搭接长度不应小于 300 mm。

4. 纵向压力钢筋搭接时,其最小搭接长度应根据上述规定确定相应数值后,乘以系数的 0.7 取用,在任何情况下,受压钢筋的搭接长度不应小于 200 mm。

表 4.4　钢筋对焊长度损失值(mm)

钢筋直径	<16	16～25	>25
损失值	20	25	30

表 4.5　钢筋搭接焊最小搭接长度

焊接类型	HPB300 光圆钢筋	HRB400 带肋钢筋
双面焊	$4d$	$5d$
单面焊	$8d$	$10d$

4) 钢筋弯折量度差

钢筋有弯曲时,在弯曲处的内侧发生收缩,而外皮却出现延伸,中心线则保持原有尺寸。钢筋长度的度量方法系指外包尺寸,因此钢筋弯曲以后,存在一个量度差值,在计算下料长度时必须加以扣除。

以弯起钢筋弯折 90° 的情况为例,由图 4.20 可知量度差值发生在弯曲部位。其弯折量度差值为:

$$A'C' + B'C' - ACB = 2\left(\frac{D}{2} + d_0\right) - \frac{1}{4}\pi(D + d_0)$$

$$(4-4)$$

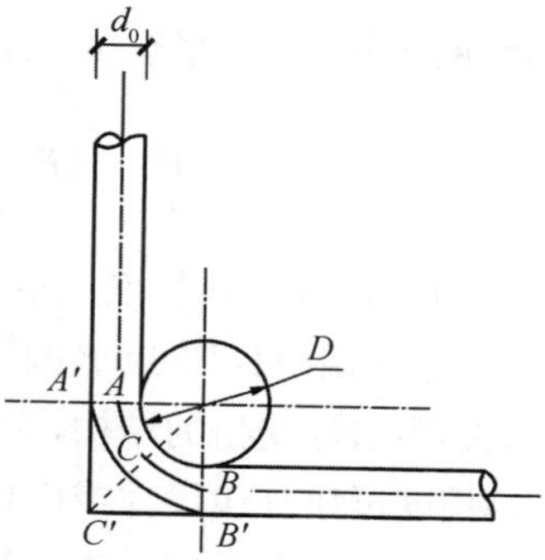

图 4.20　90°弯折量度差图

弯起钢筋弯折处的弯曲直径 D 不宜小于钢筋直径 d_0 的 5 倍。将 $D = 5d_0$ 代入式(4-4),得到 90°弯折量度差值为 $2.29d_0$。

同理可计算出不同弯折角度时的量度差值。为简便下料计算,可分别取其近似值如下:30°弯折时,量度差值取 $0.3d_0$;45°弯折时取 $0.5d_0$;60°弯折时取 $0.85d_0$;90°弯折时取 $2d_0$;135°弯折时取 $3d_0$。

5) 末端弯钩增长值

弯钩形式最常用的有半圆弯钩、直弯钩和斜弯钩。受力钢筋的弯钩和弯折应符合下列要求:

① HPB300 钢筋末端应做 180°弯钩,其弯弧内直径不应小于钢筋直径的 2.5 倍,弯钩的弯后平直部分长度不应小于钢筋直径的 3 倍。

② 当设计要求钢筋末端需做135°弯钩时,HRB400 钢筋的弯弧内直径不应小于钢筋直径的 4 倍,弯钩的弯后平直部分长度应符合设计要求。

③ 钢筋做不大于 90°的弯折时,弯折处的弯弧内直径不应小于钢筋直径的 5 倍。

钢筋混凝土施工及验收规范规定,HPB300 钢筋末端应做 180°弯钩,其弯弧内直径不应小于钢筋直径的 2.5 倍,弯钩的弯后平直部分长度不应小于钢筋直径的 3 倍。

当弯 180°时,弯钩部分的中心线(含平直段)长为(如图 4.21 所示):

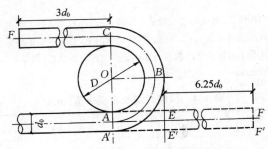

图 4.21 钢筋 180°弯钩增长值

$$AF = \overset{\frown}{ABC} + CF = \frac{\pi}{2}(D + d_0) + CF \qquad (4-5)$$

当 $D = 2.5d_0$,平直段长度 $CF = 3d_0$ 时,

$$AF = \frac{\pi}{2}(2.5d_0 + d_0) + 3d_0 = 8.5d_0 \qquad (4-6)$$

因钢筋外包尺寸量至 E 点,所以弯钩增长值为:

$$EF = AF - AE = AF - \left(\frac{D}{2} + d_0\right) = 8.5d_0 - \left(\frac{2.5d_0}{2} + d_0\right) = 6.25d_0 \qquad (4-7)$$

6) 钢箍下料长度调整值

箍筋用 HPB300 光圆钢筋或冷拔低碳钢丝制作时,其末端需做弯钩。弯钩形式,对有抗震要求和受扭的结构,应做 135°弯钩;无抗震要求的结构,可做 90°或 180°弯钩。箍筋下料长度可用外包尺寸或内包尺寸两种计算方法。为简化计算,一般将箍筋弯钩加长值和弯折量度差值合并成一项箍筋调整值见表 4.6。计算时先按外包或内包尺寸计算出箍筋的周长,再加上箍筋调整值即为箍筋下料长度。

表 4.6 箍筋下料长度调整值

箍筋量度方法	箍筋直径/mm			
	4~5	6	8	10~12
量外包尺寸	40	50	60	70
量内包尺寸	80	100	120	150~170

7) 钢筋下料长度的计算

钢筋下料长度按下列方法进行计算:

直线钢筋下料长度＝构件长度－保护层厚度＋弯钩增长值

弯起钢筋下料长度＝直段长度＋斜段长度－弯折量度差值＋弯钩增长值

箍筋下料长度＝直段长度＋弯钩增长值－弯折量度差值

（2）钢筋配料

钢筋配料是钢筋加工中的一项重要工作，合理地配料能使钢筋得到最大限度的利用，并使钢筋的安装和绑扎工作简单化。钢筋配料是依据钢筋表合理安排同规格、同品种的下料，使钢筋的出厂规格长度能够得以充分利用，或库存的各种规格和长度的钢筋得以充分利用。

1）归整相同规格和材质的钢筋。下料长度计算完毕后，把相同规格和材质的钢筋进行归整和组合，同时根据现有钢筋的长度和能够及时采购到的钢筋的长度进行合理组合加工。

2）合理利用钢筋的接头位置。对有接头的配料，在满足构件中接头的对焊或搭接长度，接头错开的前提下，必须根据钢筋原材料的长度来考虑接头的布置。要充分考虑原材料被截下来的一段长度的合理使用，如果能够使一根钢筋正好分成几段钢筋的下料长度，则是最佳方案。但往往难以做到，所以在配料时，要尽量地使被截下的一段能够长一些，这样才不致使余料成为废料，使钢筋能得到充分利用。

3）钢筋配料应注意的事项。配料计算时，要考虑钢筋的形状和尺寸，在满足设计要求的前提下，要有利于加工安装；配料时，要考虑施工需要的附加钢筋。如板双层钢筋中保证上层钢筋位置的撑脚、墩墙双层钢筋中固定钢筋间距的撑铁、柱钢筋骨架增加四面斜撑等。

根据钢筋下料长度计算结果和配料选择后，汇总编制钢筋配料单。在钢筋配料单中必须反映出工程部位、构件名称、钢筋编号、钢筋简图及尺寸、钢筋直径、钢号、数量、下料长度、钢筋重量等。列入加工计划的配料单，将每一编号的钢筋制作一块料牌（如图 4.22 所示）作为钢筋加工的依据，并在安装中作为区别各工程部位、构件和各种编号钢筋的标志。钢筋配料单和料牌应严格校核，必须准确无误，以免返工浪费。

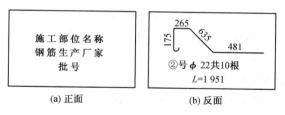

图 4.22　钢筋料牌

【例 4-1】　某教学楼第一层楼的 KL1，共计 5 根，如图 4.23 所示，梁混凝土保护层厚度 25 mm，抗震等级为三级，C35 混凝土，柱截面尺寸 500 mm ×500 mm，请对其进行钢筋下料计算，并填写钢筋下料单。

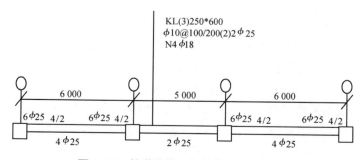

图 4.23　教学楼第一层楼的 KL1 配筋图

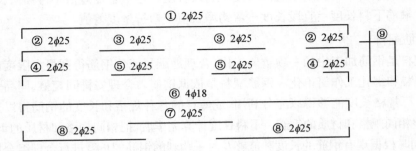

图 4.24 KL1 钢筋布置示意图

(1) 依 03G101-1 图集,查得有关计算数据:

C35 混凝土,三级抗震,普通钢筋($d \leqslant 25$)时,$l_{aE} = 31d$。

1) 钢筋在端支座的锚固

纵筋弯锚或直锚判断:因为(支座宽 $500-25$)$\leqslant$锚固长度 $31 \times 18 = 558$ mm,所以钢筋在端支座均需弯锚(注:这里是考察的是直径 18 的受扭钢筋,直径 25 的钢筋必然也需要弯锚)。弯锚部分长度:

$\phi 25$:$0.4 l_{aE} = 0.4 \times 31 \times 25 = 310$ mm;$15d = 15 \times 25 = 375$ mm;

$\phi 18$:$0.4 l_{aE} = 0.4 \times 31 \times 18 = 223$ mm;$15d = 15 \times 18 = 270$ mm。

注:$0.4 l_{aE}$表示钢筋弯锚时进入柱中水平段锚固长度值,$15d$ 表示在柱中竖直段钢筋的锚固长度值。

2) 钢筋在中间支座的锚固(仅⑦、⑧钢筋):

因为,$l_{aE} = 31 \times 25 = 775$ mm;$0.5hc + 5d = 0.5 \times 500 + 5 \times 25 = 375$ mm

所以,⑦、⑧钢筋在中间支座处的锚固长度取较大值 775 mm。

(2) 量度差(纵向钢筋的弯折角度为 90°,依据平法图集构造要求,框架主筋的弯曲半径 $R = 4d$)

$\phi 25$ 钢筋量度差:$2.931d = 2.931 \times 25 = 73$ mm;

$\phi 18$ 钢筋量度差:$2.931d = 2.931 \times 18 = 53$ mm。

(3) 各编号钢筋下料长度计算如下:

①号筋下料长度 = 梁全长 − 左端柱宽 − 右端柱宽 + $2 \times 0.4 l_{aE} + 2 \times 15d - 2$

$\qquad\qquad \times$ 量度差值

$\qquad\qquad = (6\ 000 + 5\ 000 + 6\ 000) - 500 - 500 + 2 \times 310 + 2 \times 375 - 2 \times 73$

$\qquad\qquad = 17\ 224$ mm

②号筋下料长度 = $L_{n1}/3 + 0.4 l_{aE} + 15d$ − 量度差值

$\qquad\qquad = (6\ 000 - 500)/3 + 310 + 375 - 73 = 2\ 445$ mm

③号钢筋下料长度 = $2 \times L_{nmax}(L_{n1}、L_{n2})/3$ + 中间柱宽

$\qquad\qquad = 2 \times (6\ 000 - 500)/3 + 500 = 4\ 167$ mm

式中:L_{nmax}为支座左右两跨净跨较大值;L_{n1}为支座左跨净跨值;L_{n2}为支座右跨净跨值。

④号筋下料长度 = $L_{n1}/4 + 0.4 l_{aE} + 15d$ − 量度差值

$\qquad\qquad = (6\ 000 - 500)/4 + 310 + 375 - 73 = 2\ 060$ mm

⑤号筋下料长度$=2 \times L_{nmax}(L_{n1}、L_{n2})/4 +$ 中间柱宽

$\qquad = 2 \times (6\,000 - 500)/4 + 500 = 3\,250$ mm

⑥号筋下料长度=梁全长－左端柱宽－右端柱宽$+2 \times 0.4 l_{aE} + 2 \times 15d - 2$

$\qquad \times$ 量度差值

$\qquad = (6\,000 + 5\,000 + 6\,000) - 500 - 500 + 2 \times 223 + 2 \times 270 - 2 \times 53$

$\qquad = 16\,880$ mm

⑦号筋下料长度=端支座锚固值$+L_{n2}+$ 中间支座锚固值

$\qquad = 775 + (5\,000 - 500) + 775 = 6\,050$ mm

⑧号筋下料长度$=L_{n1} + 0.4\,l_{aE} + 15d +$ 中间支座锚固值－量度差值

$\qquad = (6\,000 - 500) + 310 + 375 + 775 - 73 = 6\,887$ mm

⑨号筋下料长度$=2 \times$ 梁高$+2 \times$ 梁宽$-8 \times$ 保护层厚度$+28.27 \times$ 箍筋直径

$\qquad = 2 \times 600 + 2 \times 250 - 8 \times 25 + 28.272 \times 10 = 2\,083$ mm

（4）箍筋数量计算如下

加密区长度：900 mm（取 1.5 h 与 500 mm 的大值：$1.5 \times 600 = 900$ mm > 500 mm）；

每个加密区箍筋数量$=(900 - 50)/100 + 1 = 10$ 个；

边跨非加密区箍筋数量$=(6\,000 - 500 - 900 - 900)/200 - 1 = 18$ 个；

中跨非加密区箍筋数量$=(5\,000 - 500 - 900 - 900)/200 - 1 = 13$ 个；

每根梁箍筋总数量$=10 \times 6 + 18 \times 2 + 13 = 109$ 个。

编制钢筋下料表见表 4.7。

表 4.7　钢筋下料表

构件	钢筋	简图	直径/mm	钢筋级别	下料长度/mm	单位根数	合计根数	质量/kg
KL1梁共5根	①		25	φ	17 224	2	10	490.0
	②		25	φ	2 445	4	20	188.3
	③		25	φ	4 167	4	20	321.0
	④		25	φ	2 060	4	20	158.7
	⑤		25	φ	3 250	4	20	250.3
	⑥		18	φ	16 880	4	20	594.4
	⑦		25	φ	6 050	2	10	233.0
	⑧		25	φ	6 887	8	40	106.1
	⑨		10	φ	2 083	109	545	700.0

3. 钢筋代换

钢筋加工时，由于工地现有钢筋的种类、钢号和直径与设计不符，应根据不影响使用条件下进行代换。不同种类的钢筋代换，按抗拉设计值相等的原则进行代换；相同种类和级别的钢筋代换，按截面相等的原则进行代换。钢筋代换必须征得工程监理的同意。

4.2.2 钢筋的冷加工

1. 钢筋冷拉

钢筋冷拉是在常温下对钢筋进行强力拉伸,使拉应力超过屈服点的某一限值,钢筋产生塑性变形,以提高强度、节约钢材。

冷拉适用于Ⅰ～Ⅳ级钢筋,冷拉Ⅰ级钢筋用于非预应力钢筋混凝土的受拉钢筋,冷拉Ⅱ～Ⅳ级钢筋通常用于预应力钢筋,冷拉钢筋一般不用作受压钢筋。

(1) 钢筋冷拉原理

如图 4.25 所示,$oabcde$ 为热轧钢筋的拉伸特性曲线(应力—应变图)。冷拉时,拉应力超过屈服点 b 达到 c 点,然后卸荷。由于钢筋已产生塑性变形,卸荷过程中应力-应变沿 co_1 降至 o_1 点。如再立即重新拉伸,应力-应变图将为 o_1cde,并在 c 点附近出现新的屈服点。这个屈服点,明显高于冷拉前的屈服点,这种现象称为"变形硬化"。其原因是冷拉过程中钢筋内部晶面滑移,晶格变化,内部组织发生变化,因而钢筋的强度得以提高。

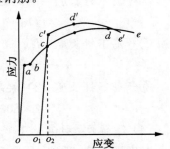

图 4.25 钢筋拉伸曲线

钢筋冷拉后,屈服强度提高,塑性降低,弹性模量也有所降低。钢筋冷拉后有内应力存在,内应力将促使钢筋晶体组织自行调整。这种晶体组织调整的过程称为"时效"。冷拉时效后,钢筋的拉伸特性曲线变为 $o_1c'd'e'$。冷拉 HPB300 钢筋的时效过程在常温下需15～20 d(称自然时效)才能完成;但在 100℃温度下,只需 2 h 即可完成(称人工时效)。因而,加速时效可利用蒸汽、电热等手段进行人工时效。冷拉 HRB400、RRB400 钢筋在自然条件下一般达不到时效的效果,宜采用人工时效,一般通电加热至 150～200℃,保持 20 min 左右即可。

(2) 冷拉控制

钢筋冷拉控制可以用控制冷拉应力或冷拉率的方法。冷拉应力或冷拉率应符合表 4.8 中的规定。冷拉后检查钢筋的冷拉率,如超过表中规定的数值,则应进行钢筋力学性能试验。用作预应力混凝土结构的预应力筋,宜采用冷拉应力来控制。钢筋冷拉以冷拉率控制时,其控制值必须由试验确定。对同炉批钢筋,试件不宜少于 4 个,每个试件都按表 4.9 规定的冷拉应力值在万能试验机上测定相应的冷拉率,取平均值作为该炉批钢筋的实际冷拉率。如钢筋强度偏高,平均冷拉率低于 1% 时,仍按 1% 进行冷拉。

不同炉批的钢筋,不宜用控制冷拉率的方法进行钢筋冷拉。多根连接的钢筋,用控制冷拉应力的方法进行冷拉时,其控制应力和每根的冷拉率均应符合表 4.8 的规定;当用控制冷拉率的方法进行冷拉时,冷拉率可按总长计,但拉后每根钢筋的冷拉率不得超过表 4.8 的规定。钢筋冷拉速度不宜过快,一般以每秒拉长 5 mm 或每秒增加 5 N/mm² 拉应力为宜。

表 4.8 冷拉控制应力及最大冷拉率

项次	钢筋级别		冷拉控制应力/(N·mm^{-2})	最大冷拉率/%
1	HPB300	$d \leqslant 12$	300	10
2	HRB400	$d = 8 \sim 40$	500	5
3	RRB400	$d = 10 \sim 28$	700	4

表 4.9 测定冷拉率时钢筋的冷拉应力

钢筋级别	钢筋直径/mm	冷拉应力/(N·mm^{-2})
HPB300	$\leqslant 12$	350
HRB400	$8 \sim 40$	530
RRB400	$10 \sim 28$	730

当预应力筋需几段对焊而成时,冷拉应在焊接后进行,以免因焊接而降低冷拉所获得的强度。

冷拉钢筋应分批进行验收。每批应由同级别、同直径的钢筋组成。冷拉钢筋的验收包括外观检查和力学性能检查。外观检查包括钢筋表面不得有裂纹和局部缩颈。若钢筋作为预应力筋使用,则应逐根检查。力学试验方法同热轧钢筋。

（3）冷拉设备

冷拉设备由拉力设备、承力结构、测量设备和钢筋夹具等部分组成,如图 4.26 所示。拉力设备为卷扬机和滑轮组,多用 3～5 t 的慢速卷扬机。承力结构可采用地锚,冷拉力大时可采用钢筋混凝土拉槽。回程装置可用荷重架回程或卷扬机滑轮组回程。测量设备常用液压千斤顶或电子秤。

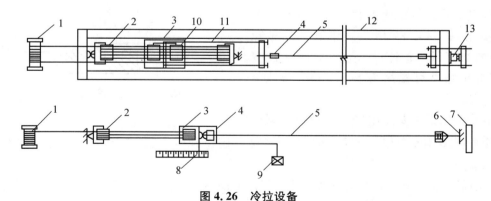

图 4.26 冷拉设备

1—卷扬机；2—滑轮组；3—冷拉小车；4—夹具；5—被冷拉的钢筋；6—地锚；7—防护壁；
8—标尺；9—回程荷重架；10—回程滑轮组；11—传力架；12—冷拉槽；13—液压千斤顶

（4）钢筋冷拉计算

钢筋的冷拉计算包括冷拉力、拉长值、弹性回缩值和冷拉设备选择计算。

冷拉力 N_{con} 计算:冷拉力计算的作用,一是确定按控制应力冷拉时的油压表读数;二是作为选择卷扬机的依据。

冷拉力为：

$$N_{con} = A_s \sigma_{con} \qquad (4-8)$$

式中：A_s 为钢筋冷拉前截面积；σ_{con} 为冷拉时控制应力。

计算拉长值 ΔL 为：

$$\Delta L = L\delta \qquad (4-9)$$

式中：L 为冷拉前钢筋的长度；δ 为钢筋的冷拉率。

计算钢筋弹性回缩值 ΔL_1 为：

$$\Delta L_1 = (L + \Delta L)\delta_1 \qquad (4-10)$$

式中：δ_1 为钢筋弹性回缩率（一般为 0.3% 左右）。

则钢筋冷拉完毕后的实际长度为：

$$L' = L + \Delta L - \Delta L_1 \qquad (4-11)$$

冷拉设备计算：冷拉设备主要选择卷扬机，计算确定冷拉时油压表的读数。

$$P = \frac{N_{con}}{F} \qquad (4-12)$$

式中：N_{con} 为钢筋按控制应力计算求得的冷拉力，N；F 为千斤顶活塞缸面积，mm^2；P 为油压表的读数，$N \cdot mm^2$。

冷拉用的卷扬机选择，主要取决于引入卷扬机牵引索的拉力（即卷扬机的吨位数）。为了选用小吨位卷扬机，冷拉时一般采用滑轮车组。

2. 钢筋的冷拔

钢筋冷拔是将直径 8 mm 以下的热轧钢筋在常温下强力拉拔使其通过特制的钨合金拔丝模孔（如图 4.27 所示），钢筋轴向被拉伸，径向被压缩，使钢筋产生较大的塑性变形，其抗拉强度可提高 $50\% \sim 90\%$，塑性降低，硬度提高。

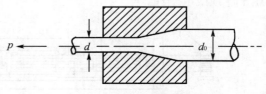

图 4.27　钢筋冷拔示意图

钢筋的冷拔主要是用来生产冷拔低碳钢丝。冷拔低碳钢丝分甲、乙两级，甲级钢丝主要用作预应力筋，乙级钢丝用作钢丝网、箍筋和构造筋等。

冷拔低碳钢丝经数次反复冷拔而成。钢筋截面应逐步缩小，否则冷拔次数过少，每次压缩量过大，易使钢丝拔断，钢丝模孔损耗也大。

影响冷拔钢丝质量的主要因素有原材料的质量和冷拔总压缩率。冷拔总压缩率 β，为由盘条钢筋拔至成品钢丝的横截面总缩减率，可按式（4-13）计算：

$$\beta = \frac{d_0^2 - d^2}{d_0^2} \times 100\% \qquad (4-13)$$

式中：d_0 为原料钢筋直径，mm；d 为成品钢筋直径，mm。

冷拔总压缩率越大,钢丝强度提高越多,其塑性降低也较多,因此必须控制总压缩率,一般前道钢丝与后道钢丝的直径之比为 1:0.87。

4.2.3　钢筋的加工

视频

钢筋的加工

1. 钢筋的除锈

钢筋由于保管不善或存放时间过久,就会受潮生锈。在生锈初期,钢筋表面呈黄褐色,称水锈或色锈,这种水锈除在焊点附近必须清除外,一般可不处理;但是当钢筋锈蚀进一步发展,钢筋表面已形成一层锈皮,受锤击或碰撞可见其剥落,这种铁锈不能很好地和混凝土黏结,影响钢筋和混凝土的握裹力,并且在混凝土中继续发展,需要清除。

2. 钢筋调直

钢筋在使用前必须经过调直,否则会影响钢筋受力,甚至会使混凝土提前产生裂缝,如未调直直接下料,会影响钢筋的下料长度,并影响后续工序的质量。

钢筋的机械调直可用钢筋调直机、弯筋机、卷扬机等调直。钢筋调直机用于圆钢筋的调直和切断,并可清除其表面的氧化皮和污迹。目前常用的钢筋调直机有 GT16/4、GT3/8(图 4.28)、GT6/12、GT10/16。此外还有一种数控钢筋调直切断机,利用光电管进行调直、输送、切断、除锈等功能的自动控制。

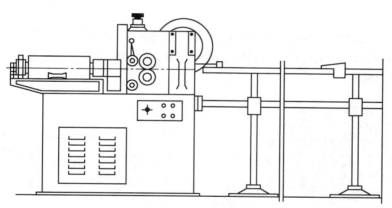

图 4.28　GT3/8 型钢筋调直机

数控钢筋调直切断机是在原有调直机的基础上应用电子控制仪,准确控制钢丝断料长度,并自动计数。该机的工作原理,如图 4.29 所示。在该机摩擦轮(周长 100 mm)的同轴上装有一个穿孔光电盘(分为 100 等分),光电盘的一侧装有一只小灯泡,另一侧装有一只光电管。当钢筋通过摩擦轮带动光电盘时,灯泡光线通过每个小孔照射光电管,就被光电管接收而产生脉冲信号(每次信号为钢筋长 1 mm),控制仪长度部位数字上立即示出相应读数。当信号积累到给定数字(即钢丝调直到所指定长度)时,控制仪立即发出指令,使切断装置切断钢丝。与此同时长度部位数字回到零,根数部位数字示出根数,这样连续作业,当根数信号积累至给定数字时,即自动切断电源,停止运转。

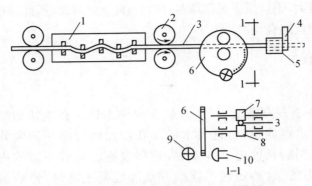

图 4.29 数控钢筋调直切断机工作简图

1—调直装置;2—牵引轮;3—钢筋;4—上刀口;5—下刀口;
6—光电盘;7—压轮;8—摩擦轮;9—灯泡;10—光电管

钢筋数控调直切断机已在有些构件厂采用,断料精度高(偏差仅为 1～2 mm),并实现了钢丝调直切断自动化。采用此机时,要求钢丝表面光洁,截面均匀,以免钢丝移动时速度不匀,影响切断长度的精确性。

3. 钢筋切断

钢筋切断有人工剪断、机械切断、氧气切割等三种方法。直径大于 40 mm 的钢筋一般用氧气切割。

钢筋切断机是用来把钢筋原材料或已调直的钢筋切断,其主要类型有机械式、液压式和手持式钢筋切断机。机械式钢筋切断机有偏心轴立式、凸轮式和曲柄连杆式等形式。如图4.30 和图 4.31 所示。

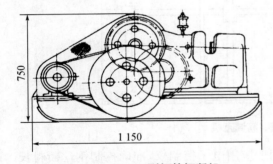

图 4.30 GQ40 型钢筋切断机

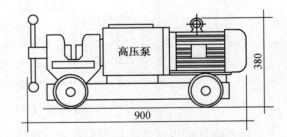

图 4.31 DYQ32B 电动液压切断机

4. 钢筋弯曲成型

将已切断、配好的钢筋,弯曲成所规定的形状尺寸是钢筋加工的一道主要工序。钢筋弯曲成型要求加工的钢筋形状正确,平面上没有翘曲不平的现象,便于绑扎安装。

(1)钢筋弯钩和弯折的有关规定

1)受力钢筋

① HPB235 级钢筋末端应做 180°弯钩,其弯弧内直径不应小于钢筋直径的 2.5 倍,弯钩的弯后平直部分长度不应小于钢筋直径的 3 倍(图 4.32)。

② 当设计要求钢筋末端需做 135°弯钩时(图 4.32),HRB335 级、HRB400 级钢筋的弯弧内直径 D 不应小于钢筋直径的 4 倍,弯钩的弯后平直部分长度应符合设计要求。

③ 钢筋做不大于 90°的弯折时,弯折处的弯弧内直径不应小于钢筋直径的 5 倍。

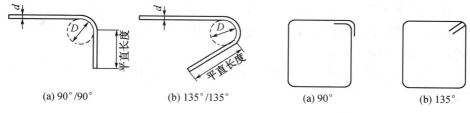

(a) 90°/90°　　　(b) 135°/135°

图 4.32 受力钢筋弯折

(a) 90°　　　(b) 135°

图 4.33 箍筋示意

2)箍筋

除焊接封闭环式箍筋外,箍筋的末端应作弯钩。弯钩形式应符合设计要求;当设计无具体要求时,应符合下列规定:

① 箍筋弯钩的弯弧内直径除应满足上述要求外,尚应不小于受力钢筋的直径。

② 箍筋弯钩的弯折角度:对一般结构,不应小于 90°;对有抗震等要求的结构应为 135°(图 4.33)。

③ 箍筋弯后的平直部分长度:对一般结构,不宜小于箍筋直径的 5 倍;对有抗震等要求的结构,不应小于箍筋直径的 10 倍。

(2)钢筋弯曲设备

钢筋弯曲成型有手工和机械弯曲成型两种方法。钢筋弯曲机有机械钢筋弯曲机、液压钢筋弯曲机和钢筋弯箍机等几种形式。机械式钢筋弯曲机按工作原理分为齿轮式及涡轮握杆式钢筋弯曲机两种。

图 4.34 为四头弯筋机,是由一台电动机通过三级变速带动圆盘,再通过圆盘上的偏心铰带动连杆与齿条,使四个工作盘转动。每个工作盘上装有心轴与成型轴,但与钢筋弯曲机不同的是:工作盘不停地往复运动,且转动角度一定(事先可调整)。四头弯筋机主要技术参数是:电机功率为 3 kW,转速为 960 r/min,工作盘反复动作次数为 31 r/min。该机可弯曲 $\phi4\sim12$ 钢筋,弯曲角度在 0°~180°范围内变动。该机主要是用来弯制钢箍,其工效比手工操作提高约 7 倍,加工质量稳定,弯折角度偏差小。

(3)弯曲成型工艺

1)画线。钢筋弯曲前,对形状复杂的钢筋(如弯起钢筋),根据钢筋料牌上标明的尺寸,用石笔将各弯曲点位置划出。画线时应注意:

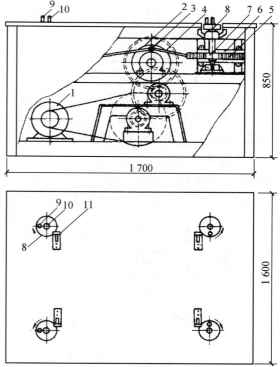

图 4.34 四头弯筋机

1—电动机;2—偏心圆盘;3—偏心铰;4—连杆;
5—齿条;6—滑道;7—正齿轮;8—工作盘;
9—成型轴;10—心轴;11—挡铁

① 根据不同的弯曲角度扣除弯曲调整值,其扣法是从相邻两段长度中各扣一半;

② 钢筋端部带半圆弯钩时,该段长度画线时增加 $0.5d$(d 为钢筋直径);

③ 画线工作宜从钢筋中线开始向两边进行;两边不对称的钢筋,也可从钢筋一端开始画线,如划到另一端有出入时,则应重新调整。

【例 4-2】 某工程有一根 ϕ20 mm 的弯起钢筋,其所需的形状和尺寸如图 4.35 所示。画线方法如下:

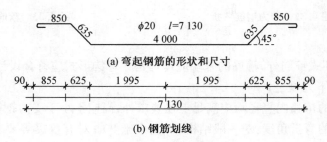

(a) 弯起钢筋的形状和尺寸

(b) 钢筋划线

图 4.35　弯起钢筋的画线

第一步在钢筋中心线上画第一道线;

第二步取中段 $4\,000/2-0.5d/2=1\,995$ mm,画第二道线;

第三步取斜段 $635-2\times0.5d/2=625$ mm,画第三道线;

第四步取直段 $850-0.5d/2+0.5d=855$ mm,画第四道线。

上述画线方法仅供参考。第一根钢筋成型后应与设计尺寸校对一遍,完全符合后再成批生产。

2) 钢筋弯曲成型。钢筋在弯曲机上成型时(图 4.36),心轴直径应是钢筋直径的 2.5～5.0 倍,成型轴宜加偏心轴套,以便适应不同直径的钢筋弯曲需要。弯曲细钢筋时,为了使弯弧一侧的钢筋保持平直,挡铁轴宜做成可变挡架或固定挡架(加铁板调整)。

钢筋弯曲点线和心轴的关系,如图 4.37 所示。由于成型轴和心轴在同时转动,就会带动钢筋向前滑移。因此,钢筋弯 90°时,弯曲点线约与心轴内边缘齐平;弯 180°时,弯曲点线距心轴内边缘为 $1.0d～1.5d$(钢筋硬时取大值)。

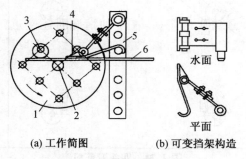

(a) 工作简图　　(b) 可变挡架构造

图 4.36　钢筋弯曲成型

1—工作盘;2—心轴;3—成型轴;
4—可变挡架;5—插座;6—钢筋

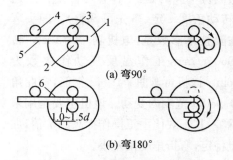

(a) 弯90°

(b) 弯180°

图 4.37　弯曲点线与心轴关系

1—工作盘;2—心轴;3—成型轴;4—固定挡铁;
5—钢筋;6—弯曲点线

4.2.4　钢筋的连接

视频

钢筋的连接

钢筋的连接方式有绑扎连接、焊接和机械连接。

1. 钢筋绑扎连接

钢筋的接长、钢筋骨架或钢筋网的成型应优先采用焊接或机械连接，如不能采用焊接(如缺乏电焊机或焊机功率不够)或骨架过大过重不便于运输安装时，可采用绑扎的方法。钢筋绑扎一般采用 20～22 号铁丝，铁丝过硬时，可经退火处理。绑扎时应注意钢筋位置是否准确，绑扎是否牢固，搭接长度及绑扎点位置是否符合规范要求。板和墙的钢筋网，除靠近外围两行钢筋的相交点全部扎牢外，中间部分的相交点可相隔交错扎牢，但必须保证受力钢筋不位移。双向受力的钢筋，须全部扎牢；梁和柱的箍筋，除设计有特殊要求时，应与受力钢筋垂直设置。箍筋弯钩叠合处，应沿受力钢筋方向错开设置；柱中的竖向钢筋搭接时，角部钢筋的弯钩应与模板成 45°(多边形柱为模板内角的平分角，圆形柱应与模板切线垂直)；弯钩与模板的角度最小不得小于 15°。

当受力钢筋采用机械连接接头或焊接接头时，设置在同一构件内的接头宜相互错开。同一构件中相邻纵向受力钢筋的绑扎搭接接头宜相互错开。钢筋搭接处，应在中心和两端用铁丝扎牢。在受拉区域内，HPB300 级钢筋绑扎接头的末端应做弯钩。绑扎搭接接头中钢筋的横向净距不应小于钢筋直径，且不应小于 25 mm；钢筋绑扎搭接接头连接区段的长度为 $1.3L_l$(L_l 为搭接长度)，凡搭接接头中点位于该连接区段长度内的搭接接头均属于同一连接区段。同一连接区段内，纵向钢筋搭接接头面积百分率为该区段内有搭接接头的纵向受力钢筋截面面积与全部纵向受力钢筋截面面积的比值；同一连接区段内，纵向受拉钢筋搭接接头面积百分率应符合规范要求。

钢筋绑扎搭接长度按下列规定确定：

(1) 纵向受力钢筋绑扎搭接接头面积百分率不大于 25% 时，其最小搭接长度应符合表 4.3 的规定。

(2) 当纵向受拉钢筋搭接接头面积百分率大于 25%，但不大于 50% 时，其最小搭接长度应按表 4.3 中的数值乘以系数 1.2 取用；当接头面积百分率大于 50% 时，应按表 4.3 中的数值乘以系数 1.35 取用。

(3) 纵向受拉钢筋的最小搭接长度根据前述要求确定后，在下列情况时还应进行修正：带肋钢筋的直径大于 25 mm 时，其最小搭接长度应按相应数值乘以系数 1.1 取用；对环氧树脂涂层的带肋钢筋，其最小搭接长度应按相应数值乘以系数 1.25 取用；当在混凝土凝固过程中受力钢筋易受扰动时(如滑模施工)，其最小搭接长度应按相应数值乘以系数 1.1 取用；对末端采用机械锚固措施的带肋钢筋，其最小搭接长度可按相应数值乘以系数 0.7 取用；当带肋钢筋的混凝土保护层厚度大于搭接钢筋直径的 3 倍且配有箍筋时，其最小搭接长度可按相应数值乘以系数 0.8 取用；对有抗震设防要求的结构构件，其受力钢筋的最小搭接长度对一、二级抗震等级应按相应数值乘以系数 1.15，对三级抗震等级应按相应数值乘以系数 1.05。

(4) 纵向受压钢筋搭接时，其最小搭接长度应根据上面的规定确定相应数值后，乘以系数 0.7 取用。

(5) 在任何情况下，受拉钢筋的搭接长度不应小于 300 mm，受压钢筋的搭接长度不应小于 200 mm。在梁、柱类构件的纵向受力钢筋搭接长度范围内,应按设计要求配置箍筋。

2. 钢筋机械连接

钢筋机械连接有挤压连接、锥螺纹连接和直螺纹连接。

(1) 挤压连接

钢筋挤压连接是把两根待接钢筋的端头先插入一个优质钢套筒内,然后用挤压连接设备沿径向或轴向挤压钢套筒,使之产生塑性变形,依靠变形后的钢套筒与被连接钢筋纵、横肋产生的机械咬合作用实现钢筋的连接。

挤压连接的优点是接头强度高,质量稳定可靠,安全,无明火,且不受气候影响,适应性强,可用于垂直、水平、倾斜、高空、水下等的钢筋连接,还特别适用于不可焊钢筋、进口钢筋的连接,近年来推广应用迅速。挤压连接的主要缺点是设备移动不便,连接速度较慢。挤压连接分径向挤压连接和轴向挤压连接。

径向挤压连接:径向挤压连接是采用挤压机和压模,沿套筒直径方向,从套筒中间依次向两端挤压套筒,把插在套筒里的两根钢筋紧固成一体,形成机械接头。它适用于地震区和非地震区的钢筋混凝土结构的钢筋连接施工,如图 4.38 所示。

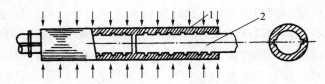

图 4.38 钢筋径向挤压连接原理图

1—钢套筒;2—被连接的钢筋

轴向挤压连接:轴向挤压连接是采用挤压和压模,沿钢筋轴线冷挤压金属套筒,把插入金属套筒里的两根待连接热轧钢筋紧固一体,形成机械接头。它适用于按一、二级抗震设防的地震区和非地震区的钢筋混凝土结构工程的钢筋连接施工。

挤压连接的主要设备有超高压泵、半挤压机、挤压机、压模、手扳葫芦、画线尺、量规等。

(2) 锥螺纹连接

锥螺纹连接是将所连钢筋的对接端头,在钢筋套丝机上加工成与套筒匹配的锥螺纹,然后将带锥形内丝的套筒用扭力扳手按一定力矩值把两根钢筋连接起来,通过钢筋与套筒内丝扣的机械咬合达到连接的目的。

(3) 直螺纹连接

直螺纹连接是近年来开发的一种新的螺纹连接方式。它先把钢筋端部镦粗,然后再切削直螺纹,最后用套筒实行钢筋对接。由于镦粗段钢筋切削后的净截面仍大于钢筋原截面,即螺纹不削弱钢筋截面,从而确保接头强度大于母材强度。直螺纹不存在扭紧力矩对接头性能的影响,从而提高了连接的可靠性,也加快了施工速度。直螺纹接头比套

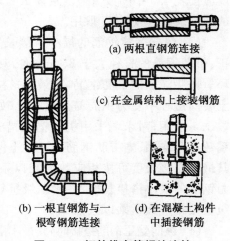

(a) 两根直钢筋连接

(c) 在金属结构上接装钢筋

(b) 一根直钢筋与一根弯钢筋连接

(d) 在混凝土构件中插接钢筋

图 4.39 钢筋锥套管螺纹连接

筒挤压接头省钢 70%,比锥螺纹接头省钢 35%,技术经济效果显著,如图 4.39 所示。

3. 钢筋的焊接

钢筋常用的焊接方法有对焊、电弧焊、电渣压力焊、埋弧压力焊、电阻点焊和气压焊。

（1）钢筋对焊

钢筋对焊应采用闪光对焊,具有成本低、质量好、工效高及适用范围广等特点。

闪光对焊的原理如图 4.40 所示。钢筋夹入对焊机的两电极中,闭合电源,然后使钢筋两端面轻微接触,这时即有电流通过（低电压,大电流）。由于接触轻微,接触面很小,故接触电阻很大,因此接触点很快熔化,形成"金属过梁"。过梁进一步加热,产生金属蒸汽飞溅,形成闪光现象。钢筋加热到一定温度后,进行加压顶锻,使两根钢筋焊接在一起。闪光可防止接口处氧化,又可闪去接口中原有杂质和氧化膜,故可获得较好的焊接效果。

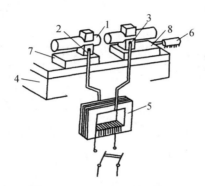

图 4.40　钢筋闪光对焊原理

1—焊接的钢筋;2—固定电极;3—可动电极;4—机座
5—变压器;6—平动顶压机构;7—固定支座;8—滑动支座

根据所用对焊机功率大小及钢筋品种、直径不同,闪光对焊又分为连续闪光焊、预热闪光焊、闪光—预热—闪光焊等不同工艺。

连续闪光焊:闭合电源,然后使两筋端面轻微接触,形成闪光。闪光一旦开始,徐徐移动钢筋,形成连续闪光过程。待钢筋烧化到一定长度后,以适当的压力迅速顶锻,使两根钢筋焊牢。

预热闪光焊:预热闪光焊是在连续闪光焊前增加一次预热过程,以扩大焊接热影响区。这种焊接工艺是,先闭合电源,然后使两钢筋端面交替地接触和分开,这时钢筋端面的间隙中即发出断续的闪光,而形成预热过程。当钢筋烧化到规定的预热量后,随即进行连续闪光和顶锻。

闪光—预热—闪光焊:在预热闪光焊前加一次闪光过程,目的是使不平整的钢筋端面烧化平整,使预热均匀。

（2）电弧焊

电弧焊是利用电弧焊机使焊条与焊件之间产生高温电弧,熔化焊条和高温电弧范围内的焊件金属,凝固后形成焊缝或焊接接头。

使用电弧焊连接钢筋有三种焊接形式,即帮条焊、搭接焊和坡口焊,如图 4.41 所示。

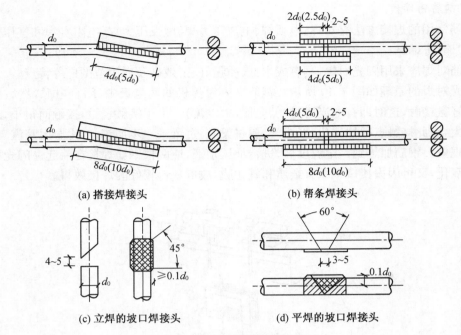

(a) 搭接焊接头   (b) 帮条焊接头

(c) 立焊的坡口焊接头   (d) 平焊的坡口焊接头

图 4.41　钢筋电弧焊的接头形式

　　帮条焊与搭接焊的焊缝长度应符合图中的尺寸要求。图中不带括弧的数字用于 HPB300 钢筋,括弧内数字用于 HPB400 钢筋。

　　采用帮条焊时,帮条与被焊钢筋应同级别。当焊件为 HPB300 钢筋时,帮条总截面积不应小于被焊钢筋截面的 1.2 倍;对 HPB400 钢筋则不应小于 1.5 倍。

　　当采用搭接焊时,钢筋的弯折角度,应能使两根钢筋的轴线在同一条直线上。

　　坡口焊可分为平焊和立焊,坡口焊焊缝短,可节约钢材和提高工效。

　　(3) 电渣压力焊

　　电渣压力焊是利用电流通过渣池产生的电阻热将钢筋端部熔化,然后施加压力使钢筋焊接。这种方法比电弧焊容易掌握,工效高且成本低,工作条件也好,多用于现浇钢筋混凝土结构构件竖向钢筋的焊接接长。

　　钢筋电渣压力焊分手工操作和自动控制两种。采用自动电渣压力焊时,主要设备是自动电渣焊机。电渣焊构造如图 4.42 所示。

　　施焊前,将钢筋端部 120 mm 范围内的锈渣除净,并用电极夹紧钢筋,在两根钢筋接头处放入导电剂,并在焊盒内装满焊剂。施焊时,接通电路使导电剂、钢筋端部及焊剂熔化,形成导电的渣池。待熔化量达到一定数值时断电并用力迅速顶锻,挤出焊件四周铁浆,使之饱满、均匀,无裂纹。

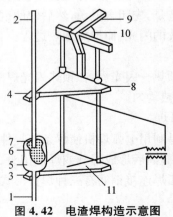

图 4.42　电渣焊构造示意图

1、2—钢筋;3—固定电极;4—活动电极;5—药盒;6—导电剂;
7—焊药;8—滑动架;9—手柄;10 支架;11—固定架

（4）埋弧压力焊

埋弧压力焊主要用于钢筋与钢板的丁字接头焊接。其工作原理是：利用埋在焊接接头处的焊剂层下的高温电弧，熔化两焊件焊接接头处的金属，然后加压顶锻使焊件焊合，如图4.43所示。这种焊接方法工艺简单，比电弧焊工效高，不用焊条，质量好，具有焊后钢板变形小，焊接点抗拉强度高的特点。

（5）电阻点焊

电阻点焊主要用于钢筋的交叉连接，焊接钢筋网片、钢筋骨架等。其工作原理是：当钢筋交叉点焊时，接触点只有一点，接触处接触电阻较大，在接触的瞬间，电流产生的全部热量都集中在一点上，因而使金属受热而熔化，同时在电极加压下使焊点金属得到焊合。

常用的点焊机有单点点焊机、多点点焊机、悬挂式点焊机和手提式点焊机。

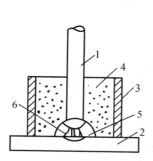

图 4.43　埋弧压力焊示意图

1—钢筋；2—钢板；3—焊剂盒；
4—431 焊剂；5—电弧柱；6—弧焰

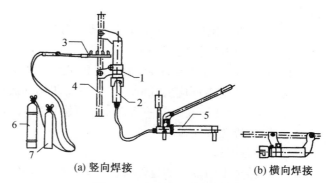

(a) 竖向焊接　　　　　　　(b) 横向焊接

图 4.44　气压焊装置系统图

1—压接器；2—顶头油缸；3—加热器；4—钢筋；
5—加压器；6—氧气；7—乙炔

电阻点焊的焊点应进行外观检查和强度试验。热轧钢筋的焊点应进行抗剪试验。冷处理钢筋的焊点除进行抗剪试验外，还应进行拉伸试验。

（6）气压焊

钢筋气压焊是利用乙炔、氧气混合气体燃烧的高温火焰，加热焊接钢筋的接合部，不待钢筋熔融使其高温下加压接合。钢筋气压焊属于热压焊，压接后的接头可以达到与母材相同甚至更高的强度，而且气压焊设备轻巧，使用灵活，效率高，成本低，适用于 HPB300、HRB400 热轧钢筋，直径相差不大于 7 mm 的不同直径钢筋及全方位（竖向、水平、斜向）布置的钢筋焊接。

气压焊的设备包括供气装置、加热器、加压器和压接器等，如图 4.44 所示。

气压焊操作工艺：施焊前，钢筋端头用切割机切齐，压接面应与钢筋轴线垂直，如稍有偏斜，两钢筋间距不得大于 3 mm；钢筋切平后，端头周边用砂轮磨成小八字角，并将端头附近 50～100 mm 范围内钢筋表面的铁锈、油渍和水泥清除干净。施焊时，先将钢筋固定于压接器上，并加以适当的压力使钢筋接触，然后将火钳火口对准钢筋接缝处，加热钢筋端部至 1 100～1 300 ℃，表面发深红色时，当即加压油泵，对钢筋施以 40 MPa 以上的压力。压接部分的膨鼓直径，为钢筋直径的 1.4 倍以上，其形状呈平滑的圆球形。待钢筋加热部分火色退消后，即可拆除压接器。

4.2.5　钢筋的绑扎与安装

基面终验清理完毕或施工缝处理完毕养护一定时间,混凝土强度达到
2.5 MPa 后,即进行钢筋的绑扎与安装作业。钢筋的安设方法有两种:一种
是将钢筋骨架在加工厂制好,再运到现场安装,叫整装法;另一种是将加工
好的散钢筋运到现场,再逐根安装,叫散装法。

1. 钢筋的绑扎接头

(1)钢筋绑扎要求

1)钢筋的交叉点应用铁丝扎牢。

2)柱、梁的箍筋,除设计有特殊要求外,应与受力钢筋垂直;箍筋弯钩叠合处,应沿受力
钢筋方向错开设置。

3)柱中竖向钢筋搭接时,角部钢筋的弯钩平面与模板面的夹角,矩形柱应为 45°,多边
形柱应为模板内角的平分角。

4)板、次梁与主梁交叉处,板的钢筋在上,次梁的钢筋居中,主梁的钢筋在下;当有圈梁
或垫梁时,主梁的钢筋应放在圈梁上。主筋两端的搁置长度应保持均匀一致。

(2)钢筋绑扎接头。同一构件中相邻纵向受力钢筋的绑扎搭接接头宜相互错开。

2. 钢筋的现场绑扎

(1)准备工作

1)熟悉施工图纸。通过熟悉图纸,一方面校核钢筋加工中是否有遗漏或误差;另一方
面也可以检查图纸中是否存在与实际情况不符的地方,以便及时改正。

2)核对钢筋加工配料单和料牌。在熟悉施工图纸的过程中,应核对钢筋加工配料单和
料牌,并检查已加工成型的成品的规格、形状、数量、间距是否和图纸一致。

3)确定安装顺序。钢筋绑扎与安装的主要工作内容包括:放样画线、排筋绑扎、垫撑铁和
保护层垫块、检查校正及固定预埋件等。为保证工程顺利进行,在熟悉图纸的基础上,要考虑
钢筋绑扎安装顺序。板类构件排筋顺序一般先排受力钢筋后排分布钢筋;梁类构件一般先摆
纵筋(摆放有焊接接头和绑扎接头的钢筋应符合规定),再排箍筋,最后固定。

4)做好材料、机具的准备。钢筋绑扎与安装的主要材料、机具包括:钢筋钩、吊线垂球、木
水平尺、麻线、长钢尺、钢卷尺、扎丝、垫保护层用的砂浆垫块或塑料卡、撬杆、绑扎架等。对于
结构较大或形状较复杂的构件,为了固定钢筋还需一些钢筋支架、钢筋支撑。扎丝一般采用
18～22 号铁丝或镀锌铁丝,扎丝长度一般以钢筋钩拧 2～3 圈后,铁丝出头长度为20 cm 左右。

5)放线。放线要从中心点开始向两边量距放点,定出纵向钢筋的位置。水平筋的放线
可放在纵向钢筋或模板上。

(2)钢筋的绑扎。钢筋的绑扎应顺直均匀、位置正确。钢筋绑扎的操作方法有一面顺
扣法、十字花扣法、反十字扣法、兜扣法、缠扣法、兜扣加缠法、套扣法等,较常用的是一面顺
扣法。一面顺扣法的操作步骤是:首先将已切断的扎丝在中间折合成 180°弯,然后将扎丝
清理整齐。绑扎时,执在左手的扎丝应靠近钢筋绑扎点的底部,右手拿住钢筋钩,食指压在
钩前部,用钩尖端钩住扎丝底扣处,并紧靠扎丝开口端,绕扎丝拧转两圈套半,在绑扎时扎丝
扣伸出钢筋底部要短,并用钩尖将铁丝扣紧。为使绑扎后的钢筋骨架不变形,每个绑扎点进
扎丝扣的方向要求交替变换 90°。钢筋加工的形状、尺寸、钢筋安置位置应符合设计要求,
其偏差应符合规定。

任务 3　混凝土工程施工

4.3.1　施工准备

混凝土施工准备工作的主要项目有:施工缝处理、设置卸料入仓的辅助设备、模板、钢筋的架设、预埋件埋设、施工人员的组织、浇筑设备及其辅助设施的布置、浇筑前的检查验收等。

1. 施工缝处理

如果由于技术或施工组织上的原因,不能对混凝土结构一次连续浇筑完毕,而必须停歇较长的时间,其停歇时间已超过混凝土的初凝时间,致使混凝土已初凝;当继续浇混凝土时,形成了接缝,即为施工缝。

(1) 施工缝的留设位置。施工缝设置的原则,一般宜留在结构受力(剪力)较小且便于施工的部位;柱子的施工缝宜留在基础与柱子交接处的水平面上,或梁的下面,或吊车梁牛腿的下面、吊车梁的上面、无梁楼盖柱帽的下面,如图 4.45 所示;高度大于 1 m 的钢筋混凝土梁的水平施工缝,应留在楼板底面下 20~30 mm 处,当板下有梁托时,留在梁托下部;单向平板的施工缝,可留在平行于短边的任何位置处;对于有主次梁的楼板结构,宜顺着次梁方向浇筑,施工缝应留在次梁跨度的中间 1/3 范围内,如图 4.46 所示。

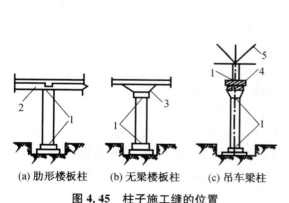

图 4.45　柱子施工缝的位置

1—施工缝;2—梁;3—柱帽;4—吊车梁;5—屋架

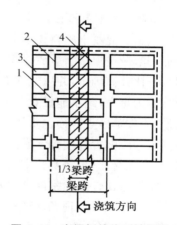

图 4.46　有梁板的施工缝位置

1—柱;2—主梁;3—次梁;4—板

(2) 施工缝的处理。施工缝处继续浇筑混凝土时,应待混凝土的抗压强度不小于 1.2 MPa 方可进行;施工缝浇筑混凝土之前,应除去施工缝表面的水泥薄膜、松动石子和软弱的混凝土层,处理方法有风砂枪喷毛、高压水冲毛、风镐凿毛或人工凿毛,并加以充分湿润和冲洗干净,不得有积水;浇筑时,施工缝处宜先铺水泥浆(水泥∶水=1∶0.4),或与混凝土成分相同的水泥砂浆一层,厚度为 30~50 mm,以保证接缝的质量;浇筑过程中,施工缝应细致捣实,使其紧密结合。

2. 仓面准备

浇筑仓面的准备工作,包括机具设备、劳动组合、照明、风水电供应、所需混凝土原材料的准备等,应事先安排就绪,仓面施工的脚手架、工作平台、安全网、安全标识等应检查是否牢固,电源开关、动力线路是否符合安全规定。

仓位的浇筑高程、上升速度、特殊部位的浇筑方法和质量要求等技术问题,须事先进行技术交底。

地基或施工缝处理完毕并养护一定时间,已浇好的混凝土强度达到 2.5 MPa 后,即可在仓面进行放线,进行安装模板、钢筋和预埋件,架设脚手架等作业。

3. 模板、钢筋及预埋件检查

开仓浇筑前,必须按照设计图纸和施工规范的要求,对仓面安设的模板、钢筋及预埋件进行全面检查验收,签发合格证。

4.3.2 混凝土的拌制

混凝土拌制,是按照混凝土配合比设计要求,将其各组成材料(砂石、水泥、水、外加剂及掺和料等)拌和成均匀的混凝土料,以满足浇筑的需要。混凝土制备的过程包括贮料、供料、配料和拌和。其中配料和拌和是主要生产环节,也是质量控制的关键,要求品种无误、配料准确、拌和充分。

1. 混凝土配料

(1) 配料。配料是按设计要求,称量每次拌和混凝土的材料用量。配料的精度直接影响混凝土质量。混凝土配料要求采用重量配料法,即是将砂、石、水泥、掺和料按重量计量,水和外加剂溶液按重量折算成体积计量,称量的允许偏差满足要求。设计配合比中的加水量根据水灰比计算确定,并以饱和面干状态的砂子为标准。由于水灰比对混凝土强度和耐久性影响极为重大,绝不能任意变更;施工采用的砂子,其含水量又往往较高,在配料时采用的加水量,应扣除砂子表面含水量及外加剂中的含水量。

混凝土施工配置强度确定后,根据原材料的性能以及对混凝土的技术要求进行初步计算,得出初步配合比;再经实验室试拌调整,得出满足和易性、强度和耐久性要求的较经济合理的实验室配合比。实验室配合比是以干燥材料为基准的,而工地存放的砂、石骨料往往都含有一定的水分,所以,现场材料的实际称量应按工地砂、石的含水情况进行调整,调整后的配合比,称为施工配合比。

设混凝土实验室配合比为:水泥:砂子:石子 $=1:x:y$,测得砂子的含水率为 ω_x,石子的含水率为 ω_y,则施工配合比应为:$1:x(1+\omega_x):y(1+\omega_y)$。

【例 4-3】 已知 C20 混凝土的试验室配合比为:$1:2.55:5.12$,水灰比为 0.65,经测定砂的含水率为 3%,石子的含水率为 1%,每 1 m³ 混凝土的水泥用量为 310 kg,则施工配合比为:$1:2.55(1+3\%):5.12(1+1\%)=1:2.63:5.17$(水灰比为 0.65)。

每 1 m³ 混凝土材料用量为:

水泥:310 kg

砂子:$310×2.63=815.3$(kg)

石子:$310×5.17=1\ 602.7$(kg)

水:$310×0.65-310×2.55×3\%-310×5.12×1\%=161.91$(kg)

施工中混凝土往往采用现场搅拌,搅拌机每搅拌一次叫作一盘。所以对于采用现场搅拌混凝土时,还必须根据工地现有搅拌机的出料容量确定每搅拌一盘混凝土的材料用量。

本例如采用 JZ250 型搅拌机,出料容量为 0.25 m³,则每盘施工配料为:

水泥:$310 \times 0.25 = 77.5$(kg)(取一袋半水泥,即 75 kg)

混凝土配合比
设计任务书

砂子:$815.3 \times \dfrac{75}{310} = 197.25$ kg

石子:$1\,602.7 \times \dfrac{75}{310} = 387.75$ kg

水:$161.91 \times \dfrac{75}{310} = 39.17$ kg

(2)给料。给料是将混凝土各组分从料仓按要求供到称料料斗。给料设备的工作机构常与称量设备相连,当需要给料时,控制电路开通,进行给料。当计量达到要求时,即断电停止给料。常用的给料设备有皮带给料机、给料闸门、电磁振动给料机、叶轮给料机、螺旋给料机等。

(3)称量。混凝土配料称量的设备,有简易称量(地磅)、电动磅秤、自动配料杠杆秤、电子秤、配水箱及定量水表。

视频

混凝土和
易性试验

2. 混凝土拌和

混凝土拌和的方法,有人工拌和与机械拌和两种。用拌和机械拌和混凝土较广泛,能提高拌和质量和生产率。拌和机械有自落式和强制式两种,见表 4.10。

表 4.10　混凝土搅拌机类型

自落式			强制式			
鼓筒式	双锥式		立轴式			卧轴式(单轴双轴)
	反转出料	倾翻出料	涡桨式	行星式		
				定盘式	盘转式	

自落式搅拌机是通过筒身旋转,带动搅拌叶片将物料提高,在重力作用下物料自由坠下,反复进行,互相穿插、翻拌、混合,使混凝土各组分搅拌均匀。如图 4.47 所示为锥形反转出料搅拌机外形,它主要由上料装置、搅拌筒、传动机构、配水系统和电气控制系统等组成。

强制式混凝土搅拌机一般筒身固定,搅拌机片旋转,对物料施加剪切、挤压、翻滚、滑动、混合使混凝土各组分搅拌均匀,如图 4.48 所示。

图 4.47　锥形反转出料机外形图

搅拌机使用前应按照"十字作业法"(清洁、润滑、调整、紧固、防腐)的要求检查离合器、制动器、钢丝绳等各个系统和部位,是否机件齐全、机构灵活、运转正常,并按规定位置加注润滑油脂。进行空转检查,检查搅拌机旋转方向是否与机身箭头一致,空车运转是否达到要求值。在确认以上情况正常后,搅拌筒内加清水搅拌 3 min 然后将水放出,再可投料搅拌。

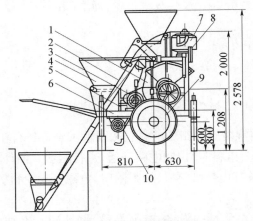

图 4.48 单卧轴强制式搅拌机

1—搅拌装置;2—上料架;3—料斗操纵手柄;4—料斗;5—水泵;
6—底盘;7—水箱;8—供水装置操纵手柄;9—车轮;10—传动装置

开盘操作。在完成上述检查工作后,即可进行开盘搅拌,为不改变混凝土设计配合比,补偿黏附在筒壁、叶片上的砂浆,第一盘应减少石子约 30%,或多加水泥、砂各 15%。

正常运转。确定原材料投入搅拌筒内的先后顺序应综合考虑到能否保证混凝土的搅拌质量、提高混凝土的强度、减少机械的磨损与混凝土的黏罐现象,减少水泥飞扬,降低电耗以及提高生产率等多种因素。按原材料加入搅拌筒内的投料顺序的不同,普通混凝土的搅拌方法可分为:一次投料法、二次投料法和水泥裹砂法等。

一次投料法是目前最普遍采用的方法。它是将砂、石、水泥和水一起同时加入搅拌筒中进行搅拌。为了减少水泥的飞扬和水泥的黏罐现象,应向搅拌机上料斗中投料。投料顺序宜先倒砂子(或石子)再倒水泥,然后倒入石子(或砂子),将水泥加在砂、石之间,最后由上料斗将干物料送入搅拌筒内,加水搅拌。

二次投料法又分为预拌水泥砂浆法和预拌水泥净浆法。预拌水泥砂浆法是先将水泥、砂、和水加入搅拌筒内进行充分搅拌,成为均匀的水泥砂浆后,再加入石子搅拌成均匀的混凝土。国内一般是用强制式搅拌机拌制水泥砂浆为 1~1.5 min,然后再加入石子搅拌为 1~1.5 min。国外对这种工艺还设计了一种双层搅拌机(称为复式搅拌机),其上层搅拌机搅拌水泥砂浆,搅拌均匀后,再送入下层搅拌机与石子一起搅拌成混凝土。

预拌水泥净浆法是先将水泥和水充分搅拌成均匀的水泥净浆后,再加入砂和石搅拌成混凝土。国外曾设计一种搅拌水泥净浆的高速搅拌机,其不仅能将水泥净浆搅拌均匀,而且对水泥还有活化作用。国内外的试验表明,二次投料法搅拌的混凝土与一次投料法相比,混凝土的强度可提高 15%;在强度相同的情况下,可节约水泥 15%~20%。

水泥裹砂法又称 SEC 法,采用这种方法拌制的混凝土称为 SEC 混凝土或造壳混凝土。该法的搅拌程序是先加一定量的水使砂表面的含水量调到某一规定的数值后(一般为

15%～25%），再加入石子并与湿砂拌匀，然后将全部水泥投入与砂石共同拌和，使水泥在砂石表面形成一层低水灰比的水泥浆壳，最后将剩余的水和外加剂加入搅拌成混凝土。采用 SEC 法制备的混凝土与一次投料法相比较，强度可提高 20%～30%，混凝土不易产生离析和泌水现象，工作性好。

从原材料全部投入搅拌筒中时起到开始卸料时止所经历的时间称为搅拌时间，为获得混合均匀、强度和工作性都能满足要求的混凝土所需的最低限度的搅拌时间称为最短搅拌时间，这个时间随搅拌机的类型与容量、骨料的品种、粒径及对混凝土的工作性要求等因素的不同而异。混凝土搅拌质量直接和搅拌时间有关，搅拌时间应满足表 4.11 要求。

表 4.11　混凝土搅拌的最短时间（单位：s）

混凝土坍落度/cm	搅拌机机型	搅拌机容量/L		
		<250	250～500	>500
≤3	强制式	60	90	120
	自落式	90	120	150
>3	强制式	60	60	90
	自落式	90	90	120

注：1. 当掺有外加剂时搅拌时间应适当延长；

2. 全轻混凝土宜采用强制式搅拌机，砂轻混凝土可采用自落式搅拌机，搅拌时间均应延长 60～90 s；

3. 高强混凝土应采用强制式搅拌机搅拌，搅拌时间应适当延长。

混凝土拌和物的搅拌质量应经常检查，混凝土拌和物颜色均匀一致，无明显的砂粒、砂团及水泥团，石子完全被砂浆所包裹，说明其搅拌质量较好。

每班作业后应对搅拌机进行全面清洗，并在搅拌筒内放入清水及石子运转 10～15 min 后放出，再用竹扫帚洗刷外壁。搅拌筒内不得有积水，以免筒壁及叶片生锈，如遇冰冻季节应放尽水箱及水泵中的存水，以防冻裂。

每天工作完毕后，搅拌机料斗应放至最低位置，不准悬于半空。电源必须切断，锁好电闸箱，保证各机构处于空位。

3. 混凝土搅拌站

在混凝土施工工地，通常把骨料堆场、水泥仓库、配料装置、拌和机及运输设备等，比较集中地布置，组成混凝土拌和站，或采用成套的混凝土工厂（拌和楼）来制备混凝土。

搅拌站根据其组成部分在竖向布置方式的不同分为单阶式和双阶式。在单阶式混凝土搅拌站中，原材料一次提升后经过贮料斗，然后靠自重下落进入称量和搅拌工序。这种工艺流程，原材料从一道工序到下一道工序的时间短，效率高，自动化程度高，搅拌站占地面积小，适用于产量大的固定式大型混凝土搅拌站，如图 4.49 所示。

在双阶式混凝土搅拌站中，原材料经第一次提升后经过贮料斗，下落经称量配料后，再经过第二次提升进入搅拌机，如图 4.50 所示。

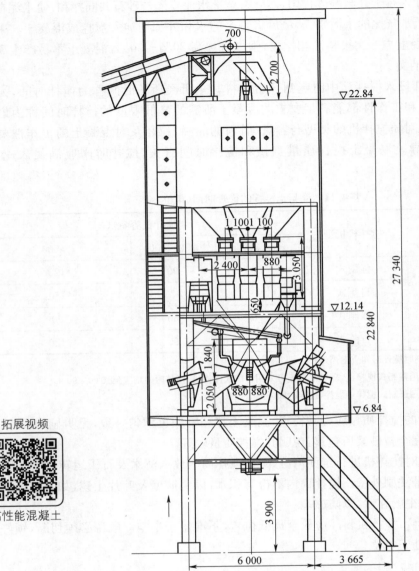

拓展视频

高性能混凝土

图 4.49　3×1.5 m³ 自落式搅拌楼（单位：mm）

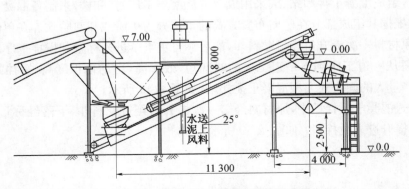

图 4.50　HZ20－1F750I 型混凝土搅拌站（单位：mm）

4.3.3　混凝土运输

视频

混凝土运输

混凝土运输是整个混凝土施工中的一个重要环节,对工程质量和施工进度影响较大。由于混凝土料拌和后不能久存,而且在运输过程中对外界的影响敏感,运输方法不当或疏忽大意,都会降低混凝土质量,甚至造成废品。

混凝土料在运输过程中应满足:运输设备应不吸水、不漏浆,运输过程中不发生混凝土拌和物分离、严重泌水及过多降低坍落度;同时运输两种以上强度等级的混凝土时,应在运输设备上设置标志,以免混淆;尽量缩短运输时间、减少转运次数。运输时间不得超过表4.12规定。因故停歇过久,混凝土产生初凝时,应作废料处理。在任何情况下,严禁中途加水后运入仓内;运输道路基本平坦,避免拌和物振动、离析、分层;混凝土运输工具及浇筑地点,必要时应有遮盖或保温设施,以避免因日晒、雨淋、受冻而影响混凝土的质量;混凝土拌和物自由下落高度以不大于 2 m 为宜,超过此界限时应采用缓降措施。

表 4.12　混凝土从搅拌机中卸出后到浇筑完毕的延续时间

混凝土强度等级	延续时间/min	
	气温<25℃	气温≥25℃
低于及等于 C30	120	90
高于 C30	90	60

注:1. 掺用外加剂或采用快硬水泥拌制混凝土时,应按试验确定;

2. 轻骨料混凝土的运输、浇筑延续时间应适当缩短。

混凝土运输分地面水平运输、垂直运输和楼面水平运输等三种。地面运输时,短距离多用双轮手推车、机动翻斗车;长距离宜用自卸汽车、混凝土搅拌运输车。垂直运输可采用各种井架、龙门架和塔式起重机作为垂直运输工具。对于浇筑量大、浇筑速度比较稳定的大型设备基础和高层建筑,宜采用混凝土泵,也可采用自升式塔式起重机或爬升式塔式起重机运输。

1. 人工运输

人工运输混凝土常用手推车、架子车和斗车等。用手推车和架子车时,要求运输道路路面平整,随时清扫干净,防止混凝土在运输过程中受到强烈振动。道路的纵坡,一般要求水平,局部不宜大于 15%,一次爬高不宜超过 2～3 m,运输距离不宜超过 200 m。

2. 机动翻斗车

机动翻斗车是混凝土工程中使用较多的水平运输机械。它轻便灵活、转弯半径小、速度快且能自动卸料。车前装有容量为 476 L 的翻斗,载重量约 1 t,最高时速 20 km/h,适用于短途运输混凝土或砂石料。

3. 混凝土搅拌运输车

混凝土搅拌运输车(如图 4.51)是运送混凝土的专用设备。它的特点是在运量大、运距远的情况下,能保证混凝土的质量均匀,一般用于混凝土制备点(商品混凝土站)与浇筑点距离较远时使用。它的运送方式有两种:一是在 10 km 范围内作短距离运送时,只作运输工具使用,即将拌和好的混凝土接送至浇筑点,在运输途中为防止混凝土分离,让搅拌筒只作低速搅动,使混凝土拌和物不致分离、凝结;二是在运距较长时,搅拌运输两者兼用,即先在混凝土拌和站将干料——砂、石、水泥按配比装入搅拌鼓筒内,并将水注入配水箱,开始只作干料运送,然后在到达距使用点 10～15 min 路程时,启动搅拌筒回转,并向搅拌筒注入定量的水,这样在运输途中边运输边搅拌成混凝土拌和物,送至浇筑点卸出。

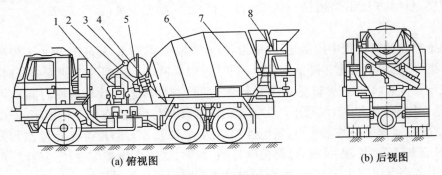

(a) 俯视图   (b) 后视图

图 4.51　搅拌运输车外形图

1—泵连接组件;2—减速机总成;3—液压系统;4—机架;5—供水系统;
6—搅拌筒;7—操纵系统;8—进出料装置

4. 混凝土辅助运输设备

运输混凝土的辅助设备有吊罐、集料斗、溜槽、溜管等。用于混凝土装料、卸料和转运入仓,对于保证混凝土质量和运输工作顺利进行起着相当大的作用,如图 4.52 所示。

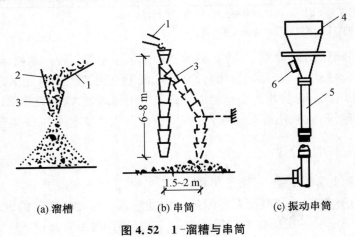

(a) 溜槽   (b) 串筒   (c) 振动串筒

图 4.52　1 -溜槽与串筒

1—溜槽;2—挡板;3—串筒;4—漏斗;5—节管;6—振动器

5. 混凝土泵

泵送混凝土是将混凝土拌和物从搅拌机出口通过管道连续不断地泵送到浇筑仓面的一种施工方法。工程上使用较多的是液压活塞式混凝土泵,它是通过液压缸的压力油推动活塞,再通过活塞杆推动混凝土缸中的工作活塞来进行压送混凝土。混凝土泵可同时完成水平运输和垂直运输工作。

泵送混凝土的设备主要由混凝土泵、输送管道和布料装置构成。混凝土泵有活塞泵、气压泵和挤压泵等几种类型,而以活塞泵应用较多。活塞泵又根据其构造原理不同分为机械式和液压式两种,常用液压式。混凝土泵分拖式(地泵)和泵车两种形式。图 4.53 为 HBT60 拖式混凝土泵示意图。它主要由混凝土泵送系统、液压操作系统、混凝土搅拌系统、油脂润滑系统、冷却和水泵清洗系统以及用来安装和支承上述系统的金属结构车架、车桥、支脚和导向轮等组成。

　　常用的液压柱塞泵如图 4.54 所示。它是利用活塞的往复运动将混凝土吸入和排出。混凝土输送管有直管、弯管、锥形管和浇筑软管等,一般由合金钢、橡胶、塑料等材料制成,常用混凝土输送管的管径为 100～150 mm。

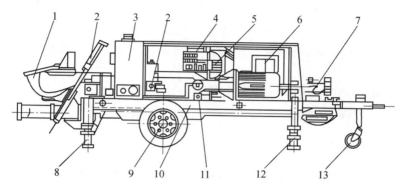

图 4.53　HBT60 拖式混凝土泵

1—料斗;2—集流阀组;3—油箱;4—操作盘;5—冷却器;6—电器柜;7—水泵;

8—后支脚;9—车桥;10—车架;11—排出量手轮;12—前支腿;13—导向轮

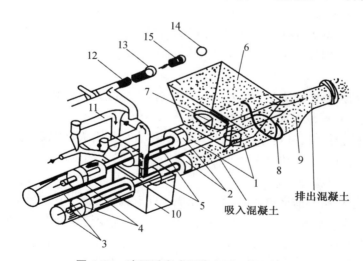

图 4.54　液压活塞式混凝土泵工作原理图

1—混凝土缸;2—混凝土活塞;3—液压缸;4—液压活塞;5—活塞杆;6—受料斗;

7—吸入端水平片阀;8—排出端竖直片阀;9—Y 形输送管;10—水箱;

12—水洗用高压软管;13—水洗用法兰;14—海绵球;15—清洗活塞

泵送混凝土对原材料的要求有:

(1) 粗骨料。碎石最大粒径与输送管内径之比不宜大于 1∶3,卵石不宜大于 1∶2.5。

(2) 砂。以天然砂为宜,砂率宜控制在 40%～50%,通过 0.315 mm 筛孔的砂不少于 15%。

（3）水泥。最少水泥用量为 $300\ kg/m^3$，坍落度宜为 $80\sim180\ mm$，混凝土内宜适量掺入外加剂。泵送轻骨料混凝土的原材料选用及配合比，应通过试验确定。

泵送混凝土施工中应注意的问题有：

（1）输送管的布置宜短直，尽量减少弯管数，转弯宜缓，管段接头要严密，少用锥形管。

（2）混凝土的供料应保证混凝土泵能连续工作，不间断；正确选择骨料级配，严格控制配合比。

（3）泵送前，为减少泵送阻力，应先用适量与混凝土内成分相同的水泥浆或水泥砂浆润滑输送管内壁。

（4）泵送过程中，泵的受料斗内应充满混凝土，防止吸入空气形成阻塞。

（5）防止停歇时间过长，若停歇时间超过 $45\ min$，应立即用压力或其他方法冲洗管内残留的混凝土。

（6）泵送结束后，要及时清洗泵体和管道。

（7）用混凝土泵浇筑的建筑物，要加强养护，防止龟裂。

4.3.4　混凝土浇筑

混凝土成型就是将混凝土拌和料浇筑在符合设计尺寸要求的模板内，加以捣实，使其具有良好的密实性，达到设计强度的要求。混凝土成型过程包括浇筑与捣实，是混凝土工程施工的关键，将直接影响构件的质量和结构的整体性。因此，混凝土经浇筑捣实后应内实外光、尺寸准确，表面平整，钢筋及预埋件位置符合设计要求，新旧混凝土结合良好。

1．浇筑前的准备工作

（1）对模板及其支架进行检查，应确保标高、位置尺寸正确，强度、刚度、稳定性及严密性满足要求；模板中的垃圾、泥土和钢筋上的油污应加以清除；木模板应浇水润湿，但不允许留有积水。

（2）对钢筋及预埋件应请工程监理人员共同检查钢筋的级别、直径、排放位置及保护层厚度是否符合设计和规范要求，并认真做好隐蔽工程记录。

（3）准备和检查材料、机具等；注意天气预报，不宜在雨雪天气浇筑混凝土。

（4）做好施工组织工作和技术、安全交底工作。

2．浇筑工作的一般要求

（1）混凝土应在初凝前浇筑，如混凝土在浇筑前有离析现象，须重新拌和后才能浇筑。

（2）浇筑时，混凝土的自由倾落高度：对于素混凝土或少筋混凝土，由料斗进行浇筑时，不应超过 $2\ m$；对竖向结构（如柱、墙），浇筑混凝土的高度不超过 $3\ m$；对于配筋较密或不便捣实的结构，不宜超过 $60\ cm$，否则应采用串筒、溜槽和振动串筒下料，以防产生离析。

（3）浇筑竖向结构混凝土前，底部应先浇入 $50\sim100\ mm$ 厚与混凝土成分相同的水泥砂浆，以避免产生蜂窝麻面现象。

（4）混凝土浇筑时的坍落度应符合设计要求。

（5）为了使混凝土振捣密实，混凝土必须分层浇筑。

（6）为保证混凝土的整体性，浇筑工作应连续进行。当由于技术上或施工组织上原因必须间歇时，其间歇时间应尽可能缩短，并应在前层混凝土凝结之前，将次层混凝土浇筑完毕。间歇的最长时间应按所用水泥品种及混凝土条件确定。

（7）正确留置施工缝。施工缝位置应在混凝土浇筑之前确定，并宜留置在结构受剪力较小且便于施工的部位。柱应留水平缝，梁、板、墙应留垂直缝。

（8）在混凝土浇筑过程中，应随时注意模板及其支架、钢筋、预埋件及预留孔洞的情况，当出现不正常的变形、位移时，应及时采取措施进行处理，以保证混凝土的施工质量。

（9）在混凝土浇筑过程中应及时认真填写施工记录。

3.　整体结构浇筑

为保证结构的整体性和混凝土浇筑工作的连续性，应在下一层混凝土初凝之前将上层混凝土浇筑完毕，因此，在编制浇筑施工方案时，首先应计算每小时需要浇筑的混凝土的数量 Q，即

$$Q = \frac{V}{t_1 - t_2} \tag{4-14}$$

式中：V 为每个浇筑层中混凝土的体积，m^3；t_1 为混凝土初凝时间，h；t_2 为运输时间，h。

根据上式即可计算所需搅拌机、运输工具和振动器的数量。并据此拟定浇筑方案和组织施工。

（1）框架结构浇筑。框架结构的主要构件有基础、柱、梁、楼板等。其中框架梁、板、柱等构件是沿垂直方向重复出现的，因此，一般按结构层来分层施工。如果平面面积较大，还应分段进行（一般以伸缩缝划分施工段），以便各工序流水作业。混凝土的浇筑顺序是先浇捣柱子，在柱子浇捣完毕后，停歇 1～1.5 h，使混凝土达到一定强度后，再浇捣梁和板。

柱宜在梁板模板安装后钢筋未绑扎前浇筑，以便利用梁板模板作横向支撑和柱浇筑操作平台用；一排柱子的浇筑顺序应从两端同时向中间推进，以防柱模板在横向推力下向一方倾斜；当柱子断面小于 400 mm×400 mm，并有交叉箍筋时，可在柱模侧面每段不超过 2 m 的高度开口，插入斜溜槽分段浇筑；开始浇筑柱时，底部应先填 50～100 mm 厚与混凝土成分相同的水泥砂浆，以免底部产生蜂窝现象；随着柱子浇筑高度的上升，混凝土表面将积聚大量浆水，因此混凝土的水灰比和坍落度，亦应随浇筑高度上升予以递减。

在浇筑与柱连成整体的梁或板时，应在柱浇筑完毕后停歇 1～1.5 h，使其获得初步沉实，排除泌水，而后再继续浇筑梁或板。肋形楼板的梁板应同时浇筑，其顺序是先根据梁高分层浇筑成阶梯形，当达到板底位置时即与板的混凝土一起筑；而且倾倒混凝土的方向应与浇筑方向相反；当梁的高度大于 1 m 时，可先单独浇梁，并在板底以下 20～30 mm 处留设水平施工缝。浇筑无梁楼盖时，在柱帽下 50 mm 处暂停，然后分层浇筑柱帽，下料应对准柱帽中心，待混凝土接近楼板底面时，再连同楼板一起浇筑。

此外，与墙体同时整浇的柱子，两侧浇筑高差不能太大，以防柱子中心移动。楼梯宜自下而上一次浇筑完成，当必须留置施工缝时，其位置应在楼梯长度中间 1/3 范围内。对于钢筋较密集处，可改用细石混凝土，并加强振捣以保证混凝土密实。应采取有效措施保证钢筋保护层厚度及钢筋位置和结构尺寸的准确，注意施工中不要踩到负弯矩部分的钢筋。

（2）剪力墙浇筑。剪力墙浇筑除按一般规定进行外，还应注意门窗洞口应两侧同时下料，浇筑高差不能太大，以免门窗洞口发生位移或变形。同时应先浇筑窗台下部，后浇筑窗间墙，以防窗台出现蜂窝孔洞。

（3）大体积混凝土浇筑。大体积混凝土是指厚度大于或等于 1.5 m，长、宽较大，施工

时水化热引起混凝土内的最高温度与外界温度之差不低于 25℃的混凝土结构。一般多为工业建筑中的设备基础及高层建筑中厚大的桩基承台或基础底板等。特点是混凝土浇筑面和浇筑量大，整体性要求高，不能留施工缝，以及浇筑后水泥的水化热量大且聚集在构件内部，形成较大的内外温差，易造成混凝土表面产生收缩裂缝等。

为保证混凝土浇筑工作连续进行，不留施工缝，应在下一层混凝土初凝之前，将上一层混凝土浇筑完毕。要求混凝土按不小于下述的浇筑量进行浇筑：

$$Q = \frac{FH}{T} \qquad (4-15)$$

式中：Q 为混凝土最小浇筑量，m^3/h；F 为混凝土浇筑区的面积，m^2；H 为浇筑层厚度，m；T 为下层混凝土从开始浇筑到初凝所容许的时间间隔，h。

大体积钢筋混凝土结构的浇筑方案，一般分为全面分层、分段分层和斜面分层三种，如图 4.55 所示。全面分层，在整个结构内全面分层浇筑混凝土，要做到第一层全部浇筑完毕，在初凝前再回来浇筑第二层，如此逐层进行，直到浇筑完成。采用此方案，结构平面尺寸不宜过大，施工时从短边开始，沿长边进行。必要时亦可从中间向两端或从两端向中间同时进行。分段分层，混凝土从底层开始浇筑，进行一定距离后回来浇筑第二层，如此依次向前浇筑以上各层。每段的长度可根据混凝土浇筑到末端后，下层末端的混凝土还未初凝来确定。分段分层浇筑方案适用于厚度不太大而面积或长度较大的结构。斜面分层，适用于结构的长度大大超过厚度而混凝土的流动性又较大时，采用分层分段方案混凝土往往不能形成稳定的分层踏步，这时可采用斜面分层浇筑方案。施工时将混凝土一次浇筑到顶，让混凝土自然地流淌，形成一定的斜面。这时混凝土的振捣工作应从浇筑层下端开始，逐渐上移，以保证混凝土施工质量。这种方案很适应混凝土泵送工艺，可免除混凝土输送管的反复拆装。

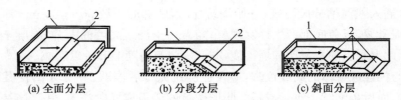

(a) 全面分层　　　　(b) 分段分层　　　　(c) 斜面分层

图 4.55　大体积混凝土浇筑方案

1—模板；2—新浇筑的混凝土

（4）免振捣混凝土。免振捣混凝土又称自密实混凝土，它是通过外加剂（包括高性能减水剂、超塑化剂、稳定剂等）、超细矿物粉体等胶材料和粗细骨料的选择与搭配和配合比的精心设计，使混凝土拌合物屈服剪应力减小到适宜范围，同时又具有足够的塑性黏度，使骨料悬浮于水泥浆中，不出现离析和泌水等问题，在基本不用振捣的条件下通过自重实现自由流淌，充分填充模板内及钢筋之间的空间形成密实且均匀的结构。免振捣自密实混凝土的工作性能应达到：坍落度 250～270 mm，扩展度 550～700 mm，流过高差≤15 mm。有研究表明不经振捣的自密实混凝土可以在硬化后形成十分致密、渗透性很低的结构，且干缩率较同强度等级的普通混凝土小。

4. 混凝土浇筑工艺

（1）铺料。开始浇筑前，要在老混凝土面上，先铺一层 2～3 cm 厚的水泥砂浆（接缝砂浆),以保证新混凝土与基岩或老混凝土结合良好。砂浆的水灰比应较混凝土水灰比减少0.03～0.05。混凝土的浇筑,应按一定厚度、次序、方向分层推进。

铺料厚度应根据拌和能力、运输距离、浇筑速度、气温及振捣器的性能等因素确定。一般情况下,浇筑层的允许最大厚度不应超过表 4.13 规定的数值,如采用低流态混凝土及大型强力振捣设备时,其浇筑层厚度应根据试验确定。

表 4.13　混凝土浇筑层厚度

项次	捣实混凝土的方法		浇筑层厚度/mm
1	插入式振捣		振捣器作用部分长度的 1.25 倍
2	表面振动		200
3	人工捣固	在基础、无筋混凝土或配筋稀疏的结构中	250
		在梁、墙板、柱结构中	200
		在配筋密列的结构中	150
4	轻骨料混凝土	插入式振捣器	300
		表面振动(振动时须加荷)	200

(2) 平仓。平仓是把卸入仓内成堆的混凝土摊平到要求的均匀厚度。平仓不好会造成离析,使骨料架空,严重影响混凝土质量。

人工平仓。人工平仓用铁锹,平仓距离不超过 3 m。只适用于在靠近模板和钢筋较密的地方,设备预埋件等空间狭小的二期混凝土,用人工平仓,使石子分布均匀。

振捣器平仓。振捣器平仓时应将振捣器斜插入混凝土料堆下部,使混凝土向操作者位置移动,然后一次一次地插向料堆上部,直至混凝土摊平到规定的厚度为止。如将振捣器垂直插入料堆顶部,平仓工效固然较高,但易造成粗骨料沿锥体四周下滑,砂浆则集中在中间形成砂浆窝,影响混凝土均质性。经过振动摊平的混凝土表面可能已经泛出砂浆,但内部并未完全捣实,切不可将平仓和振捣合二为一,影响浇筑质量。

(3) 振捣。振捣是振动捣实的简称,它是保证混凝土浇筑质量的关键工序。振捣的目的是尽可能减少混凝土中的空隙,以清除混凝土内部的孔洞,并使混凝土与模板、钢筋及埋件紧密结合,从而保证混凝土的最大密实度,提高混凝土质量。

当结构钢筋较密,振捣器难于施工,或混凝土内有预埋件、观测设备,周围混凝土振捣力不宜过大时采用人工振捣。人工振捣要求混凝土拌和物坍落度大于 5 cm,铺料层厚度小于20 cm。人工振捣工具有捣固锤、捣固杆和捣固铲。捣固锤主要用来捣固混凝土的表面;捣固铲用于插边,使砂浆与模板靠紧,防止表面出现麻面;捣固杆用于钢筋稠密的混凝土中,以使钢筋被水泥砂浆包裹,增加混凝土与钢筋之间的握裹力。人工振捣工效低,混凝土质量不易保证。

混凝土振捣主要采用振捣器进行,振捣器产生小振幅、高频率的振动,使混凝土在其振动的作用下,内摩擦力和黏结力大大降低,使干稠的混凝土获得了流动性,在重力的作用下骨料互相滑动而紧密排列,空隙由砂浆所填满,空气被排出,从而使混凝土密实,并填满模板内部空间,且与钢筋紧密结合。

混凝土振捣机械。混凝土振捣器的分类如图 4.56 所示。

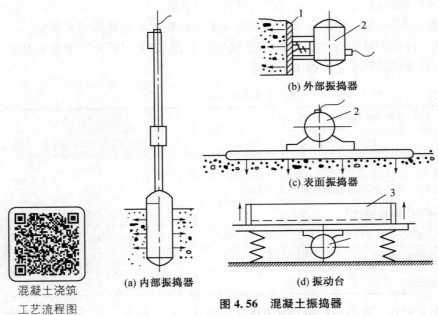

<table>
<tr><td></td><td></td><td>1</td><td>2</td></tr>
</table>

混凝土浇筑
工艺流程图

(b) 外部振捣器

(c) 表面振捣器

(d) 振动台

(a) 内部振捣器

图 4.56　混凝土振捣器

1—模板；2—振捣器；3—振动台

　　一般工程均采用电动式振捣器。电动插入式振捣器又分为串激式振捣器、软轴振捣器和硬轴振捣器三种。插入式振捣器使用较多。

　　混凝土振捣在平仓之后立即进行，此时混凝土流动性好，振捣容易，捣实质量好。振捣器的选用，对于素混凝土或钢筋稀疏的部位，宜用大直径的振捣棒；坍落度小的干硬性混凝土，宜选用高频和振幅较大的振捣器。振捣作业路线保持一致，并按顺序依次进行，以防漏振。振捣棒尽可能垂直地插入混凝土中。如振捣棒较长或把手位置较高，垂直插入感到操作不便时，也可略带倾斜，但与水平面夹角不宜小于 $45°$，且每次倾斜方向应保持一致，否则下部混凝土将会发生漏振。这时作用轴线应平行，如不平行也会出现漏振点（如图 4.57 所示）。

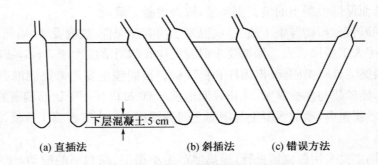

下层混凝土 5 cm

(a) 直插法　　　　　　**(b) 斜插法**　　　　　　**(c) 错误方法**

图 4.57　插入式振捣器操作示意图

　　振捣棒应快插、慢拔。插入过慢，上部混凝土先捣实，就会阻止下部混凝土中的空气和多余的水分向上溢出；拔得过快，周围混凝土来不及填铺振捣棒留下的孔洞，将在每一层混凝土的上半部留下只有砂浆而无骨料的砂浆柱，影响混凝土的强度。为使上下层混凝土振捣密实均匀,可将振捣棒上下抽动,抽动幅度为 5～10 cm。振捣棒的插入深度,在振捣第一层混凝土时,以振捣器头部不碰到基岩或老混凝土面,但相距不超过 5 cm 为宜;振捣上层混凝土时,则应插入下层混凝土 5 cm 左右,使上下两层结合良好,如图 4.58 所示。在斜坡上浇筑混凝土时,振捣棒仍应垂直插入,并且应先振低处,再振高处,否则在振捣低处的混凝土时,已捣实的高处

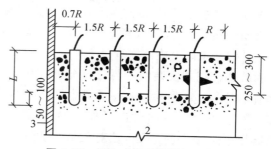

图 4.58　插入式振动器的插入深度
1—新浇筑的混凝土;2—下层已振捣但尚未初凝的混凝土;
3—模板;R—有效作用半径;L—振捣棒长度

混凝土会自行向下流动,致使密实性受到破坏。软轴振捣棒插入深度为棒长的 3/4,过深软轴和振捣棒结合处容易损坏。

振捣棒在每一孔位的振捣时间,以混凝土不再显著下沉,水分和气泡不再逸出并开始泛浆为准。振捣时间和混凝土坍落度、石子类型及最大粒径、振捣器的性能等因素有关,一般为 20～30 s。振捣时间过长,不但降低工效,且使砂浆上浮过多,石子集中下部,混凝土产生离析,严重时,整个浇筑层呈"千层饼"状态。

振捣器的插入间距控制在振捣器有效作用半径的 1.5 倍以内,实际操作时也可根据振捣后在混凝土表面留下的圆形泛浆区域能否在正方形排列(直线行列移动)的 4 个振捣孔径的中点[图 4.59(a)中的 A、B、C、D 点],或三角形排列(交错行列移动)的 3 个振捣孔位的中点[图 4.59(b)中的 A、B、C、D、E、F 点]相互衔接来判断。在模板边、预埋件周围、布置有钢筋的部位以及两罐(或两车)混凝土卸料的交界处,宜适当减少插入间距,以加强振捣,但不宜小于振捣棒有效作用半径的 1/2,并注意不能触及钢筋、模板及预埋件。为提高工效,振捣棒插入孔位尽可能呈三角形分布。

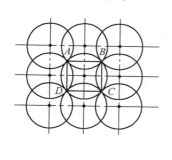
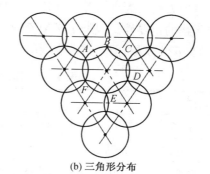

(a) 正方形分布　　　　　　　　　(b) 三角形分布

图 4.59　振捣孔位布置图

外部式振捣器的使用。使用外部式振捣器时,操作人员应穿绝缘胶鞋、戴绝缘手套,以防触电;平板式振捣器要保持拉绳干燥和绝缘,移动和转向时,应蹬踏平板两端,不得蹬踏电机。操作时可通过倒顺开关控制电机的旋转方向,使振捣器的电机旋转方向正转或反转,从而使振捣器自动地向前或向后移动。沿铺料路线逐行进行振捣,两行之间要搭接 5 cm 左右,以防漏振。振捣时间仍以混凝土拌和物停止下沉、表面平整,往上返浆且已达到均匀状态并充满模壳时,表明已振实,可转移作业面。时间一般为 30 s 左右。在转移作业面时,要

注意电缆线勿被模板、钢筋露头等挂住,防止拉断或造成触电事故。振捣混凝土时,一般横向和竖向各振捣一遍即可,第一遍主要是密实,第二遍是使表面平整,其中第二遍是在已振捣密实的混凝土面上快速拖行。

附着式振捣器安装时应保证转轴水平或垂直,如图4.60所示。在一个模板上安装多台附着式振捣器同时进行作业时,各振捣器频率必须保持一致,相对安装的振捣器的位置应错开。振捣器所装置的构件模板,要坚固牢靠,构件的面积应与振捣器的额定振动板面积相适应。

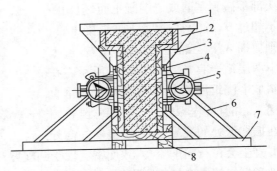

图4.60 附着式振捣器的安装

1—模板面卡;2—模板;3—角撑;4—夹木枋;
5—附着式振动器;6—斜撑;7—底横枋;8—纵向底枋

混凝土振动台是一种强力振动成型机械装置,必须安装在牢固的基础上,地脚螺栓应有足够的强度并拧紧。在振捣作业中,必须安置牢固可靠的模板锁紧夹具,以保证模板和混凝土与台面一起振动。

4.3.5 混凝土的养护

混凝土浇筑完毕后,在一个相当长的时间内,应保持其适当的温度和足够的湿度,以造成混凝土良好的硬化条件,这就是混凝土的养护工作。混凝土表面水分不断蒸发,如不设法防止水分损失,水化作用未能充分进行,混凝土的强度将受到影响,还可能产生干缩裂缝。因此混凝土养护的目的,一是创造有利条件,使水泥充分水化,加速混凝土的硬化;二是防止混凝土成型后因曝晒、风吹、干燥等自然因素影响,出现不正常的收缩、裂缝等现象。

混凝土的养护方法分为自然养护和热养护两类见表4.14。养护时间取决于当地气温、水泥品种和结构物的重要性。混凝土必须养护至其强度达到 1.2 N/mm^2 以上,才准在上面行人和架设支架、安装模板,但不得冲击混凝土。

表4.14 混凝土的养护

类别	名称	说明
自然养护	洒水(喷雾)养护	在混凝土面不断洒水(喷雾),保持其表面湿润
	覆盖浇水养护	在混凝土面覆盖湿麻袋、草袋、湿砂、锯末等,不断洒水保持其表面湿润
	围水养护	四周围成土埂,将水蓄在混凝土表面
	铺膜养护	在混凝土表面铺上薄膜,阻止水分蒸发
	喷膜养护	在混凝土表面喷上薄膜,阻止水分蒸发
热养护	蒸汽养护	利用热蒸气对混凝土进行湿热养护
	热水(热油)养护	将水或油加热,将构件搁置在其上养护
	电热养护	对模板加热或微波加热养护
	太阳能养护	利用各种罩、窑、集热箱等封闭装置对构件进行养护

任务 4　季节性施工

4.4.1　冬期施工

1. 钢筋工程

在负温条件下钢筋的力学性能要发生变化,即屈服点和抗拉强度增加,而伸长率及抗冲击韧性降低,脆性增加,称为冷脆性。

焊接应尽量在室内进行,对焊接工作间应采暖,使焊接接头不会突然下降温度。在负温时闪光对焊,宜选用预热闪光焊或闪光—预热—闪光焊接的工艺。要求焊接时调伸增加10%~20%,以利于增大加热范围;变压器级数应降低 1~2 级;闪光前可将钢筋多次接触,使钢筋温度上升;烧化过程中期的速度应适当减慢;预热时的接触压力适当提高,预热间歇时间适当增长。电弧焊接,应先从接头中部引弧,再向两端运弧;焊缝可采用分层控温施焊;焊接时电流应略微增大,焊接速度适当减慢。所有焊接接头,焊完后可放在炉灰渣中让其慢慢降温,不得马上拿到室外。在室外的焊接,则必须使环境温度不低于−20℃,同时应有挡风、防雨雪的措施;焊后的接头严禁立刻碰到冰雪。室外竖向钢筋气压焊,要增长预热时间,压接后要小火回复降温加热 2~3 min,使接头慢慢由红变成暗灰色。

室外竖向电渣压力焊,要适当调整焊接参数,其中电流的大小,应根据钢筋直径和环境温度而定,比常温应适当增加电流,并应适当加大通电时间。焊接后,接头的药盒要比常温时延长 2 min 左右再拆,接头处的焊渣壳,应延长 5 min 后再去渣,施工时应进行检查观察并按规定进行取样送检。

2. 混凝土工程

新浇混凝土在养护初期遭受冻结,当气温恢复到正温后,即使正温养护到一定龄期,也不能达到其设计强度,这就是混凝土的早期冻害。混凝土的早期冻害是由于混凝土内部的水结冰所致。

混凝土允许受冻而不致使其各项性能遭到损害的最低强度称为混凝土受冻临界强度。我国现行规范规定:冬期浇筑的混凝土抗压强度,在受冻前,硅酸盐水泥或普通硅酸盐水泥配制的混凝土不得低于其设计强度标准值的 30%;矿渣水泥配制的混凝土不得低于其设计强度标准值的 40%;掺防冻剂的混凝土,温度降低到防冻剂规定温度以下时,混凝土的强度不得低于 3.5 N/mm²。

防止混凝土早期冻害的措施有两项:① 早期增强,主要提高混凝土早期强度,使其尽快达到混凝土受冻临界强度;② 改善混凝土内部结构,如增加混凝土的密实度,掺用外加剂等。

在一般情况下,混凝土冬期施工要求正温浇筑、正温养护。对原材料的加热,以及混凝土的搅拌、运输、浇筑和养护进行热工计算,并据此施工。混凝土冬期施工的工艺要求如下:

(1) 对材料和材料加热的要求

1) 冬期施工中配制混凝土用的水泥,应优先选用活性高、水化热量大的硅酸盐水泥和普通硅酸盐水泥,不宜用火山灰质硅酸盐水泥和粉煤灰硅酸盐水泥。蒸汽养护时用的水泥品种经试验确定。水泥的强度等级不应低于 42.5 MPa,最小水泥用量不宜少于 300 kg/m³,水灰比不应大于 0.6。水泥不得直接加热,使用前 1～2 d 运入暖棚存放,暖棚温度宜在 5℃以上。因为水的比热是砂、石骨料的 5 倍左右,所以冬期拌制混凝土时应先采用加热水的方法,但加热温度不得超过有关规定。水的加热方法有三种:用锅烧水,用蒸汽加热水,用电极加热水。

2) 骨料要求提前清洗和储备,做到骨料清洁,无冻块和冰雪。冬期骨料所用储备场地应选择地势较高不积水的地方。冬期施工拌制混凝土的砂、石温度要符合热工计算需要的温度。骨料加热的方法有:将骨料放在铁板上面,底下燃烧直接加热;或者通过蒸汽管、电热线加热等。但不得用火焰直接加热骨料。加热的方法可因地制宜,但以蒸汽加热法为好。其优点是加热温度均匀,热效率高,缺点是骨料中的含水量增加。

3) 原材料不论用何种方法加热,在设计加热设备时,必须先求出每天的最大用料量和要求达到的温度,根据原材料的初温和比热,求出需要的总热量。同时考虑加热过程中的热量的损失,有了要求的总热量,就可以决定采用热源的种类、规模和数量。

4) 钢筋冷拉可在负温下进行,但温度不得低于 -20℃。如采用控制应力方法时,冷拉控制应力较常温下提高 30 N/mm^2;采用冷拉率控制方法时,冷拉率与常温相同。钢筋的焊接可在室内进行。如必须在室外焊接,其最低温度不低于 -20℃,且应有防雪和防风措施。钢焊接的接头严禁立即碰到冰雪,避免造成冷脆现象。

(2) 混凝土的搅拌、运输和浇筑

① 混凝土不宜露天搅拌,应尽量搭设暖棚,优先选用大容量的搅拌机,以减少混凝土的热量损失。搅拌前,用热水或蒸汽冲洗搅拌机。混凝土的拌和时间比常温规定时间延长 50%。由于水泥用 80℃左右的水拌和会发生骤凝现象,所以材料投放时,应先将水和砂石投入拌和,然后加入水泥。若能保证热水不和水泥直接接触,水可以加热到 100℃。

② 混凝土的运输时间和距离应保证混凝土不离析、不丧失塑性。采取的措施主要为减少运输时间和距离;使用大容积的运输工具并加以适当的保温。

③ 混凝土在浇筑前,应清除模板和钢筋上的积雪和污垢,尽量加快混凝土的浇筑速度,防止热量散失过多。混凝土拌和物的出机温度不宜低于 10℃,入模温度不得低于 5℃。采用加热养护时,混凝土养护前的温度不低于 2℃。

④ 在施工操作上要加强混凝土的振捣,尽可能提高混凝土的密实程度。冬期振捣混凝土要采用机械振捣,振捣时间应比常温时有所增加。

⑤ 加热养护整体式结构时,施工缝的位置应设置在温度应力较小处。加热温度超过 40℃时,由于温度高,势必在结构内部产生温度应力。因此,在施工之前应征求设计单位的意见,在跨内适当设置施工缝。留施工缝处,在水泥终凝后立即用 0.3～0.5 MPa 的气流吹除结合面的水泥膜、污水和松动石子。继续浇筑时,为使新老混凝土牢固结合,不产生裂缝,要对旧混凝土表面进行加热,使其温度和新浇筑混凝土入模温度相同。

⑥ 为了保证新浇筑混凝土与钢筋的可靠黏结,当气温在 -15℃以下时,直径大于 25 mm 的钢筋和预埋件,可喷热风加热至 5℃,并清除钢筋上的污土和锈渣。

⑦ 冬期不得在强冻胀性地基上浇筑混凝土。这种土冻胀变形大,如果地基土遭冻,必然引起混凝土的冻害及变形。在弱冻胀性地基上浇筑时,地基上应进行保温,以免遭冻。

混凝土冬期施工常用的施工方法有:蓄热法、外加剂和早强水泥法、外部加热法以及综合蓄热法。在选择施工方法时,要根据工程特点,首先保证混凝土尽快达到临界强度,避免遭受冻害;其次,承重结构的混凝土要迅速达到出模强度,保证模板周转。

1) 蓄热法

蓄热法就是利用对混凝土组成材料(水、砂、石)预加的热量和水泥水化热,再加以适当的覆盖保温,从而保证混凝土能够在正温下达到规范要求的临界强度。

用蓄热法施工时,最好使用活性高、水化热大的普通硅酸盐水泥和硅酸盐水泥。当室外最低温度不低于-15℃时,地面以下工程或表面系数(即结构冷却的表面积与其全部结构之比)不大于 15 m⁻¹ 的结构,应优先采用蓄热法养护。蓄热法适用于气温不太寒冷的地区或是初冬和冬末季节。

当符合下列情况时,也可优先考虑蓄热法:

① 混凝土拆模时所需强度较小;

② 室外温度高,风力小;

③ 水泥标号高,水泥发热量大的结构。

由于蓄热法施工简单,冬期施工费用低廉,较易保证质量,所以不论在国内或国外,都作为混凝土冬期施工的基本方法。蓄热法施工前应进行热工计算。

2) 综合蓄热法

综合蓄热法是在蓄热保温的基础上,充分利用水泥的水化热和掺加相应的外加剂或者进行短时加热等综合措施,创造加速混凝土硬化的条件,使混凝土的浇筑温度降低到冰点温度之前尽快达到受冻前的临界强度。

综合蓄热法一般分为低蓄热养护和高蓄热养护两种。低蓄热养护过程主要以使用早强水泥或掺加负温外加剂等冷操作方法为主,使混凝土在缓慢冷却至冰点前达到允许受冻的临界强度。这两种方法的选择取决于施工和气温条件。一般日平均气温不低于-15℃、结构表面系数为 6~12 m⁻¹,且选用高效保温材料时,宜采用低蓄热养护;当日平均气温低于-15℃、结构表面系数大于 13 m⁻¹ 时,宜用短时加热的高蓄热养护。

3) 采用外加剂和早强水泥方法

掺外加剂法是指在冬期施工的混凝土中加入一定剂量的外加剂,以降低混凝土中的液相冰点,保证水泥在负温环境下能继续水化,从而使混凝土在负温下能达到抗冻害的临界强度。掺外加剂法常与蓄热法一起应用,以充分利用混凝土的初始热量及水泥在水化过程中所释放出来的热量,加快混凝土强度的增长。

4.4.2　雨期施工

(1) 模板隔离层在涂刷前要及时掌握天气预报,以防隔离层被雨水冲掉。

(2) 遇到大雨应停止浇筑混凝土,已浇部位应加以覆盖。现浇混凝土应根据结构情况和可能,多考虑几道施工缝的留设位置。

(3) 雨期施工时,应加强对混凝土粗细骨料含水量的测定,及时调整用水量。

(4) 大面积的混凝土浇筑前,要了解 2~3 d 的天气预报,尽量避开大雨。混凝土浇筑现场要预备大量防雨材料,以备浇筑时突然遇雨进行覆盖。

(5) 模板支撑下回填要夯实,并加好垫板,雨后及时检查有无下沉。

(6) 构件堆放地点要平整坚实,周围要做好排水工作,严禁构件堆放区积水、浸泡,防止泥土沾到预埋件上。

（7）塔式起重机路基，必须高出自然地面 15 cm，严禁雨水浸泡路基。

（8）雨后吊装时，要先做试吊，将构件吊至 1 m 左右，往返上下数次稳定后再进行吊装工作。

习　题

1. 模板安装的程序是怎样的？模板在安装过程中，应注意哪些事项？

2. 模板拆除时要注意哪些内容？

3. 钢筋下料长度应考虑哪几部分内容？

4. 钢筋切断有哪几种方法？

5. 钢筋弯曲成型有几种方法？

6. 钢筋的接头连接分为几类？

7. 钢筋焊接有几种形式？各适用于哪些场合？

8. 钢筋的冷加工有哪几种形式？钢筋机械冷拉的方式有哪几种？

9. 钢筋的搭接有哪些要求？

10. 钢筋的现场绑扎的基本程序有哪些？

11. 混凝土工程施工缝的处理要求有哪些？

12. 混凝土施工缝的处理方法有哪些？

13. 混凝土浇筑前应对模板、钢筋及预埋件进行哪些检查？

14. 普通混凝土投料要求有哪些？

15. 简述混凝土搅拌质量如何进行外观检查。

16. 简述如何使用振捣器平仓。

17. 简述振捣器如何进行操作。

18. 钢筋配料计算。一钢筋混凝土梁，高 500 mm，宽 250 mm，长 4 800 mm，保护层厚度为 25 mm，梁内钢筋的规格及形状见下图。试计算每根钢筋的下料长度。

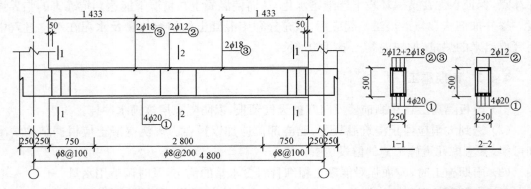

19. 已知 C20 混凝土的试验室配合比为：1：2.51：4.25，水灰比为 0.50，经测定砂的含水率为 2.5%，石子的含水率为 1%，每 1 m³ 混凝土的水泥用量 320 kg，则施工配合比为多少？工地采用 JZ350 型搅拌机拌和混凝土，出料容量为 0.35 m³，则每搅拌一次的装料数量为多少？

预应力混凝土工程施工

【学习重点】

资源合集

学习情境 5

1. 了解预应力混凝土的基本原理。

2. 掌握预应力混凝土施工工艺及质量控制方法。

3. 掌握预应力混凝土的工程质量验收标准及检测方法。

任务 1　先张法施工

先张法是在浇筑混凝土之前,先张拉预应力钢筋,并将预应力筋临时固定在台座或钢模上,待混凝土达到一定强度(一般不低于混凝土设计强度标准值的 75%),混凝土与预应力筋具有一定的黏结力时,放松预应力筋,使混凝土在预应力筋的反弹力作用下,构件受拉区的混凝土承受顶压应力。预应力筋的张拉力主要是通过预应力筋与混凝土之间的黏结力传递给混凝土。图 5.1 为预应力混凝土构件先张法(台座)生产示意图。

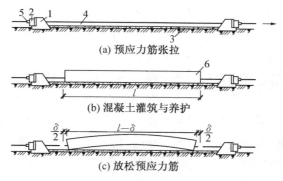

图 5.1　先张法台座生产示意图

1—台座承力结构;2—横梁;3—台面;4—预应力筋;5—锚固夹具;6—混凝土构件

先张法生产可采用台座法和机组流水法。

台座法是构件在台座上生产,即预应力筋的张拉、固定,混凝土浇筑、养护和预应力筋的放松等工序均在台座上进行。机组流水法是利用钢模板作为固定预应力筋的承力架,构件连同模板通过固定的机组,按流水方式完成其生产过程。先张法适用于生产定型的中小型构件,如空心板、屋面板、吊车梁、檩条等。先张法施工中常用的预应力筋有钢丝和钢筋两类。

为此,对混凝土握裹力有严格要求,在混凝土构件制作、养护时要保证混凝土质量。

5.1.1　先张法的施工设备

1. 张拉台座

台座是先张法施工张拉和临时固定预应力筋的支撑结构,它承受预应力筋的全部张拉力,因此要求台座必须具有足够的强度、刚度和稳定性,同时要满足生产工艺要求。台座按构造形式分为墩式台座和槽式台座。

(1) 墩式台座

墩式台座由承力台墩、台面和横梁组成,如图 5.2 所示。目前常用现浇钢筋混凝土制成的由承力台墩与台面共同受力的台座。可以用于永久性的预制厂制作中小型预应力混凝土构件。台座的长度和宽度由场地大小、构件类型和产量而定,一般长度宜为 100~150 m,宽度宜为 2~4 m,这样既可利用钢丝长的特点,张拉一次可生产多根(块)预应力混凝土构件,又减少了张拉和临时固定的工作,而且可以减少因钢丝滑动或台座横梁变形引起的预应力损失。

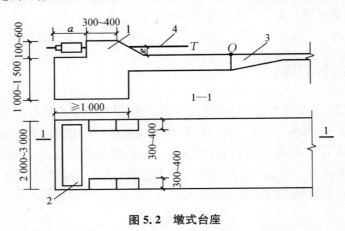

图 5.2　墩式台座

1—承力台墩;2—横梁;3—台面;4—预应力筋

承力台墩是墩式台座的主要受力结构,依靠其自重和土压力平衡张拉力产生的倾覆力矩,依靠土的反力和摩阻力平衡张拉力产生的水平位移。因此,承力墩结构造型大,埋设深度深,投资较大。为了改善承力墩的受力状况,提高台座承受张拉力的能力,可采用与台面共同工作的承力墩,从而减小台墩自重和埋深。台面是预应力混凝土构件成型的胎模,它是由素土夯实后铺碎砖垫层,再浇筑 50~80 mm 厚的 C15~C20 混凝土面层组成的。台面要求平整、光滑,沿其纵向留设 0.3% 的排水坡度,每隔 10~20 m 设置宽 30~50 mm 的温度缝。横梁是锚固夹具临时固定预应力筋的支点,也是张拉机械张拉预应力筋的支座,常采用型钢或由钢筋混凝土制作而成。横梁挠度要求小于 2 mm,并不得产生翘曲。

台座稍有的变形、滑移或倾角,均会引起较大的应力损失。台座设计时,应进行稳定性和强度验算。稳定性验算包括台座的抗倾覆验算和抗滑移验算。

(2) 槽式台座

槽式台座是由端柱、传力柱和上、下横梁及砖墙组成的,如图 5.3 所示。端柱和传力柱是槽式台座的主要受力结构,采用钢筋混凝土结构。

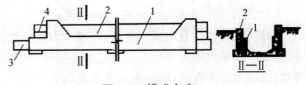

图 5.3　槽式台座

1—传力柱;2—砖墙;3—下横梁;4—上横梁

2. 夹具

夹具是预应力筋进行张拉和临时固定的工具。预应力筋夹具和连接器应具有可靠的锚固性能、足够的承载能力和良好的适用性,构造简单,施工方便,成本低。根据夹具的工作特点和用途分为张拉夹具和锚固夹具。

（1）夹具的要求

预应力夹具应当具有良好的自锚性能和松锚性能,应能多次重复使用。需敲击才能松开的夹具,必须保证其对预应力筋的锚固没有影响,且对操作人员的安全不造成威胁。当夹具达到实际的极限拉力时,全部零件不应出现肉眼可见的裂缝和破坏。

夹具(包括锚具和连接器)进场时,除应按出厂合格证和质量证明书核查其锚固性能、类别、型号、规格及数量外,还应按规定进行外观检查、硬度检验和静载锚固性能试验验收。

（2）锚固夹具

锚固夹具是将预应力筋临时固定在台座横梁上的工具。常用的锚固夹具有:

1）钢质锥形锚具。GE 钢质锥形锚具(又叫弗氏锚)由锚塞和锚圈组成。可锚固标准强度为 1 570 MPa 的 $\phi 5$ 高强度钢丝束。配用 YDC1000 型穿心式千斤顶张拉、顶压锚固。

2）钢质锥形夹具。钢质锥形夹具主要用来锚固直径为 3～5 mm 的单根钢丝,如图 5.4 所示。

3）镦头夹具。镦头夹具适用于预应力钢丝固定端的锚固,将钢丝端部冷镦或热镦形成镦粗头,通过承力板锚固,如图 5.5 所示。

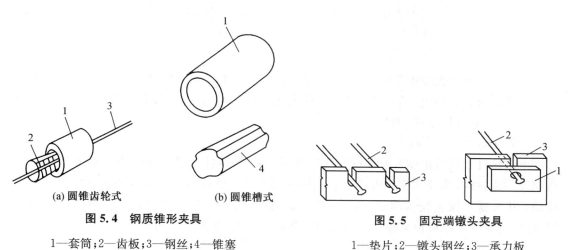

(a) 圆锥齿轮式	(b) 圆锥槽式	
图 5.4　钢质锥形夹具		**图 5.5　固定端镦头夹具**
1—套筒;2—齿板;3—钢丝;4—锥塞		1—垫片;2—镦头钢丝;3—承力板

（3）张拉夹具

张拉夹具是将预应力筋与张拉机械连接起来进行预应力张拉的工具,常用的张拉夹具有月牙形夹具、偏心式夹具和楔形夹具等,如图 5.6 所示。

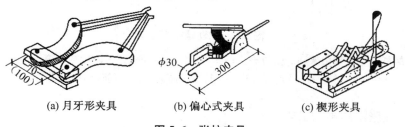

(a) 月牙形夹具　　(b) 偏心式夹具　　(c) 楔形夹具

图 5.6　张拉夹具

3. 张拉设备

张拉设备要求工作可靠,能准确控制应力,能以稳定的速率加大拉力。在先张法中常用的张拉设备有油压千斤顶、卷扬机、电动螺杆张拉机等。

（1）油压千斤顶

油压千斤顶可张拉单根或多根成组的预应力筋。张拉过程中可直接从油压表读取张拉力值。成组张拉时,由于拉力较大,一般用油压千斤顶张拉。图5.7所示为油压千斤顶成组张拉装置。

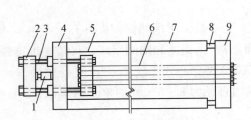

图 5.7　油压千斤顶成组张拉装置图

1—油压千斤顶;2、5—拉力架横梁;3—大螺纹杆;
4、9—前、后横梁;6—预应力筋;7—台座;
8—放张装置

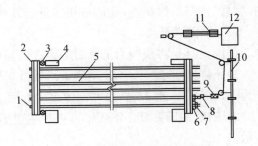

图 5.8　用卷扬机张拉预应力筋

1—镦头;2—横梁;3—放松装置;4—台座;5—钢筋;
6—垫块;7—销片夹具;8—张拉夹具;9 弹簧测力计;
10—固定梁;11—滑轮组;12—卷扬机

（2）卷扬机

在长线台座上张拉钢筋时,由于一般千斤顶的行程不能满足长台座的要求,小直径钢筋可采用卷扬机张拉预应力筋,用杠杆或弹簧测力。弹簧测力时,宜设行程开关,当张拉到规定的应力时,能自行停机,如图5.8所示。

（3）电动螺杆张拉机

电动螺杆张拉机由螺杆、电动机、变速箱、测力计及顶杆等组成,可单根张拉预应力钢丝或钢筋。张拉时,顶杆支于台座横梁上,用张拉夹具夹紧钢筋后,开动电动机,由皮带、齿轮传动系统使螺杆做直线运动,从而张拉钢筋。这种张拉的特点是运行稳定、螺杆有自锁性能,故电动螺杆张拉机恒载性能好、速度快、张拉行程大,如图5.9所示。

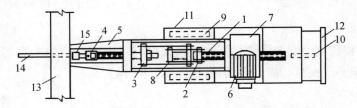

图 5.9　电动螺杆张拉机

1—螺杆;2、3—拉力架;4—张拉夹具;5—顶杆;6—电动机;7—齿轮减速箱;8—测力计;
9、10—车轮;11—底盘;12—手把;13—横梁;14—钢筋;15—锚固夹具

5.1.2　先张法的施工工艺

先张法施工工艺流程如图5.10所示。

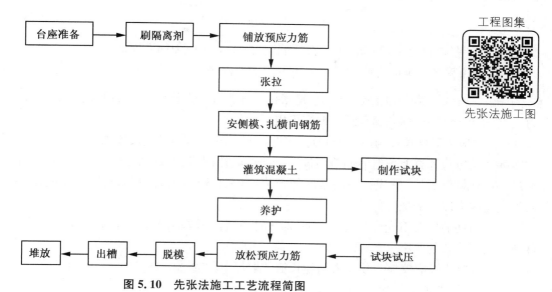

工程图集

先张法施工图

图 5.10　先张法施工工艺流程简图

1. 预应力筋的铺设、张拉

（1）预应力筋的材料要求。预应力筋铺设前先做好台面的隔离层，隔离剂应选用非油质类模板隔离剂。不得使预应力筋受污，以免影响预应力筋与混凝土的黏结。

碳素钢丝因强度高，表面光滑，所以与混凝土黏结力较差。必要时可采取表面刻痕和压波措施，以提高钢丝与混凝土的黏结力。

钢丝接长可借助钢丝拼接器用 20～22 号铁丝密排绑扎，如图 5.11 所示。

（2）预应力筋张拉控制应力的确定。预应力筋的张拉控制应力，应符合设计要求。施工如采用超张拉，可比设计要求提高 5%，但其最大张拉控制应力不得超过表 5.1 的规定。

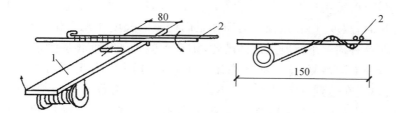

图 5.11　钢丝拼接器

1—拼接器；2—钢丝

表 5.1　最大张拉控制应力值（σ_{con}）

钢筋种类	张拉方法	
	先张法	后张法
消除应力钢丝、刻痕钢丝、钢绞线	$0.80 f_{ptk}$	$0.80 f_{ptk}$
热处理钢筋	$0.75 f_{ptk}$	$0.70 f_{ptk}$
冷拉钢筋	$0.95 f_{pyk}$	$0.90 f_{pyk}$

注：f_{ptk} 为预应力筋极限抗拉强度标准值；f_{pyk} 为预应力筋屈服强度标准值。

（3）预应力筋张拉力的计算。预应力筋张拉力 P 按式（5-1）计算：

$$P = (1+m)\sigma_{con}A_p \tag{5-1}$$

式中：m 为超张拉百分率，%；σ_{con} 为张拉控制应力；A_p 为预应力筋截面面积。

（4）张拉程序。预应力筋的张拉程序可按下列程序之一进行：$0 \rightarrow 103\%\sigma_{con}$ 或 $0 \rightarrow 105\%$ $\sigma_{con} \xrightarrow{\text{持荷 2 min}} \sigma_{con}$。第一种张拉程序中，超张拉 3% 是为了弥补预应力筋的松弛引起的预应力损失，这种张拉程序施工简便，一般多采用。

（5）预应力筋伸长值与应力的测定。预应力筋张拉后，一般应校核预应力筋的伸长值。如实际伸长值与计算伸长值的偏差超过 ±6% 时，应暂停张拉，查明原因并采取措施予以调整后，方可继续张拉。预应力筋的实际伸长值，宜在初应力约为 $10\%\sigma_{con}$ 时开始测量，但必须加上初应力以下的推算伸长值。

预应力筋的位置不允许有过大偏差，对设计位置的偏差不得大于 5 mm，也不得大于构件截面最短边长的 4%。

（6）张拉伸长值校核。预应力筋伸长值的取值范围为 $\Delta L(1-6\%) \sim \Delta L(1+6\%)$。

2. 混凝土浇筑与养护

预应力筋张拉完毕后即应浇筑混凝土。混凝土的浇筑应一次完成，不允许留设施工缝。预应力混凝土构件混凝土的强度等级一般不低于 C30；当采用碳素钢丝、钢绞线、热处理钢筋做预应力筋时，混凝土的强度等级不宜低于 C40。

构件应避开台面的温度缝，当不可能避开时，在温度缝上可先铺薄钢板或垫油毡，然后再灌混凝土。浇筑时，振捣器不得碰撞预应力钢筋。混凝土未达到一定强度前也不允许碰撞和踩动预应力筋，以保证预应力筋与混凝土有良好的黏结力。

采用平卧叠浇法制作预应力混凝土构件时，其下层构件混凝土的强度需达到 8～10 MPa 后，方可浇筑上层构件混凝土并应有隔离措施。

预应力混凝土可采用自然养护和蒸汽湿热养护，但应注意采取正确的养护制度。在台座上用蒸汽养护时，温度升高后，预应力筋膨胀而台座的长度并无变化，因而引起预应力筋的应力减小。在这种情况下混凝土逐渐硬化，则在混凝土硬化前预应力筋由于温度升高而引起的应力降低将无法恢复，这就是温差引起的预应力损失。因此，为了减少这种温差应力损失，应保证混凝土在达到一定强度（100 N/mm²）之前，将温度升高限制在一定范围内（一般不超过 20℃）。故在台座上采用蒸汽养护时，其最高允许温度应根据设计要求的允许温差（张拉钢筋时的温度与台座温度的差）经计算确定。当混凝土强度养护至 7.5 MPa（配粗钢筋）或 10 MPa（钢丝、钢绞线配筋）以上时，则可不受设计要求的温差限制，按一般构件的蒸汽养护规定进行。这种养护方法又称为二次升温养护法。在采用机组流水法用钢模制作顶应力构件、蒸汽养护时，由于钢模和预应力筋同样伸缩，所以不存在因温差而引起的预应力损失，可以采用一般加热养护制度。

3. 预应力筋的放张

（1）放张方法。配筋不多的中小型构件，钢丝可用砂轮锯或切断机等方法放张。配筋多的混凝土构件，钢丝应同时放张。如逐根放张，最后几根钢丝将由于承受过大的拉力而突然断裂，使得构件端部容易开裂。

消除应力钢丝、钢绞线、热处理钢筋不得用电弧切割，宜用砂轮锯或切断机切断。预应力钢筋数量较多时，可用千斤顶、砂箱、楔块等装置，如图 5.12～图 5.14 所示。

（2）放张顺序。预应力筋的放张顺序应满足设计要求，如设计无要求时应满足下列规定：

1）对轴心受预压构件（如压杆、桩等），所有预应力筋应同时放张。

2）对偏心受预压构件（如梁等），先同时放张预压力较小区域的预应力筋，再同时放张预压力较大区域的预应力筋。

3）如不能按上述规定放张时，应分阶段、对称、相互交错的放张，以防止在放张过程中构件发生翘曲、裂纹及预应力筋断裂等现象。

4）对配筋不多的中小型预应力混凝土构件，钢丝可用剪切、锯割等方法放张。配筋多的预应力混凝土构件，钢丝应同时放张。

5）预应力筋为钢筋时，若数量较少可逐根加热熔断放张，数量较多且张拉力较大时，应同时放张。

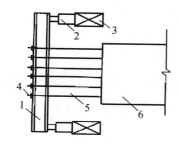

图 5.12　千斤顶放张装置图

1—横梁；2—千斤顶；3—承力架；
4—夹具；5—钢丝；6—构件

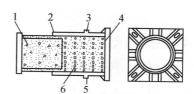

图 5.13　砂箱法放张装置图

1—活塞；2—钢套箱；3—进砂口；
4—钢套箱底板；5—出砂口；6—砂子

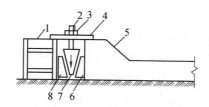

图 5.14　楔块法放张

1—横梁；2—螺杆；3—螺母；4—承力板；
5—台座；6、8—钢块；7—钢楔块

任务 2　后张法施工

后张法是先制作构件，在放置预应力钢筋的部位预先留有孔道，待构件混凝土强度达到设计规定的数值后，用张拉机具夹持预应力筋将其张拉至设计规定的控制预应力，并借助锚具在构件端部将预应力筋锚固，最后进行孔道灌浆（或不灌浆）。预应力筋的张拉力主要是靠构件端部的锚具传递给混凝土，使混凝土产生预压应力。图 5.15 所示为预应力混凝土后张法生产示意图。

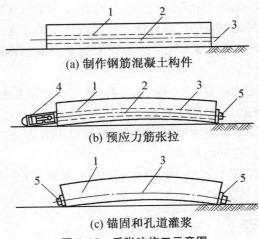

(a) 制作钢筋混凝土构件

(b) 预应力筋张拉

(c) 锚固和孔道灌浆

图 5.15　后张法施工示意图

1—钢筋混凝土构件；2—预留孔道；3—预应力筋；4—千斤顶；5—锚具

在后张法施工中，锚具永久性地留在构件上，成为预应力构件的一个组成部分，不能重复使用。因此，在后张法施工中，必须有与不同预应力筋配套的锚具和张拉机具。

5.2.1　后张法的施工设备

1. 对锚具的要求

锚具是预应力筋张拉和永久固定在预应力混凝土构件上的传递预应力的工具，应该锚固可靠，使用方便，有足够的强度、刚度。按锚固性能不同，可分为Ⅰ类锚具和Ⅱ类锚具。Ⅰ类锚具适用于承受动载、静载的预应力混凝土结构；Ⅱ类锚具仅适用于有黏结预应力混凝土结构，且锚具只能处于预应力筋应力变化不大的部位。

锚具的静载锚固性能，应由预应力锚具组装件静载试验测定的锚具效率系数 η_a 和达到实测极限拉力时的总应变 ε_{apu} 确定，其值应符合表 5.2 规定。

表 5.2　锚具效率系数与总应变

锚具类型	锚具效率系数 η_a	实测极限拉力时的总应变 $\varepsilon_{apu}/\%$
Ⅰ	≥0.95	≥2.0
Ⅱ	≥0.90	≥1.7

锚具效率系数 η_a 按下式计算：

$$\eta_a = \frac{F_{apu}}{\eta_p \cdot F_{apu}^c} \tag{5-2}$$

式中：F_{apu} 为预应力筋锚具组装件的实测极限拉力，kN；F_{apu}^c 为预应力筋锚具组装件中各根预应力钢材计算极限拉力之和，kN；η_p 为预应力筋的效率系数。

对于重要预应力混凝土结构工程使用的锚具，预应力筋的效率系数 η_p 应按国家现行标准《预应力筋用锚具、夹具和连接器》(GB/T 14370—1993)的规定进行计算。

对于一般预应力混凝土结构工程使用的锚具，当预应力筋为钢丝、钢绞线或热处理钢筋时，预应力筋的效率系数 η_p 取 0.97。

2.锚具的种类

后张法所用锚具根据其锚固原理和构造形式不同,分为螺杆锚具、夹片锚具、锥销式锚具和镦头锚具四种体系;在预应力筋张拉过程中,根据锚具所在位置与作用不同,又可分为张拉端锚具和固定端锚具;预应力筋的种类有热处理钢筋束、消除应力钢丝束或钢绞线束,因此按锚具锚固钢筋或钢丝的数量,可分为钢绞线束锚具和钢筋束锚具、钢丝锚具及单根粗钢筋锚具。

钢绞线束和钢筋束目前使用的锚具有 JM 型、XM 型、QM 型、KT–Z 型和镦头锚具等。

（1）钢绞线束、钢筋束锚具

1）JM 型锚具。JM 型锚具由锚环与夹片组成,用于锚固 3～6 根直径为 12 mm 的光圆或变形钢筋束和 5～6 根直径为 12 mm 钢绞线束。它可以作为张拉端或固定端锚具,也可作重复使用的工具锚。如图 5.16 所示,夹片呈扇形,靠两侧的半圆槽锚固预应力钢筋。为增加夹片与预应力筋之间的摩擦力,在半圆槽内刻有截面为梯形的齿痕,夹片背面的坡度与锚环一致。锚环分甲型和乙型两种,甲型锚环为一个具有锥形内孔的圆柱体,外形比较简单,使用时直接放置在构件端部的垫板上。乙型锚环在圆柱体外部增添正方形肋板,使用时锚环预埋在构件端部不另设垫板。锚环和夹片均用 45 号钢制造,甲型锚环和夹片必须经过热处理,乙型锚环可不必进行热处理。

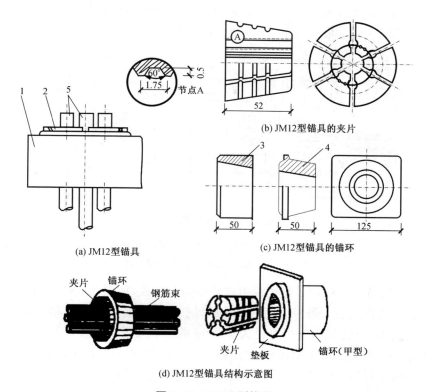

(a) JM12型锚具

(b) JM12型锚具的夹片

(c) JM12型锚具的锚环

(d) JM12型锚具结构示意图

图 5.16　JM12 型锚具

1—锚环;2—夹片;3—圆锚环;4—方锚环;5—预应力钢丝束

2）XM 型锚具。XM 型锚具属新型大吨位群锚体系锚具。由锚环和夹片组成,对钢绞线束和钢丝束能形成可靠的锚固。三个夹片一组夹持一根预应力筋形成一锚固单元。由一个锚固单元组成的锚具称单孔锚具,由两个或两个以上的锚固单元组成的锚具称为多孔锚具,如图 5.17 所示。

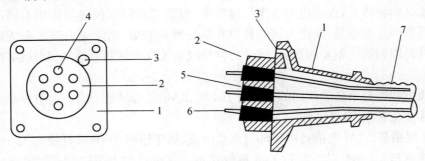

图 5.17　XM 型锚具

1—喇叭管;2—锚环;3—灌浆孔;4—圆锥孔;5—夹片;6—钢绞线;7—波纹管

XM 型锚具的夹片为斜开缝,以确保夹片能夹紧钢绞线或钢丝束中每一根外围钢丝,形成可靠的锚固。夹片开缝宽度一般平均为 1.5 mm。

XM 型锚具既可作为工作锚,又可兼作工具锚。

3) QM 型锚具。QM 型锚具与 XM 型锚具相似。它也是由锚板和夹片组成。但锚孔是直的,锚板顶面是平的,夹片垂直开缝。此外,备有配套喇叭形铸铁垫板与弹簧圈等。这种锚具适用于锚固 4~31 根 ϕj12 和 3~9 根 ϕj15 钢绞线束,如图 5.18 所示。

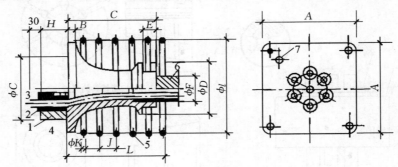

图 5.18　QM 型锚具及配件

1—锚板;2—夹片;3—钢绞线;4—喇叭形铸铁垫板;5—弹簧圈;
6—预留孔道用的波纹管;7—灌浆孔

4) KT-Z 型锚具。KT-Z 型锚具由锚环和锚塞组成,如图 5.19 所示,分为 A 型和 B 型两种。当预应力筋的最大张拉力超过 450 kN 时采用 A 型,不超过 450 kN 时采用 B 型。KT-Z型锚具适用于锚固 3~6 根直径为 12 mm 的钢筋束或钢绞线束。该锚具为半埋式,使用时先将锚环小头嵌入承压钢板中,并用断续焊缝焊牢,然后共同预埋在构件端部。预应力筋的锚固需借千斤顶将锚塞顶入锚环,其顶压力为预应力筋张拉力的 50%~60%。使用 KT-Z 型锚具时,预应力筋在锚环小口处形成弯折,因而产生摩擦损失。预应力筋的损失值为:钢筋束约 4‰σ_{con};钢绞线约 2‰σ_{con}。

5) 镦头锚具。镦头锚具用于固定端,如图 5.20 所示,它由锚固板和带镦头的预应力筋组成。

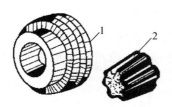

图 5.19 KT-Z 型锚具图

1—锚环;2—锚塞

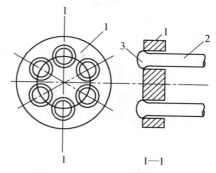

图 5.20 固定端用镦头锚具

1—锚固板;2—预应力筋;3—镦头

（2）钢丝束锚具。钢丝束所用锚具目前国内常用的有钢质锥形锚具、锥形螺杆锚具、钢丝束镦头锚具、XM 型锚具和 QM 型锚具。

1）钢丝束镦头锚具。钢丝束镦头锚具用于锚固 12～54 根 Φs5 碳素钢丝束,分 DM5A 型和 DM5B 型两种。A 型用于张拉端,由锚环和螺母组成,B 型用于固定端,仅有一块锚板,如图 5.21 所示。

锚环的内外壁均有丝扣,内丝扣用于连接张拉螺杆,外丝扣用于拧紧螺母锚固钢丝束。锚环和锚板四周钻孔,以固定镦头的钢丝。孔数和间距由钢丝根数确定。钢丝可用液压冷镦器进行镦头。钢丝束一端可在制束时将头镦好,另一端则待穿束后镦头,但构件孔道端部要设置扩孔。

张拉时,张拉螺丝杆一端与锚环内丝扣连接,另一端与拉杆式千斤顶的拉头连接,当张拉到控制应力时,锚环被拉出,则拧紧锚环外丝扣上的螺母加以锚固。

2）钢质锥形锚具。钢质锥形锚具由锚环和锚塞组成,如图 5.22 所示。用于锚固以锥锚式双作用千斤顶张拉的钢丝束。钢丝分布在锚环锥孔内侧,由锚塞塞紧锚固。锚环内孔的锥度应与锚塞的锥度一致。锚塞上刻有细齿槽,夹紧钢丝防止滑移。

锥形锚具的缺点是当钢丝直径误差较大时,易产生单根滑丝现象,且很难补救。如采用加大顶锚力的办法来防止滑丝,又易使钢丝被咬伤。此外,钢丝锚固时呈辐射状态,弯折处受力较大,在国外已少采用。

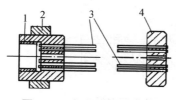

图 5.21 钢丝束镦头锚具

1—A 型锚环;2—螺母;3—钢丝束;4—锚板

图 5.22 钢质锥形锚具

1—锚环;2—锚塞

3）锥形螺杆锚具。锥形螺杆锚具适用于锚固 14～28 根 ϕ5 组成的钢丝束。由锥形螺杆、套筒、螺母、垫板组成,如图 5.23 所示。

（3）单根粗钢筋锚具

1）螺丝端杆锚具。螺丝端杆锚具由螺丝端杆、垫板和螺母组成,适用于锚固直径不大于 36 mm 的热处理钢筋,如图 5.24(a)所示。

螺丝端杆可用同类的热处理钢筋或热处理 45 号钢制作。制作时,先粗加工至接近设计尺寸,再进行热处理,然后精加工至设计尺寸。热处理后不能有裂纹和伤痕。螺丝端杆锚具与预应力筋对焊,用张拉设备张拉螺丝端杆,然后用螺母锚固。

2)帮条锚具。它由一块方形衬板与三根帮条组成,如图 5.24(b)所示。衬板采用普通低碳钢板,帮条采用与预应力筋同类型的钢筋。帮条锚具一般用在单根粗钢筋作预应力筋的固定端。

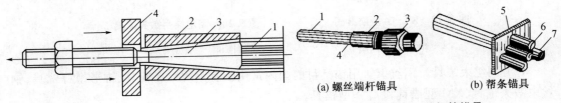

(a) 螺丝端杆锚具　　　　(b) 帮条锚具

图 5.23　锥形螺杆锚具

1—钢丝;2—套筒;3—锥形螺杆;4—垫板

图 5.24　单根筋锚具

1—钢筋;2—螺丝端杆;3—螺母;4—焊接接头;
5—衬板;6—帮条

3. 张拉设备

后张法张拉设备主要有千斤顶和高压油泵。

(1) 拉杆式千斤顶(YL 型)。拉杆式千斤顶主要用于张拉带有螺丝端杆锚具的粗钢筋、锥形螺杆、锚具钢丝束及镦头锚具钢丝束。

拉杆式千斤顶构造如图 5.25 所示,由主缸 1、主缸活塞 2、副缸 4、副缸活塞 5、连接器 7、顶杆 8 和拉杆 9 等组成。张拉预应力筋时,首先使连接器 7 与预应力筋 11 的螺丝端杆 14 连接,并使顶杆 8 支承在构件端部的预埋钢板 13 上。当高压油泵将油液从主缸油嘴 3 进入主缸时,推动主缸活塞向左移动,带动拉杆 9 和连接在拉杆末端的螺丝端杆,预应力筋即被拉伸。当达到张拉力后,拧紧预应力筋端部的螺母 10,使预应力筋锚固在构件端部。锚固完毕后,改用副缸油嘴 6 进油,推动副缸活塞和拉杆向右移动,回到开始张拉时的位置,与此同时,主缸 1 的高压油也回到油泵中。目前工地上常用的为 600 kN 拉杆式千斤顶。

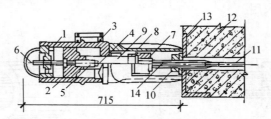

图 5.25　拉杆式千斤顶构造示意图

1—主缸;2—主缸活塞;3—主缸油嘴;4—副缸;5—副缸活塞;6—副缸油嘴;
7—连接器;8—顶杆;9—拉杆;10—螺帽;11—预应力筋;
12—混凝土构件;13—预埋钢板;14—螺丝端杆

(2) 锥锚式千斤顶(YZ 型)。锥锚式千斤顶主要适用于张拉 KT - Z 型锚具锚固的钢筋束或钢绞线束和使用锥形锚具的预应力钢丝束。其张拉油缸用以张拉预应力筋,顶压油缸用以顶压锥塞,因此又称双作用千斤顶,如图 5.26 所示。

锥锚式双作用千斤顶的主缸及主缸活塞用于张拉预应力筋,主缸前端缸体上有卡环和销片,用以锚固预应力筋,主缸活塞为一中空筒状活塞,中空部分设有拉力弹簧。副缸和副缸活塞用于顶压锚塞,将预应力筋锚固在构件的端部,设有复位弹簧。

锥锚式双作用千斤顶张拉力为 300 kN 和 600 kN,最大张拉力 850 kN,张拉行程 250 mm,顶压行程 60 mm。

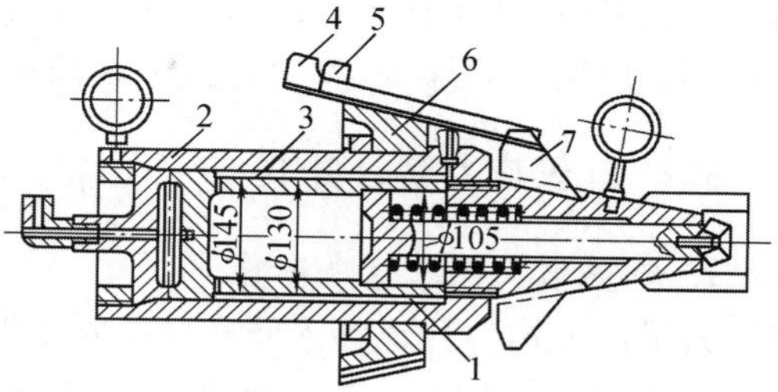

图 5.26　YZ85 锥锚式千斤顶

1—副缸;2—主缸;3—退楔缸;4—楔块(退出时位置);
5—楔块(张拉时位置);6—锥形卡环;7—退楔翼片

(3)YC－60 型穿心式千斤顶

穿心式千斤顶(YC 型)适用性很强,适用于张拉各种形式的预应力筋。它适用于张拉采用 JM12 型、QM 型、XM 型的预应力钢丝束、钢筋束和钢绞线束。配置撑脚和拉杆等附件后,又可作为拉杆式千斤顶使用。根据张拉力和构造不同,有 YC－60、YC20D、YCD120、YCD200 和无顶压机构的 YCQ 型千斤顶。YC－60 型是目前我国预应力混凝土构件施工中应用最为广泛的张拉机械。YC－60 型穿心式千斤顶加装撑脚、张拉杆和连接器后,就可以张拉以螺丝端杆锚具为张拉锚具的单根粗钢筋,张拉以锥形螺杆锚具和 DM5A 型镦头锚具为张拉锚具的钢丝束。现以 YC－60 型千斤顶为例,说明其构造及工作原理,如图 5.27 所示。

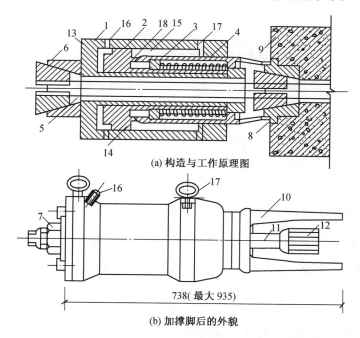

(a) 构造与工作原理图

738(最大 935)

(b) 加撑脚后的外貌

图 5.27　YC－60 型穿心式千斤顶的构造及工作示意图

1—张拉油缸;2—顶压油缸(即张拉活塞);3—顶压活塞;4—弹簧;5—预应力筋;
6—工具式锚具;7—螺帽;8—锚环;9—混凝土构件;10—撑脚;11—张拉杆;
12—连接器;13—张拉工作油室;14—顶压工作油室;15—张拉回程油室;
16—张拉缸油嘴;17—顶压缸油嘴;18—油孔

YC-60 型穿心式千斤顶,沿千斤顶的轴线有一直通的穿心孔道,供穿过预应力筋用。YC-60 型穿心式千斤顶既能张拉预应力筋,又能顶压锚具锚固预应力筋,故又称为穿心式双作用千斤顶。YC-60 型穿心式千斤顶张拉力为 600 kN,张拉行程 150 mm。

5.2.2 预应力筋的制作

1. 钢筋束及钢绞线束制作

为了保证构件孔道穿入筋和张拉时不发生扭结,应对预应力筋进行编束。编束时把预应力筋理顺后,用 18～22 号铁丝,每隔 1 m 左右绑扎一道,形成束状。

钢绞线下料宜用砂轮切割机切割,不得采用电弧切割。

钢绞线编束宜用 20 号铁丝绑扎,间距 2～3 m。编束时应先将钢绞线理顺,并尽量使各根钢绞线松紧一致。如钢绞线单根穿入孔道,则不编束。

钢绞线下料长度:采用夹片锚具,以穿心式千斤顶在构件上张拉时,钢绞线的下料长度 L,按图 5.28 计算。

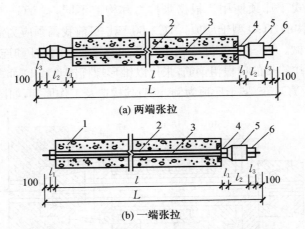

(a) 两端张拉

(b) 一端张拉

图 5.28 钢筋束、钢绞线束下料长度计算简图

1—混凝土构件;2—孔道;3—钢绞线;4—夹片式工作锚;
5—穿心式千斤顶;6—夹片式工具锚

(1) 两端张拉 $$L = l + 2(l_1 + l_2 + l_3 + 100) \tag{5-3}$$

(2) 一端张拉 $$L = l + 2(l_1 + 100) + l_2 + l_3 \tag{5-4}$$

式中:l 为构件的孔道长度;l_1 为夹片式工作锚厚度;l_2 为穿心式千斤顶长度;l_3 为夹片式工具锚厚度。

2. 钢丝束制作

钢丝束制作随锚具的不同而异,一般需经调直、下料、编束和安装锚具等工序。

当采用镦头锚具时,一端张拉,应考虑钢丝束张拉锚固后螺母位于锚环中部,钢丝下料长度 L,可按图 5.29 所示,用式(5-5)计算:

$$L = L_0 + 2a + 2b - 0.5(H - H_1) - \Delta L - C \tag{5-5}$$

式中:L_0 为孔道长度;a 为锚板厚度;b 为钢丝镦头团量,取钢丝直径 2 倍;H 为锚环高度;

H_1 为螺母高度；ΔL 为张拉时钢丝伸长值；C 为混凝土弹性压缩值（很小时可略不计）。

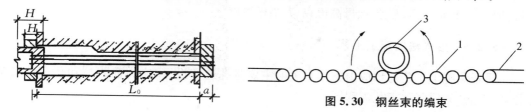

图 5.29　用镦头锚具时钢丝下料长度计算简图

图 5.30　钢丝束的编束

1—钢丝；2—铅丝；3—衬圈

为了保证钢丝不发生扭结，必须进行编束。编束前应对钢丝直径进行测量，直径相对误差不得超过 0.1 mm，以保证成束钢丝与锚具可靠连接。采用锥形螺杆锚具时，编束工作在平整的场地上把钢丝理顺放平，用 22 号铁丝将钢丝每隔 1 m 编成帘子状，然后每隔 1 m 放置 1 个螺旋衬圈，再将编好的钢丝帘绕衬圈围成圆束，用铁丝绑扎牢固，如图 5.30 所示。

当采用镦头锚具时，根据钢丝分圈布置的特点，编束时首先将内圈和外圈钢丝分别用铁丝顺序编扎，然后将内圈钢丝放在外圈钢丝内扎牢。编束好后，先在一端安装锚板并完成镦头工作，另一端钢丝的镦头，待钢丝束穿过孔道安装上锚板后再进行。

3. 单根预应力筋制作

单根预应力钢筋一般用热处理钢筋，其制作包括配料、对焊、冷拉等工序。为保证质量，宜采用控制应力的方法进行冷拉；钢筋配料时应根据钢筋的品种测定冷拉率，如果在一批钢筋中冷拉率变化较大时，应尽可能把冷拉率相近的钢筋对焊在一起进行冷拉，以保证钢筋冷拉力的均匀性。

钢筋对焊接长在钢筋冷拉前进行。钢筋的下料长度由计算确定。

当构件两端均采用螺丝端杆锚具时（图 5.31），预应力筋下料长度为：

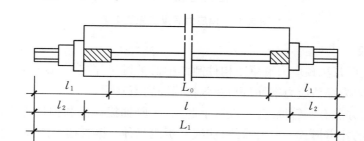

图 5.31　单根预应力筋下料长度计算图

$$L = \frac{l + 2l_2 - 2l_1}{1 + \gamma - \delta} + n\Delta \tag{5-6}$$

当一端采用螺丝端杆锚具，另一端采用帮条锚具或镦头铺具时，预应力筋下料长度为：

$$L = \frac{l + l_2 + l_3 - l_1}{1 + \gamma - \delta} + n\Delta \tag{5-7}$$

式中：l 为构件的孔道长度；l_1 为螺丝端杆长度，一般为 320 mm；l_2 为螺丝端杆伸出构件外的长度，一般为 120～150 mm 或按下式计算：张拉端 $l_2 = 2H + h + 5$，mm；锚固端 $l_2 = H + h + 10$，mm；l_3 为帮条或镦头锚具所需钢筋长度；γ 为预应力筋的冷拉率（由试验定）；δ 为预应力筋的冷拉回弹率一般为 $0.4\%\sim0.6\%$；n 为对焊接头数量；Δ 为每个对焊接头的压缩量，取一个钢筋直径；H 为螺母高度；h 为垫板厚度。

5.2.3 后张法的施工工艺

后张法施工工艺与预应力施工有关的主要是孔道留设、预应力筋张拉和孔道灌浆三部分，图 5.32 为后张法工艺流程图。

工程图集

后张法施工图

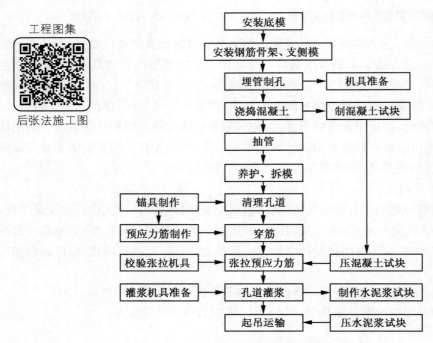

图 5.32 预应力后张法施工工艺

1. 孔道留设

孔道留设是后张法预应力混凝土构件制作中的关键工序之一，也是施工过程检验验收的重要环节，主要为穿预应力钢筋（束）及张拉锚固后灌浆用。

孔道留设的方法有钢管抽芯法、胶管抽芯法、橡胶抽拔棒法和预埋管法（主要采用波纹管）等。预应力的孔道形式一般有直线、曲线和折线三种。钢管抽芯法只用于直线孔道的成型，胶管抽芯法、橡胶抽拔棒法和预埋管法则可以适用于直线、曲线和折线的孔道。

（1）钢管抽芯法

钢管抽芯法适用于留设直线孔道。钢管抽芯法是预先将钢管敷设在模板的孔道位置上，在混凝土浇筑和养护过程中，每隔一定时间要慢慢转动钢管一次，防止混凝土与钢管黏结。待混凝土初凝后、终凝前抽出钢管即在构件中形成孔道。为保证预留孔道质量，施工中应注意以下几点：

1）选用的钢管要平直，表面光滑，安放位置准确。钢管不直，在转动及拔管时易将混凝土管壁挤裂。钢管预埋前应除锈、刷油，以便抽管。钢管的位置固定一般用钢筋井字架，井字架间距一般为 $1\sim2$ m。在灌筑混凝土时，应防止振动器直接接触钢管，避免产生位移。

2）钢管每根长度最好不超过 15 m，以便旋转和抽管。钢管两端应各伸出构件500 mm

左右。较长构件可用两根钢管接长,两根钢管接头处可用 0.5 mm 厚铁皮做成的套管连接,如图 5.33 所示。套管内表面要与钢管外表面紧密结合,以防漏浆堵塞孔道。

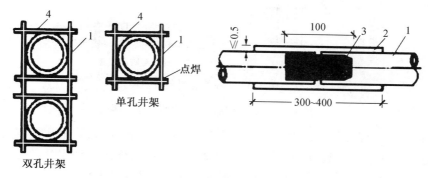

图 5.33　钢管连接方法

1—钢管;2—白铁皮套管;3—硬木塞;4—井字架

3) 恰当准确地掌握抽管时间。抽管时间与水泥品种、气温和养护条件有关。抽管宜在混凝土初凝后、终凝以前进行,以用手指按压混凝土表面不显指纹时为宜。常温下抽管时间约在混凝土浇筑后 3~6 h。抽管时间过早,会造成坍孔事故;抽管时间太晚,混凝土与钢管黏结牢固,抽管困难,甚至抽不出来。钢管抽芯法应当派人在混凝土浇筑过程及浇筑后每隔一定时间慢慢转动钢管,防止它与混凝土黏住。

4) 抽管顺序和方法。抽管顺序宜先上后下进行。抽管方法可分为人工或卷扬机抽管,抽管时必须速度均匀,边抽边转,并与孔道保持在一条直线上。抽管后,应及时检查孔道情况,并做好孔道清理工作,以免增加以后穿筋的困难。

5) 灌浆孔和排气孔的留设。留设预留孔道的同时,方便构件孔道灌浆,按照设计规定,每个构件与孔道垂直的方向应留设若干个灌浆孔和排气孔。一般在构件两端和中间每隔 12 m 左右留设一个直径 20 mm 的灌浆孔,可用木塞或白铁皮管成孔。在构件两端各留一个排气孔。

(2) 胶管抽芯法

胶管抽芯法利用的胶管有 5~7 层的夹布胶管和供预应力混凝土专用的钢丝网橡皮管两种。前者必须在管内充气或充水后才能使用。后者质硬,且有一定弹性,预留孔道时与钢管一样使用。将胶管预先敷设在模板中的孔道位置上,胶管的固定用钢筋井字架,胶管直线段每间隔不大于 1.0 m,曲线段不大于 0.5 m,并与钢筋骨架绑扎牢。下面介绍常用的夹布胶管留设孔道的方法。

采用夹布胶管预留孔道时,混凝土浇筑前夹布胶管内充入压缩空气或压力水,工作压力为 500~800 kPa,此时胶管直径可增大 3 mm 左右。待混凝土初凝后,放出压缩空气或压力水,使管径缩小并与混凝土脱离开,抽出夹布胶管,便可形成孔道。为了保证留设孔道质量,使用时应注意以下几个问题:

1) 胶管铺设后,应注意不要让钢筋等硬物刺穿胶管,胶管应当有良好的密封性,勿漏水、漏气。夹布胶管内充入压缩空气或压力水前,胶管两端应有密封装置(如图 5.34 所示)。密封的方法是将胶管一端外表面削去 1~3 层胶皮及帆布,然后将外表面带有粗丝扣的钢管(钢管一端用铁板密封焊牢)插入胶管端头孔内,再用 20 号铅丝与胶管外表面密缠牢固,铅丝头用锡焊牢。胶管另一端接上阀门,其方法与密封端基本相同。

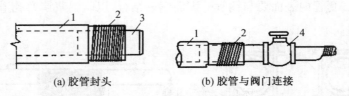

(a) 胶管封头　　　　　　(b) 胶管与阀门连接

图 5.34　胶管密封装置

1—胶管;2—铁丝密缠;3—钢管堵头;4—阀门

2)胶管接头处理,图 5.35 为胶管接头方法。图中 1 mm 厚钢管用无缝钢管制成。其内径等于或略小于胶管外径,以便于打入硬木塞后起到密封作用。铁皮套管与胶管外径相等或稍大(在 0.5 mm 左右),以防止在振捣混凝土时胶管受振外移。

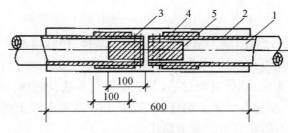

图 5.35　胶管接头

1—胶管;2—白铁皮套管;3—钉子;4—1 mm 厚的钢管;5—硬木塞

3)抽管时间和顺序。抽管时间比钢管略迟,一般可参照气温和浇筑后的小时数的乘积达 200℃·h 左右。胶管抽芯法预留孔道,混凝土浇筑后不需要旋转胶管,抽管顺序一般为先上后下,先曲后直。

采用钢丝网胶管预留孔道时,预留孔道的方法和钢管相同。由于钢丝网胶管质地坚硬,并具有一定的弹性,抽管时在拉力作用下管径缩小和混凝土脱离开,即可将钢丝网胶管抽出。

胶管抽芯法的灌浆孔和排气孔的留设方法同钢管抽芯法。

视频

预应力波纹管

(3)预埋金属波纹管法

预埋波纹管法就是利用与孔道直径相同的金属波纹管埋入混凝土构件中,无须抽出,波纹管一般是由薄钢带(厚 0.3 mm)经压波后卷成黑铁皮管、薄钢管或镀锌双波纹金属软管制成。它具有重量轻、刚度好、弯折方便、连接简单、摩阻系数小的优点,预埋管法因省去抽管工序,且孔道留设的位置、形状也易保证,与混凝土黏结良好等优点,可做成各种形状的孔道,故目前应用较为普遍,是现代后张预应力筋孔道成型用的理想材料。

金属波纹管每根长 4~6 m,也可根据需要,现场制作,长度不限。波纹管在 1 kN 径向力作用下不变形,使用前应做灌水试验,检查有无渗漏现象。波纹管外形按照每两个相邻的折叠咬口之间凸出部(波纹)的数量,分为单波纹和双波纹,如图 5.36 所示。

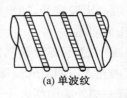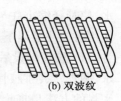

(a) 单波纹　　　　　(b) 双波纹

图 5.36　波纹管外形

波纹管内径为 $40\sim100$ mm，每 5 mm 递增。波纹管高度，单波为 2.5 mm，双波为 3.5 mm。波纹管长度，可根据运输要求或孔道长度进行卷制。波纹管用量大时，生产厂家可带卷管机到现场生产，管长不限。

安装前应事先按设计图纸中预应力的曲线坐标，以波纹管底边为准，在一侧侧模上弹出曲线来，定出波纹管的位置；也可以以梁模板为基准，按预应力筋曲线上各点坐标，在垫好底筋保护层垫块的箍筋胶上做标志定出波纹管的曲线位置。波纹管的固定，可用钢筋支架或井字架，按间距 $50\sim100$ cm 焊在钢筋上，曲线孔道时应加密，并用铁丝绑扎牢，以防止浇筑混凝土时，管子上浮（先穿入预应力筋的情况稍好），造成质量事故。

微课

后张法施工

灌浆孔与波纹管的连接，如图 5.37 所示。其做法是在波纹管上开洞，其上覆盖海绵垫片与带嘴的塑料弧形压板，并用铁丝扎牢，再用增强塑料管插在嘴上，并将其引出梁顶面 $400\sim500$ mm。在构件两端及管中应设置灌浆孔，其间距不宜大于 12 m（预埋波纹管时灌浆孔间距不宜大于 30 m）。曲线孔道的曲线波峰位置，宜设置泌水管。

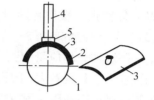

图 5.37　灌浆孔与波纹管的连接

1—波纹管；2—海绵垫片；3—塑料弧形压板；
4—增强塑料管；5—铁丝绑扎

2. 预应力筋张拉

用后张法张拉预应力筋时，混凝土强度应符合设计要求，如设计无规定时，不应低于设计强度等级的 75%。张拉程序应减少预应力损失，保持预应力的均衡，减少偏心。

（1）穿筋

成束的预应力筋将一头对齐，按顺序编号套在穿束器上，如图 5.38 所示。

预应力筋穿束根据穿束与浇筑混凝土之间的先后关系，可分为先穿束和后穿束两种。

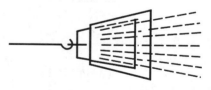

图 5.38　穿束器

1）先穿束法

该法穿束省力，但穿束占用工期，束的自重引起的波纹管摆动会增大摩擦损失，束端保护不当易生锈。按穿束与预埋波纹管之间的配合，又可分为以下三种情况：

① 先穿束后装管：即将预应力筋先穿入钢筋骨架内，然后将螺旋管逐节从两端套入并连接；

② 先装管后穿束：即将螺旋管先安装就位，然后将预应力筋穿入；

③ 二者组装后放入：即在梁外侧的脚手架上将预应力筋与套管组装后，从钢筋骨架顶部放入就位。箍筋应先做成开口箍，再封闭。

2）后穿束法

该法可在混凝土养护期内进行，不占工期，便于用通孔器或高压水通孔，穿束后即行张拉，易于防锈，但穿束较为费力。

（2）张拉控制应力及张拉程序

张拉控制应力越高，建立的预应力值就越大，构件抗裂性越好。但是张拉控制应力过高，构件使用过程中经常处于高应力状态，构件出现裂缝的荷载与破坏荷载很接近，往往构件破坏前没有明显预兆,而且当控制应力过高,构件混凝土预压应力过大而导致混凝土的徐变应力损失增加。因此控制应力应符合设计规定。在施工中预应力筋需要超张拉时,可比设计要求提高 3%～5%,但其最大张拉控制应力不得超过表5.1的规定。

预应力筋的张拉程序,主要根据构件类型、张锚体系、松弛损失取值等因素来确定。为了减少预应力筋的松弛损失,预应力筋的张拉程序为:

1)用超张拉方法减少预应力筋的松弛损失时,预应力筋的张拉程序宜为:$0 \rightarrow 105\% \sigma_{con}$ $\xrightarrow[\quad]{持荷 2 \text{ min}} \sigma_{con}$。

2)如果预应力筋张拉吨位不大,根数很多,而设计中又要求采取超张拉以减少应力松弛损失时,其张拉程序可为:$0 \rightarrow 103\% \sigma_{con}$。

以上各种张拉操作程序,均可分级加载。对曲线预应力束,一般以 $0.2 \sim 0.25\sigma_{con}$ 为量伸长起点,分 3 级加载($0.2\sigma_{con}$,$0.6\sigma_{con}$ 及 $1.0\sigma_{con}$)或 4 级加载($0.25\sigma_{con}$,$0.50\sigma_{con}$,$0.75\sigma_{con}$ 及 $1.0\sigma_{con}$),每级加载均应量测张拉伸长值。

当预应力筋长度较大,千斤顶张拉行程不够时,应采取分级张拉、分级锚固。第二级初始油压为第一级最终油压。预应力筋张拉到规定油压后,持荷复验伸长值,合格后进行锚固。

(3)张拉顺序

如图 5.39 所示为预应力混凝土屋架下弦杆与吊车梁的预应力筋张拉顺序。张拉顺序应符合设计要求如下:

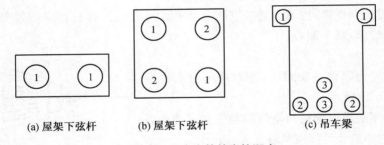

(a) 屋架下弦杆　　　(b) 屋架下弦杆　　　　　　(c) 吊车梁

图 5.39　预应力筋的张拉顺序

1)对配有多根预应力筋的预应力混凝土构件,由于不可能同时一次张拉完预应力筋,应分批、对称的进行张拉。对称张拉是为了避免张拉时构件截面呈现过大的偏心受压状态。分批张拉时,由于后批张拉的作用力,使混凝土再次产生弹性压缩导致先批预应力筋应力下降。此应力损失可按下式计算后加到先批预应力筋的张拉应力中去。分批张拉的损失也可以采取对先批预应力筋逐根复位补足的办法处理。

$$\Delta \sigma = [E_s(\sigma_{con} - \sigma_1)A_p]/E_c A_n \qquad (4-8)$$

式中:$\Delta\sigma$ 为先批张拉钢筋应增加的应力;E_s 为预应力筋弹性模量,kN/mm^2;σ_{con} 为张拉控制应力;σ_1 为后批张拉预应力筋的第一批预应力损失(包括锚具变形后和摩擦损失),kN/mm^2;E_c 为混凝土弹性模量,kN/mm^2;A_p 为后批张拉的预应力筋截面积,mm^2;A_n 为构件混凝土净截面积(包括构造钢筋折算面积),mm^2。

2)对平卧叠浇的预应力混凝土构件,上层构件的重量产生的水平摩阻力,会阻止下层构件在预应力筋张拉时混凝土弹性压缩的自由变形,待上层构件起吊后,由于摩阻力影响消失,会增加混凝土弹性压缩的变形,从而引起预应力损失。该损失值随构件形式、隔离剂和张拉方式而不同,其变化差异较大。目前尚未掌握其变化规律,为便于施工,在工程实践中可采取逐层加大超张拉的办法来弥补该预应力损失,但是底层的预应力混凝土构件的预应力筋的张拉力不得超过顶层的预应力筋的张拉力,具体规定是:

预应力筋为钢丝、钢绞线、热处理钢筋,应小于 5%,其最大超张拉力应小于抗拉强度的 75%;预应力筋为冷拉热轧钢筋,应小于 9%,其最大超张拉力应小于标准强度的 95%。

【例 5-1】 某屋架下弦截面积尺寸为 240 mm×220 mm,有 4 根预应力筋;预应力筋采用 HRB335 级钢筋,直径为 25 mm,张拉控制应力 $\sigma_{con}=0.85f_{pyk}=0.85\times500=425$ N/mm^2。采用 $0\to1.03\sigma_{con}$ 张拉程序,沿对角线分两批对称张拉,屋架下弦杆构造配筋为 4Φ10,孔道直径为 $D=48$ mm,试计算第一批预应力筋张拉应力增加值 $\Delta\sigma$。

【解】 采用两台 YL60 千斤顶,考虑到第二批张拉对第一批预应力筋的影响,则第一批预应力筋张拉应力应增加 $\Delta\sigma$。

$$\Delta\sigma = [E_s(\sigma_{con}-\sigma_1)A_p]/E_cA_n$$

其中,$E_s=180\,000$ N/mm^2,$E_c=32\,500$ N/mm^2,$\sigma_{con}=425$ N/mm^2,$\sigma_1=28$ N/mm^2(计算略去),$A_p=491\times2=982$ mm^2,$A_n=240\times220-4\times\pi\times48^2/4+4\times78.5\times200\,000/32\,500=47\,498$(mm^2)。

代入计算公式:$\Delta\sigma=180\,000\times(425-28)\times982/(32\,500\times47\,498)=45.4$(N/mm^2)

则第一批预应力筋张拉应力为:$(425+45.4)\times1.03=485>0.9f_{pyk}=450$(N/mm^2)

上述计算表明,分批张拉的影响若计算补加到先批预应力筋张拉应力中,将使张拉应力过大,超过了规范规定,故采取重复张拉补足的办法。

【例 5-2】 案例 4-1 中,若 $\Delta\sigma=12$ N/mm^2 试计算第一批、第二批预应力筋的张拉力及油压表读数。

【解】 当采用超张拉 $\Delta\sigma$ 时钢筋的应力为 $1.03(425+12)=450$ N/mm$^2=0.9f_{pyk}$

故第一批筋可超张拉 $\Delta\sigma$。

第一批的张拉力为:$N=1.03(425+12)\times491=221$(kN)

油压表读数:$P=\dfrac{221\,000}{16\,200}=13.64$(N/mm^2)(活塞面积 16 200 mm^2)

第二批筋的张拉力为:$N=1.03\times425\times491=214.9$(kN)

油压表读数为:$P=\dfrac{214\,900}{16\,200}=13.3$(N/mm^2)

(4) 叠层构件的张拉。对叠浇生产的预应力混凝土构件,上层构件产生的水平摩阻力会阻止下层构件预应力筋张拉时混凝土弹性压缩的自由变形,当上层构件吊起后,由于摩阻力影响消失,将增加混凝土弹性压缩变形,因而引起预应力损失。该损失值与构件形式、隔离层和张拉方式有关。为了减少和弥补该项预应力损失,可自上而下逐层加大张拉力,底层张拉力不宜比顶层张拉力大 5%(钢丝、钢绞线、热处理钢筋),且不得超过表 5.1 规定。

为了使逐层加大的张拉力符合实际情况,最好在正式张拉前对某叠层第一、二层构件的张拉压缩量进行实测,然后按下式计算各层应增加的张拉力。

$$\Delta N = (n-1)\frac{\Delta_1-\Delta_2}{L}E_sA_p \qquad (5-9)$$

式中：ΔN 为层间摩阻力；n 为构件所在层数（自上而下计）；Δ_1 为第一层构件张拉压缩值；Δ_2 为第二层构件张拉压缩值；L 为构件长度；E_s 为预应力筋弹性模量；A_p 为预应力筋截面面积。

【例 5-3】 例 5-2 中的预应力屋架下弦孔道长度为 23 800 mm，4 榀屋架叠加生产，经实测第一榀屋架压缩变形值为 12 mm，第二榀屋架压缩变形值为 11 mm，计算摩阻力 ΔN。

【解】 层间摩阻力 ΔN 为

$$\Delta N = (n-1)\frac{\Delta_1 - \Delta_2}{L}E_s A_p = (2-1)\frac{12-11}{23\,800} \times 180\,000 \times 982 = 7\,427(\text{N})$$

则第二榀屋架张拉应力为：$\sigma_{con} + \dfrac{7\,427}{982} = 0.85 \times 500 + 7.6 = 433(\text{N/mm}^2)$

第三榀屋架张拉应力为：$433 + 7.6 = 440.6 \text{ N/mm}^2$

第四榀屋架张拉应力为：$440.6 + 7.6 = 448.2 \text{ N/mm}^2$

上面各榀屋架预应力的张拉力都满足不超过 $0.90 f_{pyk}$（450 N/mm^2）的要求。

（5）张拉方法和张拉端设置的要求。为了减少预应力筋与预留孔壁摩擦引起的预应力损失，对于抽芯成形孔道，曲线预应力筋和长度大于 24 m 的直线预应力筋，应在两端张拉；对长度等于或小于 24 m 的直线预应力筋，可在一端张拉；预埋波纹管孔道，对于曲线预应力筋和长度大于 30 m 的直线预应力筋，宜在两端张拉；对于长度等于或小于 30 m 的直线预应力筋可在一端张拉。当同一截面中有多根一端张拉的预应力筋时，张拉端宜分别设在构件的两端，以免构件受力不均匀。安装张拉设备时，对于直线预应力筋，应使张拉力的作用线与孔道中心线重合；对于曲线预应力筋，应使张拉力的作用线与孔道中心线末端的切线方向重合。

（6）预应力值的校核和伸长值的测定。为了了解预应力值建立的可靠性，需对预应力筋的应力及损失进行检验和测定，以便使张拉时补足和调整预应力值。检验应力损失最方便的办法是，在预应力筋张拉 24 h 后孔道灌浆前重拉一次，测读前后两次应力值之差，即为钢筋预应力损失（并非应力损失全部，但已完成很大部分）。预应力筋张拉锚固后，实际预应力值与工程设计规定检验值的相对允许偏差为 ±5%。

在测定预应力筋伸长值时，须先建立 $10\%\sigma_{con}$ 的初应力，预应力筋的伸长值也应从建立初应力后开始测量，但须加上初应力的推算伸长值，推算伸长值可根据预应力弹性变形呈直线变化的规律求得。例如，某筋应力自 $0.2\sigma_{con}$ 增至 $0.3\sigma_{con}$ 时，其变形为 4 mm，即应力每增加 $0.1\sigma_{con}$ 变形增加 4 mm，故该筋初应力 $10\%\sigma_{con}$ 时的伸长值为 4 mm。对后张法尚应扣除混凝土构件在张拉过程中的弹性压缩值。预应力筋在张拉时，通过伸长值的校核，可以综合反映出张拉应力是否满足，孔道摩阻损失是否偏大，以及预应力筋是否有异常等现象。如实际伸长值与计算伸长值的偏差超过 ±6% 时，应暂停张拉，分析原因后采取措施。

3. 孔道灌浆

孔道灌浆是后张法预应力工艺的重要环节，预应力筋张拉完毕后，应立即进行孔道灌浆。灌浆的目的是为了防止钢筋锈蚀，增加结构的整体性和耐久性，提高结构抗裂性和承载能力。

灌浆用的水泥浆应有足够强度和黏结力，且应有较好的流动性，较小的干缩性和泌水性，水泥强度等级一般应不低于 42.5，水灰比控制在 0.4～0.45，搅拌后 3 h 泌水率宜控制在 2%，最大不得超过 3%，水泥浆的稠度控制在 14～18 s。对孔隙较大的孔道，可采用砂浆灌浆。

为了增加孔道灌浆的密实性，减少水泥浆收缩，可掺 0.05%～0.1% 的脱脂铝粉或其他类型的膨胀剂。在水泥浆或砂浆内可以掺入对预应力筋无腐蚀作用的外加剂，如掺入占水泥重量 0.25% 的木质素磺酸钙,或掺入占水泥重量 0.05% 的铝粉。不掺外加剂时,可用二次灌浆法。

灌浆前,用压力水冲洗和湿润孔道,用电动或手动灰浆泵进行灌浆。灌浆工作应连续进行,不得中断。并应防止空气压入孔道而影响灌浆质量。灌浆压力控制在 0.3~0.5 MPa 为宜。灌浆顺序应先下后上,以避免上层孔道漏浆时把下层孔道堵塞。孔道末端应设置排气孔,灌浆时待排气孔溢出浓浆后,才能将排气孔堵住继续加压到 0.5~0.6 MPa,并稳定两分钟,关闭控制闸,保持孔道内压力。每条孔道应一次灌成,中途不应停顿,否则将已压的水泥浆冲洗干净,从头开始灌浆。

灌浆后,切割外露部分预应力钢绞线(留 30~50 mm 左右)并将其分散,锚具应采用混凝土封头保护。封头混凝土尺寸应 > 预埋钢板,厚度 ≮ 100 mm,封头内应配钢筋网片,细石混凝土强度等级为 C30~C40。

孔道灌浆后,当灰浆强度达到 15 N/mm² 时,方能移动构件,灰浆强度达到 100% 设计强度时,才允许吊装。

任务 3　无黏结预应力混凝土施工

在后张法预应力混凝土构件中,预应力筋分为有黏结和无黏结两种。有黏结的预应力是后张法的常规做法,张拉后通过灌浆使预应力筋与混凝土黏结。无黏结预应力是近几年发展起来的新技术,其做法是在预应力筋表面覆裹一层涂塑层或刷涂油脂并包塑料带(管)后,如同普通钢筋一样先铺设在支好的模板内,再浇筑混凝土。待混凝土达到规定的强度后,用张拉机具进行张拉,当张拉达到设计的应力后,两端再用特制的锚具锚固。预应力筋张拉力完全靠构件两端的锚具传递给构件。它属于后张法施工。

这种预应力工艺优点是借助两端的锚具传递预应力,无须留孔灌浆,施工简便,利于提高结构的整体刚度和使用功能,减少材料用量,摩擦损失小,预应力筋易弯成多跨曲线形状等,但对锚具锚固能力要求较高。无黏结预应力适用于大柱网整体现浇楼盖结构,尤其在双向连续平板和密肋楼板中使用最为合理经济。目前无黏结预应力混凝土平板结构的跨度,单向板可达 9~10 m,双向板为 9 m×9 m,密肋板为 12 m,现浇梁跨度可达 27 m。

5.3.1　无黏结预应力筋的制作

1.无黏结筋预应力筋的组成及要求

无黏结预应力筋主要由预应力钢材、涂料层、外包层三部分组成,如图 5.40 所示。

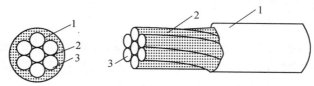

图 5.40　无黏结预应力筋

1—塑料外包层;2—防腐润滑脂;

3—钢绞线(或碳素钢丝束)

（1）无黏结筋

无黏结筋宜采用柔性较好的预应力筋制作，选用 7Φs4 或 7Φs5 钢绞线。无黏结预应力筋所用钢材主要有消除应力钢丝和钢绞线。钢丝和钢绞线不得有死弯，有死弯时必须切断，每根钢丝必须通长，严禁有接点。预应力筋的下料长度计算，应考虑构件长度、千斤顶长度、镦头的预留量、弹性回弹值、张拉伸长值、钢材品种和施工方法等因素。具体计算方法与有黏结预应力筋计算方法基本相同。

预应力筋下料时，宜采用砂轮锯或切断机切断，不得采用电弧切割。钢丝束的钢丝下料应采用等长下料。钢绞线下料时，应在切口两侧用 20 号或 22 号钢丝预先绑扎牢固，以免切割后松散。

（2）涂料层

无黏结筋的涂料层常采用防腐油脂或防腐沥青制作。涂料层的作用是使无黏结筋与混凝土隔离，减少张拉时的摩擦损失，防止预应力筋腐蚀等。因此，涂料应有较好的化学稳定性和韧性，要求涂料性能应满足在 $-20 \sim +70℃$ 温度范围内，不流淌、无开裂、不变脆、能较好地黏附在钢筋上并有一定韧性；使用期内化学稳定性高；润滑性能好，摩擦阻力小；不透水、不吸湿，防腐性能好。

（3）外包层

无黏结筋的外包层主要由高压聚乙烯塑料带或塑料管制作。外包层的作用是使无黏结筋在运输、储存、铺设和浇筑混凝土等过程中不会发生不可修复的破坏，因此要求外包层应满足在 $-20 \sim +70℃$ 温度范围内，低温不脆化，高温化学稳定性好；必须具有足够的韧性，抗破损性强；对周围材料无侵蚀作用；防水性强。塑料使用前必须烘干或晒干，避免成型过程中由于气泡引起塑料表面开裂。

制作单根无黏结筋时，防腐油脂之间有一定的间隙，使预应力筋能在塑料套管中任意滑动，其塑料外包层应用塑料注塑机注塑成型，防腐油脂应填充饱满，外包层应松紧适度。成束无黏结预应力筋可用防腐沥青或防腐油脂作涂料层。当使用防腐沥青时，应用密缠塑料带作外包层，塑料带各圈之间的搭接宽度不应小于带宽的 1/2，缠绕层数不小于四层。要求防腐油脂涂料层无黏结筋的张拉摩擦系数不应大于 0.12；防腐沥青涂料层无黏结筋的张拉摩擦系数不应大于 0.25。

2. 无黏结预应力筋的锚具

无黏结预应力筋的锚具性能，应符合 I 类锚具的规定。我国主要采用高强钢丝和钢绞线作为无黏结预应力钢筋，高强钢丝主要用镦头锚具，钢绞线可采用 XM、QM 锚具。

3. 无黏结预应力筋的制作

一般采用挤压涂层工艺和涂包成型工艺两种。

（1）挤压涂层工艺

挤压涂层工艺主要是无黏结筋通过涂油装置涂油，涂油无黏结筋通过塑料挤压机涂刷聚乙烯或聚丙烯塑料薄膜，再经冷却筒模成型塑料套管。这种挤压涂层工艺的特点是效率高、质量好、设备性能稳定，与电线、电缆包裹塑料套管的工艺相似，适用于大规模生产的单根钢绞线和 7 根钢丝束。挤压涂塑流水工艺如图 5.41 所示。

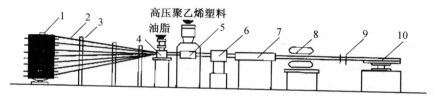

图 5.41　挤压涂层工艺流水线图

1—放线盘；2—钢丝；3—梳子板；4—给油装置；5—塑料挤压机机头；
6—风冷装置；7—水冷装置；8—牵引机；9—定位支架；10—收线盘

（2）涂包成型工艺

涂包成型工艺是无黏结筋经过涂料槽涂刷涂料后，再通过归束滚轮成束并进行补充涂刷，涂料厚度一般为 2 mm，可以采用手工操作完成内涂刷防腐沥青或防腐油脂，外包塑料布。涂好涂料的无黏结筋随即通过绕布转筒自动地交叉缠绕两层塑料布，当达到需要的长度后进行切割，成为一根完整的无黏结预应力筋。也可以在缠纸机上连续作业，完成编束、涂油、镦头、缠塑料布和切断等工序。缠纸机的工作示意图如图 5.42 所示。这种涂包成型工艺的特点是质量好，适应性较强。

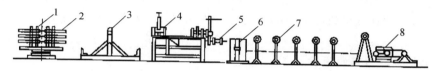

图 5.42　无黏结预应力筋缠纸工艺流程图

1—放线盘；2—盘圆钢丝；3—梳子板；4—油枪；5—塑料布卷；
6—切断机；7—滚道台；8—牵引装置

无黏结预应力筋制作时，钢丝放在放线盘上，穿过梳子板汇成钢丝束，通过油枪均匀涂油后穿入锚环用冷镦机冷镦锚头，带有锚环的成束钢丝用牵引机向前牵引，同时开动装有塑料条的缠纸转盘，钢丝束一边前进一边进行缠绕塑料布条工作。当钢丝束达到需要长度后，进行切割，成为一根完整的无黏结预应力筋。

5.3.2　无黏结预应力筋的布置

在单向连续梁板中，无黏结筋的铺设如同普通钢筋一样铺设在设计位置上。在双向配筋的连续平板中，无黏结筋一般需要配置成两个方向的悬垂曲线。两个方向的无黏结筋互相穿插，施工操作较为困难，因此必须事先编出无黏结筋的铺设顺序。其方法是将各向无黏结筋各搭接点的标高标出，对各搭接点相应的两个标高分别进行比较，若一个方向某一无黏结筋的各点标高均分别低于与其相交的各筋相应点标高时，则此筋可先放置。按此规律编出全部无黏结筋的铺设顺序。即先铺设标高低的无黏结筋，再铺设标高较高的无黏结筋，并应尽量避免两个方向的无黏结筋相互穿插编结。

无黏结预应力筋应严格按设计要求的曲线形状就位固定牢固。无黏结预应力筋的铺设，通常是在底部钢筋铺设后进行。水电管线一般宜在无黏结筋铺设后进行，无黏结预应力筋应铺放在电线管下面，且不得将无黏结筋的竖向位置抬高或压低。支座处负弯矩钢筋通常是在最后铺设。

5.3.3　无黏结预应力混凝土结构施工

无黏结预应力在施工中,主要问题是无黏结预应力筋的铺设、张拉和端部锚头处理。无黏结筋在使用前应逐根检查外包层的完好程度,对有轻微破损者,可包塑料带补好,对破损严重者应予以报废。

1. 无黏结预应力筋的铺设

无黏结预应力筋,一般用 7 根 $\Phi5$ 高强度钢丝组成,或钢丝束,或拧成钢绞线,通过专用设备,涂包防锈油脂,再套上塑料套管。

制作工艺:编束放盘→涂上涂料层→覆裹塑料套→冷却→调直→成型。

无黏结筋应严格按设计要求的曲线形状就位并固定牢靠。无黏结筋控制点的安装偏差:矢高方向±5 mm,水平方向±30 mm。

无黏结预应力筋应严格按设计要求的曲线形状就位并固定牢靠。

无黏结筋的垂直位置,宜用支撑钢筋或钢筋马凳控制,其间距为 1～2 m。无黏结筋的水平位置应保持顺直。

在双向连续平板中,各无黏结筋曲线高度的控制点用铁马凳垫好并扎牢。在支座部位,无黏结筋可直接绑扎在梁或墙的顶部钢筋上;在跨中部位,无黏结筋可直接绑扎在板的底部钢筋上。

2. 无黏结预应力筋的张拉

由于无黏结预应力筋一般为曲线配筋,当预应力筋的长度小于 25 m 时,宜采用一端张拉;若长度大于 25 m 时,宜两端张拉;长度超过 50 m,宜采取分段张拉。

预应力筋的张拉程序宜采用 $0 \rightarrow 103\% \sigma_{con}$,以减少无黏结预应力筋的松弛应力损失。

无黏结筋的张拉顺序应根据预应力筋的铺设顺序一致,先铺设的先张拉,后铺设的后张拉。

预应力平板结构中,预应力筋往往很长,如何减少其摩阻损失值是一个重要的问题。影响摩阻损失值的主要因素是润滑介质、外包层和预应力筋截面形式。其中润滑介质和外包层的摩阻损失值,对一定的预应力束是个定值,相对稳定。而截面形式则影响较大,不同截面形式其离散性不同,但如能保证截面形状在全长内一致,则其摩阻损失值就能在很小范围内波动。否则,因局部阻塞就可能导致其损失值无法测定。摩阻损失值,可用标准测力计或传感器等测力装置进行测定。施工时,为降低摩阻损失值,可用标准测力计或传感器等测力装置进行测定。在施工时,为降低摩阻损失值,宜采用多次重复张拉工艺。成束无黏结筋正式张拉前,一般宜先用千斤顶往复抽动 1～2 次以降低张拉摩擦损失。无黏结筋的张拉过程中,当有个别钢丝发生滑脱或断裂时,可相应降低张拉力,但滑脱或断裂的数量不应超过结构同一截面无黏结预应力筋总量的 2%。

预应力筋张拉长值应按设计要求进行控制。

3. 无黏结预应力筋的端部锚头处理

(1)张拉端部处理

预应力筋端部处理取决于无黏结筋和锚具种类。

锚具的位置通常在混凝土的端面缩进一定的距离,前面做成一个凹槽,待预应力筋张拉锚固后,将外伸在锚具外的钢绞线切割到规定的长度,即要求露出夹片锚具外长度不小于30 mm,然后在槽内壁涂以环氧树脂类黏结剂,以加强新老材料间的黏结,再用后浇膨胀混凝土或低收缩防水砂浆或环氧砂浆密封。

在对凹槽填砂浆或混凝土前,应预先对无黏结筋端部和锚具夹持部分进行防潮、防腐封闭处理。

无黏结预应力筋采用钢丝束镦头锚具时,其张拉端头处理如图 5.43 所示,其中塑料套筒供钢丝束张拉时锚环从混凝土中拉出来用,软塑料管是用来保护无黏结钢丝末端因穿锚筒内产生空隙,必须用油枪通过锚环的注油孔向套筒内注满防腐油脂,灌油后将外露锚具封闭好,避免长期与大气接触造成锈蚀。

采用无黏结钢绞线夹片锚具时,张拉端头构造简单,无须另加设施。张拉端头钢绞线预留长度不小于 150 mm,多余割掉,然后在锚具及承压板表面涂以防水涂料,再进行封闭。无黏结筋端部锚头的防腐处理应特别重视。采用 XM 型夹片式锚具的钢绞线,张拉端头构造简单,无须另加设施,锚固区可以用后浇的钢筋混凝土圈梁封闭,端头钢绞线预留长度不小于 150 mm,多余部分切断并将锚具外伸的钢绞线散开打弯,埋在圈梁混凝土内加强锚固。如图 5.44 所示。

图 5.43　镦头锚固系统张拉端图

1—锚环;2—螺母;3—承村板;4—塑料套筒;
5—软塑料管;6—螺旋筋;7—无黏结筋

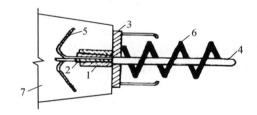

图 5.44　夹片式锚具张拉端处理

1—锚环;2—夹片;3—埋件(承压板);4—无黏结筋;
5—散开打弯的钢绞线;6—螺旋筋;7—后浇混凝土

(2) 固定端处理

无黏结筋的固定端可设置在构件内。当采用无黏结钢丝束时固定端可采用扩大的镦头锚板,并用螺旋筋加强,如图 5.45(a) 所示。施工中如端头无黏结筋时,需要配置构造钢筋,使固定端板与混凝土之间有可靠锚固性能。当采用无黏结钢绞线时,锚固端可采用压花成型,使固定端板与混凝土之间有可靠锚固性能。当采用无黏结钢绞线时,锚固端可采用压花成型,如图 5.45(b) 所示,埋置在设计部位。这种做法的关键是张拉前锚固端的混凝土强度等级必须达到设计强度(≥C30)才能形成可靠的黏强式锚头。

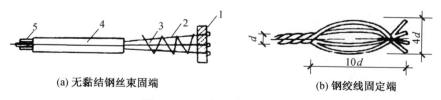

(a) 无黏结钢丝束固端　　　　　　　　(b) 钢绞线固定端

图 5.45　无黏结筋固定端详图

1—锚板;2—钢丝;3—螺旋筋;4—软塑料管;5—无黏结钢丝束

习 题

1. 试述先张法预应力混凝土构件的生产流程。
2. 先张法预应力混凝土构件生产的张拉控制应力和张拉程序有哪些要求?
3. 先张法预应力筋(丝)如何铺设?
4. 先张法预应力筋如何放张?
5. 后张法预应力混凝土构件生产的张拉控制应力和张拉程序有哪些要求?
6. 后张法预应力筋的下料长度如何计算?
7. 后张法预应力施工孔道如何留设?
8. 试述无黏结预应力混凝土方法。
9. 预应力吊车梁,孔道尺寸为 6 m,采用热处理钢筋束,6 根 $\Phi^{I/T}6$,采用 YC60 型千斤顶张拉,一端张拉,张拉程序为 $0\to1.03\sigma_{con}$ 拉控制应力为 $0.70f_{pyk}$($f_{pyk}=1\,400\ \text{N/mm}^2$),试计算钢筋的下料长度和最大张拉力。

【学习重点】

1. 了解钢结构的材料,钢结构的连接。

2. 了解轴心受力构件。

3. 了解梁,拉弯和压弯构件。

4. 了解钢结构施工工艺。

资源合集

学习情境 6

任务1 钢结构加工机具使用

6.1.1 测量、画线工具

(1) 钢卷尺。常用的有长度为 1 m、2 m 的小钢卷尺,长度为 5 m、10 m、15 m、20 m、30 m 的大钢卷尺,用钢卷尺能量到的正确度误差为 0.5 mm。

(2) 直角尺。直角尺用于测量两个平面是否垂直和划较短的垂直线。

(3) 卡钳。卡钳有内卡钳、外卡钳两种,如图 6.1 所示。内卡钳用于测量孔内径或槽道大小,外卡钳用于测量零件的厚度和圆柱形零件的外径等。内、外卡钳均属间接量具,需用尺确定数值,因此在使用卡钳时应注意铆钉的紧固,不能松动,以免造成测量错误。

(4) 划针。划针一般由中碳钢锻制而成,用于较精确零件画线,如图 6.2 所示。

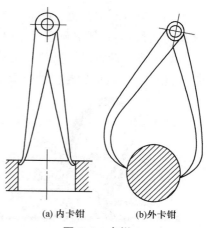

(a) 内卡钳　　(b) 外卡钳

图 6.1　卡钳

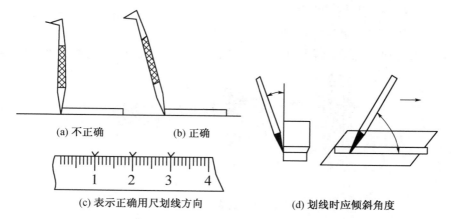

(a) 不正确　　　　(b) 正确

(c) 表示正确用尺划线方向

(d) 划线时应倾斜角度

图 6.2　划针示意图

（5）划规及地规。划规是画圆弧和圆的工具[图6.3(a)]。制造划规时为保证规尖的硬度，应将规尖进行淬火处理。地规由两个地规体和一条规杆组成，用于画较大圆弧[图6.3(b)]。

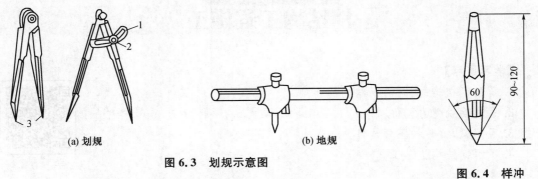

(a) 划规 　　　　　　　　　　　(b) 地规

图6.3　划规示意图

1—弧片；2—制动螺栓；3—淬火处

图6.4　样冲

（6）样冲。样冲多用高碳钢制成，其尖端磨成60°角，并需淬火。样冲是用来在零件上冲打标记的工具，如图6.4所示。

6.1.2　切割、切削机具

（1）半自动切割机。图6.5为半自动切割机的一种，它可由可调速的电动机拖动，沿着轨道可直线运行，或做圆运动，这样切割嘴就可以割出直线或圆弧。

（2）风动砂轮机。风动砂轮机以压缩空气为动力，携带方便，使用安全可靠，因而得到广泛地应用。风动砂轮机的外形如图6.6所示。

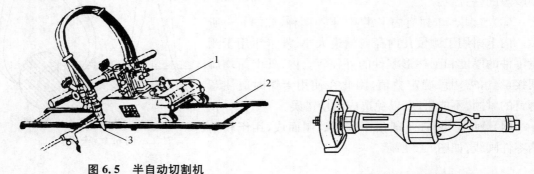

图6.5　半自动切割机

1—气割小车；2—轨道；3—切割嘴

图6.6　风动砂轮机

（3）电动砂轮机。电动砂轮机由罩壳、砂轮、长端盖、电动机、开关和手把组成，如图6.7所示。

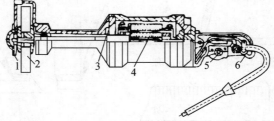

图6.7　手提式电动砂轮机

1—罩壳；2—砂轮；3—长端盖；4—电动机；5—开关；6—手把

（4）风铲。风铲属风动冲击工具，具有结构简单、效率高、体积小、重量轻等特点，如图6.8 所示。

图 6.8　风铲

（5）砂轮锯。如图 6.9 所示，它是由切割动力头、可转夹钳、中心调整机构及底座等部分组成。

图 6.9　砂轮锯

1—切割动力头；2—中心调整机构；3—底座；4—可转夹钳

（6）龙门剪板机。龙门剪板机是板材剪切中应用较广的剪板机，具有剪切速度快、精度高、使用方便等特点。为防止剪切时钢板移动，床面有压料及栅料装置；为控制剪料的尺寸，前后设有可调节的定位挡板等装置，如图 6.10 所示。

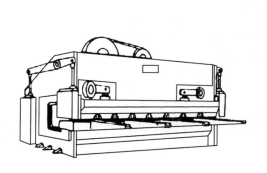

图 6.10　龙门剪板机

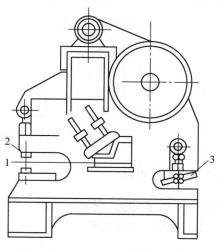

图 6.11　QA34－25 型联合冲剪机

1—型钢剪切头；2—冲头；3—剪切刃

（7）联合冲剪机。联合冲剪机集冲压、剪切、剪断等功能于一体，图 6.11 为 QA34-25 型联合冲剪机的外形示意图。型钢剪切头配合相应模具，可以剪断各种型钢；冲头部位配合相应模具，可以完成冲孔、落料等冲压工序；剪切部位可直接剪断扁钢和条状板材料。

（8）锉刀。锉刀的种类如图 6.12 所示。

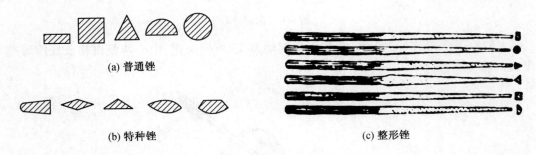

(a) 普通锉

(b) 特种锉

(c) 整形锉

图 6.12　锉刀种类

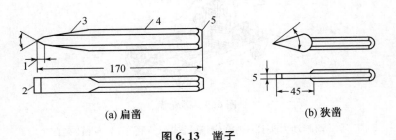

(a) 扁凿

(b) 狭凿

图 6.13　凿子

1—切削部分；2—切削刀；3—斜面；4—柄；5—头

（9）凿子。主要用来凿削、削除毛坯件表面多余的金属、毛刺、分割材料、切坡口及不便于机械加工的场合，如图 6.13 所示。

（10）型锤。常见型锤的形状如图 6.14 所示。

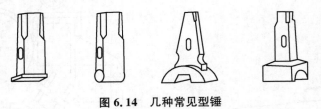

图 6.14　几种常见型锤

6.1.3　其他机具

其他机具主要包括：钢尺，游标卡尺，手锯，锤，自动气体切割机，等离子切割机，铣边机，矫正机，数据冲床，冲剪机等。

任务 2 钢结构的制作工艺

6.2.1 放样和号料

放样是钢结构制作工艺中的第一道工序,只有放样尺寸准确,才能避免以后各道加工工序的积累误差,才能保证整个工程的质量。

1. 放样工作内容

放样的内容包括:核对图纸的安装尺寸和孔距;以 1:1 的大样放出节点;核对各部分的尺寸;制作样板和样杆作为下料、弯制、铣、刨、制孔等加工的依据。

放样时以 1:1 的比例在放样台上利用几何作图方法弹出大样。放样经检查无误后,用铁皮或塑料板制作样板,用木杆、钢皮或扁铁制作样杆。样板、样杆上应注明工号、图号、零件号、数量及加工边、坡口部位、弯折线和弯折方向、孔径和滚圆半径等。然后用样板、样杆进行号料,如图 6.15 所示。样板、样杆应妥善保存,直至下程结束。

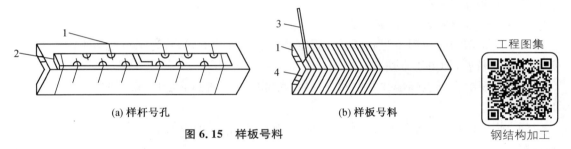

(a) 样杆号孔   (b) 样板号料

图 6.15 样板号料

1—角钢;2—样杆;3—划针;4—样板

工程图集

钢结构加工

2. 号料工作的内容

号料的工作内容包括:检查核对材料;在材料上划出切割、铣、刨、弯曲、钻孔等加工位置;打冲孔;标出零件编号等。

钢材如有较大弯曲等问题时应先矫正,根据配料表和样板进行套裁,尽可能节约材料。当工艺有规定时,应按规定的方向进行取料。号料应有利于切割和保证零件质量。

3. 放样号料用工具

放样号料常用工具及设备有:划针、冲子、手锤、粉线、弯尺、直尺、钢卷尺、大钢卷尺、剪子、小型剪板机、折弯机。

用作计量长度的钢盘尺,必须经授权的计量单位计量,且附有偏差卡片。使用时按偏差卡片的记录数值核对其误差数。

结构制作、安装、验收及土建施工用的量具,必须用同一标准进行鉴定,且应具有相同的精度要求。

4. 放样号料应注意的问题

(1) 放样时,铣、刨的工作要考虑加工余量,焊接构件要按工艺要求放出焊接收缩量,高层钢结构的框架柱尚应预留弹性压缩量;.

(2) 号料时要根据切割方法留出适当的切割余量;

（3）如果图纸要求桁架起拱，放样时上、下弦应同时起拱，起拱后垂直杆的方向仍然垂直于水平线，而不与下弦杆垂直；

（4）样板、号料的允许偏差满足要求。

6.2.2　切割

钢材下料切割方法有剪切、冲切、锯切、气割等。施工中采用哪种方法应该根据具体要求和实际条件选用。切割后钢材不得有分层，断面上不得有裂纹，应清除切口处的毛刺或溶渣和飞溅物。气割和机械剪切的允许偏差应符合规定。

1. 气割

氧割或气割是以氧气与燃料燃烧时产生的高温来熔化钢材，并借喷射压力将溶渣吹去，造成割缝达到切割金属的目的。但熔点高于火焰温度或难以氧化的材料，则不宜采用气割。氧与各种燃料燃烧时的火焰温度大约在 2 000～3 200℃。气割能切割各种厚度的钢材，设备灵活，费用经济，切割精度也高，是目前广泛使用的切割方法。气割按切割设备分类可分为：手工气割、半自动气割、仿型气割、多头气割、数控气割和光电跟踪气割。

手工气割操作要点：

（1）首先点燃割炬，随即调整火焰；

（2）开始切割时，打开切割氧阀门，观察切割氧流线的形状，若为笔直而清晰的圆柱体，并有适当的长度，即可正常切割；

（3）发现嘴头产生鸣爆并发生回火现象，可能因嘴头过热或堵住或乙炔供应不及时，此时需马上处理；

（4）临近终点时，嘴头应向前进的反方向倾斜，以利于钢板的下部提前割透，使收尾时割缝整齐；

（5）当切割结束时应迅速关闭切割氧气阀门，并将割炬抬起，再关闭乙炔阀门，最后关闭预热氧阀门。

2. 机械切割

（1）带锯机床。带锯机床适用于切断型钢及型钢构件，其效率高，切割精度高。

（2）砂轮锯。砂轮锯适用于切割薄壁型钢及小型钢管，其切口光滑，生刺较薄易清除，噪声大、粉尘多。

施工视频

自动切割机

（3）无齿锯。无齿锯是依靠高速摩擦而使工件熔化，形成切口，适用于精度要求低的构件。其切割速度快、噪声大。

（4）剪板机、型钢冲剪机。此法适用于薄钢板、压型钢板等，其具有切割速度快、切口整齐，效率高等特点，剪刀必须锋利，剪切时调整刀片间隙。

3. 等离子切割

等离子切割适用于不锈钢、铝、铜及其合金等，在一些尖端技术上应用广泛。其具有切割温度高、冲刷力大、切割边质量好、变形小、可以切割任何高熔点金属等特点。

6.2.3　矫正和成型

1. 矫正

在钢结构制作过程中，由于原材料变形、切割变形、焊接变形、运输变形等经常影响构件的制作及安装。矫正就是造成新的变形去抵消已经发生的变形。型钢的矫正分机械矫正、手工矫正、火焰矫正等。

型钢机械矫正在矫正机上进行，在使用时要根据矫正机的技术性能和实际使用情况进行选择。手工矫正多数用在小规格的各种型钢上，依靠锤击力进行矫正。火焰矫正是在构件局部用火焰加热，利用金属热胀冷缩的物理性能，冷却时产生很大的冷缩应力来矫正变形。

型钢矫正前首先要确定弯曲点的位置，这是矫正工作不可缺少的步骤。目测法是现在常用找弯方法，确定型钢的弯曲点时应注意型钢自重下沉产生的弯曲影响准确性。对于较长的型钢要放在水平面上，用拉线法测量。型钢矫正后的允许偏差见表 6.1。

表 6.1　钢材矫正的允许偏差

项次	偏差名称		示意图	允许偏差
1	钢板、扁钢的局部挠曲矢高 f			在 1 m 范围内，$\delta>14$，$f\leqslant$ 1.0，$\delta\leqslant14$，$f\leqslant1.5$
2	角钢、工字钢、槽钢挠曲矢高 f			长度的 1/1 000，但不大于 5 mm
3	角钢肢的垂直度 Δ			$\Delta\leqslant b/100$，但双肢铆接连接时角钢的角度不得大于 90°
4	翼缘对腹板的垂直度	槽钢		$\Delta\leqslant b/80$（槽钢）
		工字钢 H 型钢		$\Delta\leqslant b/100$，且不大于 2.0（工字钢、H 型钢）

2. 弯曲成型

型钢冷弯曲的工艺方法有滚圆机滚弯、压力机压弯，还有顶弯、拉弯等。先按型材的截面形状，材质规格及弯曲半径制作相应的胎模，经试弯符合要求方准加工。钢结构零件、部件在冷矫正和冷弯曲时，最小弯曲率半径和最大弯曲矢高应符合验收规范要求。

（1）钢板卷曲。钢板卷曲通过旋转辊轴对板料进行连接三点弯曲形成。当制件曲率半径较大时，可在常温状态下卷曲；如制件曲率半径较小或钢板较厚时，需对钢板加热后进行。钢板卷曲按其卷曲类型可分为单曲率卷制和双曲率卷制，如图 6.16 所示。单曲率卷制包括对圆柱面、圆锥面和任意柱面的卷制，操作简便，较常用。双曲率卷制可实现球面、双曲面的卷制，制作工艺较复杂。钢板卷曲工艺包括预弯、对中和卷曲三个过程。

（2）型材弯曲。包括型钢的弯曲和钢管的弯曲。

（3）边缘加工。在钢结构制造中，经过剪切或气割过的钢板边缘，其内部结构会发生硬化和变态。为了保证桥梁或重型吊车梁等重型构件的质量，需要对边缘进行加工，其刨切量不应小于 2.0 mm。此外，为了保证焊缝质量，考虑到装配的准确性，要将钢板边缘刨成或铲成坡口，往往还要将边缘刨直或镜平。

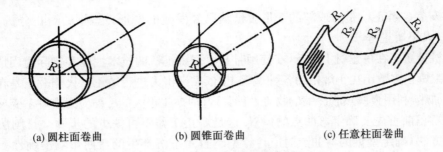

(a) 圆柱面卷曲   (b) 圆锥面卷曲   (c) 任意柱面卷曲

图 6.16 单曲率制钢板的卷曲

一般需要作边缘加工的部位包括:吊车梁翼缘板;支座支撑面等具有工艺性要求的加工面;设计图纸中有技术要求的焊接坡口;尺寸精度要求严格的加劲板、隔板、腹板及有孔眼的节点板等。

6.2.4　边缘加工

钢吊车梁翼缘板的边缘、钢柱脚和肩梁承压支承面以及其他图纸要求的加工面,焊接对接口、坡口的边缘,尺寸要求严格的加劲肋、隔板、腹板和有孔眼的节点板,以及由于切割方法产生硬化等缺陷的边缘,一般需要边缘加工,采用精密切割就可代替刨铣加工。

常用的边缘加工方法有:铲边、刨边、铣边、切割等。对加工质量要求不高并且工作量不大的采用铲边,有手工铲边和机械铲边。刨边使用的是刨边机,由刨刀来切削板材的边缘。铣边比刨边机工效高、能耗少、质量优。切割有碳弧气刨,半自动与自动气割机、坡口机等方法。

6.2.5　制孔

高强度螺栓的采用,使孔加工在钢结构制造中占有很大比重。在精度上要求也越来越高。

1. 制孔的质量

(1) 精制螺栓孔。精制螺栓孔(A、B 级螺栓孔-Ⅰ类孔)的直径应与螺栓公称直径相等,孔应具有 H12 的精度,孔壁表面粗糙度 $Ra \leqslant 12.5\ \mu m$。其孔径允许偏差应符合规定。

(2) 普通螺栓孔。普通螺栓孔(C 级螺栓孔-Ⅱ类孔)包括高强度螺栓(大六角头螺栓、扭剪型螺栓等)、普通螺钉、半圆头铆钉等的孔。其孔直径应比螺栓杆、钉杆的公称直径大 $1.0 \sim 3.0\ mm$,孔壁粗糙度 $Ra \leqslant 25\ \mu m$。孔的允许偏差应符合要求。

(3) 孔距。螺栓孔孔距的允许偏差应符合规定。如果超过偏差,应采用与母材材质相匹配的焊条补焊后重新制孔。

2. 制孔的方法

制孔通常有钻孔和冲孔两种方法。钻孔是钢结构制作中普遍采用的方法。冲孔是冲孔设备靠冲裁力产生的孔,孔壁质量差,在钢结构制作中已较少采用。

钻孔有人工钻孔和机床钻孔。前者多用于钻直径较小、料较薄的孔;后者施钻方便快捷,精度高。钻孔前先选钻头,再根据钻孔的位置和尺寸情况选择相应钻孔设备。

除了钻孔之外,还有扩孔、惚孔、铰孔等。扩孔是将已有孔眼扩大到需要的直径,惚孔是将已钻好的孔上表面加工成一定形状的孔,铰孔是将已经粗加工的孔进行精加工以提高孔的光洁度和精度。

6.2.6　组装

组装亦称装配、组拼,是把加工好的零件按照施工图的要求拼装成单个构件。钢构件的大小应根据运输道路、现场条件、运输和安装单位的机械设备能力与结构受力的允许条件等来确定。

1. 一般要求

(1) 钢构件组装应在平台上进行,平台应测平。用于装配的组装架及胎模要牢固地固定在平台上。

(2) 组装工作开始前要编制组装顺序表,组拼时严格按照顺序表所规定的顺序进行组拼。

(3) 组装时,要根据零件加工编号,严格检验核对其材质、外形尺寸,毛刺飞边要清除干净,对称零件要注意方向,避免错装。

(4) 对于尺寸较大、形状较复杂的构件,应先分成几个部分组装成简单组件,再逐渐拼成整个构件,并注意先组装内部组件,再组装外部组件。

(5) 组装好的构件或结构单元,应按图纸的规定对构件进行编号,并标注构件的重量、重心位置、定位中心线、标高基准线等。构件编号位置要在明显易查处,大构件要在三个面上都编号。

2. 焊接连接的构件组装

(1) 根据图纸尺寸,在平台上画出构件的位置线,焊上组装架及胎模夹具。组装架离平台面不小于 50 mm,并用卡兰、左右螺旋丝杠或梯形螺纹,作为夹紧调整零件的工具。

(2) 每个构件的主要零件位置调整好并检查合格后,把全部零件组装上并进行点焊,使之定形。在零件定位前,要留出焊缝收缩量及变形量。高层建筑钢结构的柱子,两端除增加焊接收缩量的长度之外,还必须增加构件安装后荷载压缩变形量,并留好构件端头和支承点铣平的加工余量。

(3) 为了减少焊接变形,应该选择合理的焊接顺序。如对称法、分段逆向焊接法、跳焊法等。在保证焊缝质量的前提下,采用适量的电流,快速施焊,以减小热影响区和温度差,减小焊接变形和焊接应力。

6.2.7　表面处理

1. 高强度螺栓摩擦面的处理

采用高强度螺栓连接时,应对构件摩擦面进行加工处理。摩擦面处理后的抗滑移系数必须符合设计文件的要求。

摩擦面的处理方法一般有喷砂、酸洗、砂轮打磨等几种,其中喷砂处理过的摩擦面的抗滑移系数值较高,离散率较小。处理好的摩擦面严禁有飞边、毛刺、焊疤和污损等,不得涂油漆,在运输过程中防止摩擦面损伤。

构件出厂前应按批做试件检验抗滑移系数,试件的处理方法应与构件相同,检验的最小数值应符合设计要求,并附三组试件供安装时复验抗滑移系数。

2. 构件成品的防腐涂装

钢结构构件在加工验收合格后,应进行防腐涂料涂装。但构件焊缝连接处、高强度螺栓摩擦面处不能作防腐涂装,应在现场安装完后,再补刷防腐涂料。

6.2.8 构件成品验收

钢结构构件制作完成后,应根据《钢结构工程施工质量验收规范》(GB 50205—2001)及其他相关规范、规程的规定进行成品验收。钢结构构件加工制作质量验收,可按相应的钢结构制作工程或钢结构安装工程检验批的划分原则划分为一个或若干个检验批进行。

构件出厂时,应提交产品质量证明(构件合格证)和下列技术文件:

(1)钢结构施工详图,设计更改文件,制作过程中的技术协商文件。

(2)钢材、焊接材料及高强度螺栓的质量证明书及必要的实验报告。

(3)钢零件及钢部件加工质量检验记录。

(4)高强度螺栓连接质量检验记录,包括构件摩擦面处抗滑移系数的试验报告。

(5)焊接质量检验记录。

(6)构件组装质量检验记录。

任务3　钢结构连接施工工艺

6.3.1 焊接施工

施工视频

钢柱焊接

1. 焊接方法选择

焊接是钢结构使用最主要的连接方法之一。在钢结构制作和安装领域中,广泛使用的是电弧焊。在电弧焊中又以药皮焊条、手工焊条、自动埋弧焊、半自动与自动 CO_2 气体保护焊为主。在某些特殊场合,则必须使用电渣焊。焊接的类型、特点和适用范围见表6.2。

表 6.2　钢结构焊接方法选择

焊接的类型			特点	适用范围
电弧焊	手工焊	交流焊机	利用焊条与焊件之间产生的电弧热焊接,设备简单,操作灵活,可进行各种位置的焊接,是建筑工地应用最广泛的焊接方法	焊接普通钢结构
		直流焊机	焊接技术与交流焊机相同,成本比交流焊机高,但焊接时电弧稳定	焊接要求较高的钢结构
	埋弧自动焊		利用埋在焊剂层下的电弧热焊接,效率高,质量好,操作技术要求低,劳动条件好,是大型构件制作中应用最广的高效焊接方法	焊接长度较大的对接、贴角焊缝,一般是有规律的直焊缝
	半自动焊		与埋弧自动焊基本相同,操作灵活,但使用不够方便	焊接较短的或弯曲的对接、贴角焊缝
	CO_2 气体保护焊		用 CO_2 或惰性气体保护的实芯焊丝或药芯焊接,设备简单,操作简便,焊接效率高,质量好	用于构件长焊缝的自动焊
	电渣焊		利用电流通过液态熔渣所产生的电阻热焊接,能焊大厚度焊缝	用于箱型梁及柱隔板与面板全焊透连接

2．焊接工艺要点

（1）焊接工艺设计。确定焊接方式、焊接参数及焊条、焊丝、焊剂的规格型号等。

（2）焊条烘烤。焊条和粉芯焊丝使用前必须按质量要求进行烘焙，低氢型焊条经过烘焙后，应放在保温箱内随用随取。

（3）定位点焊。焊接结构在拼接、组装时要确定零件的准确位置，要先进行定位点焊。定位点焊的长度、厚度应由计算确定。电流要比正式焊接提高 10％～15％，定位点焊的位置应尽量避开构件的端部、边角等应力集中的地方。

（4）焊前预热。预热可降低热影响区冷却速度，防止焊接延迟裂纹的产生。预热区在焊缝两侧，每侧宽度均应大于焊件厚度的 1.5 倍以上，且不应小于 100 mm。

（5）焊接顺序确定。一般从焊件的中心开始向四周扩展；先焊收缩量大的焊缝，后焊收缩小的焊缝；尽量对称施焊；焊缝相交时，先焊纵向焊缝，待冷却至常温后，再焊横向焊缝；钢板较厚时分层施焊。

（6）焊后热处理。焊后热处理主要是对焊缝进行脱氢处理，以防止冷裂纹的产生。热处理应在焊后立即进行，保温时间应根据板厚按每 25 mm 板厚 1 h 确定。预热及后热均可采用散发式火焰枪进行。

6.3.2　高强度螺栓连接施工

高强度螺栓连接是目前与焊接并举的钢结构主要连接方法之一。其特点是施工方便、可拆可换、传力均匀、接头刚性好、承载能力大、疲劳强度高、螺母不易松动、结构安全可靠。高强度螺栓从外形上可分为大六角头高强度螺栓（即扭矩型高强度螺栓）和扭剪型高强度螺栓两种。高强度螺栓和与之配套的螺母、垫圈总称为高强度螺栓连接副。

1．一般要求

（1）高强度螺栓使用前，应按有关规定对高强度螺栓的各项性能进行检验。运输过程中应轻装轻卸，防止损坏。当包装破损，螺栓有污染等异常现象时，应用煤油清洗，并按高强度螺栓验收规程进行复验，经复验扭矩系数合格后方能使用。

（2）工地储存高强度螺栓时，应放在干燥、通风、防雨、防潮的仓库内，并不得沾染脏物。

（3）安装时，应按当天需用量领取，当天没有用完的螺栓，必须装回容器内，妥善保管，不得乱扔、乱放。

（4）安装高强度螺栓时接头摩擦面上不允许有毛刺、铁屑、油污、焊接飞溅物。摩擦面应干燥，没有结露、积霜、积雪。并不得在雨天进行安装。

（5）使用定扭矩扳子紧固高强度螺栓时，每天上班前应对定扭矩扳子进行校核，合格后方能使用。

2．安装工艺

（1）一个接头上的高强度螺栓连接，应从螺栓群中部开始安装，向四周扩展，逐个拧紧。扭矩型高强度螺栓的初拧、复拧、终拧，每完成一次应涂上相应的颜色或标记，以防漏拧。

（2）接头如既有高强度螺栓连接又有焊接连接时，宜按先栓后焊的方式施工，先终拧完高强度螺栓再焊接焊缝。

（3）高强度螺栓应自由穿入螺栓孔内,当板层发生错孔时,允许用铰刀扩孔。扩孔时,铁屑不得掉入板层间。扩孔数量不得超过一个接头螺栓的 1/3,扩孔后的孔径不应大于 $1.2d$（d 为螺栓直径）。严禁使用气割进行高强度螺栓孔的扩孔。

（4）一个接头多个高强度螺栓穿入方向应一致。垫圈有倒角的一侧应朝向螺栓头和螺母,螺母有圆台的一面应朝向垫圈,螺母和垫圈不应装反。

（5）高强度螺栓连接副在终拧以后,螺栓丝扣外露应为 2～3 扣,其中允许有 10％的螺栓丝扣外露 1 扣或 4 扣。

3. 紧固方法

（1）大六角头高强度螺栓连接副紧固

大六角头高强度螺栓连接副一般采用扭矩法和转角法紧固。

1）扭矩法。使用可直接显示扭矩值的专用扳手,分初拧和终拧二次拧紧。初拧扭矩为终拧扭矩的 60％～80％,其目的是通过初拧,使接头各层钢板达到充分密贴,终拧扭矩把螺栓拧紧。

2）转角法。根据构件紧密接触后,螺母的旋转角度与螺栓的预拉力成正比的关系确定的一种方法。操作时分初拧和终拧两次施拧。初拧可用短扳手将螺母拧至使构件靠拢,并作标记。终拧用长扳手将螺母从标记位置拧至规定的终拧位置。转动角度的大小在施工前由试验确定。

（2）扭剪型高强度螺栓紧固

扭剪型高强度螺栓有一特制尾部,采用带有两个套筒的专用电动扳手紧固。紧固时用专用扳手的两个套筒分别套住螺母和螺栓尾部的梅花头,接通电源后,两个套筒按反向旋转,拧断尾部后即达相应的扭矩值。一般用定扭矩扳手初拧,用专用电动扳手终拧。

任务 4 钢结构涂装施工

钢结构在常温大气环境中安装、使用,易受大气中水分、氧和其他污染物的作用而被腐蚀。钢结构的腐蚀不仅造成经济损失,还直接影响到结构安全。另外,钢材由于其导热快,比热小,虽是一种不燃烧材料,但极不耐火。未加防火处理的钢结构构件在火灾温度作用下,温度上升很快,只需十几分钟,自身温度就可达 540℃以上,此时钢材的力学性能如屈服点、抗拉强度、弹性模量及载荷能力等都将急剧下降;达到 600℃时,强度则几乎为零,钢构件不可避免地扭曲变形,最终导致整个结构的垮塌毁坏。

因此,根据钢结构所处的环境及工作性能采取相应的防腐与防火措施,是钢结构设计与施工的重要内容。目前国内外主要采用涂料涂装的方法进行钢结构的防腐与防火。

6.4.1 钢结构防腐涂装工程

1. 钢材表面除锈等级与除锈方法

钢结构构件制作完毕,经质量检验合格后应进行防腐涂料涂装。涂装前钢材表面应进行除锈处理,以提高底漆的附着力,保证涂层质量。除锈处理后,钢材表面不应有焊渣、焊疤、灰尘、油污、水和毛刺等。

国家标准《涂装前钢材表面锈蚀等级和除锈等级》（GB 8923—88）将除锈等级分成喷射

或抛射除锈、手工和动力工具除锈、火焰除锈三种类型。

《钢结构工程施工质量验收规范》(GB 50205—2001)规定,钢材表面的除锈方法和除锈等级应与设计文件采用的涂料相适应。当设计无要求时,钢材表面除锈等级应符合表6.3 的规定。

表 6.3　各种底漆或防锈漆要求最低的除锈等级

涂料品种	除锈等级
油性酚醛、醇酸等底漆或防锈漆	St2
高氯化聚乙烯、氯化橡胶、氯磺化聚乙烯、环氧树脂、聚氨酯等底漆或防锈漆	Sa2
无机富锌、有机硅、过氧乙烯等底漆	Sa2$\frac{1}{2}$

目前国内各大、中型钢结构加工企业一般都具备喷、抛射除锈的能力,所以应将喷、抛射除锈作为首选的除锈方法,而手工和电动工具除锈仅作为喷射除锈的补充手段。随着科学技术的不断发展,不少喷、抛射除锈设备已采用微机控制,具有较高的自动化水平,并配有有效除尘器,消除粉尘污染。

2. 钢结构防腐涂料

钢结构防腐涂料是一种含油或不含油的胶体溶液,涂敷在钢材表面,结成一层薄膜,使钢材与外界腐蚀介质隔绝。涂料分底漆和面漆两种。

底漆是直接涂在钢材表面上的漆。含粉料多,基料少,成膜粗糙,与钢材表面黏结力强,与面漆结合性好。

面漆是涂在底漆上的漆。含粉料少,基料多,成膜后有光泽,主要功能是保护下层底漆。面漆对大气和湿气有高度的不渗透性,并能抵抗有腐蚀介质、阳光紫外线所引起风化分解。

钢结构的防腐涂层,可由几层不同的涂料组合而成。涂料的层数和总厚度是根据使用条件来确定的,一般室内钢结构要求涂层总厚度为 125 μm,即底漆和面漆各二道。高层建筑钢结构一般处在室内环境中,而且要喷涂防火涂层,所以通常只刷二道防锈底漆。

3. 防腐涂装方法

钢结构防腐涂装,常用的施工方法有刷涂法和喷涂法两种。

(1)刷涂法

应用较广泛,适宜于油性基料刷涂。因为油性基料虽干燥得慢,但渗透性大,流平性好,不论面积大小,刷起来都会平滑流畅。一些形状复杂的构件,使用刷涂法也比较方便。

(2)喷涂法

施工工效高,适合于大面积施工,对于快干和挥发性强的涂料尤为适合。喷涂的漆膜较薄,为了达到设计要求的厚度,有时需要增加喷涂的次数。喷涂施工比刷涂施工涂料损耗大,一般要增加 20% 左右。

6.4.2　钢结构防火涂装工程

钢结构防火涂料能够起到防火作用,主要有三个方面的原因:一是涂层对钢材起屏蔽作用,隔离了火焰,使钢构件不至于直接暴露在火焰或高温之中;二是涂层吸热后,部分物质分解出水蒸气或其他不燃气体,起到消耗热量,降低火焰温度和燃烧速度,稀释氧气的作用;三是涂层本身多孔轻质或受热膨胀后形成炭化泡沫层,热导率均在 0.233 W/(m·K)以下,阻止了热量迅速向钢材传递,推迟了钢材受热升温到极限温度的时间,从而提高了钢结构的耐火极限。

1. 厚涂型防火涂料涂装

(1) 施工方法与机具

厚涂型防火涂料一般采用喷涂施工。机具可为压送式喷涂机或挤压泵,配能自动调压的 0.6~0.9 m³/min 的空压机,喷枪口径为 6~12 mm,空气压力为 0.4~0.6 MPa。局部修补可采用抹灰刀等工具手工抹涂。

(2) 涂料的搅拌与配置

1) 由工厂制造好的单组分湿涂料,现场应采用便携式搅拌器搅拌均匀。

2) 由工厂提供的干粉料,现场加水或用其他稀释剂调配,应按涂料说明书规定配比混合搅拌,边配边用。

3) 由工厂提供的双组分涂料,按配制涂料说明规定的配比混合搅拌,边配边用。特别是化学固化干燥的涂料,配制的涂料必须在规定的时间内用完。

4) 搅拌和调配涂料,使稠度适宜,即能在输送管道中畅通流动,喷涂后不会流淌和下坠。

(3) 施工操作

1) 喷涂应分 2~5 次完成,第一次喷涂以基本盖住钢材表面即可,以后每次喷涂厚度为 5~10 mm,一般以 7 mm 左右为宜。通常情况下,每天喷涂一遍即可。

2) 喷涂时,应注意移动速度,不能在同一位置久留,以免造成涂料堆积流淌;配料及往挤压泵加料应连续进行,不得停顿。

3) 施工工程中,应采用测厚针检测涂层厚度,直到符合设计规定的厚度,方可停止喷涂。

4) 喷涂后的涂层要适当维修,对明显的乳突,应采用抹灰刀等工具剔除,以确保涂层表面均匀。

2. 薄涂型防火涂料涂装

(1) 施工方法与机具

1) 喷涂底层、主涂层涂料,宜采用重力(或喷斗)式喷枪,配能自动调压的 0.6~0.9 m³/min 的空压机。喷嘴直径为 4~6 mm,空气压力为 0.4~0.6 MPa。

2) 面层装饰涂料,一般采用喷涂施工,也可以采用刷涂或滚涂的方法。喷涂时,应将喷涂底层的喷嘴直径换为 1~2 mm,空气压力调为 0.4 MPa。

3) 局部修补或小面积施工,可采用抹灰刀等工具手工抹涂。

(2) 施工操作

1) 底层及主涂层一般应喷 2~3 遍,每遍间隔 4~24 h,待前一遍基本干燥后再喷后一遍。头遍喷涂以盖住基底面 70% 即可,二、三遍喷涂每遍厚度不超过 2.5 mm 为宜。施工工程中应采用测厚针检测涂层厚度,确保各部位涂层达到设计规定的厚度。

2) 面层涂料一般涂饰 1~2 遍。若头遍从左至右喷涂,二遍则应从右至左喷涂,以确保全部覆盖住下部主涂层。

习 题

1. 钢结构加工机具有哪些?

2. 什么叫放样、画线? 零件加工主要有哪些工序?

3. 钢构件组装的一般要求是什么?

4. 钢结构焊接的类型主要有哪些? 简述钢结构焊接的工艺要点。

5. 高强度螺栓有主要有哪两种类型? 简述高强度螺栓连接的安装工艺和紧固方法。

6. 钢材表面除锈等级分为哪三种类型? 防腐涂装主要采用哪两种施工方法?

7. 钢结构防火涂料按涂层的厚度分为哪两类? 主要施工方法是什么?

结构安装工程施工

学习情境 7

【本章要点】

1. 了解起重机械和吊索具。

2. 掌握构件吊装工艺。

3. 了解不同结构及构件的安装方法。

结构安装工程就是用起重机械将预先在工厂或现场制作的房屋构件,按照设计图纸的要求,安装到设计位置的整个施工过程。结构安装工程是装配式结构施工的主导工程,它直接影响整个工程的施工进度、劳动生产率、工程质量、施工安全和工程的成本。安装工程施工应从技术和组织方面进行周密计划和研究。

装配式建筑的结构类型较多,常见的有单层装配式工业厂房、多层装配式轻工业厂房、装配式中高层框架结构建筑、预制装配式墙板建筑、空间结构建筑等。建筑结构安装施工常用的起重机械有:桅杆式起重机、自行式起重机、塔式起重机等几大类,应依据结构特点和构件情况选用相应的起重机械。

在拟定结构安装方案时,应根据工程结构的特点、现场机械设备条件和施工工期的要求,解决好以下几方面的问题:

(1) 结构安装前的准备工作,构件的制作及加工订货;

(2) 合理选择起重和运输机械;

(3) 确定结构安装方法和构件的吊装工艺;

(4) 确定起重机械布置方法和开行路线、构件的现场布置;

(5) 预制构件接头处理方案和安装工程的安全技术措施等。

任务 1 起重机具

工程图集

卷扬机

7.1.1 卷扬机

在垂直运输设备中(井字架、龙门架等),多使用额定牵引力在 15 kN 以下的轻型卷扬机,而桅杆式起重机中多使用额定牵引力为 50 kN 左右甚至更大的卷扬机。

电动卷扬机按速度可分为快速(JJK)、慢速(JJM)和调速(JJT)三种,其中快速和调速卷扬机拉力为 4.0~50 kN,钢丝绳额定速度为 30 m/min,配合井字架、龙门架、滑轮组等可作垂直和水平运输用。慢速卷扬机,其额定拉力为 30~200 kN,钢丝绳额定速度为 7~21 m/mim,配以拔杆、人字架滑轮组等辅助设备,也可用作大型构件、设备安装和冷拉钢筋等用。

卷扬机在使用中必须做可靠的固定,以防止工作时产生滑移或倾覆(通常采用地锚固定);电气线路要勤检查,电磁抱闸要有效,全机接地无漏电现象;传动机要齿合正确,润滑保养无噪音;钢丝绳应与卷筒卡牢,放松钢丝绳时,卷筒上至少应保留四圈。

使用卷扬机应当注意:

(1) 为使钢丝绳能自动在卷筒上往复缠绕,卷扬机的安装位置应使距第一个导向滑轮的距离 L 为卷筒长度 a 的 15 倍,即当钢丝绳在卷筒边时,与卷筒中垂线的夹角不大于 2°(图 7.1)。

(2) 钢丝绳引入卷筒时应接近水平,并应从卷筒的下面引入,以减少卷扬机的倾覆力矩。

(3) 卷扬机在使用时必须做可靠的固定,如做基础固定、压重物固定、设锚碇固定或利用构筑物等作固定。

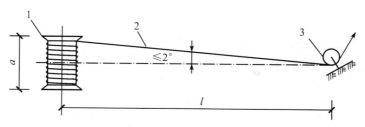

图 7.1　卷扬机与第一个导向滑轮的布置

1—卷筒;2—钢丝绳;3—第 1 个导向滑轮

7.1.2　钢丝绳

结构施工中常用的钢丝绳是先由若干根高强钢丝捻成股,再由若干股围绕绳芯(一般为麻芯)捻成绳。具有强度高,弹性大,韧性好,耐磨,能承受冲击荷载等优点,且磨损后外部产生许多毛刺,容易检查,便于预防事故。

常用钢丝绳的规格有 6×19、6×37 和 6×61(6 股,每股分别由 19、37 根钢丝捻成)三种:6×19 钢丝粗,较硬而耐磨,不易弯曲,多用作缆风绳;6×37 钢丝细,比较柔软,常用作穿滑轮组和起重吊索;6×61 质地软,主要用于重型起重机械中。

6×37 钢丝绳主要数据见表 7-1。

表 7-1　钢丝绳主要数据

直径/mm		钢丝总断面积/mm²	单位重量/(kg·100 m⁻¹)	钢丝绳公称抗拉强度/MPa				
				140	155	170	185	200
钢丝绳	钢丝			钢丝破断拉力总和不小于/kN				
8.7	0.4	27.88	26.21	39.0	43.2	47.3	51.5	55.7
11.0	0.5	43.57	40.96	60.9	67.5	74.0	80.6	87.1
13.0	0.6	62.74	58.98	87.8	97.2	106.5	116.0	125.0
15.0	0.7	85.39	80.57	119.5	132.0	145.0	157.5	170.5
17.5	0.8	111.53	104.8	156.0	172.5	189.5	206	223.0
19.5	0.9	141.16	132.7	197.5	213.5	239.5	261.0	282.0
21.5	1.0	174.27	163.3	243.5	270.0	296.0	322.0	348.5

直径/mm		钢丝总断面积/mm²	单位重量/(kg·100 m⁻¹)	钢丝绳公称抗拉强度/MPa				
				140	155	170	185	200
钢丝绳	钢丝			钢丝破断拉力总和不小于/kN				
24.0	1.1	210.87	198.2	295.0	326.5	358.0	390.0	421.5
26.0	1.2	250.95	235.9	351.0	388.5	426.5	464.0	501.5
28.0	1.3	294.52	276.8	412.0	456.5	500.5	544.5	589.0
30.0	1.4	341.57	321.1	478.0	529.0	580.5	631.5	683.0
32.5	1.5	392.11	368.6	548.5	607.5	666.5	725.0	784.0
34.5	1.6	446.13	419.4	624.5	691.5	758.0	825.0	892.0
36.5	1.7	503.64	473.4	705.0	780.5	856.0	931.5	1 005.0
39.0	1.8	564.63	530.8	790.0	875.0	959.5	1 040.0	1 125.0
43.0	2.0	697.08	655.3	975.5	1 080.0	1 185.0	1 285.0	1 390.0
47.5	2.2	843.47	792.9	1 180.0	1 305.0	1 430.0	1 560.0	
52.0	2.4	1 003.8	943.6	1 405.0	1 555.0	1 705.0	1 855.0	
56.0	2.6	1 178.07	1 107.4	1 645.0	1 825.0	2 000.0	2 175.0	
60.5	2.8	1 366.28	1 234.3	1 910.0	2 115.0	2 320.0	2 525.0	
65.0	3.0	1 568.43	1 474.3	2 195.0	2 430.0	2 665.0	2 900.0	

钢丝绳的允许拉力按式(7-1)计算：

$$[F_g] \leqslant \frac{\alpha F_g}{K} \tag{7-1}$$

式中：$[F_g]$ 为钢丝绳的允许拉力，kN；α 为换算系数(或受力不均匀系数)，6×19、6×37 和 6×61 的钢丝绳分别为 0.85、0.82 和 0.80；F_g 为钢丝绳的钢丝破断拉力总和，kN；K 为钢丝绳的安全系数(见表 7.2)。

表 7.2 钢丝绳的安全系数

用途	安全系数	用途	安全系数
作缆风绳	3.5	作吊索(无弯曲时)	6~7
用于手动起重设备	4.5	作捆绑吊索	8~10
用于电动起重设备	5~6	用于载人的升降机	14

在施工过程中，钢丝绳使用一段时间后，就会出现断丝、腐蚀和磨损的现象，承载力降低。因此，应及时检查钢丝绳，超过要求应报废。钢丝绳穿过滑轮时，滑轮应比绳的直径大 1~2.5 mm。滑轮槽过大钢丝绳容易压扁；过小则容易磨损。应定期对钢丝绳加润滑油，在使用中如绳股间有大量的油挤出，表明钢丝绳的荷载已相当大，此时必须勤加检查，以免发生事故。

7.1.3 吊具

吊具包括吊钩、钢丝夹头、卡环(卸甲)、吊索(千斤绳)，横吊梁(铁扁担)等，是吊装时重要的工具，如图 7.2 所示。吊索根据形式不同，可分为环形吊索(万能索)和开口索；卡环用于吊索之间或吊索与构件吊环之间的连接；横吊梁承受吊索对构件的轴向压力，减少起吊高度，形式具体有滑轮横吊梁(用于吊 8 t 以下的柱)、钢板横吊梁(用于吊小于 10 t 的柱)、钢管横吊梁(长 6~8 m，一般吊屋架用)。

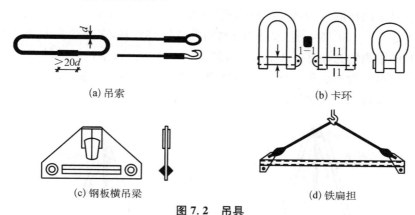

(a) 吊索   (b) 卡环

(c) 钢板横吊梁   (d) 铁扁担

图 7.2 吊具

任务 2 起重机械

视频

钢结构起重现场

7.2.1 桅杆式起重机

桅杆式起重机是用木材或金属材料制作的起重设备，它具有制作简单，装拆方便，起重量较大(可达 100 t 以上)，受地形限制小等特点，宜在大型起重设备不能进入时使用。但是它的起重半径小，移动较困难，需要设置较多的缆风绳。一般适用于安装工程量集中，结构重量大，安装高度大以及施工现场狭窄的多层装配式或单层工业厂房构件的安装。

1. 独脚拔杆

独脚拔杆由拔杆、起重滑轮组、卷扬机、缆风绳和锚碇等组成，如图 7.3 所示。按独脚拔杆的制作材料不同可分为木独脚拔杆、钢管独脚拔杆和金属格构式拔杆三种。

木独脚拔杆由圆木做成，圆木直径 200~300 mm，最好用整根木料，其起重高度在 15 m 以内，起重量在 10 t 以下，拔杆如需接长可采用对接和搭接；钢管独脚拔杆起重高度在 20 m 以内，起重量在 30 t 以下；格构式独脚拔

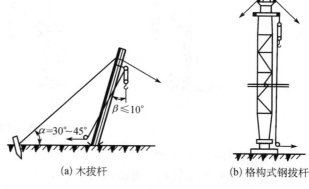

(a) 木拔杆   (b) 格构式钢拔杆

图 7.3 独脚拔杆

杆一般制作成若干节,以便于运输,吊装中根据安装高度及构件重量组成需要长度,其起重高度可达 70 m,起重量可达 100 t。

独脚拔杆在使用时,保持不大于 10°的倾角,以便吊装构件时不致碰撞拔杆,底部要设拖子(如底座下面设置跑轨的定轮或滑行的钢板)以便移动,拔杆主要依靠缆风绳来保持稳定,其根数应根据起重量、起重高度以及绳索强度而定,一般为 6~12 根,但不少于 4 根。缆风绳与地面的夹角 α 一般取 30°~45°,角度过大则对拔杆产生较大的压力。

2. 人字拔杆

人字拔杆是由两根圆木(或钢管、格构式截面的拔杆)、缆风绳、滑轮组、导向轮等组成。人字拔杆顶部成 20°~30°夹角相交,以钢丝绳绑扎成铁件铰接,在顶部交叉处,悬挂滑轮组。拔杆下端两脚的距离约为高度的 1/2~1/3,如图 7.4 所示。人字拔杆的特点是侧向稳定性好,缆风绳用量少(一般不少于 5 根),但起吊构件活动范围小。一般仅用于安装重型构件,也可作辅助起重设备用于安装厂房屋盖上的轻型构件。

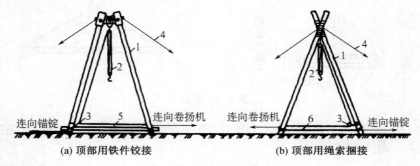

图 7.4　人字拔杆

1—拔杆;2—起重滑轮组;3—导向滑轮;4—缆风绳;5—拉杆;6—拉绳

3. 悬臂拔杆

在独脚拔杆中部或 2/3 高度处装上一根起重臂成悬臂拔杆,如图 7.5 所示。悬臂拔杆的特点是有较大的起重高度和起重半径,起重臂还能左右摆动 120°~270°,这为吊装工作带来较大的方便,但其起重量较小,多用于起重高度较高的轻型构件的吊装。

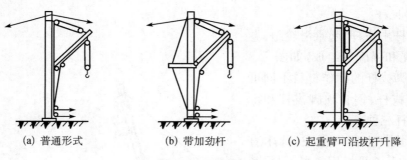

(a) 普通形式　　(b) 带加劲杆　　(c) 起重臂可沿拔杆升降

图 7.5　悬臂拔杆

4. 牵缆式桅杆起重机

牵缆式桅杆起重机是在独脚拔杆的下端装上一根可以回转和起伏的吊杆而组成,如图 7.6 所示。起重臂可以起伏,且整个机身可作 360°回转,具有较大的起重量和起重半径,灵活性好。因此,能把构件吊送到有效起重半径内的任何空间位置。

起重量在 5 t 以下的桅杆式起重机,大多用圆木做成,用于吊装小构件;起重量在 10 t 左右的桅杆式起重机,起重高度可达 25 m,多用于一般工业厂房的结构安装;用格构式截面的拔杆和起重臂,起重量可达 60 t,起重高度可达 80 m,常用于重型厂房的吊装,缺点是使用缆风绳较多。

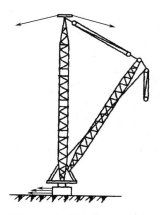

图 7.6 牵缆式桅杆起重机

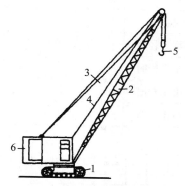

图 7.7 履带式起重机

1—履带;2—起重臂;3—起落起重臂钢丝绳;
4—起落吊钩钢丝绳;5—吊钩;6—机身

7.2.2 自行式起重机

自行式起重机可分为:履带式起重机、汽车式起重机、轮胎式起重机三种。

自行式起重机的优点是灵活性大,移动方便,能为整个建筑工地服务。起重机是一个独立的整体,一到现场即可投入使用,无须进行拼接等工作,施工起来很方便,只是稳定性稍差。

1. 履带式起重机

履带式起重机(图 7.7)是一种自行式、360°回转的起重机,主要由动力装置、传动机构、行走机构(履带)、工作机构(起重杆、起重滑轮组、变幅滑轮组、卷扬机等)、机身及平衡重等组成。它是一种通用式工程机械,只要改变工作装置,它既能起重,又能挖土;操纵比较灵活,使用方便;可在一般道路上行走,对地耐力要求不高;臂杆可以接长或更换,有较大的起重能力及工作速度,在平整坚实的道路上还可负载行驶。缺点是行走速度较慢,场地间转移时履带对路面破坏性较大,甚至需要借助平板车;稳定性差,不宜超负荷吊装;如果需要加长起重臂或超负荷吊装时,要进行稳定性验算,并采取相应的保障措施。履带式起重机被广泛地应用于单层工业厂房的安装。

履带式起重机主要技术性能包括三个主要参数:起重量 Q、起重半径 R 和起重高度 H。起重量一般不包括吊钩、滑轮组的重量,起重半径 R 是指起重机回转中心至吊钩的水平距离,起重高度 H 是指起重吊钩中心至停机面的距离。

常用履带式起重机的主要技术性能参数见表 7.3,还可用性能曲线来表示起重机的性能,如图 7.8 所示。

表 7.3 履带式起重机技术性能参数

参　　数		单位	型　号						
			W_1-50			W_1-100		W_1-200	
起重臂长度		m	10	18	18带鸟嘴	13	23	15	30	40
最大起重半径		m	10.0	17.0	10.0	12.5	17.0	15.5	22.5	30.0
最小起重半径		m	3.7	4.5	6.0	4.23	6.5	4.5	8.0	10.0
起重量	最小起重半径时	t	10.0	7.5	2.0	15.0	8.0	50.0	20.0	8.0
	最大起重半径时	t	2.6	1.0	1.0	3.5	1.7	8.2	4.3	1.5
起重高度	最小起重半径时	m	9.2	17.2	17.2	11.0	19.0	12.0	26.8	36.0
	最大起重半径时	m	3.7	7.6	14.0	5.8	16.0	3.0	19.0	25.0

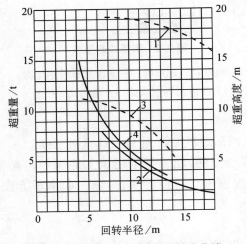

图 7.8　W_1-100 型起重机性能曲线

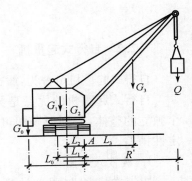

图 7.9　履带式起重机受力简图

1—起重臂长 23 m 时起重高度曲线；2—起重臂长 23 m 时起重量曲线；
3—起重臂长 13 m 时起重高度曲线；4—起重臂长 13 m 时起重量曲线

履带式起重机在图 7.9 所示的情况下稳定性最差，此时，应以履带中心 A 点为倾覆中心验算起重机的稳定性。

为保证机身稳定，必须使稳定力矩大于倾覆力矩。稳定性系数用 k 表示。

$$k = \frac{稳定力矩}{倾覆力矩} = \frac{G_1 L_1 + G_2 L_2 + G_0 L_0 - G_3 L_3}{Q(R - L_2)} \geqslant 1.4 \qquad (7-2)$$

式中：G_0 为原机身平衡重；G_1 为机身可转动部分重量；G_2 为机身不转动部分重量；G_3 为起重臂重量；R 为最大起重高度时的回转半径；Q 为起重量；L_0、L_1、L_2、L_3 为以上各相应部分的重心至倾覆中心 A 点的距离。考虑附加荷载时，$k \geqslant 1.5$。

2. 汽车式起重机

汽车式起重机（图 7.10）是装在普通汽车或特制汽车底盘上的一种起重机，也是一种自行式全回转起重机。其行驶的驾驶室与起重操作室是分开的，它具有行驶速度快，移动迅速且对路面损坏小的特点。但吊重时稳定性较差，需使用可伸缩的支腿，这就给每一次的吊装作业增加操作工序，使吊装作业复杂化；也不能负载行驶及在泥泞或松软的地面上工作。一般在结构安装中多用于构件装卸和辅助组立塔式起重机等。

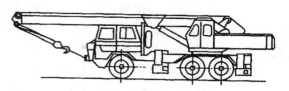

图 7.10　QY-16 汽车式起重机

常用的汽车式起重机有 Q₁ 型（机械传动和操纵）、Q₂ 型（全液压式传动和伸缩式起重臂）、Q₃（多电动机驱动各工作机构）以及 YD 型随车起重机和 QY 系列等。汽车式起重机若按起重量大小可分为轻型（20 t 以内）、中型（20～50 t）和重型（50 t 以上）三类；按起重臂形式分为桁架式和箱形臂两种。

重型汽车式起重机 Q₂-32 型起重臂长 30 m，最大起重量 32 t，可用于一般厂房的构件安装和混合结构的预制板安装。目前引进的大型汽车式起重机最大起重量达 120 t，最大起重高度可达 75.6 m，能满足吊装重型构件的需要。

在使用汽车式起重机时不准负载行驶或不放下支腿就起重，在起重工作之前要平整场地，以保证机身基本水平（一般不超过 3°），支腿下要垫道木。支腿伸出应在吊臂起升之前完成，支腿的收入应在吊臂放下搁稳吊物之后进行。

3. 轮胎式起重机

轮胎式起重机（图 7.11）是把起重机安装在加重型轮胎和轮轴组成的特制底盘上的一种自行式全回转起重机，转移需要牵引。随着起重量的大小不同，底盘下装有若干根轮轴，配备有 4～10 个或更多个轮胎。吊装时一般用四个支腿支撑以保证机身的稳定性；构件重量在不用支腿允许荷载范围内也可不放支腿起吊。轮胎式起重机与汽车式起重机的优缺点基本相似，其行驶均采用轮胎，故可以在城市的路面上行走不会损伤路面。轮胎式起重机可用于装卸和一般工业厂房的安装及低层混合结构预制板的安装。

图 7.11　轮胎式起重机

7.2.3　塔式起重机

塔式起重机设有竖直的高耸塔身，起重臂安在塔身顶部且可作 360° 回转，它具有较大的工作空间，起重高度和工作半径（幅度）均较大，且能同时完成垂直和水平运输，工作速度快，生产效率高。广泛用于多层和高层装配式及现浇式结构的施工。

塔式起重机一般可按其功能特点分成轨道式、爬升式和附着式三类。

1. 轨道式塔式起重机

轨道式塔式起重机能负荷行走，能在直线和曲线的轨道上行走，生产效率高。但是需要铺设轨道，装拆、转移较费工时，因而台班费用高。

轨道式塔式起重机常用的型号有 QT1-2、QT1-6、QT-16、QT-40、QT-60/80、QTZ-800、QTZ-315、QTZ-125 型等。

QT - 60/80 塔式起重机(图 7.12)是轨道式、上旋转塔式起重机,额定起重力矩为 600～800 kN·m,它可动臂、变幅,起重量 10 t,起重高度可达 68 m。

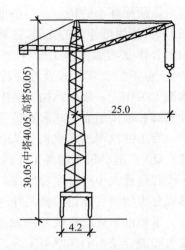

轨道式塔式起重机在使用时应注意:

(1) 塔式起重机的轨道位置,其边线应与建筑物有适当距离,以防发生碰撞事故(如上层有悬挑部分更应注意)和使建筑物基础产生沉陷。

(2) 起重机一般准许工作的气温为 -20～+40℃,风速小于 6 级。

(3) 起重机工作时必须严格按照额定起重量起吊,不得超载,也不准吊运人员、斜拉重物、拔除地下埋物等。

(4) 司机必须得到指挥信号后,方可进行操作,操作前司机必须按电铃、发信号。吊物上升时,吊钩距起重臂不得小于 1m,休息或下班时,不得将重物悬在空中。

图 7.12 QT - 60/80 塔式起重机

(5) 施工完毕,起重机应开到轨道中部位置停放,并用夹轨钳夹紧在轨道上。吊钩上升到起重臂端 2～3 m 处。起重臂应转至平行于轨道的方向。所有控制器必须扳到停止点,拉关电源总开关。

2. 爬升式塔式起重机

高层结构施工,若采用一般轨道式塔式起重机,其起重高度已不能满足构件的吊装要求,需采用自升式塔式起重机。

爬升式塔式起重机(图 7.13)是自升式塔式起重机的一种,它安装在建筑物内部框架梁上或电梯井结构上,依靠套架托梁和爬升系统自行爬升,一般每隔 1～2 层爬升一次。爬升式起重机由底座套架、塔身、塔顶、行车式起重臂、平衡臂等部分组成。主要型号有 QT5 - 4/10、QT5 - 4/60 和 QT3 - 4 型等,各自起重的技术参数、外形尺寸等可查阅《建筑施工手册》。

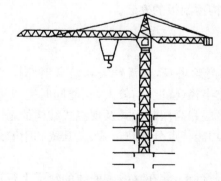

图 7.13 爬升式塔式起重机

爬升式塔式起重机的特点是不需要铺设轨道,不占用施工场地,机身体积小,重量轻,安装简单;但塔基作用于楼层,建筑结构需进行相对加固,拆卸时需在屋面架设辅助起重设备。该机适用于施工现场狭窄的高层框架结构的施工。

起重机一次爬升操作过程如图 7.14 所示,先用起重钩将套架提升到一个塔位处予以固定[图 7.14(b)],然后松开塔身底座梁与建筑物骨架的连接螺栓,收回支腿,将塔身提至需要位置[图 7.14(c)],最后旋出支腿,即可再次进行安装作业[图 7.14(a)]。

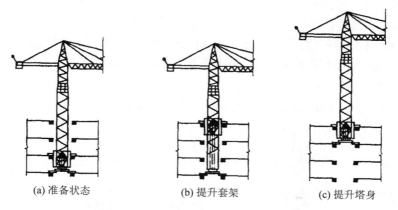

| (a) 准备状态 | (b) 提升套架 | (c) 提升塔身 |

图 7.14　内爬式塔式起重机爬升过程示意图

3. 附着式塔式起重机

附着式塔式起重机直接固定在建筑物近旁的混凝土塔基之上,随着施工进展,借助顶升系统将塔身自行向上接高。每隔 20 m 左右将塔身与建筑物的框架用锚固装置联结起来,以保证塔身的工作稳定性。它是一种能适应多种工作情况的起重机,它还可装在建筑物内部作爬升式起重机使用或作轨道式塔式起重机使用。

一般适用于中高层结构安装工程。如图 7.15 所示,即为 QT4－10 型自升式四用塔式起重机(可附着、可固定、可行走、可爬升),其起重量 5～10 t,起重半径 3～35 m(小车变幅),起重高度 160 m,最大起重力矩 1 600 kN·m,每次接高 2.5 m。

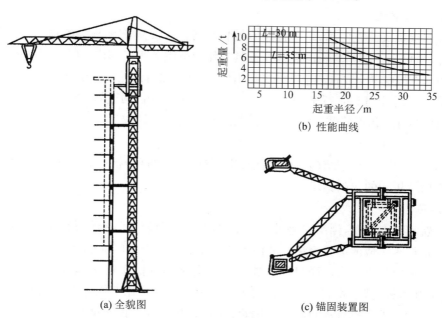

| (a) 全貌图 | (c) 锚固装置图 |

图 7.15　QT4－10 型塔式起重机

QT4－10 型起重机的自升系统包括顶升套架、长行程液压千斤顶、承座、顶升横梁及定位销等。液压千斤顶的缸体安装在塔顶底部的承座上,其顶升过程可分为五个步骤(图 7.16)。

(1) 将标准节吊到摆渡小车上,并将过渡节与塔身标准节相连的螺栓松开,准备顶升。

(2) 开动液压千斤顶,将塔式起重机上部结构包括顶升套架向上升到超过一个标准节的高度,然后用定位销将套架固定,这时,塔式起重机的重量便通过定位销传给塔身。

(3) 将液压千斤顶回程,形成引进空间,此时便将装有标准节的摆渡车推入。

(4) 用千斤顶顶起接高的标准节,退出摆渡小车,将接高的标准节平稳地落到下面的塔身上,用螺栓拧紧。

(5) 拔出定位销,下降过渡节,使之与已接高的塔身联成整体。

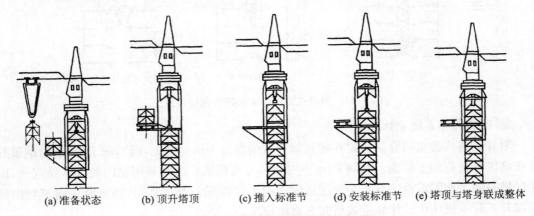

(a) 准备状态　　(b) 顶升塔顶　　(c) 推入标准节　　(d) 安装标准节　　(e) 塔顶与塔身联成整体

图 7.16　附着式塔式起重机的自升过程

7.2.4　其他形式的起重机

1. 门式起重机

门式起重机又叫龙门吊,是种常用的吊装设备。主要用于预制场吊移构件或架设桥梁大部结件,也可用于材料堆场的装卸作业具有作业范围大适应面广、通用性强等特点。

门式起重机由两个立柱和上部的主梁组成,立柱下设有滚轮并置于铁轨上时,可在轨道上纵向运动,上部主梁开行走行车,做横向运动。主梁可在立柱两边做成悬臂式,其结构的受力和场地面积的有效利用都更合理。常见的门式起重机起重量在 5～30 t,最大可达 100 t,跨度为 5～40 m。

常用的龙门架采用钢结构或用装配式钢桥桁架(贝雷架)拼制。图 7.17 是利用公路装配式钢桥桁架拼制的龙门架示例。

2. 浮吊

在通航河流上建桥,浮吊船是重要的工作船。常用的浮吊有铁驳轮船浮吊和用木路型钢及人字把杆等拼成的简易浮吊。我国目前使用的最大浮吊船的起重量已达 5 000 kN。

通常简单浮吊可以利用两只船组拼成门船,用木料加固底舱,舱面上安装型钢组成的底板构架,上铺木板,其上安装人字把杆制成。起重动力可使用双筒电动卷扬机,安装在木门船后部中线上。人字把杆的材料可用钢管或圆木,并用两根钢丝绳分别固定在船尾端两舷旁钢构件上。吊物平面位置的变动由门船移动来调节,另外还需配备电动卷扬机绞车、钢丝绳、锚链铁锚作为移动及固定船位用。

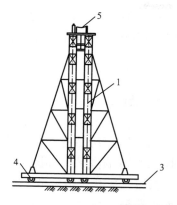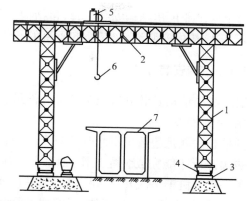

图7.17　利用钢桥桁架拼制的门式起重机

1—立柱；2—主梁；3—吊车轨道；4—滚轮；5—行车卷扬机；6—吊钩；7—构件

3. 缆索起重机

缆索起重机适用于高差较大的垂直吊装和架空的纵向运输，吊运量从数十吨至数百吨，纵向运距从几十米至几百米。

缆索起重机是由主索、天线滑车、起重索、牵引索、起重及牵引绞车、主索地锚、塔架、风缆、主索平衡滑轮，电动卷扬机、手摇缆车、链滑车及各种滑轮等部件组成。在吊装拱桥时，缆索吊装系统除了上述各部件外，还有扣索、扣索排架、扣索地锚、扣索绞车等部件。其布置方式如图7.18所示。

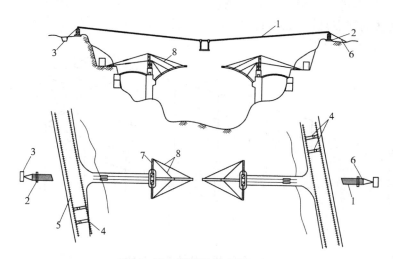

图7.18　缆索吊装布置示例

1—主索；2—主索塔架；3—主索地锚；4—门式起重机；5—门式起重机轨道；

6—主索张紧装置；7—杆件缆风架；8—扣索

任务3　单层工业厂房结构吊装

单层工业厂房由于构件类型少，数量多，除基础在施工现场就地浇筑外，其他构件均为预制构件。其主要构件有柱、吊车梁、屋架、薄腹梁、天窗架、屋面板、连系梁、地基梁及支撑系统等。单层工业厂房结构安装工程,包括构件的准备、基础的抄平放线和准备,构件的吊装工艺,厂房结构的安装流水方法,起重机的开行路线及构件的现场平面布置等内容。

7.3.1 结构安装方法

单层厂房的结构安装方法通常分为分件吊装法和综合吊装法。

1. 分件吊装法

分件吊装法就是起重机每次开行只安装一种(或两种)构件,厂房结构的全部构件需要起重机多次开行才能完成装配工作,通常分三次开行即可吊完全部构件。如图7.20所示,一般顺序是起重机第一次开行,吊装柱,并进行校正和固定;第二次开行吊装吊车梁、连系梁及柱向支撑;第三次开行吊装屋架、天窗架、屋面板及屋面支撑等。当然,屋架扶直就位需要起重机单独开行一次。

分件吊装法是单层厂房结构安装的常用方法,其主要优点是:

(1) 由于一次开行只吊装一种构件,起重机根据这一批同种构件确定连续作业的起重参数,能充分发挥机械作业优势,而且吊装时不需要更换吊具和吊索,工人操作容易熟练,可加快安装速度。

(2) 构件便于校正和固定。因为两种构件吊装的时间间隔长,尤其能为柱的校正和永久固定的混凝土养护留出充分时间。

(3) 构件可以分批进场,供应亦较单一,构件平面布置比较简单,吊装现场不会过分拥挤。

(4) 可以根据不同构件类型,选用不同性能的起重机,有利于发挥机械效率,减少施工费用。

分件吊装法的缺点是:不能为后续工程及早提供工作面,起重机开行路线长。

单层工业厂房安装

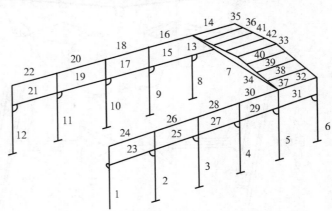

图 7.20　分件吊装时构件的安装顺序

1~12—柱;13~32—单数是吊车梁,双数是连系梁;33、34—屋架;35~42—屋面板

2. 综合吊装法

这种方法是指起重机在跨内开行一次,就吊装完厂房结构的全部构件。起重机以节间为单位,在一个停机点上安装完一个节间的全部构件。具体顺序是:先吊装完这一节间柱子,柱子固定后立即吊装这个节间的吊车梁、屋架和屋面板等构件;完成这一节间吊装后,起重机移至下一节间进行吊装,直至厂房结构构件吊装完毕。

综合吊装法的主要优点是:

（1）起重机开行路线短、停机次数少。

（2）由于是以节间为单位进行吊装，因此其他后续工种可以进入已吊装完的节间内进行工作，有利于加速整个工程的进度。

综合吊装法的缺点是：由于一次停机吊装多种构件，索具更换频繁影响吊装效率；轻重不一的各构件同时段吊装，起重机性能不能充分发挥；构件的校正固定要相互穿插进行，时间紧迫，秩序不佳；构件供应及现场布置困难较大；安装技术比较复杂。所以在采用桅杆起重机，或吊装轻型厂房结构、钢结构时才可能采用，一般中型以上的厂房用得较少。

7.3.2 构件吊装准备工作

为了进行合理而有序的安装，厂房结构安装前要做好各项准备工作，其内容有：清理及平整场地，修建临时道路、敷设水电管线，基础的抄平放线，各种构件制作、运输、就位排放，构件的强度、型号、数量和外观等质量检查，构件的拼装与加固，构件的弹线、编号以及吊具准备等。这里重点介绍构件和基础的准备工作。

1. 基础的准备

钢筋混凝土柱一般为杯形基础，通过灌浆连为一体，钢柱则通过基础预埋地脚螺栓连接为整体。

杯形基础在浇筑时，应保证定位轴线、杯口尺寸和杯底标高正确。柱子安装前应在杯口顶面弹出定位线（图 7.21），与柱子所弹墨线相对应，可确认柱子是否到达设计位置。同时抄平杯底并弹出标高准线，作为调整杯底标高的依据。

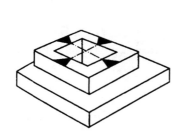

图 7.21 基础杯口顶面弹定位线

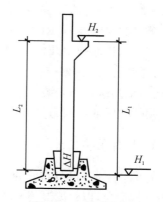

图 7.22 杯底抄平

杯底抄平，即对所有杯形基础底面标高进行测量，确定杯底找平的标高和尺寸，以保证柱牛腿顶面标高的准确和一致。施工中为避免杯底超高，杯底标高一般比设计标高低 40～50 mm。杯底抄平与调整的方法，如图 7.22 所示。首先利用杯口侧壁抄平弹出的准线，用尺测量杯底实际标高尺寸 H_1（大柱应测量四个角，小柱可测中间一点）。牛腿顶面设计标高 H_2 与杯底实际标高 H_1 的差，即是柱根底面至牛腿顶面的应有长度 L_1，再与柱实际制作长度 L_2 相比，得出制作与设计标高的误差值，即杯底标高调整值 ΔH。用 1∶2 水泥砂浆或细石混凝土垫筑至所需标高处。

2. 构件的准备

单层工业厂房的大型构件（如柱子、屋架等尺寸大、重量大的构件）一般在施工现场就地制作,以减少大型构件运输的困难。中小型构件则集中在构件厂制作,运至施工现场就位排放。

现场预制构件时,应按照构件吊装的方法要求,确定预制排放的位置,尽可能在预制位置原地起吊,避免二次排放和搬运。制作时应遵守钢筋混凝土工程的有关规定。

由预制厂制作的构件应采用适宜的车辆,直接运到构件安装的地点。钢筋混凝土预制构件的起运强度不得低于设计强度等级的75%。运输过程中构件不能产生过大变形,也不得发生倾倒或损坏。行车应平稳减少颠簸。构件的装卸要平稳,堆放的支垫位置要正确,堆放场地应坚实可靠,以免因局部沉陷引起构件断裂。

预制构件在吊装前,要严格检查构件的各部位尺寸、形状,清理预埋件和插筋。并对不同的构件按安装需要弹出轴线、中心线、十字线或辅助线等,作为安装时的对位、校正标志。对于屋架等截面较小的构件应进行加固,以免在起吊、扶直和安装过程中产生变形裂缝。其中构件的弹线、编号工作应予以重视。

柱子应在柱身的三个面上弹出安装中心线,并与基础杯口顶面弹的安装中心线相吻合。对矩形截面的柱子,可按几何中线弹出;对工字形截面的柱子为便于观测和避免视差,则应靠柱边弹出控制准线。此外,在柱顶和牛腿面还要弹出屋架及吊车梁的定位线,如图7.23所示。

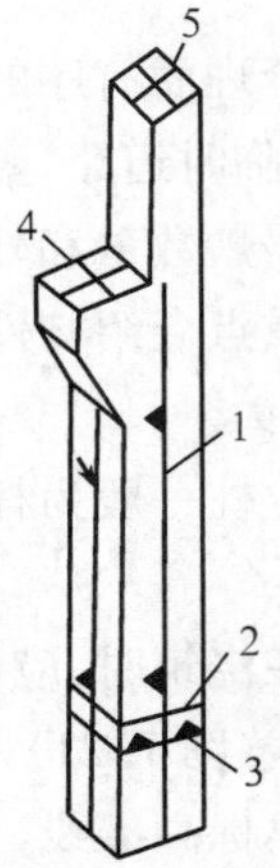

图7.23 柱子弹线

1—柱身对位线;2—地坪标高线;3—基础顶面线;
4—吊车梁对位线;5—柱顶中心线

屋架在上弦顶面弹出几何中心线,并从跨中间向两端分别标出天窗架、屋面板或檩条的安装定位线;在屋架两端弹出安装中心线。吊车梁在两端及顶面弹出安装中心线。

在对构件弹线的同时,还应根据设计图纸对构件进行编号,注明构件的左、右。

7.3.3 构件吊装工艺

构件的吊装工艺过程包括绑扎、起吊、对位、临时固定、校正、最后固定等。上部构件吊装需要搭设脚手台,以供安装操作人员使用。

1. 柱的吊装

(1)柱的绑扎

柱的绑扎位置和绑扎点数,应根据柱的形状、断面、长度、配筋部位和起重机性能等情况确定,应力求简单、可靠和便于安装就位。

因柱的吊升过程中所承受的荷载与使用阶段荷载不同,因此绑扎点应高于柱的重心,这样柱吊起后才不致摇晃倾翻。吊装时应对柱的受力进行验算,其最合理的绑扎点应在柱产生的正负弯矩绝对值相等的位置。自重13t以下的中、小型柱,大多绑扎的位置,常选在牛腿以下,如上部柱较长,也可绑扎在牛腿以上。工字型断面柱的绑扎点应选在矩形断面处,否则应在绑扎位置用方木加固翼缘。双肢柱的绑扎点应选在平腹杆处。在吊索与构件之间还应垫上麻袋、木板等,以免吊索与构件之间摩擦造成损伤。

　　柱的绑扎点多少与柱的几何尺寸和重量有关,一般中小型柱多为一点绑扎,重型柱多取两点绑扎甚至三点绑扎。按柱起吊后柱身是否垂直分斜吊绑扎法(如图 7.24 所示)和直吊绑扎法(如图 7.25、图 7.26 所示)。

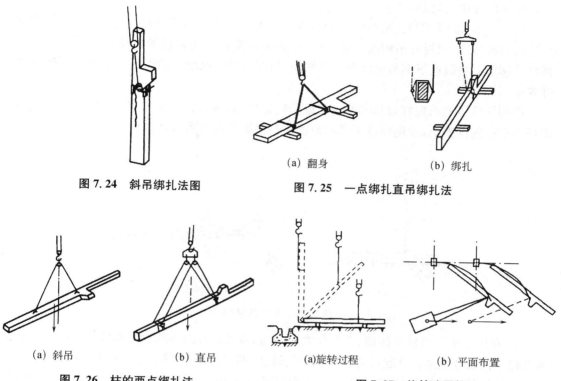

图 7.24　斜吊绑扎法图

(a) 翻身　　　　　　　　(b) 绑扎

图 7.25　一点绑扎直吊绑扎法

(a) 斜吊　　　　　　　　(b) 直吊

图 7.26　柱的两点绑扎法

(a)旋转过程　　　　　　(b) 平面布置

图 7.27　旋转法吊柱

　　当柱平卧起吊的抗弯强度满足要求时,可采用斜吊法;当柱平卧起吊抗弯能力不足时,吊装前需对柱先翻身再绑扎起吊,吊索从柱的两侧引出,上端通过卡环或滑轮组挂在横吊梁上,这种方法称为直吊法。

　　(2)柱的吊升

　　柱子安装就位常用旋转法和滑行法。

　　1)旋转法(图 7.27)。旋转法一般是采用带起重臂的起重机时选用。吊升特点是边升钩边回转臂杆,使柱子以下端为支点旋转成竖直状态,随即插入杯口。这种方法操作简单,柱身受振动小且生产效率高。

　　布置柱子应满足旋转法吊装要求,即使柱的绑扎点、柱脚和基础中心位于以起重半径为半径的圆弧上,称三点共弧;同时柱脚靠近杯口,尽可能加快安装速度。

　　除了三点共弧旋转法,还有两点共弧旋转法可以选用,即使柱的绑扎点与柱脚或柱脚与基础中心位于以起重半径为半径的圆弧上。柱脚与基础中心点两点共弧旋转法吊柱时(图 7.28),起重机边升钩边回

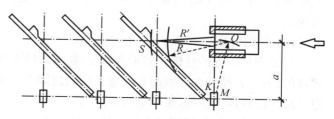

图 7.28　柱脚与基础中心两点共弧旋转法吊柱

转变幅,柱子绕柱脚旋转立直,以后过程同三点共弧旋转法。绑扎点与柱脚两点共弧旋转法吊柱时,起重机边升钩边回转,柱子绕柱脚旋转立直,吊离地面以后起重机边回转边变幅,把柱子吊入杯口。两点共弧旋转法柱子布置相对三点共弧旋转法更灵活,但起重机动作相对三点共弧旋转法更复杂。

2) 滑行法(图 7.29)。滑行法可用有臂杆和无臂杆的不同起重机进行柱的吊装。特点是吊钩对准杯口,只提升吊钩而臂杆不动,柱随吊钩提升逐渐竖直滑向杯口,竖直后即吊入杯口。这种方法因柱下端与地面滑动摩擦而受震动,并且在滑起的瞬间产生冲击,应注意吊升安全。

滑行法柱子的布置特点是绑扎点靠近基础杯口,且绑扎点与基础杯口中心位于以起重半径为半径的圆弧上,以便使柱子吊离地面后稍做旋转即可落入杯口内。

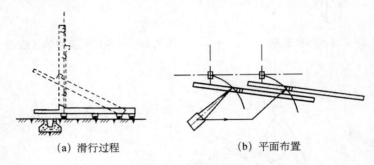

(a) 滑行过程   (b) 平面布置

图 7.29　滑行法吊柱

3) 双机抬吊。当柱子体型、重量较大,一台起重机的性能不能满足吊装要求时,可采用两台起重机联合起吊。其起吊方法可采用旋转法(两点抬吊)和滑行法(一点抬吊)。

双机抬吊旋转法是使用一台起重机抬吊柱的上吊点,另一台抬吊柱的下吊点,柱的布置应使两个吊点与基础中心分别处于起重半径的圆弧上;两台起重机并立于柱的同一侧。

双机抬吊滑行法时柱的平面布置与单机起吊滑行法基本相同。两台起重机相对而立,其吊钩均位于基础上方。起吊时,两台起重机以相同的升钩、降臂、旋转速度工作。故宜选择型号相同的起重机。

(3) 柱的对位与临时固定

柱脚插入杯口后,应悬离杯底适当距离进行对位,对位时从柱子四周放入 8 只楔块,并用撬棍拨动柱脚,使柱的安装中心线对准杯口上的安装中心线,并使柱基本保持垂直。

柱子对位后,应先将楔块略为打紧,经检查符合要求后,方可将楔块打紧,这就是临时固定。重型柱或细长柱除做上述固定措施外,必要时可加缆风绳。对位基本准确后才准脱钩,以减少校正时的难度。另外,脱钩时应注意起重机因突然卸载可能发生的摆动现象。

(4) 柱的校正

柱子安装位置的准确性和垂直精度,影响着吊车梁和屋架等构件的安装质量,必须进行严格的校正,并使其误差限制在规范允许的范围内。平面位置在临时固定时多已校正好,即以基础顶面弹线为依据,采用敲打楔块(另一侧松楔块)的办法完成。而垂直度的校正要用两台经纬仪从柱的相邻两面来测定柱的安装中心线是否垂直。

垂直度偏差的允许值为:柱高≤5 m时,为5 mm;柱高>5 m时,为10 mm;柱高≥10 m时,为1/1 000的柱高,但不得大于20 mm。倾斜度超过允许偏差时,可用螺旋千斤顶平顶法或钢管撑杆斜顶法来校正(图7.30),也可借助缆风绳来校正。但应注意校正垂直偏差时,要同时松开或打紧楔块,防止硬拉或硬推柱身引起弯曲或裂缝。

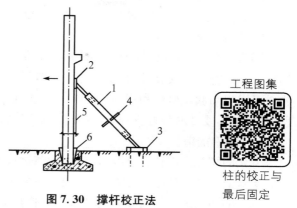

图7.30 撑杆校正法

工程图集

柱的校正与
最后固定

（5）柱的最后固定

柱子校正后应立即进行最后固定。方法是在柱脚与杯口的空隙中浇筑比柱混凝土强度等级高一级的细石混凝土。

1—带扣钢管;2—摩擦板;3—底板;
4—转动手柄;5—钢丝绳;6—楔块

浇筑应分两次进行,首次浇筑至原固定柱的楔块底面,待混凝土强度达到25％时拔去楔块,再将混凝土灌满杯口,接头混凝土应密实并注意养护,待其强度达到75％的后,方准在柱上安装其他构件。

2. 吊车梁的吊装

吊车梁一般采用两点对称绑扎平吊就位,要对准牛腿顶面弹出的轴线(十字线)。对位时不宜用撬棍在纵轴方向撬动吊车梁,以防使柱身受挤动产生偏差。吊车梁较高时,应与柱牢固拉结。

吊车梁的校正多在屋架吊装完毕后进行。一般较轻的吊车梁或跨度较小的吊车梁,可在屋盖吊装前或吊装后进行校正;而对于较重的吊车梁或跨度较大的吊车梁,宜在屋盖吊装前进行校正,但注意不可有正偏差(以免屋盖吊装时正偏差叠加超限)。吊车梁校正的内容有标高、平面位置和垂直度。

吊车梁的标高主要取决于柱牛腿标高,一般只要牛腿标高准确时,其误差就不大。如仍有微差,可待安装轨道时再调整。在检查及校正吊车梁中心线的同时,可用垂球检查吊车梁的垂直度,如有偏差时,可在支座处垫上薄钢板调整。

吊车梁平面位置的校正,主要是校核吊车梁的跨度和吊车梁的纵向轴线(使柱列上所有吊车梁的轴线在一直线上)。常用通线法(图7.31)或平移轴线法。通线法是根据柱的定位轴线,用经纬仪和钢尺,准确地校核厂房两端的四根吊车梁位置,对吊车梁的纵轴线和轨距校正好之后,再依据校正好的端部吊车梁,沿其轴线拉上钢丝通线,逐根拨正。平移轴线法是根据柱子和吊车梁的定位轴线间的距离(一般为750 mm),逐根拨正吊车梁的安装中心线。

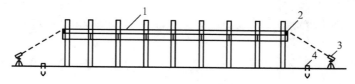

图7.31 通线法校正吊车梁轴线

1—钢丝;2—支架;3—经纬仪;4—辅助桩

吊车梁校正后,应立即焊接连接钢板固定,并在吊车梁与柱的空隙处浇筑细石混凝土。

3. 屋架的吊装

屋盖系统包括屋架、屋面板、天窗架、支撑、天窗侧板及天沟板等构件。屋盖系统一般采用按节间进行综合安装,即每安装好一榀屋架,就随即将这一节间的全部构件安装上去。这样做可以提高起重机的利用率,加快安装进度,有利于提高质量和保证安全。在安装起始的两个节间时,要及时设好支撑,以保证屋盖安装的稳定。

(1)屋架的绑扎

屋架的绑扎点应选在上弦节点处左右对称,并高于屋架重心,以免屋架起吊后晃动和倾翻。翻身或直立屋架时,吊索与水平线的夹角不宜小于60°,吊装时不宜小于45°,以免屋架承受过大的横向压力。必要时为了减小绑扎高度及所受横向压力可采用横吊梁。吊点的数目及位置与屋架的形式和跨度有关,一般应经吊装验算确定。

当跨度小于等于18 m时,采用两点绑扎;屋架跨度为18～24 m时,采用四点绑扎;跨度为30～36 m时,采用9 m横吊梁四点绑扎。对侧向刚度较差的屋架,必要时应进行临时加固;对于组合屋架,应对腹杆及下弦进行加固,如图7.32所示。

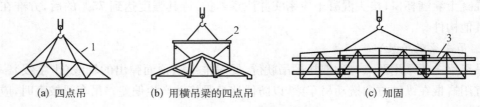

(a) 四点吊   (b) 用横吊梁的四点吊   (c) 加固

图7.32　屋架的绑扎方法

1—吊索;2—横吊梁;3—加固杉木

(2)屋架的扶直与就位

钢筋混凝土屋架一般在施工现场平卧浇筑,吊装前应将屋架扶直就位。屋架是平面受力构件,侧向刚度差。扶直时由于自重会改变杆件的受力性质,容易造成屋架损伤,所以必须采取有效措施或合理的扶直方法。

按照起重机与屋架相对位置不同,屋架扶直分为正向扶直和反向扶直。

1)正向扶直[图7.33(a)]。起重机位于屋架下弦一侧,吊钩对准屋架中心,屋架绑扎起吊过程中,应使屋架以下弦为轴心,缓慢旋转为直立状态。

2)反向扶直[图7.33(b)]。起重机位于屋架上弦一侧,吊钩对准屋架中心,屋架绑扎起吊过程中,使屋架以下弦为轴心,缓慢旋转为直立状态。

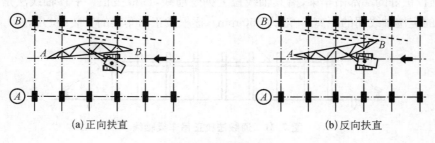

(a)正向扶直   (b)反向扶直

图7.33　屋架扶直

正向扶直和反向扶直的最大不同是,起重机在起吊过程中,对于正向扶直时要升钩并升臂,而在反向扶直时要升钩并降臂。升臂比降臂易于操作且较安全,故应尽量采用正向扶直。

屋架扶直后,应立即进行就位。就位位置应在事先加以考虑,它与屋架的安装方法和起重机械的性能有关,还应考虑屋架的安装顺序、两端朝向等问题,就位应尽量少占场地,便于安装。位置一般靠柱边斜放或以 3～5 榀为一组平行于柱边。屋架就位后,应用 8 号铁丝、支撑等与已安装的柱或已就位好的屋架相互拉结,以保持稳定。

（3）屋架的吊升、对位与临时固定

在屋架吊离地面约 300 mm 时,将屋架引至吊装位置下方,然后再将屋架吊升超过柱顶 300 mm,进行屋架与柱顶的对位。屋架对位应以建筑物的定位轴线为准,对位成功后,立即进行临时固定(图 7.34)。第一榀屋架的临时固定,可利用屋架与抗风柱连接,或用缆风绳固定;以后每榀屋架可用工具式支撑(图 7.35)与前一榀屋架连接。临时固定稳妥后,起重机才能松卸吊钩。

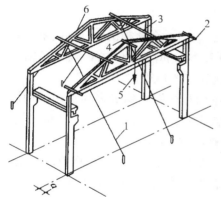

图 7.34　屋架的临时固定

1—缆风绳;2、4—挂线标尺;
3—工具式支撑;5—线坠;6—屋架

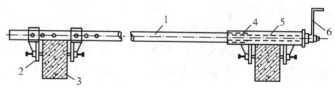

图 7.35　工具式支撑

1—钢管;2—撑脚;3—屋架上弦;
4—螺母;5—螺杆;6—摇把

（4）屋架的校正与最后固定

屋架的垂直度应用垂球(图 7.34)或经纬仪检查校正,偏差超出规定时采用工具式支撑纠正,并在柱顶加垫薄钢片。屋架校正完毕后,应立即焊接固定。

中、小型屋架,一般均用单机吊装;当屋架跨度大于 24 m 或重量较大时,应采用双机抬吊。

4. 天窗架及屋面板的吊装

一般情况下,天窗架是单独进行吊装的。吊装时应等天窗架两侧的屋面板吊装后再进行,并用工具式夹具或绑扎木杆临时加固。待对天窗架的垂直度和位置校正后,即可进行焊接固定。

也可以在地面上先将天窗架与屋架拼装成整体后同时吊装。这种吊装可减少高空作业,对起重机的起重量和起重高度要求较高,要慎重对待。

单层工业厂房的屋面板,一般为大型的槽形板,板四周吊环就是为起吊用而预埋的,即采用四点起吊。也可一次起吊多块屋面板(图 7.36),以充分发挥起重机的效率。

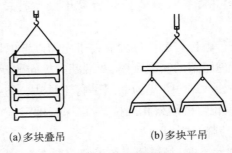

(a)多块叠吊　　　　　　(b)多块平吊

图 7.36　一次起吊多块屋面板

为了避免屋架承受半边荷载,屋面板吊装的顺序应自两边檐口开始,对称地向屋脊铺放。在每块板对位后应立即用电焊固定,必须保证有三个角点焊接,最后一块只能焊两点。

任务 4　预制混凝土装配式结构安装

预制混凝土装配式建筑是将整栋建筑物的各部分分解成为单个预制构件,如柱、梁、墙、楼板、楼梯、阳台等,利用工厂工业化的生产方式,制作成各类钢筋混凝土构件,通过运输工具将成品构件运输至施工现场,再在工地现场进行装配化施工的建筑。

装配式建筑有装配整体式剪力墙结构、框架剪力墙结构和框架结构等多种常用结构体系。在地震设防烈度为 7 度的情况下,装配整体式剪力墙结构最大适用高度达 110 m,框架-剪力墙结构最大适用高度达 120 m,框架结构最大适用高度达 50 m。

预制装配式建筑具有将设计先行转为设计集成,将手工作业转为装配施工作业的特点;将建筑设计以标准单元为基础、产品生产以工厂制作为条件、现场施工以建造工法为核心的先进建筑建造理念。

7.4.1　构件制作

预制构件的质量涉及工程质量和结构安全,预制构件制作单位应具备相应的生产工艺设施、人员配置,并应有完善的质量管理体系和必要的试验检测手段。

1. 构件制作准备

(1)技术准备:预制构件制作前,建设单位应组织设计、生产、监理、施工单位对其技术要求和质量标准进行技术交底,并应制定包括生产工艺、模具方案、生产计划、技术质量控制措施、成品保护、堆放及运输方案等内容的生产方案;如预制构件制作详图无法满足制作要求,应进行深化设计和施工验算,完善预制构件制作详图和施工装配详图,避免在构件加工和施工过程中,出现错、漏、碰、缺等问题。对应预留的孔洞及预埋部件,应在构件加工前进行认真核对,以免现场剔凿,造成损失。

(2)材料准备:在预制构件制作前,生产单位应按照相关规范、规程要求,根据预制构件的混凝土强度等级、生产工艺等选择制备混凝土的原材料,并进行混凝土配合比设计。预制构件生产前,对钢筋套筒除检验其外观质量、尺寸偏差、出厂提供的材质报告、接头型式检验报告等,还应按要求制作钢筋套筒灌浆连接接头试件进行验证性试验。

　　预制构件制作前,对带饰面砖或饰面板的构件,应绘制排砖图或排板图;对夹心外墙板,应绘制内外叶墙板的拉结件布置图及保温板排板图,以利工厂根据图纸要求对饰面材料、保温材料等进行裁切、制版等加工处理。

　　(3)模板准备:预制构件模具一般采用能多次重复使用的工具式模板(图 7.37),要求模板除应满足承载力、刚度和整体稳定性要求外,还应满足预制构件质量、生产工艺、模具组装与拆卸、周转次数等要求;满足预制构件预留孔洞、插筋、预埋件的安装定位要求;预应力构件跨度超过 6 m 时,模具应根据设计要求起拱。

(a)预制混凝土梯段模板　　　　　　　　(b)脱模后的预制混凝土梯段

图 7.37　预制混凝土梯段模板

　　(4)模具尺寸的允许偏差:当设计有要求时按设计要求确定;当设计无要求时其允许偏差和检验方法应符合表 7.4 的规定,预埋件加工的允许偏差应符合表 7.5 的规定,固定在模具上的预埋件、预留孔洞中心位置的允许偏差应符合表 7.6 的规定。

表 7.4　预制构件模具尺寸的允许偏差和检验方法

项次	检验项目及内容		允许偏差/mm	检验方法
1	长度	≤6 m	1,−2	用钢尺量平行构件高度方向,取其中偏差绝对值较大处
		>6 m 且≤12 m	2,−4	
		>12 m	3,−5	
2	截面尺寸	墙板	1,−2	用钢尺测量两端或中部,取其中偏差绝对值较大处
3		其他构件	2,−4	
4	对角线差			用钢尺量纵、横两个方向对角线
5	侧向弯曲		$L/1\,500$ 且≤5	拉线,用钢尺量则向弯曲最大处
6	翘曲		$L/1\,500$	对角拉线测量交点间距离值的 2 倍
7	底模表面平整度		2	用 2 m 靠尺和塞尺量
8	组装缝隙		1	用塞片或塞尺量
9	端模与侧模高低差		1	用钢尺量

　　注:L 为模具与混凝土接触面中最长边的尺寸。

表 7.5 预埋件加工允许偏差

项次	检查项目及内容		允许偏差/mm	检验方法
1	预埋件锚板的边长		0,−5	用钢尺量
2	预埋件锚板的平整度		1	用直尺和塞尺量
3	锚筋	长度	10,−5	用钢尺量
		间距偏差	±10	用钢尺量

表 7.6 模具预留孔洞中心位置的允许偏差

项次	检验项目及内容	允许偏差/mm	检验方法
1	预埋件插筋吊环、预留孔洞中心线位置	3	用钢尺量
2	预埋螺栓.螺母中心线位置	2	用钢尺量
3	灌浆套筒中心线位置	1	用钢尺量

注:检查中心线位置时,应从纵、機两个方向量测,并取其中的较大值。

2. 构件制作

构件模具大多采用定型钢模进行生产,要求模具应具有足够的强度、刚度和整体稳定性,并应能满足预制构件预留孔、插筋、预埋吊件及其他预埋件的定位要求;模具设计应满足预制构件质量、生产工艺、模具组装与拆卸、周转次数等要求。跨度较大的预制构件的模具应根据设计要求预设反拱。预制墙板工程生产系统如图 7.38 所示。

图 7.38 预制墙板工厂生产

1—振动台;2—工具式模板;3—墙板钢筋;
4—预埋线盒;5—混凝土浇筑系统;6—操作控制箱

(1)隐蔽工程检查:预制构件在混凝土浇筑前应进行隐蔽工程检查,检查内容包括:钢筋的牌号、规格、数量、位置、间距等;纵向受力钢筋的连接方式、接头位置、接头质量、接头面积百分率、搭接长度等;箍筋、横向钢筋的牌号、规格、数量、位置、间距,箍筋弯钩的弯折角度及平直段长度;预埋件、吊环、插筋的规格、数量、位置等;灌浆套筒、预留孔洞的规格、数量、位置等;钢筋的混凝土保护层厚度;夹心外墙板的保温层位置、厚度,拉结件的规格、数量、位置等;预埋管线、线盒的规格、数量位置及固定措施等,以保证预制构件满足结构性能质量控制环节的要求。

(2)带饰面构件反打一次成型工艺制作:反打一次成型是指将饰面面层先铺放于模板内,然后直接在面砖上浇筑混凝土,用振动器振捣成型的工艺。采用反打一次成型工艺,取消了砂浆层,使混凝土直接与面砖背面凹槽黏结,从而有效提高了二者之间的黏结强度,避免了面砖脱落引发的不安全因素和给修复工作带来的不便,而且可做到饰面平整、光洁,砖缝清晰、平直,整体效果较好。

工艺流程:支模→安装饰面层→绑扎墙板钢筋→浇筑墙板混凝土层→养护→拆模→内层装饰。

当构件饰面层采用面砖时,在模具中铺设面砖前,应根据排砖图的要求进行配砖和加工(图 7.39);饰面砖应采用背面带有燕尾槽或黏结性能可靠的产品;当构件饰面层采用石材时,石材背面应做涂覆防水处理,并宜采用不锈钢卡件与混凝土进行机械连接。在模具中铺设石材前,应根据排板图的要求进行配板和加工并按设计要求在石材背面钻孔、安装不锈钢卡钩、涂覆隔离层。饰面材料应采用具有抗裂性和柔韧性、收缩小且不污染饰面的材料嵌填面砖或石材之间的接缝,

图 7.39 反打一次成型外墙板

并应采取防止面砖或石材在安装钢筋、浇筑混凝土等生产过程中发生位移的措施。

(3)夹心外墙板制作:带保温材料夹心外墙板生产工艺有平模生产和立模生产两种方法。平模水平浇筑方式有利于保温材料在预制构件中的定位(图 7.40)。如采用立模竖直浇筑方式成型,保温材料可在浇筑前放置并固定。

平模生产工艺流程:支模→安装外墙饰面层→绑扎外叶墙板钢筋→浇筑外叶墙板混凝土层→安装保温材料和拉结件→绑扎内叶墙板钢筋→浇筑内叶墙板混凝土层→养护→拆模→内层装饰。

立模生产工艺流程:外侧支模→安装外墙饰面层→绑扎外叶墙板钢筋→安装保温材料和拉结件→绑扎内叶墙板钢筋→同步浇筑内外叶墙板混凝土层→养护→拆模→内层装饰。

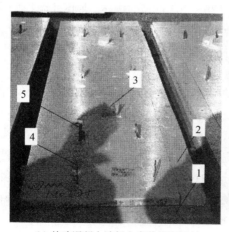

(a) 外叶混凝土墙板上安装保温材料

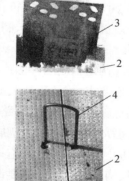

(b) 内外层混凝土连接件

图 7.40 保温材料夹心外墙 板生产

1—外叶混凝土墙板;2—保温板;3—FRP 拉结件;4—U 形拉结件;5—吊环

夹心外墙板制作时应采取措施固定保温材料,要确保拉结件的位置和间距满足要求,保证墙板的保温性能和结构性能满足设计要求,应加强生产过程的质量控制。平模工艺生产较立模生产工艺容易控制质量,应优先采用。为了保证墙板混凝土的均匀性、密实性,应采用强制式搅拌机搅拌,并用机械振捣。

采用夹芯保温的预制构件，需要采取可靠连接措施保证保温材料外的两层混凝土可靠连接，宜采用专用连接件连接内外两层混凝土，专用连接件热工性能较好，可以完全达到热工"断桥"的作用。连接措施的数量和位置需要进行专项设计，必要时在构件制作前应进行专项试验，检验连接措施的定位和锚固性能。

为了加速混凝土凝结硬化，缩短脱模时间，加快模板的周转，提高生产效率，预制构件宜采用加热养护。为了有效避免构件的温差收缩裂缝，在加热养护时应对静停、升温、恒温和降温时间进行控制。在常温下宜静停 2～6 h，升温、降温速度不应超过 20℃/h，最高养护温度不宜超过 70℃，预制构件出池的表面温度与环境温度的差值不宜超过 25℃。当气温较高时，构件混凝土可采用洒水、覆盖保湿的自然养护方法。

预制构件脱模强度应满足设计要求，当设计无要求时，为防止过早脱模造成构件出现过大变形或开裂，脱模起吊时，预制构件的混凝土立方体抗压强度不应小于 15 MPa。为了保证预制构件与后浇混凝土实现可靠连接，可以采用连接钢筋、键槽及粗糙面等方法。粗糙面可采用拉毛或凿毛处理方法，也可采用化学处理方法。采用化学方法处理时可在模板上或需要露骨料的部位涂刷缓凝剂，脱模后用清水冲洗干净，避免残留物对混凝土及其结合面造成影响。

7.4.2　构件运输

1. 预制构件检查

预制构件应按设计要求和现行国家标准的有关规定进行结构性能检验；陶瓷类装饰面砖与构件基面的黏结强度应符合《建筑工程饰面砖黏结强度检验标准》(JGJ 110—2008)和《外墙面砖工程施工及验收规范》(JGJ 126—2015)等的规定；夹心外墙板的内外叶墙板之间的拉结件类别、数量及使用位置应符合设计要求。预制构件检查合格后，应在构件上设置表面标识，标识内容宜包括构件编号、制作日期、合格状态、生产单位等信息。

2. 构件运输

构件运输时应制定预制构件的运输与堆放方案，其内容应包括运输时间、次序、堆放场地、运输线路、固定要求、堆放支垫及成品保护措施等。

预制构件的运输线路应根据道路、桥梁的荷重限值及限高、限宽、转弯半径等条件确定，场内运输宜设置循环线路；运输车辆应满足构件尺寸和载重要求。装卸构件过程中，应采取保证车体平衡、防止车体倾覆的措施；运输过程中，应采取防止构件移动、倾倒、变形等的固定措施；运输细长构件时应根据需要设置水平支架；构件边角部或运输捆绑链索接触处的混凝土，宜采用垫衬加以保护，防止构件损坏。

3. 构件堆放

预制构件的堆放场地应平整、坚实，并应采取良好的排水措施。重叠堆放时应保证最下层构件垫实，预埋吊件宜向上，标识宜朝向堆垛间的通道；垫木或垫块在构件下的位置宜与脱模、吊装时的起吊位置一致[图 7.41(a)]，每层构件间的垫木或垫块应在同一垂直线上。堆垛的安全、稳定特别重要。堆垛层数应根据构件与垫木或垫块的承载力及堆垛的稳定性确定，必要时应设置防止构件倾覆的支架；施工现场堆放的构件，宜按安装顺序分类堆放，堆垛宜布置在吊车工作范围内且不受其他工序施工作业影响的区域。

墙板类构件应根据施工要求选择堆放方法，对外形复杂墙板宜采用插放架或靠放架直立堆放；插放架、靠放架应安全可靠，满足强度、刚度及稳定性的要求。当采用靠放架堆放构件时，采用靠放架直立堆收的墙板宜对称靠放、饰面朝外，靠放架与地面倾斜角度宜大于80°[图 7.41(b)]；如受运输路线等因素限制而无法直立运输时，也可平放运输，但需采取保护措施，如在运输车上放置使构件均匀受力的平台等。

(a)　　　　　　　　　　　　　　(b)

图 7.41　预制构件堆放

1—预制叠合梁；2—垫木；3—靠放架；4—预制墙板

7.4.3　构件吊装

1. 吊装前的准备与作业

（1）检查试用塔式起重机，确认可正常运行。

（2）准备吊装架、吊索等吊具，检查吊具，特别是检查绳索是否有破损，吊钩卡环是否有问题等。

（3）准备牵引绳等辅助工具、材料。

（4）准备好灌浆设备、工具，调试灌浆泵。

（5）备好灌浆料。

（6）检查构件套筒或锚孔是否堵塞。当套筒、预留孔内有杂物时，应当及时清理干净。用手电筒补光检查，发现异物用气体或钢筋将异物清掉。

（7）将连接部位浮灰清扫干净。

（8）对于柱子、剪力墙板等竖直构件，安好调整标高的支垫（在预埋螺母中旋入螺栓或在设计位置安放金属垫块）；准备好斜支撑部件；检查斜支撑地锚。

（9）对于叠合楼板、梁、阳台板、挑檐板等水平构件，架立好竖向支撑。

（10）伸出钢筋采用机械套筒连接时，须在吊装前在伸出钢筋端部套上套筒。

（11）外挂墙板安装节点连接部件的准备，如果需要水平牵引，牵引葫芦吊点设置、工具准备等。

2. 放线

（1）标高与平整度

柱子和剪力墙板等竖向构件安装，水平放线首先确定支垫标高；支垫采用螺栓方式，旋转螺栓到设计标高;支垫采用钢垫板方式,准备不同厚度的垫板调整到设计标高。构件安装后,测量调整柱子或墙板的顶面标高和平整度。

没有支撑在墙体或梁上的叠合楼板、叠合梁、阳台板、挑檐板等水平构件安装,水平放线首先控制临时支撑体梁的顶面标高。构件安装后测量控制构件的底面标高和平整度。

支撑在墙体或梁上的楼板、支撑在柱子上的莲藕梁,水平放线首先测量控制下部构件支撑部位的顶面标高,安装后测量控制构件顶面或底面标高和平整度。

(2) 位置

PC 构件安装原则上以中心线控制位置,误差由两边分摊。可将构件中心线用墨斗分别弹在结构和构件上,方便安装就位时定位测量。

建筑外墙构件,包括剪力墙板、外墙挂板、悬挑楼板和位于建筑表面的柱、梁,"左右"方向与其他构件一样以轴线作为控制线。"前后"方向以外墙面作为控制边界。外墙面控制可以用从主体结构探出定位杆拉线测量的办法。

(3) 垂直度

柱子、墙板等竖直构件安装后须测量和调整垂直度,可以用仪器测量控制,也可以用铅坠测量。

3. 构件吊装作业

构件吊装作业的基本工序:

(1) 在被吊装构件上系好定位牵引绳。

(2) 在吊点"挂钩"。

(3) 构件缓慢起吊,提升到约半米高度,观察没有异常现象,吊索平衡,再继续吊起。

(4) 柱子吊装是从平躺着状态变成竖直状态,在翻转时,柱子底部须隔垫硬质聚苯乙烯或橡胶轮胎等软垫。

(5) 将构件吊至比安装作业面高出 3m 以上且高出作业面最高设施 1m 以上高度时再平移构件至安装部位上方,然后缓慢下降高度。

(6) 构件接近安装部位时,安装人员用牵引绳调整构件位置与方向。

(7) 构件高度接近安装部位约 1m 处,安装人员开始用手扶着构件引导就位。

(8) 构件就位过程中须慢慢下落。柱子和剪力墙板的套筒(或浆锚孔)对准下部构件伸出钢筋;楼板、梁等构件对准放线弹出的位置或其他定位标识;楼梯板安装孔对准预埋螺母等;构件缓慢下降直至平稳就位。

(9) 如果构件安装位置和标高大于允许误差,进行微调。

(10) 水平构件安装后,检查支撑体系的支撑受力状态,对于未受力或受力不平衡的情况行微调。

(11) 柱子、剪力墙板等竖直构件和没有横向支承的梁须架立斜支撑,并通过调斜支撑长度调节构件的垂直度。

(12) 检查安装误差是否在允许范围内。

图 7.42～图 7.45 为构件吊装实际工程的照片。

图 7.42 柱吊装

图 7.43 梁吊装

图 7.44 莲藕梁吊装

图 7.45 叠合楼吊装

4. 安装误差检查与调整

构件安装后须对误差进行检查,合格后方可以进行下一道作业——灌浆或后浇混凝土作业。

7.4.4 灌浆作业

灌浆作业是装配式混凝土结构施工的重点,直接影响到装配式建筑的结构安全。灌浆工艺应编制专项施工工艺与操作规程,操作人员必须经过专业培训后持证上岗。

灌浆工艺流程:灌浆准备工作→接缝封堵及分仓→灌浆料制备→灌浆→灌浆后节点保护。

灌浆作业的要点:

(1) 灌浆料进场验收应符合《钢筋套筒灌浆连接应用技术规程》(JGJ 355—2015)的规定。

(2) 灌浆前应检查套筒、预留孔的规格、位置、数量和深度。

(3) 应按产品说明书要求计量灌浆料和水的用量,经搅拌均匀并测定其流动度满足要求后方可灌注。

(4) 灌浆前应对接缝周围采用专用封堵料进行封堵,柱子可采用木板条封堵。

(5) 灌浆操作全过程有专职检验员与监理旁站,并及时形成灌浆检查记录影像存档。

(6) 灌浆料拌合物应在灌浆料厂家给出的时间内用完,且最长不宜超过 30min。已经开始初凝的灌浆料不能使用。

(7) 灌浆作业应采取压浆法从下口灌注,当灌浆料从上口流出时应及时封堵出浆口。保持压力 30s 后再封堵灌浆口。

(8) 冬期施工时环境温度应在 5℃以上,并应对连接处采取加热保温措施,保证浆料在 48h 凝结硬化过程中连接部位温度不低于 10℃。

(9) 灌浆后 12h 内不得使构件和灌浆层受到振动、碰撞。

(10) 灌浆作业应及时做好施工质量检查记录,并按要求每工作班制作一组试件。

7.4.5 施工要点

1. 临时支撑拆除

水平构件的竖向支撑和竖直构件的斜支撑,须在构件连接部位灌浆料或后浇混凝土的强度达到设计要求后才可以拆除。

各种构件拆除临时支撑的条件应当在构件施工图中给出。如果构件施工图没有要求,施工企业应请设计人员给出要求。

灌浆料具有早强和高强的特点,采用套筒灌浆或浆锚搭接工艺的竖向构件,一般可在灌浆作业完成 3 天后拆除斜支撑。

叠合楼板等水平叠合构件和后浇区连接的梁,应当在混凝土达到设计强度时才能够拆除临时支撑。

2. 构件安装缝施工

PC 构件安装后需要对构件与构件之间的缝,外挂墙板构件与其他维护墙体之间的缝进行处理。

接缝处理最主要的任务是防水,夹芯保温板雨水渗漏进去后会导致保温板受潮,影响保温效果,在北方会导致内墙冬季结霜,雨水还可能渗透进墙体,导致内墙受潮变霉等,外挂墙板透水有可能影响到连接件的耐久性,引发安全事故。

接缝处理必须严格按照设计要求施工,必须保证美观干净。

（1）构件与构件接缝处理

1）须按照设计要求进行接缝施工。

2）建筑密封胶应与混凝土有良好的黏结性，还应具有耐候性、可涂装性、环保性。

3）PC 构件接缝处理前应先修整接缝，清除浮灰，然后再打密封胶。

4）根据设计要求填充垫材（根据缝宽选用合适的垫材）。

5）施工前打胶缝两侧须粘贴胶带或美纹纸，防止污染。

6）密封胶应填充饱满、平整、均匀、顺直、表面平滑，厚度符合设计要求。

（2）外挂墙板构件缝处理

1）外挂墙板构件接缝在设计阶段应当设置三道防水处理，第一道密封胶、第二道构造防水、第三道气密条（止水胶条）。

2）外挂墙板是自承重构件，不能通过板缝进行传力，所以在施工时保证四周空腔内不得混入硬质杂物。

3）外挂墙板构件接缝有气密条（止水胶条）时，应当在构件安装前黏结到构件上。

4）密封胶应有较好的弹性来适应构件的变形。

3．现场修补

（1）由于运输或安装磕碰造成的构件缺棱掉角和表面破损应进行修补。修补作业宜请构件生产厂家有经验的技工完成。

（2）修补用的砂浆应当保证强度，与混凝土构件黏结牢固。砂浆内掺加树脂类聚合物会提高强度和黏接力。修补过的地方应进行保持湿度的养护，也可以表面涂刷养护剂养护。

（3）对于清水混凝土构件和装饰混凝土构件的表面，修补用砂浆应与构件颜色一致，修补砂浆终凝后，应当采用砂纸或抛光机进行打磨，保证修补痕迹在 2 m 处看不出来。

（4）对于磕碰掉装饰层的表面应采用专用胶黏剂进行黏接修复，保证修复部位黏接的牢固性和耐久性。

4．表面处理

大多数 PC 构件的表面处理在工厂完成，如喷刷涂料、真石漆、乳胶漆等，在运输、工地存放和安装过程中须注意成品保护。

也有 PC 构件在安装后需要进行表面处理，如在运输和安装过程中被污染的外围护构件表面的清洗、清水混凝土构件表面涂刷透明保护涂料等。

装饰混凝土表面清洗可用稀释的盐酸溶液（浓度低于 5%）进行清洗，再用清水将盐酸溶液冲洗干净。

清水混凝土表面可采用清水或者 5% 的磷酸溶液进行清洗。

构件表面处理可在"吊篮"上作业，应自上而下进行。

5．冬期施工措施

PC 装配式建筑由于湿作业少，也容易形成围护空间，冬期施工比较方便，这对于冬季停工 4～5 个月的北方地区来说是非常有利的。

一般而言，连续五天日平均气温低于 5℃时，就进入冬期施工。

PC 建筑冬期施工应做好方案，符合行业标准《建筑工程冬期施工规程》（JGJ 104—2011）的有关规定，具体措施如下：

（1）PC 建筑冬期施工可以采取将一个楼层窗洞围护起来，内部采暖形成暖棚的方式；也可以将连接部位局部围护保暖加热的方式。

（2）套筒灌浆作业的施工环境应当采取加热与保温措施，保证套筒、灌浆料等材料温度在5℃以上

（3）灌浆完成后当灌浆区域养护温度低于10℃时，应当局部做加热措施，例如用暖风机或者电热毯包裹等方式。

（4）局部需要现浇的部位也要保证环境温度在5℃以上。

（5）后浇混凝土应当选用掺防冻剂的混凝土，入模温度应在5℃以上。

（6）浇筑完成的区域应当局部围护、覆盖和加热。

6. 施工质量要点

PC施工质量的关键环节为：

（1）现浇混凝土伸出的与套筒连接的钢筋位置必须准确，误差在设计允许范围内，否则，伸出钢筋将无法插入套筒或浆锚孔。

（2）构件吊装误差控制在设计或规范允许的范围内。

（3）套筒、浆锚孔内和构件之间横缝灌满浆料。

（4）后浇混凝土节点的施工质量。

（5）成品保护。

7. 安全施工要点

除现浇混凝土建筑工地的安全措施和要点外，PC施工自身的安全重点如下：

（1）起重机的安全性。

（2）吊架、吊具的可靠性，日常检查制度。

（3）吊装作业的安全防护。

（4）构件安装后临时支撑的安全可靠。

（5）吊装施工下方的区域隔离、标识和派专人看守。

（6）雨、雪、雾天气和风力大于6级时不进行吊装作业。

（7）夜间不进行吊装作业。

习　题

1. 常用起重机械有哪些？选择起重机的类型、起重参数的依据是什么？

2. 履带式起重机抗倾覆稳定性系数是怎样规定的？

3. 单层厂房预制混凝土柱安装之前，柱子和基础要做哪些准备工作？

4. 柱子起吊的方法有几种？各种方法的优缺点是什么？

5. 柱子校正的方法和要求及柱的永久固定方法是什么？

6. 吊车梁校正方法和要求有哪些？吊车梁是用什么方法来永久固定的？

7. 预制钢筋混凝土屋架校正方法及临时固定方法有哪些？

8. 分件吊装和综合吊装方法各有哪些特点和优缺点？

9. 装配式混凝土结构制作有哪些要求？

10. 简述装配式混凝土结构吊装要点。

11. 简述装配式混凝土结构灌浆要点。

12. PC构件安装缝施工如何处理？

【本章要点】

1. 了解防水工程的有关基本知识和有关技术术语概念。

2. 掌握地下防水工程结构自防水、卷材防水的主要施工方法和施工要点以及屋面防水工程卷材防水、刚性防水施工方法和主要的技术措施。

3. 熟悉防水工程节点细部做法。

资源合集

学习情境 8

工程图集

防水卷材

任务 1　屋面防水工程

8.1.1　卷材防水屋面

卷材防水屋面是用胶结材料粘贴卷材进行防水的屋面。这种屋面具有重量轻、防水性能好的优点,其防水层的柔韧性好,能适应一定程度的结构松动和胀缩变形。所用卷材有传统的沥青防水卷材、高聚物改性沥青防水卷材和合成高分子防水卷材等三大系列。

1. 卷材屋面构造

卷材防水屋面的构造如图 8.1 所示。

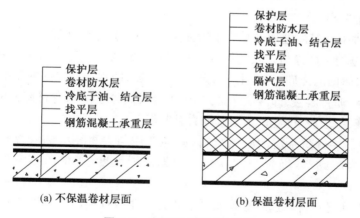

(a) 不保温卷材层面　　　(b) 保温卷材层面

图 8.1　卷材防水屋面构造图

2. 卷材防水层施工

(1) 基层要求

基层施工质量的好坏,将直接影响屋面工程的质量。基层应有足够的强度和刚度,承受荷载时不至于产生显著变形。基层一般采用水泥砂浆、细石混凝土或沥青砂浆找平,做到平整、坚实、清洁、无凹凸形及尖锐颗粒。其平整度为:用 2 m 长的直尺检查,基层与直尺间的最大空隙不应超过 5 mm，空隙仅允许平缓变化，每米长度内不得多于一处。铺设屋面隔气层和防水层以前，基层必须清扫干净。

屋面及檐口、檐沟、天沟找平层的排水坡度，必须符合设计要求，平屋面采用结构找坡应不大于 3%，采用材料找坡宜为 2%，天沟、檐沟纵向找坡不应小于 1%，沟底落水差不大于 200 mm，在与突出屋面结构的连接处以及在基层的转角处，均应做成圆弧或钝角，其圆弧半径应符合要求：沥青防水卷材为 100～150 mm，高聚物改性沥青卷材为 50 mm，合成高分子防水卷材为 20 mm。

为防止由于温差及混凝土构件收缩而使防水屋面开裂，找平层应留分格缝，缝宽一般为 20 mm。缝应留在预制板支承边的拼缝处，其纵向最大间距，当找平层采用水泥砂浆或细石混凝土时，不宜大于 6 m；采用沥青砂浆时，则不宜大于 4 m。分格缝应附加 200～300 mm 的油毡，用沥青胶结材料单边点贴覆盖。

采用水泥砂浆或沥青砂浆找平层做基层时，其厚度和技术要求应符合表 8.1 的规定。

表 8.1　找平层厚度和技术要求

类别	基层种类	厚度/mm	技术要求
水泥砂浆找平层	整体混凝土	15～20	1：2.5～1：3（水泥：砂）体积比，水泥强度等级不低于 32.5
	整体或板状材料保温层	20～25	
	装配式混凝土板、松散材料保温层	20～30	
细石混凝土找平层	松散材料保温层	30～35	混凝土强度等级不低于 C20
沥青砂浆找平层	整体混凝土	15～20	质量比 1：8（沥青：砂）
	装配式混凝土板、整体或板状材料保温层	20～25	

（2）材料选择

1）基层处理剂。基层处理剂是为了增强防水材料与基层之间的黏结力，在防水层施工前，预先涂刷在基层上的涂料。其选择应与所用卷材的材性相容。常用的基层处理剂有用于沥青卷材防水屋面的冷底子油，用于高聚物改性沥青防水卷材屋面的氯丁胶沥青乳胶、橡胶改性沥青溶液、沥青溶液（即冷底子油）和用于合成高分子防水卷材屋面的聚氨酯煤焦油系的二甲苯溶液、氯丁胶乳溶液、氯丁胶沥青乳胶等。

2）胶黏剂。卷材防水层的胶结材料，必须选用与卷材相应的胶黏剂。沥青卷材可选用沥青胶作为胶黏剂，沥青胶的标号应根据屋面坡度、当地历年室外极端最高气温选用。

高聚物改性沥青卷材可选用橡胶或再生橡胶改性沥青的汽油溶液或水乳液作胶黏剂，其黏结强度应大于 0.05 MPa，黏结剥离强度应大于 8 N/10 mm。

合成高分子防水卷材可选用以氯丁橡胶和丁基酚醛树脂为主要成分的胶黏剂或以氯丁橡胶乳液制成的胶黏剂，其黏结强度不应小于 15 N/10 mm，其用量为 0.4～0.5 kg/m²。胶黏剂均由卷材生产厂家配套供应。常用合成高分子卷材配套胶黏剂参见表 8.2。

3）卷材。主要防水卷材的分类参见表 8.3。沥青防水卷材的外观质量要求参见表 8.4。

表 8.2　部分合成高分子卷材的胶黏剂

卷材名称	基层与卷材胶黏剂	卷材与卷材胶黏剂	表面保护层涂料
三元乙丙—丁基橡胶卷材	CX－404 胶	丁基黏结剂 A、B组分（1∶1）	水乳型醋酸乙烯-丙烯酸酯共聚,油溶性乙丙橡胶和甲苯溶液
氯化聚乙烯卷材	BX－12 胶黏剂	BX－12 乙组份胶黏剂	
LYX－603 氯化聚乙烯卷材	LYX－603－3（3 号胶）甲、乙组份	LYX－603－2(2 号胶)	
聚氯乙烯卷材	FL－5 型(5～15℃使用) FL－15 型(15～40℃使用)		

表 8.3　主要防水卷材分类表

类别		防水卷材名称
沥青基防水卷材		纸胎、玻璃胎、玻璃布、黄麻、铝箔沥青卷材
高聚物改性沥青防水卷材		SBS、APP、ABS－APP、丁苯橡胶改性沥青卷材;胶粉改性沥青卷材、再生胶卷材、PVC 改性煤沥青卷材等
合成高分子防水卷材	硫化型橡胶或橡胶共混卷材	三元乙丙卷材、氯磺化聚乙烯卷材、丁基橡胶卷材、氯丁橡胶卷材、氯化聚乙烯-橡胶共混卷材等
	非硫化型橡胶或橡胶共混卷材	丁基橡胶卷材、氯丁橡胶卷材、氯化聚乙烯-橡胶共混卷材等
	合成树脂系防水卷材	氯化聚乙烯卷材、PVC 卷材等
特种卷材		热熔卷材、冷自黏卷材、带孔卷材、热反射卷材、沥青瓦等

表 8.4　沥青防水卷材外观质量

项　目	质量要求
孔洞、硌伤	不允许
漏胎、涂盖不匀	不允许
折纹、折皱	距卷芯 100 mm 以外,长度不大于 100 mm
裂纹	距卷芯 100 mm 以外,长度不大于 10 mm
裂口、缺边	边缘裂口小于 20 mm,缺边长度小于 50 mm,深度小于 1 mm
每卷卷材的接头	不超过 1 处,较短的一段不应小于 2 500 mm,接头处应加长 150 mm

高聚物改性沥青防水卷材的外观质量要求参见表 8.5。

各种防水材料及制品均应符合设计要求,具有质量合格证明,进场前应按规范要求进行抽样复检,严禁使用不合格产品。

表 8.5　高聚物改性沥青防水卷材外观质量

项　目	质量要求
孔洞、缺边、裂口	不允许
边缘不整齐	不超过 10 mm

项　目	质量要求
胎体露白、未浸透	不允许
撒布材料粒度	均匀
每卷卷材的接头	不超过1处，较短的一段不应小于1 000 mm，接头处应加长150 mm

合成高分子防水卷材外观质量的要求参见表8.6。

表8.6　合成高分子防水卷材外观质量

项　目	质量要求
折痕	每卷不超过2处，总长度不超过20 mm
杂质	大于0.5 mm颗粒不允许，每1 m² 不超过9 mm²
凹痕	每卷不超过6处，深度不超过本身厚度的30%，树脂深度不超过15%
胶块	每卷不超过6处，每处面积不大于4 mm²
每卷卷材的接头	橡胶类每20 m不超过1处，较短的一段不应小于3 000 mm，接头处应加长150 mm，树脂类20 m程度内不允许有接头

（3）卷材施工

1）沥青卷材防水施工。卷材防水层施工的一般工艺流程如图8.2所示。

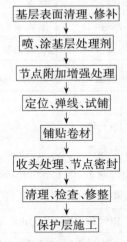

基层表面清理、修补
↓
喷、涂基层处理剂
↓
节点附加增强处理
↓
定位、弹线、试铺
↓
铺贴卷材
↓
收头处理、节点密封
↓
清理、检查、修整
↓
保护层施工

工程图集

屋面防水
卷材施工

图8.2　卷材防水施工工艺流程图

① 铺设方向。卷材的铺设方向应根据屋面坡度和屋面是否有振动来确定。当屋面坡度小于3%时，卷材宜平行于屋脊铺贴；屋面坡度为3%～15%时，卷材可平行或垂直于屋脊铺贴；屋面坡度大于15%或屋面受震动时，沥青防水卷材应垂直于屋脊铺贴。上下层卷材不得相互垂直铺贴。

② 施工顺序。屋面防水层施工时，应先做好节点、附加层和屋面排水比较集中部位（如屋面与水落口连接处、檐口、天沟、屋面转角处、板端缝等）的处理，然后由屋面最低标高处向上施工。铺贴天沟、檐沟卷材时，宜顺天沟、檐口方向，尽量减少搭接。铺贴多跨和有高低跨的屋面时，应按先高后低、先远后近室外顺序进行。大面积卷材施工时，应根

据卷材特征及面积大小等因素合理划分流水施工段。施工段的界线宜设在屋脊、天沟、变形缝等处。

③ 搭接方法及宽度要求。铺贴卷材采用搭接法,上下层及相邻两幅卷材的搭接缝应错开。平行于屋脊的搭接应顺水流方向;垂直于屋脊的搭接应顺主导风向。叠层铺设的各层卷材,在天沟与屋面的连接处,应采用叉接法搭接,搭接缝应错开,接缝宜留在屋面或天沟侧面,不宜留在沟底。各种卷材搭接宽度应符合要求。

④ 铺贴方法。沥青卷材的铺贴方法有浇油法、刷油法、刮油法、撒油法等四种。通常采用浇油法或刷油法,在干燥的基层上满涂沥青胶,应随浇涂随铺油毡。铺贴时,油毡要展平压实,使之与下层紧密黏结,卷材的接缝,应用沥青胶赶平封严。对容易漏水的薄弱部位(如天沟、檐口、泛水、水落口处等),均应加铺 1~2 层卷材附加层。

⑤ 屋面特殊部位的铺贴要求。天沟、檐沟、檐口、水落口、泛水、变形缝和伸出屋面管道的防水结构,必须符合设计要求。天沟、檐沟、檐口、泛水和立面卷材收头的端部应裁齐,塞入预留凹槽内,用金属压条,钉压固定,最大钉距不应大于 900 mm,并用密封材料嵌填封严,凹槽距屋面找平层不小于 250 mm,凹槽上部墙体应做防水处理。

水落口杯应牢固地固定在承重结构上,如系铸铁制品,所有零件均应除锈,并刷防锈漆;天沟、檐沟铺贴卷材应从沟底开始。如沟底过宽,卷材纵向搭接时,搭接缝必须用密封材料封口,密封材料嵌填必须密实、连续、饱满、粘贴牢固、无气泡、不开裂脱落。沟内卷材附加层在与屋面交接处宜空铺,其空铺宽度不小于 200 mm,其卷材防水层应由沟底翻上至沟外檐顶部,卷材收头应用水泥钉固定并用密封材料封严,铺贴檐口 800 mm 范围内的卷材应采取满黏法。

铺贴泛水处的卷材应采取满黏法,防水层贴入水落口内不小于 50 mm,水落口周围直径 500 mm 范围内的坡度不小于 5%,并用密封材料封严。

变形缝处的泛水高度不小于 250 mm,伸出屋面管道的周围与找平层或细石混凝土防水层之间,应预留 20 mm×20 mm 的凹槽,并用密封材料嵌填严密,在管道根部直径500 mm 范围内,找平层应抹出高度不小于 30 mm 的圆台。管道根部四周应增设附加层,宽度和高度均不小于 300 mm。管道上的防水层收头应用金属箍紧固,并用密封材料封严。

⑥ 排汽屋面的施工。卷材应铺设在干燥的基层上。当屋面保温层或找平层干燥有困难而又急需铺设屋面卷材时,则应采用排汽屋面。排汽屋面是整体连续的,在屋面与垂直面连接的地方,隔气层应延伸到保温层顶部,并高出 150 mm,以便与防水层相连,防止房间内的水蒸气进入保温层,造成防水层起鼓破坏,保温层的含水率必须符合设计要求。在铺贴第一层卷材时,采用条黏、点黏、空铺等方法使卷材与基层之间留有纵横相互贯通的空隙作排汽道(图 8.3),排汽道的宽度为 30~40 mm,深度一直到结构层。对于有保温层的屋面,也可在保温层上的找平层上留槽作排汽道,并在屋面或屋脊上设置一定的排气孔(每 36 m² 左右一个)与大气相通,这样就能使潮湿基层中的水分蒸发排出,防止油毡起鼓。排汽屋面适用于气候潮湿,雨量充沛,夏季阵雨多,保温层或找平层含水率较大,且干燥有困难的时候。

2) 高聚物改性沥青卷材防水施工。高聚物改性沥青防水卷材,是指对石油沥青进行改性,提高防水卷材使用性能,增加防水层寿命而生产的一类沥青防水卷材。对沥青的改性,主要是通过添加高分子聚合物实现,其分类品种包括:塑料体沥青防水卷材、弹性体沥青防

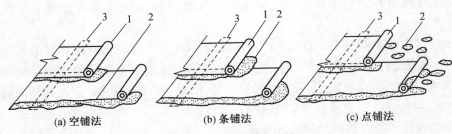

(a) 空铺法   (b) 条铺法   (c) 点铺法

图 8.3　排气屋面卷材铺法

1-卷材；2-沥青胶；3-附加卷材条

水卷材、自黏结油毡、聚乙烯膜沥青防水卷材等。使用较为普遍的是 SBS 改性沥青卷材、APP 改性沥青卷材、PVC 改性沥青卷材和再生胶改性沥青卷材等。其施工工艺流程与普通沥青卷材防水层相同。

依据高聚物改性沥青防水卷材的特性，其施工方法有冷黏法、热熔法和自黏法之分。在立面或大坡面铺贴高聚物改性沥青防水卷材时，应采用满黏法，并要减少短边搭接。

① 冷黏法施工。冷黏法施工是利用毛刷将胶黏剂涂刷在基层或卷材上，然后直接铺贴卷材，使卷材与基层、卷材与卷材黏结的方法。施工时，胶黏剂涂刷应均匀、不露底、不堆积。空铺法、条铺法、点黏法应按规定的位置与面积涂刷胶黏剂。铺贴卷材时应平整顺直，搭接尺寸准确，接缝应满涂胶黏剂，辊压黏结牢固，不得扭曲，破折溢出的胶黏剂随即刮平封口；也可采用热熔法搭接。接缝口应用密封材料封严，宽度不应小于 10 mm。

② 热熔法施工。热熔法施工是指利用火焰加热器融化热熔型防水卷材底层的热熔胶进行粘贴的方法。施工时，在卷材表面热熔后（以卷材表面熔融至光亮黑色为度）应立即滚铺卷材，使之平展，并辊压黏结牢固。搭接缝处必须以溢出热熔的改性沥青胶为度，并应随即刮封接口。加热卷材时应均匀，不得过分加热或烧穿卷材。

③ 自黏法施工。自黏法施工是指采用带有自黏胶的防水卷材，不用热施工，也不涂胶结材料，而进行黏结的方法。铺贴前，基层表面应均匀涂刷基层处理剂，待干燥后及时铺贴卷材。铺贴时，应先将自黏胶底面隔离纸完全撕净，排除卷材下面的空气，并辊压黏结牢固，不得空鼓。搭接部位必须采用热风焊枪加热后随即粘贴牢固，溢出的自黏胶随即刮平封口。接缝口用不小于 10 mm 宽的密封材料封严。对厚度小于 3 mm 的高聚物改性沥青防水卷材，严禁采用热熔法施工。

3) 合成高分子卷材防水施工。合成高分子卷材的主要品种有：三元乙丙橡胶防水卷材，氯化聚乙烯—橡胶共混防水卷材，氯化聚乙烯防水卷材和聚氯乙烯防水卷材等。

施工方法一般有冷黏法、自黏法和热风焊接法三种。

冷黏法、自黏法施工要求与高聚物改性沥青防水卷材基本相同，但冷黏法施工时搭接部位应采用与卷材配套的接缝专用胶黏剂，在搭接缝黏合面上涂刷均匀，并控制涂刷与黏合的间隔时间，排除空气，辊压黏结牢固。

热风焊接法时利用热空气焊枪进行防水卷材搭接黏合的方法。焊接前卷材铺放应平整顺直，搭接尺寸正确；施工时焊接缝的结合面应清扫干净，无水滴、油污及附着物。先焊长边搭接缝，后焊短边搭接缝，焊接处不得有漏焊、缺焊、焊焦或焊接不牢的现象，也不得损害非焊接部位的卷材。

（4）保护层施工。卷材铺设完毕，经检验合格后，应立即进行保护层的施工，及时保护防水层免受损伤，从而延长卷材防水层的使用年限。常用的保护层做法有以下几种：

1）涂料保护层。保护层涂料一般在现场配制，常用的有铝基沥青悬浮液、丙烯酸浅色涂料或在涂料中掺入铝粉的反射涂料。施工前防水层表面应干净无杂物。涂刷方法与用量按各种涂料使用说明书操作，基本和涂膜防水施工相同。涂刷要均匀、不漏涂。

2）绿豆砂保护层。在沥青卷材非上人屋面中使用较多。施工时在卷材表面涂刷最后一道沥青胶，趁热撒铺一层粒径为 3～5 mm 的绿豆砂（或人工砂），绿豆砂应撒铺均匀，全部嵌入沥青胶中。为了嵌入牢固，绿豆砂需经预热至 100℃ 左右干燥后使用。边撒砂边扫铺均匀，并用软辊轻轻压实。

3）细砂、云母或蛭石保护层。主要用于非上人屋面的涂膜防水层的保护层。使用前应先筛去粉料，砂可采用天然砂。当涂刷最后一道涂料时，应边涂刷边撒布细砂（或云母、蛭石），同时用软胶辊反复轻轻滚压，使保护层牢固地黏结在涂层上。

4）混凝土预制板保护层。混凝土预制板保护层的结合面可采用砂或水泥砂浆。混凝土板的铺砌必须平整，并满足排水要求。在砂结合层上铺砌块体时，砂层应洒水压实、刮平；板块对接铺砌，缝隙应一致，缝宽 10 mm 左右，砌完洒水轻拍压实。板缝先填砂一半高度，再用 1∶2 水泥砂浆勾成凹缝。为防止砂子流失，在保护层四周 500 mm 范围内，应改用低强度等级水泥砂浆做结合层。采用水泥砂浆做结合层时，应先在防水层上做隔离层，隔离层可采用热砂、干铺油毡、铺纸筋灰或麻刀灰、黏土砂浆、白灰砂浆等多种方法施工。预留板缝（10 mm）用 1∶2 水泥砂浆勾成凹缝。

上人屋面的预制块体保护层，块体材料应按照楼地面工程质量要求选用，结合层应选用 1∶2 水泥砂浆。

5）水泥砂浆保护层。水泥砂浆保护层与防水层之间应设置隔离层，保护层用的水泥砂浆配合比一般为 1∶2.5～1∶3（体积比）。

保护层施工前，应根据结构情况每隔 4～6 m 用木模设置纵横分格缝。铺设水泥砂浆时应随铺随拍实，并用刮刀刮平。排水坡度应符合设计要求。

立面水泥砂浆保护层施工时，为使砂浆与防水层粘贴牢固，可事先在防水层表面黏上砂粒或小细石，然后再做保护层。

6）细石混凝土保护层。施工前应在保护层上铺设隔离层，并按要求支好分格缝木模，设计无要求时，每格面积不大于 36 m²，分格缝宽度为 20 mm。一个分格内的混凝土应连续浇筑，不留施工缝。振捣宜采用铁辊滚压或人工拍实，以防破坏防水层。拍实后随即用刮尺按排水坡度刮平，初凝前用木抹子提浆抹平，初凝后及时取出分格缝木模，终凝前用铁抹子压光。

细石混凝土保护层浇筑后应及时进行养护，养护时间不应少于 7 d。养护期满即将分格缝清理干净，待干燥后嵌填密封材料。

8.1.2　涂膜防水屋面

涂膜防水屋面是在屋面基层上涂刷防水涂料，经固化后形成一层有一定厚度和弹性的整体涂膜，从而达到防水目的的一种防水屋面形式。其经典的构造层次如图 8.4 所示。

工程图集

涂膜防水
屋面施工

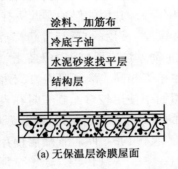

(a) 无保温层涂膜屋面

(a) 有保温层涂膜屋面

图8.4　涂膜防水屋面构造图

1. 材料要求

根据防水涂料成膜物质的主要成分,适用涂膜防水层的涂料可分为:高聚物改性沥青防水涂料和合成高分子防水涂料两类。根据防水涂料的形成液态的方式,可分为溶剂型、反应型和乳液型三类(表8.7)。

表8.7　主要防水涂料的分类

类　　别		材料名称
高聚物改性沥青防水涂料	溶剂型	再生橡胶沥青涂料、氯丁橡胶沥青涂料等
	乳液型	再生橡胶沥青涂料、丁苯胶乳沥青涂料、氯丁乳胶沥青涂料、PVC煤焦油涂料等
合成高分子防水涂料	乳液型	硅橡胶涂料、丙烯酸酯涂料、AAS隔热涂料等
	反应型	聚氨酯防水涂料、环氧树脂防水涂料等

2. 基层要求

涂膜防水层要求基层的刚度大,空心板安装牢固,找平层有一定强度,表面平整、密实,不应有起砂、起壳、龟裂、爆皮等现象。表面平整度应用2 m直尺检查,基层与直尺的最大间隙不应超过5 mm,间隙仅允许平缓变化。基层与凸出屋面结构连接处及基层转角处应做成圆弧或钝角。按设计要求做好排水坡度,不得有积水现象。施工前应将分格缝清理干净,不得有异物和浮灰。对屋面的板缝处理应遵守有关规定。等基层干燥后方可进行涂膜施工。

3. 涂膜防水层施工

涂膜防水施工的一般工艺是:基层表面清理、修理→喷涂基层处理剂→特殊部位附加增强处理→涂布防水涂料及铺贴胎体增强材料→清理与检查修理→保护层施工。

基层处理剂常用涂膜防水材料稀释后使用,其配合比应根据不同防水材料按要求配置。

涂膜防水必须由两层以上涂层组成,每层应刷2~3遍,且应根据防水涂料的品种,分层分遍涂布,不能一次涂成,并待先涂的涂层干燥成膜后,方可涂后一遍涂料,其总厚度必须达到设计要求。

涂料的涂布顺序为:先高跨后低跨,先远后近,先立面后平面。同一屋面上先涂布排水较集中的水落口、天沟、檐口等节点部位,再进行大面积涂布。涂层应厚薄均匀、表面平整,不得有露底、漏涂和堆积现象。两涂层施工间隔时间不宜过长,否则易形成分层现象。涂层中夹铺增强材料时,宜边涂边铺胎体。胎体增强材料长边搭接宽度不得小于50 mm,短边搭接宽度不得小于 70 mm。当屋面坡度小于 15% 时,可平行屋脊铺设。屋面坡度大于 15% 时,应垂直屋脊铺设。采用两层胎体增强材料时,上下层不得互相垂直铺设,搭接缝应错开,其间距不应小于幅宽的 1/3。找平层分格缝处应增设胎体增强材料的空铺附加层,其宽度以 200～300 mm 为宜。涂膜防水层收头应用防水涂料多遍涂刷或用密封材料封严。在涂膜未干前,不得在防水层上进行其他施工作业。涂膜防水屋面上不得直接堆放物品。涂膜防水屋面的隔气层设置原则与卷材防水屋面相同。

涂膜防水屋面应设置保护层。保护层材料可采用细砂、云母、蛭石、浅色涂料、水泥砂浆或块材等。采用水泥砂浆或块材时,应在涂膜与保护层之间设置隔离层。当用细砂、云母、蛭石时,应在最后一遍涂料涂刷后随即撒土,并用扫帚轻扫均匀、轻拍黏牢。当用浅色涂料作保护层时,应在涂膜固化后进行。

8.1.3 刚性防水屋面

刚性防水屋面是指利用刚性防水材料做防水层的屋面。主要有普通细石混凝土防水屋面、补偿收缩混凝土防水屋面、块体刚性防水屋面、预应力混凝土防水屋面等。与卷材及涂膜防水屋面相比,刚性防水屋面所用材料易得,价格便宜,耐久性好,维修方便,但刚性防水层材料的密度大,抗拉强度低,极限拉应力变小,易因混凝土或砂浆的干湿变形、温度变形和结构变位而产生裂缝。主要适用于防水等级为Ⅲ级的屋面防水,也可用作

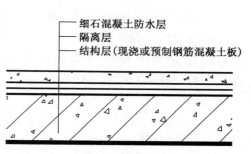

细石混凝土防水层
隔离层
结构层(现浇或预制钢筋混凝土板)

图 8.5　细石混凝土防水屋面构造

Ⅰ、Ⅱ级屋面多道防水设防中的一道防水层,不适用于设有松散材料保温层的屋面以及受较大振动或冲击和坡度大于 15% 的建筑屋面。刚性防水屋面的一般构造如图 8.5 所示。

1. 材料要求

防水层的细石混凝土宜用普通硅酸盐水泥或硅酸盐水泥,用矿渣硅酸盐水泥时应采用减少泌水性措施,不得使用火山灰质水泥。防水层的细石混凝土和砂浆中,粗骨料的最大粒径不宜超过 15 mm,含泥量不应大于 1%;细骨料应采用中砂或粗砂,含泥量不应大于 2%;拌和用水应采用不含有害物质的洁净水。混凝土水灰比不应大于 0.55,水泥最小用量不应小于 330 kg/m³,含砂率宜为 35%～40%,灰砂比应为 1∶2～2.5,并宜掺入外加剂;混凝土强度不得低于 C20。普通混凝土、补偿收缩混凝土的自由膨胀率应为 0.05%～0.1%。

块体刚性防水层使用的块体应无裂纹、无石灰颗粒、无灰浆泥面、无缺棱掉角,质地密实,表面平整。

2. 基层要求

刚性防水屋面的结构层宜为整体现浇的钢筋混凝土。当屋面结构层采用装配式钢筋混凝土板时,应用强度等级不小于 C20 的细石混凝土灌缝,灌缝的细石混凝土宜掺膨胀剂。当屋面板板缝宽度大于 40 mm 或上窄下宽时,板缝内必须设置构造钢筋,板端缝应进行密封处理。

3. 隔离层施工

在结构层与防水层之间宜增加一层低强度等级砂浆、卷材、塑料薄膜等材料,起隔离作用,使结构层和防水层变形互不受约束,以减少防水混凝土产生拉应力而导致混凝土防水层开裂。

（1）黏土砂浆（或石灰砂浆）隔离层施工。预制板缝填嵌细石混凝土后板面应清扫干净，洒水湿润，但不得积水，将按石灰膏：砂：黏土＝1：2.4：3.6（或石灰膏：砂＝1：4）配制的材料拌和均匀，砂浆以干稠为宜，铺抹的厚度约 10～20 mm，要求表面平整、压实、抹光，待砂浆基本干燥后，方可进行下道工序施工。

（2）卷材隔水层施工。用 1：3 水泥砂浆将结构层找平，并压实抹光养护，再在干燥的找平层上铺一层 3～8 mm 干细砂滑动层，在其上铺一层卷材，搭接缝用热沥青胶胶结，也可以在找平层上直接铺一层塑料薄膜。

做好隔离层继续施工时，要注意对隔离层加强保护。混凝土运输不能直接在隔离层表面进行，应采取垫板等措施；绑扎钢筋时不得扎破表面，浇捣混凝土时更不能振疏隔离层。

4. 分格缝的设置

为防止大面积的刚性防水层因温度、混凝土收缩等影响而产生裂缝，应按设计要求设置分格缝。其位置一般应设在结构应力变化较突出的部位，如结构层屋面板的支承端、屋面转折处、防水层与突出屋面结构的交接处，并应与板缝对齐。分格缝的纵横间距一般不大于 6 m。

分格缝的一般做法是在施工刚性防水层前，先在隔离层上定好分格缝位置，再安放分隔条，然后按分格板块浇筑混凝土，待混凝土初凝后，将分隔条取出即可。分格缝处可采用嵌填密封材料并加贴防水卷材的方法进行处理，以增加防水的可靠性。

5. 防水层施工

（1）普通细石混凝土防水层施工。混凝土浇筑应按先远后近、先高后低的原则进行。一个分格缝内的混凝土必须一次浇筑完毕，不得留施工缝。细石混凝土防水层厚度不小于40 mm，配置双向钢筋网片，间距 100～200 mm，但在分格缝处应断开。钢筋网片应放置在混凝土的中上部，其保护层厚度不小于 10 mm。混凝土的质量要严格保证，加入外加剂时，应准确计量，投料顺序得当，搅拌均匀。混凝土搅拌应采用机械搅拌，搅拌时间不少于 2 min；混凝土运输过程中应防止漏浆和离析。混凝土浇筑时，先用平板振动器振实，再用滚筒滚压至表面平整、泛浆，然后用铁抹子压实抹平，并确保防水层的设计厚度和排水坡度。抹光时严禁在表面洒水、加水泥浆或撒干水泥。待混凝土初凝收水后，应进行二次表面压光，或在终凝前三次压光成活，以提高其抗渗性。混凝土浇筑 12～24 h 后进行养护，养护时间不应少于 14 d。养护初期屋面不得上人。施工时的气温宜在 5～35℃，以保证防水层的施工质量。

（2）补偿收缩混凝土防水层施工。补偿收缩混凝土防水层是在细石混凝土中掺入膨胀剂拌制而成，硬化后的混凝土产生微膨胀，以补偿普通混凝土的收缩。它在配筋情况下，由于钢筋限制其膨胀，从而使混凝土产生自应力，起到致密混凝土，提高混凝土抗裂性和抗渗性的作用。其施工要求与普通细石混凝土防水层大致相同。当用膨胀剂拌制补偿收缩混凝土时应按配合比准确称量，搅拌投料时膨胀剂应与水泥同时加入。混凝土连续搅拌时间不应少于 3 min。

8.1.4 常见屋面渗漏防治方法

造成屋面渗漏的原因是多方面的，包括设计、施工、材料质量、维修管理等。要提高屋面防水工程的质量，应以材料为基础，以设计为前提，以施工为关键，并加强维护，对屋面工程进行综合治理。

1. 屋面渗漏的原因

（1）山墙、女儿墙和突出屋面的烟囱等墙体与防水层相交处渗漏雨水。其原因是节点做法过于简单,垂直卷材与屋面卷材没有很好地分层搭接,或卷材收口处开裂,在冬季不断冻结,夏天炎热熔化,使开口增大,并延伸至屋面基层,造成漏水。此外,由于卷材转角处未做成圆弧形、钝角或角太小,女儿墙压顶砂浆等级低,滴水线未做或没有做好等原因,也会造成渗漏。

（2）天沟漏水。其原因是天沟长度大,纵向坡度小,雨水口少,雨水斗四周卷材粘贴不严,排水不畅,造成漏水。

（3）屋面变形缝(伸缩缝、沉降缝)处漏水。其原因是处理不当,如薄钢板安装不牢,泛水坡度不当等造成漏水。

（4）挑檐、檐口处漏水。其原因是檐口砂浆未压住卷材,封口处卷材张口,檐口砂浆开裂,下口滴水线未做好而造成漏水。

（5）雨水口处漏水。其原因是雨水口处水斗安装过高,泛水坡度不够,使雨水沿雨水斗外侧流入室内,造成漏水。

（6）厕所、厨房的通气管根部处漏水。其原因是防水层未盖严,或包管高度不够,在油毡上口未缠绕麻丝或钢丝,油毡没有做压毡保护层,使雨水沿出气管进入室内造成渗漏。

（7）大面积漏水。其原因是屋面防水层找坡不够,表面凹凸不平,造成屋面积水渗漏。

2. 屋面渗漏的预防及治理办法

（1）遇上女儿墙压顶开裂时,可铲除开裂压顶的砂浆,重抹 1∶2～1∶2.5 水泥砂浆,并做好滴水线,有条件者可换成预制钢筋混凝土压顶板。突出的烟囱、山墙、管根等与屋面交接处、转角处做成钝角,垂直面与屋面的卷材应分层搭接,对已漏水的部位,可将转角渗透漏处的卷材割开,并分层将旧卷材烤干剥离,清除原有沥青胶。按图 8.6 和图 8.7 处理。

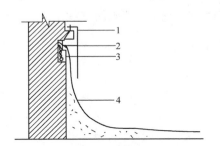

图 8.6　女儿墙镀锌薄钢板泛水

1—镀锌薄钢板泛水;2—水泥砂浆堵缝;
3—预埋木砖;4—防水卷材

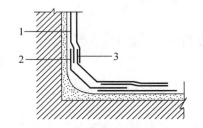

图 8.7　转角渗漏处卷材处理

1—原有卷材;2—干铺一层新卷材;
3—新附加卷材

（2）出屋面管道:管根处做成钝角,并建议设计单位加做防水罩,使油毡在防水罩下收头,如图 8.8 所示。

（3）檐口漏雨:将檐口处旧卷材掀起,用 24 号镀锌薄钢板将其钉于檐口,将新卷材贴于薄钢板上。

（4）雨水口漏雨渗水:将雨水斗四周卷材铲除,检查短管是否紧贴基层板面或铁水盘。如短管浮搁在找平层,则将找平层凿掉,清除后安装号短管,再用搭槎法重做三毡四油防水层,然后进行雨水斗附近卷材的守口和包贴,如图 8.9 所示。

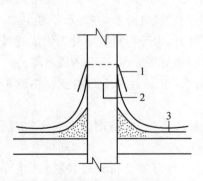

图 8.8　出屋面管加铁皮防雨罩

1—24 号镀锌薄钢板防雨罩；
2—铅丝或麻绳；3—油毡

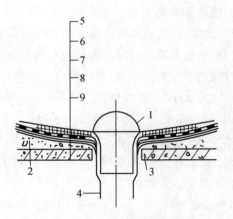

图 8.9　雨水口漏水处理

1—雨水罩；2—轻质混凝土；3—雨水斗紧贴基层；4—短管；
5—沥青胶或油膏灌缝；6—二毡四油防水层；7—附加一层卷材；
8—附加一层再生胶油站；9—水泥砂浆找平层

如用铸铁弯头代替雨水斗时，则需将弯头凿开取出，清理干净后安装弯头，再铺油毡（卷材）一层，其伸入弯头内应大于 50 mm，最后做防水层至弯头内并与弯头端部搭接顺畅、抹压、密实。

对于大面积渗漏屋面，针对不同原因可采用不同方法治理。

第一种方法，是将原细石保护层清扫一遍，去掉松动的浮石，抹 20 mm 厚水泥砂浆找平层，然后做一布三油乳化沥青（或氯丁胶乳沥青）防水层和黄砂（或粗砂）保护层；第二种方法，是按上述方法将基层处理好，将一布三油改为二毡三油防水层，再做细石保护层。第一层油毡应干铺于找平层上，只在四周女儿墙和通风道处卷起，于基层粘贴。

任务 2　地下防水工程

8.2.1　地下工程刚性防水

1. 地下工程防水方案与防水等级

刚性防水材料的防水层是通过在混凝土或水泥砂浆中加入膨胀剂、减水剂、防水剂等，使混凝土或水泥砂浆变得密实，阻止水分子渗透，达到防水的目的。这种防水方法成本低、施工较为简单，当出现渗漏时，只需修补渗漏裂缝即可。

目前，地下防水工程的方案主要有以下几种：

（1）采用防水混凝土结构。通过调整配合比或掺入外加剂等方法，来提高混凝土本身的密实度和抗渗性，使其成为具有一定的防水能力的整体式混凝土或钢筋混凝土结构。

（2）在地下结构表面另加防水层。如抹水泥砂浆防水层或贴涂料防水层等。

（3）采用防水加排水措施。排水方案通常可用盲沟排水、渗排水与内排法排水等方法把地下水排走，以达到防水的目的。

《地下防水工程质量验收规范》（GB 50208—2002）根据防水工程的重要性、使用功能和建筑物类别的不同,按围护结构允许渗漏水的程度,将地下工程防水等级分为四级,各级标准应符合表 8.8 的要求。

表 8.8　地下工程防水等级标准

防水等级	标　准
一级	不允许渗水,结构表面无湿渍
二级	不允许漏水,结构表面可有少量湿渍 工业与民用建筑:总湿渍面积不大于总防水面积的 1‰;任意 100 m² 防水面积不超过 1 处,单个湿渍面积不大于 0.1 m² 其他地下工程:总湿渍面积不大于总防水面积的 6‰;任意 100 m² 防水面积不超过 4 处,单个湿渍面积不大于 0.2 m²
三级	有少量漏水点,不得有线漏和漏泥砂 任意 100 m² 防水面积不超过 7 处,单个漏水点的漏水量不大于 2.5 L/d,单个湿渍面积不大于 0.3 m²
四级	有漏水点,不得有线漏和漏泥砂 整个工程平均漏水量不大于 2 L/(m²·d),任意 100 m² 防水面积的平均漏水量不大于 4 L/(m²·d)

2. 防水混凝土结构的施工

防水混凝土结构是指因本身的密实性而具有一定防水能力的整体式混凝土或钢筋混凝土结构。防水混凝土适用于防水等级为 1～4 级的地下整体式混凝土结构。

防水混凝土一般分为普通防水混凝土、外加剂防水混凝土和膨胀剂或膨胀水泥防水混凝土三大类。外加剂防水混凝土又分为引气剂防水混凝土、减水剂防水混凝土、三乙醇胺防水混凝土、氯化铁防水混凝土。各种防水混凝土的技术要求、适用范围,如表 8.9 所示。

表 8.9　防水混凝土的技术要求和适用范围

种　类		最大抗渗压力/MPa	技术要求	适用范围
普通防水混凝土		>3.0	水灰比 0.5～0.6;坍落度 30～50 mm(掺外加剂或采用泵送时不受此限);水泥用量≥320 kg/m³;灰砂比 1:2～1:2.5;含砂率≥35%;粗骨料粒径≤40 mm;细骨料为中砂或细砂	一般工业、民用及公共建筑的地下防水工程
外加剂防水混凝土	引气剂防水混凝土	>2.2	含气量为 3%～6%;水泥用量 250～300 kg/m³;水灰比 0.5～0.6;含砂率 28%～35%;砂石级配、坍落度与普通混凝土相同	适用于北方高寒地区对抗冻要求较高的地下防水工程及一般的地下防水工程,不适用于抗压强度>20 MPa 或耐磨性要求较高的地下防水工程
	减水剂防水混凝土	>2.2	选用加气型减水剂。根据施工需要分别选用缓凝型、促凝型、普通型的减水剂	钢筋密集或薄壁型防水构筑物,对混凝土凝结时间和流动性有特殊要求的地下防水工程(如泵送混凝土)

种 类		最大抗渗压力/MPa	技术要求	适用范围
外加剂防水混凝土	三乙醇胺防水混凝土	>3.8	可单独掺用,也可与氯化钠复合掺用,也能与氯化钠、亚硝酸钠三种材料复合使用	工期紧迫、要求早强及抗渗性较高的地下防水工程
	氯化铁防水混凝土	>3.8	氯化铁掺量一般为水泥的3%	水中结构、无筋少筋、厚大防水混凝土工程及一般地下防水工程,砂浆修补抹面工程。薄壁结构不宜使用
明矾石膨胀剂防水混凝土		>3.8	必须掺入国产32.5 MPa以上的普通矿渣、火山灰和粉煤灰水泥共同使用,不得单独代替水泥。一般外掺量占水泥用量的20%	地下工程及其后浇缝

（1）模板安装

防水混凝土所有模板,除满足一般要求外,应特别注意模板拼缝严密不漏浆,构造应牢固稳定,固定模板的螺栓（或铁丝）不宜穿过防水混凝土结构。固定模板用的螺栓必须穿过混凝土结构时,可采用工具式螺栓、螺栓加堵头、螺栓上加焊方形止水环等做法。止水环尺寸及环数应符合设计规定。如设计无规定,则止水环应为 10 cm×10 cm 的方形止水环,且至少有一环。

1）工具式螺栓做法:用工具式螺栓将防水螺栓固定并拉紧,以压紧固定模板。拆模时将工具式螺栓取下,再以嵌缝材料及聚合物水泥砂浆将螺栓凹槽封堵严密,如图8.10所示。

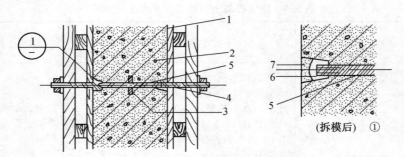

图 8.10 工具式螺栓的防水做法示意图

1—模板;2—结构混凝土;3—止水环;4—工具式螺栓;

5—固定模板用螺栓;6—嵌缝材料;7—聚合物水泥砂浆

2）螺栓加焊止水环做法:在对拉螺栓中部加焊止水环,止水环与螺栓必须满焊严密。拆模后应沿混凝土结构边缘将螺栓割断。此法将消耗所用螺栓,如图8.11所示。

3）预埋套管加焊止水环做法:套管采用钢管,其长度等于墙厚（或其长度加上两端垫木的厚度之和等于墙厚）,兼具撑头作用,以保持模板之间的设计尺寸。止水环在套管上满焊严密。支模时在预埋套管中穿入对拉螺栓拉紧固定模板。拆模后将螺栓抽出,套管内以膨胀水泥砂浆封堵密实。套管两端有垫木的,拆模时连同垫木一并拆除,除密实封堵套管外,还应将两端垫木留下的凹坑用同样方法封实,如图 8.12 所示。此法可用于抗渗要求一般的结构。

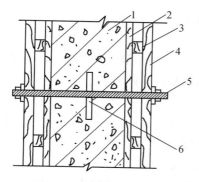

图 8.11　螺栓加焊止水环

1—围护结构;2—模板;3—小龙骨;
4—大龙骨;5—螺栓;6—止水环

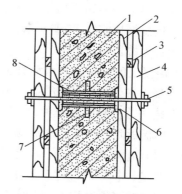

图 8.12　预埋套管支撑示意

1—防水结构;2—模板;3—小龙骨;4—大龙骨;
5—螺栓;6—垫木;7—止水环;8—预埋套管

(2)钢筋施工。做好钢筋绑扎前的除污、除锈工作。绑扎钢筋时,应按设计规定留足保护层,且迎水面钢筋保护层厚度不应小于 50 mm。应以相同配合比的细石混凝土或水泥砂浆制成垫块,将钢筋垫起,以保证保护层厚度。严禁用垫铁或钢筋头垫钢筋,或将钢筋用铁钉及钢丝直接固定在模板上。钢筋应绑扎牢固,避免因碰撞、振动使绑扣松散、钢筋移位,造成露筋。钢筋及绑扎钢丝均不得接触模板。采用铁马凳架设钢筋时,在不便取掉铁马凳的情况下,应在铁马凳上加焊止水环。在钢筋密集的情况下,更应注意绑扎或焊接质量。并用自密实高性能混凝土浇筑。

(3)混凝土搅拌。选定配合比时,其试配要求的抗渗水压应较其设计值提高 0.2 MPa,并准确计算及称量每种用料,投入混凝土搅拌机。外加剂的掺入方法应遵从所选外加剂的使用要求。

防水混凝土必须采用机械搅拌。搅拌时间不应小于 120 s。掺外加剂时,应根据外加剂的技术要求确定搅拌时间。

(4)混凝土运输。运输过程中应采取措施防止混凝土拌和物产生离析,以及坍落度和含气量的损失,同时要防止漏浆。

防水混凝土拌和物在常温下应于 0.5 h 以内运至现场;运送距离较远或气温较高时,可掺入缓凝型减水剂,缓凝时间宜为 6~8 h。

防水混凝土拌和物在运输后如出现离析,则必须进行二次搅拌。当坍落度损失后不能满足施工要求时,应加入原水灰比的水泥浆或二次掺加减水剂进行搅拌,严禁直接加水搅拌。

(5)混凝土的浇筑和振捣。在结构中若有密集管群,以及预埋件或钢筋稠密之处,不易使混凝土浇捣密实时,应选用免振捣的自密实高性能混凝土进行浇筑。

在浇筑大体积结构中,遇有预埋大管径套管或面积较大的金属板时,其下部的倒三角形区域不易浇捣密实而形成空隙,造成漏水,为此,可在管底或金属板上预先留置浇筑振捣孔,以便浇捣和排气,浇筑后再将孔补焊严密。

混凝土浇筑应分层,每层厚度不宜超过 30~40 cm,相邻两层浇筑时间间隔不应超过2 h,夏季可适当缩短。混凝土在浇筑地点需检查坍落度,每工作班至少检查两次。普通防水混凝土坍落度不宜大于 50 mm。

防水混凝土必须采用高频机械振捣,振捣时间宜为 10~30 s,以混凝土泛浆和不冒气泡为准。要依次振捣密实,应避免漏振、欠振和超振。掺加引气剂或引气型减水剂时,应采用高频插入式振捣器振捣密实。

(6)混凝土的养护。防水混凝土的养护对其抗渗性能影响极大,特别是早期湿润养护,一般在混凝土进入终凝(浇筑后 4~6 h)即应覆盖,浇水湿润养护不少于 14 d。防水混凝土不宜用电热法养护和蒸汽养护。

(7)模板拆除。由于防水混凝土要求较严,因此不宜过早拆模。拆模时混凝土的强度必须超过设计强度等级的 70%,混凝土表面温度与环境之差,不得超过 15℃,以防止混凝土表面产生裂缝。拆模时应注意勿使模板和防水混凝土结构受损。

(8)防水混凝土结构的保护。地下工程的结构部分拆模后,经检查合格后,应及时回填。回填前应将基坑清理干净,无杂物且无积水。回填土应分层夯实。地下工程周围800 mm以内宜用灰土、黏土或粉质黏土回填;回填土中不得含有石块、碎砖、灰渣、有机杂物以及冻土。回填施工应均匀对称进行。回填后地面建筑周围应做不小于 800 mm 宽的散水,其坡度宜为 5%。以防地面水侵入地下。

完工后的自防水结构,严禁再在其上打洞。若结构表面有蜂窝麻面,应及时修补。修补时应先用水冲洗干净,涂刷一道水灰比为 0.4 的水泥浆,再用水灰比为 0.5 的 1:2.5 水泥砂浆填实抹平。

3. 水泥砂浆防水层的施工

水泥砂浆抹面防水层可分为:刚性多层做法防水层(或称普通水泥砂浆防水层)和掺外加剂的水泥砂浆防水层(氯化铁防水剂、铝粉膨胀剂、减水剂等)两种,其构造做法如图 8.13 所示。

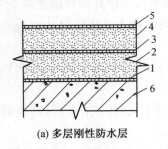
(a) 多层刚性防水层

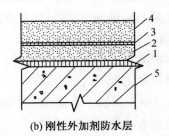
(b) 刚性外加剂防水层

图 8.13 水泥砂浆防水层构造做法

1,3—素灰层 2 mm;2,4—砂浆层 45 mm;   1,3—水泥浆一道;2—外加剂防水砂浆垫层;
5—水泥浆 1 mm;6—结构基层   4—防水砂浆面层;5—结构基层

防水层做法分为外抹面防水(迎水面)和内抹面防水(背水面),防水层的施工程序,一般是先抹顶板,再抹墙面,最后抹地面。

(1)基层处理

基层处理十分重要,是保证防水层与基层表面结合牢固、不空鼓和密实不透水的关键。基层处理包括清理、浇水、刷洗、补平等工序,使基层表面保持潮湿、清洁、平整、坚实、粗糙。

1) 混凝土基层的处理

① 新建混凝土工程处理。拆除模板后,立即用钢丝刷将混凝土表面刷毛,并在抹面前浇水冲刷干净。

② 旧混凝土工程处理。补做防水层时需用钻子、剁斧、钢丝刷将表面凿毛,清理平整后再冲水,用棕刷刷洗干净。

③ 混凝土基层表面凹凸不平、蜂窝孔洞的处理。超过 1 cm 的棱角及凹凸不平处,应剔成慢坡形,并浇水清洗干净,用素灰和水泥砂浆分层找平(图 8.14)。混凝土表面的蜂窝孔洞,应先将松散不牢的石子除掉,浇水冲洗干净,用素灰和水泥砂浆交替抹到与基层面相平(图 8.15)。混凝土表面的蜂窝麻面不深,石子黏结较牢固,只需用水冲洗干净后,用素灰打底,水泥砂浆压实找平(图 8.16)。

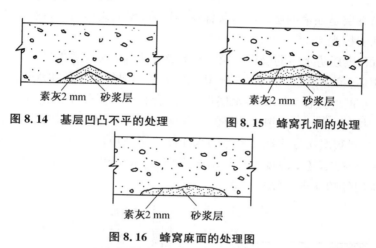

图 8.14　基层凹凸不平的处理　　　图 8.15　蜂窝孔洞的处理

图 8.16　蜂窝麻面的处理图

④ 混凝土结构的施工缝要沿缝剔成八字形凹槽,用水冲洗后,用素灰打底,水泥砂浆压实抹平,如图 8.17 所示。

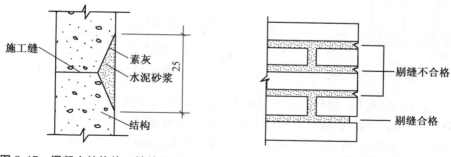

图 8.17　混凝土结构施工缝的处理图　　　图 8.18　砖砌体的剔缝

2) 砖砌体基层的处理。对于新砌体,应将其表面残留的砂浆等污物清除干净,并浇水冲洗。对于旧砌体,要将其表面疏松表皮及砂浆等污物清理干净,至露出坚硬的砖面,并浇水冲洗。

对于石灰砂浆或混合砂浆砌的砖砌体,应将缝剔深 1 cm,缝内呈直角(图 8.18)。

(2) 施工方法

1) 混凝土顶板与墙面防水层操作。第一层:素灰层,厚 2 mm。先抹一道 1 mm 厚素灰,用铁抹子往返用力刮抹,使素灰填实基层表面的孔隙。随即在已刮抹过素灰的基层表面再抹一道厚 1 mm 的素灰找平层,抹完后,用湿毛刷在素灰层表面按顺序涂刷一遍。

第二层:水泥砂浆层,厚 4~5 mm。在素灰层初凝时抹第二层水泥砂浆层,要防止素灰层过软或过硬。过软将素灰层破坏,过硬黏结不良,要使水泥砂浆层薄薄压入素灰层厚度的 1/4 左右,抹完后,在水泥砂浆初凝时用扫帚按顺序向一个方向扫出横向条纹。

第三层:素灰层,厚 2 mm。在第二层水泥砂浆凝固并具有一定强度(常温下间隔一昼夜)后,适当浇水湿润,方可进行第三层操作,其方法同第一层。

第四层:水泥砂浆层,厚 4~5 mm。按照第二层的操作方法将水泥砂浆抹在第三层上,抹后在水泥砂浆凝固前水分蒸发过程中,分次用铁抹子压实,一般以抹压 3~4 次为宜,最后再压光。

第五层:第五层是在第四层水泥砂浆抹压两边后,用毛刷均匀地将水泥浆刷在第四层表面,随第四层抹实压光。

2)砖墙面和拱顶防水层的操作。第一层是刷水泥浆一道,厚度约为 1 mm,用毛刷往返涂刷均匀,涂刷后,可抹第二、三、四层等,其操作方法与混凝土基层防水相同。

3)地面防水层的操作。地面防水层操作与墙面、顶板操作不同的地方是,素灰层(一、三层)不采用刮抹的方法,而是把拌和好的素灰倒在地面上,用棕刷往返用力涂刷均匀,第二层和第四层是在素灰层初凝前把拌和好的水泥砂浆层按厚度要求均匀铺在素灰层上,按墙面、顶板操作要求抹压,各层厚度也均与墙面、顶板防水层相同。地面防水层在施工时要防止践踏,应由里向外顺序进行(图 8.19)。

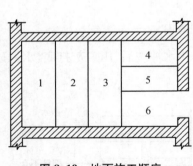

图 8.19　地面施工顺序

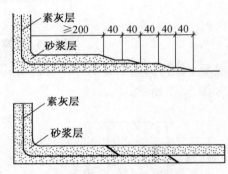

图 8.20　防水层接搓处理

4)特殊部位的施工。结构阴阳角处的防水层,均需抹成圆角,阴角直径 5 cm,阳角直径 1 cm。防水层的施工缝需留斜坡阶梯形搓,搓子的搭接要依照层次操作顺序层层搭接。留搓的位置一般留在地面上,亦可留在墙面上,所留的搓子均需离阴阳角 20 cm 以上(图 8.20)。

工程图集

[二维码]

地下结构柔性
防水施工

8.2.2　地下工程柔性防水

1. 柔性防水材料

(1)防水卷材

按原材料性质分类的防水卷材主要有:沥青防水卷材、高聚物改性沥青防水卷材和合成高分子防水卷材三大类。

1）沥青防水卷材

沥青防水卷材的传统产品是石油沥青纸胎油毡。按油毡胎体单位面积重量分为 200 号、350 号、500 号三种规格；按物理性能不同分为优等品、一级品与合格品三个等级。其中 350 号油毡的合格品是我国纸胎油毡中产量最大、应用最多的一个品种。

2）高聚物改性沥青防水卷材

该卷材使用的高聚物改性沥青，指在石油沥青中添加聚合物，以改善沥青的感温性差、低温易脆裂、高温易流淌等不足。用于沥青改性的聚合物较多，主要有以 SBS（苯乙烯-丁二烯-苯乙烯合成橡胶）为代表的弹性体聚合物和以 APP（无规聚丙烯合成树脂）为代表的塑性体聚合物两大类。卷材的胎体主要使用玻纤毡和聚酯毡等高强材料。主要品种有：SBS 改性沥青防水卷材、APP 改性沥青防水卷材、PVC 改性焦油沥青防水卷材、再生胶改性沥青防水卷材、废橡胶粉改性沥青防水卷材和其他改性沥青防水卷材等种类。

SBS 防水卷材的特点是，低温柔性好、弹性和延伸率大、纵横向强度均匀性好，不仅可以在低寒、高温气候条件下使用，并在一定程度上可以避免结构层由于伸缩开裂对防水层构成的威胁。APP 防水卷材的特点则是，耐热度高、热熔性好，适合热熔法施工，因而更适合高温气候或有强烈太阳辐射地区的建筑屋面防水。

3）合成高分子防水卷材

合成高分子防水卷材是一类无胎体的卷材。其特点是：拉伸强度大、断裂伸长率高、抗撕裂强度大、耐高低温性能好等，因而对环境气温变化和结构基层伸缩、变形、开裂等状况具有较强的适应性。此外，由于其耐腐蚀性和抗老化性好，可以延长卷材的使用寿命，降低建筑防水的综合费用。

合成高分子防水卷材按其原料的品质分为合成橡胶和合成树脂两大类。当前最具代表性的产品是合成橡胶类的三元乙丙橡胶（EPDM）防水卷材和合成树脂类的聚氯乙烯（PVC）防水卷材。

此外，我国还研制出多种橡塑共混防水卷材，其中氯化聚乙烯-橡胶共混防水卷材具有代表性，其性能指标接近三元乙丙橡胶防水卷材。由于原材料与价格有一定优势，推广应用量正逐步扩大。

（2）防水涂料

建筑防水涂料在常温下呈无定型液态，经喷涂、刮涂、滚涂或涂刷作业，能在基层表面固化，形成具有一定弹性的防水膜物质。常分为沥青防水涂料、高聚物改性沥青防水涂料和合成高分子防水涂料三大类。

1）沥青防水涂料

该类涂料的主要成膜物质是由乳化剂配制的乳化沥青和填料组成。在Ⅲ级防水卷材屋面上单独使用时的厚度不应小于 8 mm，每平方米的涂布量约需 8 kg，因而需多遍涂抹。由于这类涂料的沥青用量大、含固量低、弹性和强度等综合性能较差，已越来越少用于防水工程。

2）高聚物改性沥青防水涂料

该类涂料的品种有以化学乳化剂配制的乳化沥青为基料，掺加氯丁橡胶或再生橡胶水乳液的防水涂料；有众多的溶剂型改性沥青涂料，如氯丁橡胶沥青涂料、SBS 橡胶沥青涂料、丁基橡胶沥青涂料等。

3）合成高分子防水涂料

该类涂料有：水乳型、溶剂型和反应型三种。其中综合性能较好的品种是反应型的聚氨酯防水涂料。

聚氨酯防水涂料是以甲组份（聚氨酯预聚体）与乙组份（固化剂）按一定比例混合的双组分涂料。常用的品种有：聚氨酯防水涂料（不掺加焦油）和焦油聚氨酯防水涂料两种。聚氨酯防水涂料大多为彩色，固体含量高，具有橡胶状弹性，延伸性好，拉伸强度和抗撕裂强度高，耐油、耐磨、耐海水侵蚀，使用温度范围宽，涂膜反应速度易于调整，因而是一种综合性能好的高档次涂料，但其价格也较高。焦油聚氨酯防水涂料为黑色，有较大臭感，反应速度不易调整，性能易出现波动。由于焦油对人体有害，故这种涂料不能用于冷库内壁和饮水工程；室内施工时应采取通风措施。

（3）接缝密封材料

接缝密封材料是与防水层配套使用的一类防水材料，主要用于防水工程嵌填各种变形缝、分格缝、墙板板缝，密封细部构造及卷材搭接缝等部位。接缝密封材料有：改性沥青接缝材料和合成高分子接缝密封材料两种。

改性沥青接缝材料是以石油沥青为基料，掺加废橡胶废塑料作改性材料及填料等制成。因其综合性能较差，已逐渐被合成高分子类接缝密封材料所替代。

合成高分子接缝密封材料在我国最早研制的产品称塑料油膏。它是以聚氯乙烯树脂为基料，加入适量煤焦油作改性材料及添加剂配制而成。其半成品为聚氯乙烯胶泥，成品即塑料油膏。

在当前开发的产品中，品质较高的建筑密封材料有：硅酮密封膏、聚硫密封膏、聚氨酯密封膏和丙烯酸酯密封膏。其中，聚氨酯密封膏是建筑防水接缝与密封材料的主要品种之一。

2. 卷材防水施工

地下防水工程一般把卷材防水层设置在建筑结构的外侧迎水面上，称为外防水。这种防水层的铺贴法可以借助土压力压紧，并与结构一起抵抗有压地下水的渗透和侵蚀作用，防水效果良好，采用比较广泛。卷材防水层用于建筑物地下室，应铺设在结构主体底板垫层至墙体顶端的基面上，在外围形成封闭的防水层。

铺贴卷材的基层必须牢固、无松动现象；基层表面应平整干净；阴阳角处均应做成圆弧形或钝角。铺贴卷材前，应在基面上涂刷基层处理剂。当基层较潮湿时，应涂刷湿固化型胶黏剂或潮湿界面隔离剂。基层处理剂应与卷材和胶黏剂的材性相容，基层处理剂可采用喷涂法或涂刷法施工。喷涂应均匀一致，不露底，待表面干燥后，再铺贴卷材。铺贴卷材时，每层的沥青胶要求涂布均匀，厚度一般为 1.5～2.5 mm。外贴法铺贴卷材应先铺平面，后铺立面，平、立面交接处应交叉搭接。内贴法宜先铺垂直面，后铺水平面。铺贴垂直面时应先铺转角，后铺大面。墙面铺贴时应待冷底子油干燥后自下而上进行。

卷材接槎的搭接长度：高聚物改性沥青卷材为 150 mm，合成高分子卷材为 100 mm。当使用两层卷材时，上下两层和相邻两幅卷材的接缝应错开 1/3～1/2 幅宽，并不得互相垂直铺贴。在立面与平面的转角处，卷材的接缝应留在平面距立面不小于 600 mm 处。在所有转角处均应铺贴附加层并仔细粘贴紧密。粘贴卷材时应展平压实。卷材与基层和各层卷材间必须粘贴紧密，搭接缝必须用沥青胶仔细封严。最后一层卷材贴好后，应在其表面均匀涂刷一层 1～1.5 mm 的热沥青胶，以保护防水层。铺贴高聚物改性沥青卷材时应采用热熔法施工,在幅宽内卷材底表面均匀加热,不可过分加热或烧穿卷材。使卷材的黏结面材料加热呈熔融状态后,立即与基层或已粘贴好的卷材黏结牢固。但对厚度小于 3 mm 的高聚物改性沥青防水卷材不能采用热熔法施工。铺贴合成高分子卷材要采用冷黏法施工,所使用的胶黏剂必须与卷材材性相容。

(1)外贴法

外防外贴法是将立面卷材防水层直接铺设在需防水结构的外墙外表面,施工程序如下:

1)先浇筑需防水结构的底面混凝土垫层;在垫层上砌筑永久性保护墙,墙下铺一层干油毡。墙的高度不小于需防水结构底板厚度再加 100 mm;

2)在永久性保护墙上用石灰砂浆接砌临时保护墙,墙高为 300 mm,并抹 1∶3 水泥砂浆找平层;在临时保护墙上抹石灰砂浆找平层并刷石灰浆。如用模板代替临时性保护墙,应在其上涂刷隔离剂;

3)待找平层基本干燥后,即可根据所选卷材的施工要求进行铺贴;

4)在大面积铺贴卷材之前,应先在转角处粘贴一层卷材附加层,然后进行大面积铺贴,先铺平面、后铺立面。在垫层和永久性保护墙上应将卷材防水层空铺,而在临时保护墙(或模板)上应将卷材防水层临时贴附,并分层临时固定在其顶端;

5)浇筑需防水结构的混凝土底板和墙体;在需防水结构外墙外表面抹找平层;

6)主体结构完成后,铺贴立面卷材时,应先将接搓部位的各层卷材揭开,并将其表面清理干净,如卷材有局部损伤,应及时进行修补。卷材接搓的搭接长度,高聚物改性沥青卷材为 150 mm,合成高分子卷材为 100 mm。当使用两层卷材时,卷材应错搓接缝,上层卷材应盖过下层卷材。卷材的甩搓、接搓做法如图 8.21 和图 8.22 所示。

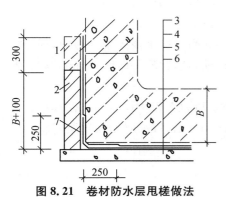

图 8.21　卷材防水层甩搓做法

1—临时保护墙;2—永久保护墙;
3—细石混凝土保护层;4—卷材防水层;
5—水泥砂浆找平层;6—混凝土垫层;
7—卷材加强层

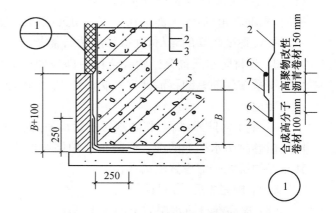

图 8.22　卷材防水层接搓做法

1—结构墙体;2—卷材防水层;3—卷材保护层;
4—卷材加强层;5—结构底板;6—密封材料;
7—盖缝条

7)待卷材防水层施工完毕,并经过检查验收合格后,应及时做好卷材防水层的保护结构。保护结构的几种做法如下:

① 砌筑永久保护墙。并每隔 5～6 m 及在转角处断开,断开的缝中填以卷材条或沥青麻丝;保护墙与卷材防水层之间的空隙应随砌随用砌筑砂浆填实,保护墙完工后方可回填

土。注意在砌保护墙的过程中切勿损坏防水层。

② 抹水泥砂浆。在涂抹卷材防水层最后一道沥青胶结材料时,趁热撒上干净的热砂或散麻丝,冷却后随即抹一层 10～20 mm 的 1：3 水泥砂浆,水泥砂浆经养护达到强度后,即可回填土。

③ 贴塑料板。在卷材防水层外侧直接用氯丁系胶黏固定 5～6 mm 厚的聚乙烯泡沫塑料板,完工后即可回填土。亦可用聚醋酸乙烯乳液粘贴 40 mm 厚的聚苯泡沫塑料板代替。

（2）外防内贴法

外防内贴法是浇筑混凝土垫层后,在垫层上将永久保护墙全部砌好,将卷材防水层铺贴在垫层和永久保护墙上,如图 8.23 所示,施工程序如下：

1）在已施工好的混凝土垫层上砌筑永久保护墙,保护墙全部砌好后,用 1：3 水泥砂浆在垫层和永久保护墙上抹找平层。保护墙与垫层之间需干铺一层油毡;

2）找平层干燥后即涂刷冷底子油或基层处理剂,干燥后方可铺贴卷材防水层,铺贴时应先铺立面、后铺

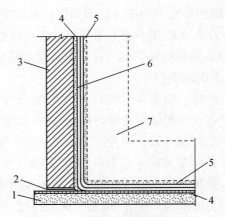

图 8.23　外防内贴法示意图

1—混凝土垫层;2—干铺油毡;3—永久性保护墙;4—找平层;
5—保护层;6—卷材防水层;7—需防水的结构

平面,先铺转角、后铺大面。在全部转角处应铺贴卷材附加层,附加层可为两层同类油毡或一层抗拉强度较高的卷材,并应仔细粘贴紧密;

3）卷材防水层铺完经验收合格后即应做好保护层。立面可抹水泥砂浆、贴塑料板,或用氯丁系胶黏剂黏铺石油沥青纸胎油毡;平面可抹水泥砂浆,或浇筑不小于 50 mm 厚的细石混凝土;

4）施工需防水结构,将防水层压紧。如为混凝土结构,则永久保护墙可当一侧模板;结构顶板卷材防水层上的细石混凝土保护层厚度不应小于 70 mm,防水层如为单层卷材,则其与保护层之间应设置隔离层;

5）结构完工后,方可回填土。

（3）提高卷材防水层质量的技术措施

1）要求卷材有一定的延伸率来适应这种变形。采用点黏、条黏、空铺的措施可以充分发挥卷材的延伸性能,有效地减少卷材被拉裂的可能性。具体做法是：

点黏法时,每平方米卷材下黏五点（100 mm×100 mm）,粘贴面积不大于总面积的 6％;条黏法时,每幅卷材两边各与基层粘贴 150 mm 宽;空铺法时,卷材防水层周边与基层粘贴 800 mm 宽。

2）增铺卷材附加层。对变形较大、易遭破坏或易老化部位,如变形缝、转角、三面角,以及穿墙管道周围、地下出入口通道等处,均应铺设卷材附加层。附加层可采用同种卷材加铺 1～2 层,亦可用其他材料作增强处理。

3) 密封处理。在分格缝、穿墙管道周围、卷材搭接缝以及收头部位应做密封处理。施工中,要重视对卷材防水层的保护。

3. 涂膜防水施工

（1）涂膜施工工艺

1）涂膜施工的顺序

涂膜施工的顺序是:基层处理→涂刷底层卷材（即聚氨酯底胶、增强涂布或增补涂布）→涂布第一道涂膜防水层（聚氨酯涂膜防水材料、增强涂布或增补涂布）→涂布第二道（或面层）涂膜防水层（聚氨酯涂膜防水材料）→稀撒石渣→铺抹水泥砂浆→粘贴保护层。

涂布顺序先垂直面、后水平面;先阴阳角及细部、后大面。每层涂抹方向应互相垂直。

2）涂布与增补涂布

在阴阳角、排水口、管道周围、预埋件及设备根部、施工缝或开裂处等需要增强防水层抗渗性的部位,应做增强或增补涂布。

增强涂布或增补涂布可在粉刷底层卷材后进行,也可以在涂布第一道涂膜防水层以后进行。还有将增强涂布夹在每相邻两层涂膜之间的做法。

增强涂布的做法:在涂布增强膜中铺设玻璃纤维布,用板刷涂刮驱气泡,将玻璃纤维布紧密地粘贴在基层上,不得出现空鼓或皱折。这种做法一般为条形。增补涂布为块状,做法同增强涂布,但可做多层涂抹。

增强、增补涂布与基层卷材是组成涂膜防水层的最初涂层,对防水层的抗渗性能具有重要作用,因此涂布操作时要认真仔细,保证质量,不得有气孔、鼓泡、皱折、翘边,玻璃布应按设计规定搭接,且不得露出面层表面。

3）涂布第一道涂膜

在前一道卷材固化干燥后,应先检查其上是否有残留气孔或气泡,如无,即可涂布施工;如有,则应用橡胶板刷将混合料用力压入气孔填实补平,然后再进行第一层涂膜施工。

涂布第一道聚氨酯防水材料,可用塑料板刷均匀涂刮,厚薄一致,厚度约为 1.5 mm。

平面或坡面施工后,在防水层未固化前不宜上人踩踏,涂抹施工过程中应留出施工退路,可以分区分片用后退法涂刷施工。

在施工温度低或混合液流动度低的情况下,涂层表面留有板刷或抹子涂后的刷纹,为此应预先在混合搅拌液内适当加入二甲苯稀释,用板刷涂抹后,再用滚刷滚涂均匀,涂膜表面即可平滑。

4）涂布第二道涂膜

第一道涂膜固化后,即可在其上涂刮第二道涂膜,方法与第一道相同,但涂刮方向应与第一道施工垂直。涂布第二道涂膜与第一道相间隔的时间应以第一道涂膜的固化程度（手感不黏）确定,一般不小于 24 h,也不大于 72 h。

当 24 h 后涂膜仍发黏,而又需涂刷下一道时,可先涂一些涂膜防水材料即可以上人操作,不影响施工质量。

5）稀撒石渣

在第二道涂膜固化之前,在其表面稀撒粒径约为 2 mm 的石渣,涂膜固化后,这些石渣即牢固地黏接在涂膜表面,作用是增强涂膜与其保护层的黏接能力。

6）设置保护层

最后一道涂膜固化干燥后，即可设置保护层。保护层可根据建筑要求设置相适宜的形式：立面、平面可在稀撒石渣上抹水泥砂浆，铺贴瓷砖、陶瓷锦砖；一般房间的立面可以铺抹水泥砂浆，平面可铺设缸砖或水泥方砖，也可抹水泥砂浆或浇筑混凝土；若用于地下室墙体外壁，可在稀撒石渣层上抹水泥砂浆保护层，然后回填土。

（2）涂膜防水层施工

1）外防外涂法施工

外防外涂法施工是指涂料直接涂在地下室侧墙板上（迎水面），再在外侧做保护层。这种做法是在底板防水层完成后，转角处在永久性保护墙上，待侧墙板主体结构完成后，再涂抹外侧涂料，接头留在永久性保护墙上（图 8.24）。

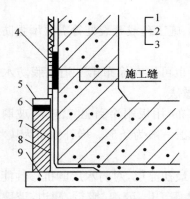

图 8.24　防水涂料外防外涂做法图

1—结构墙体；2—涂料防水层；3—涂料保护层；
4—涂料防水加强层；5—涂料防水层搭接部位保护层；
6—涂料防水层搭接部位；7—永久保护墙；
8—涂料防水加强层；9—混凝土垫层

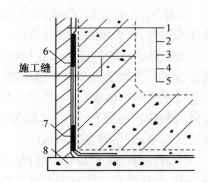

图 8.25　防水涂料外防内涂做法图

1—结构墙体；2—砂浆保护层；3—涂料防水层；
4—砂浆找平层；5—保护墙；6—涂料防水加强层；
7—涂料防水加强层；8—混凝土垫层

2）外防内涂法施工

外防内涂法施工是指涂料涂在永久性保护墙上，涂料上做砂浆保护层，然后施工侧墙板主体结构。永久性保护墙加支撑后可作外模板（图 8.25）。

4. 结构细部构造防水施工

（1）施工缝

施工缝是防水薄弱部位之一，应不留或少留施工缝。底板的混凝土应连续浇筑。墙体上不得留垂直的施工缝，垂直施工缝应与变形缝统一考虑。最低水平施工缝距底板面应不少于 300 mm，并避免设在墙板承受弯矩或剪力最大的部位。施工缝的接缝断面可做成不同的形状，如图 8.26 所示。

无论采用哪种形式的施工缝，为了使接缝严密，混凝土浇筑前均应对缝表面进行凿毛处理，清除浮粒，并用水冲洗干净，保持湿润，铺上一层 20～25 mm 厚的水泥砂浆，其材料和灰砂比应与混凝土相同。捣压密实后再继续浇筑混凝土。

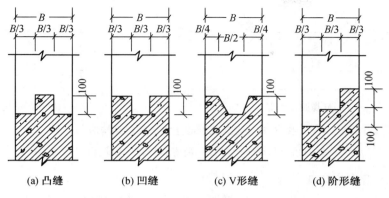

(a) 凸缝　　　　(b) 凹缝　　　　(c) V 形缝　　　　(d) 阶形缝

图 8.26　施工缝接缝形式

为有效解决墙体施工缝的渗漏水问题,目前常用 SPJ 型遇水膨胀橡胶或 BW 型遇水膨胀橡胶止水条,对施工缝进行处理。

BW 型遇水膨胀橡胶止水条的施工方法是撕掉其表面的隔离纸,将其直接粘贴在平整、干净的施工缝处,压紧黏牢,且每隔 1 m 左右钉一个水泥钢钉,固定后即可进行下一步防水混凝土的浇筑,如图 8.27 所示。

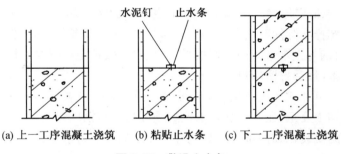

(a) 上一工序混凝土浇筑　(b) 粘贴止水条　(c) 下一工序混凝土浇筑

图 8.27　敷设止水条

(2) 变形缝

地下结构物的变形缝是防水工程中的薄弱环节,防水处理比较复杂。有时因处理不当而引起一些渗漏现象,会直接影响地下工程的正常使用和寿命。为此,在选用材料、做法及结构形式时,应考虑变形缝处的沉降、伸缩的可变性,并且还应保证其在变形中的密闭性,即不产生渗漏水现象。

全埋的地下防水工程中的变形缝应为环状;半地下防水工程的变形缝应为"U"字形,"U"字形变形缝的设计高度应超出室外地坪 150 mm。

变形缝止水材料通常有以下几种:橡胶止水带、塑料止水带、氯丁橡胶止水带和金属止水带(如镀锌钢板)等。选择止水带的基本要求是:适应变形能力强;防水性能好;耐久性高;与混凝土黏结牢固等。

橡胶止水带与塑料止水带的柔性、适应变形能力与防水性能都比较好,是目前变形缝常用的止水材料。止水带的形式如图 8.28(a) 所示。

变形缝的构造形式通常有埋入式、可卸式、粘贴式等,目前采用较多的是埋入式。当防水要求严格时,也可在同一变形缝部位,同时采用埋入式和可卸式或者埋入式和粘贴式(即

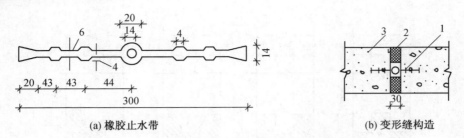

(a) 橡胶止水带　　　　　　　　(b) 变形缝构造

图 8.28　埋入式橡胶止水带变形缝构造

1—橡胶止水带；2—沥青麻丝；3—构筑物

有两条止水带)等多道防线,使防水效果更好。

1)埋入式止水带变形缝。埋入式橡胶止水带变形缝的构造如图 8.28(b)所示。止水带的安放位置要正确,即止水带的中心圆环应在变形缝的中轴线上。为了防止浇筑混凝土时止水带位置移动,一般用铁丝将止水带固定在钢筋或模板上。浇筑混凝土前必须将止水带洗净,不得留有泥土、杂物等,以免影响与混凝土的黏结。止水带处的混凝土要连续浇筑,振捣要密实,不得撞击止水带和留有施工缝。但是,变形缝两侧混凝土不宜同时浇筑,防止两侧混凝土同时收缩使止水带松动漏水。填缝材料一般用浸渍沥青麻丝或沥青木丝板。

埋入式止水带的优点是施工简单,节省材料。缺点是渗漏水时修补困难。

2)可卸式止水带变形缝。可卸式止水带变形缝的构造如图 8.29 所示。施工时,止水带打孔要按预埋螺栓实际间距进行(一般间距为 200 mm),其孔径应略小于螺栓直径。铺设止水带时,在角钢与止水带间用油膏找平,将止水带按预定位置穿过螺栓,铺贴严实,再在其上安装扁钢压条,最后拧紧螺母。

工程图集

橡胶止水带

可卸式的优点是适应防水能力强,检修、更换容易;缺点是构造与施工工艺均很复杂,尤其是拐角部位的预埋角钢与钢压条制作加工精度要求高,止水带的安装比较困难。一般适宜于深埋的地下防水工程。

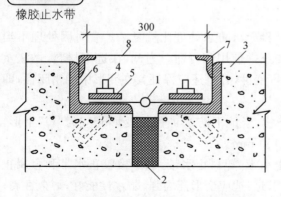

图 8.29　可卸式橡胶止水带变形缝构造

1—橡胶止水带；2—沥青麻丝；3—构筑物；
4—螺栓；5—钢压条；6—角钢；
7—支撑角钢；8—钢盖板

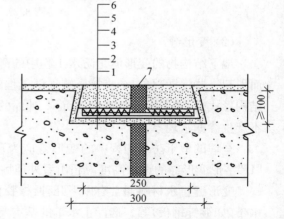

图 8.30　粘贴式氯丁橡胶板变形缝构造

1—构筑物；2—刚性防水层；3—胶黏剂；
4—氯丁胶板；5—素灰层；
6—细石混凝土覆盖层；7—沥青麻丝

3)粘贴式氯丁橡胶止水带。粘贴式氯丁橡胶板变形缝的处理方法是采用氯丁橡胶胶黏剂将氯丁橡胶板粘贴在变形缝的基面上,在胶板上再加混凝土或水泥砂浆覆盖层,其构造如图 8.30 所示。

粘贴式氯丁橡胶止水带施工时,先在变形缝预留的倒楔形凹槽内按刚性防水做法抹上防水层,防水层表面要做到平整、粗糙、清洁和干燥,以保证氯丁橡胶板与基面粘贴牢固。粘贴前,把涂剂涂刷部位用乙酸乙酯刷洗一遍,同时按黏结宽度分段(一般长度不超过 2 m,宽度以 200mm～250 mm 为宜)切割胶板。涂胶时,先在基面和胶板粘贴面分别涂一遍底胶层,涂胶厚度 1～2 mm,要求均匀一致,不得漏刷。隔一天后,再在基面和胶板粘贴面上涂刷第二遍粘贴胶层,当手背触及胶层表面感到黏且不黏胶时,即可粘贴。粘贴时,由下而上,从中到边,用手指依次按实,不得遗漏,以保证胶板与基面黏结牢固,无空鼓现象。两段胶片搭接部位的下压接搓要做成斜面,搭接长度为 100 mm。粘贴后 3～5 d 经检查无空鼓不牢现象,或者压水试验无漏水后,再将覆盖层填注严实,沿变形缝轴线用木丝板把覆盖层隔开。

粘贴式氯丁橡胶止水带施工操作简便,较易保证质量,有渗漏水时易于修补,造价比橡胶止水带低。

(3) 混凝土后浇缝的处理

后浇缝的混凝土施工,应在其两侧混凝土浇筑完毕并养护 42 h,待混凝土收缩变形基本稳定后再进行,浇缝前应将接缝处混凝土表面凿毛,将缝内杂物清理干净,再浇水充分湿润。浇筑后浇缝的混凝土应优先选用补偿收缩的混凝土,其强度等级应与两侧混凝土相同。后浇缝混凝土的施工温度应低于两侧混凝土施工时的温度,而且宜选择在气温较低的季节施工。这是因为若施工季节气温高于两侧混凝土施工时的气温,则此时两侧混凝土正处于体积膨胀状态,即使后浇混凝土浇筑密实,但气温下降后,先浇和后浇的混凝土同时产生收缩,仍会发生缝隙,导致接缝处的抗渗性大大降低。后浇缝混凝土浇筑后,其养护时间不应少于 28 h。

任务 3　卫生间防水工程

卫生间是防水的薄弱部位,受用水频繁、积水多、面积小、管道预留孔洞多,施工操作死角多等多种因素影响,所以卫生间防水工程是一个关键项目,在施工中,应特别予以重视。

传统的卷材防水做法已不适应卫生间防水施工的特殊性,通过大量的实验和实践证明,以涂膜防水代替各种卷材防水,尤其是选用高弹性的聚氨酯涂膜防水或选用弹塑性的氯丁胶乳沥青涂料防水等新材料和新工艺,可以使卫生间、厨房的地面和墙面形成一个没有接缝、封闭严密的整体防水层,从而提高其防水工程质量。

8.3.1　卫生间楼地面聚氨酯防水施工

聚氨酯涂膜防水材料是双组分化学反应固化型的高弹性防水涂料,多以甲、乙双组分形式使用。主要材料有聚氨酯涂膜防水材料甲组份、聚氨酯涂膜防水材料乙组份和无机铝盐防水剂等。施工用辅助材料应备有二甲苯、醋酸乙酯、磷酸等。

1. 基层处理

卫生间的防水基层必须用 1∶3 的水泥砂浆找平,要求抹平压光无空鼓,表面要坚实,不应有起砂、掉灰现象。在抹找平层时,在管道根部的周围,应使其略高于地面;在地漏的周围,应做成略低于地面的洼坑。找平层的坡度以 1%～2% 为宜,坡向地漏。凡遇到阴、阳角处,要抹成半径不小于 10 mm 的小圆弧。与找平层相连接的管件、卫生洁具、排水口等,必须安装牢固,收头圆滑,按设计要求用密封膏嵌固。基层必须基本干燥,一般在基层表面均匀泛白无明显水印时,才能进行涂膜防水层施工。施工前要把基层表面的尘土杂物彻底清扫干净。

2. 施工工艺

(1) 清理基层

需作防水处理的基层表面,必须彻底清扫干净。

(2) 涂布底胶

将聚氨酯甲、乙两组份和二甲苯按 1:1.5:2 的比例(重量比,以产品说明为准)配合搅拌均匀,再用小滚刷或油漆刷均匀涂布在基层表面上。涂刷量为 0.15~0.2 kg/m²,涂刷后应干燥固化 4 h 以上,才能进行下道工序施工。

(3) 配制聚氨酯涂膜防水涂料

将聚氨酯甲、乙组份和二甲苯按 1:1.5:0.3 的比例配合,用电动搅拌器强力搅拌均匀备用。应随配随用,一般在 2 h 内用完。

(4) 涂膜防水层施工

用小滚刷或油漆刷将已配好的防水涂料均匀涂布在底胶已干固的基层表面上。涂完第一度涂膜后,一般需固化 5 h 以上,在基本不黏手时,再按上述方法涂布第二、三、四度涂膜,并使后一度与前一度的涂布方向相垂直。对管子根部、地漏周围以及墙转角部位,必须认真涂刷,涂刷厚度不小于 2 mm。在涂刷最后一度涂膜固化前及时稀撒少许干净的粒径为 2~3 mm 的小豆石,使其与涂膜防水层黏结牢固,作为与水泥砂浆保护层黏结的过渡层。

(5) 作好保护层

当聚氨酯涂膜防水层完全固化和通过蓄水试验合格后,即可铺设一层厚度为 15~25 mm 的水泥砂浆保护层,然后按设计要求铺设饰面层。

8.3.2 卫生间楼地面氯丁胶乳沥青防水涂料施工

氯丁胶乳沥青防水涂料是以氯丁橡胶和沥青为基料,经加工合成的一种水乳型防水涂料。它兼有橡胶和沥青的双重优点,具有防水、抗渗、耐老化、不易燃、无毒、抗基层变形能力强等优点,冷作业施工,操作方便。

1. 基层处理

与聚氨酯涂膜防水施工要求相同。

2. 施工工艺及要点

二布六油防水层的工艺流程:基层找平处理→满刮一遍氯丁胶沥青水泥腻子→满刮第一遍涂料→做细部构造加强层→铺贴玻璃布,同时刷第二遍涂料→刷第三遍涂料→铺贴玻纤网格布,同时刷第四遍涂料→涂刷第五遍涂料→涂刷第六遍涂料并及时撒砂粒→蓄水试验→按设计要求做保护层和面层→防水层二次试水,验收。

在清理干净的基层上满刮一遍氯丁胶乳沥青水泥腻子,管根和转角处要厚刮并抹平整,腻子的配制方法是将氯丁胶乳沥青防水涂料倒入水泥中,边倒边搅拌至稠浆状即可刮涂于基层。腻子厚度为 2~3 mm,待腻子干燥后,满刷一遍防水涂料,但涂刷不能过厚,不得漏刷,表面均匀不流淌,不堆积,立面刷至设计标高。在细部构造部位,如阴阳角、管道根部、地漏、大便器蹲坑等分别附加一布二涂附加层。附加层干燥后,大面铺贴玻纤网格布同时涂刷第二遍防水涂料,使防水涂料浸透布纹渗入下层,玻纤网格布搭接宽度不小于 100 mm,立面贴到设计高度,顺水接槎,收口处贴牢。

上述涂料实干后(约 24 h),满刷第三遍涂料,表干后(约 4 h)铺贴第二层玻纤网格布同时满刷第四遍防水涂料。第二层玻纤布与第一层玻纤布接槎要错开,涂刷防水涂料时,应均匀,将布展平无折皱。上述涂层实干后,满刷第五遍、第六遍防水涂料,整个防水层实干后,可进行第一次蓄水试验,蓄水时间不少于 24 h,无渗漏才合格,然后做保护层和饰面层。工程交付使用前应进行第二次蓄水试验。

8.3.3　卫生间涂膜防水施工注意事项

施工用材料有毒性,存放材料的仓库和施工现场必须通风良好,无通风条件的地方必须安装机械通风设备。施工材料多属易燃物质,存放、配料以及施工现场必须严禁烟火,现场要配备足够的消防器材。

在施工过程中,严禁上人踩踏未完全干燥的涂膜防水层。操作人员应穿平底胶布鞋,以免损坏涂膜防水层。

附加补强层部位应先施工,然后再进行大面防水层施工。

已完工的涂膜防水层,必须经蓄水试验无渗漏现象后,方可进行刚性保护层的施工。进行刚性保护层施工时,切勿损坏防水层,以免留下渗漏隐患。

任务 4　季节性施工

8.4.1　冬期施工

当室外气温低于 0℃,卷材屋面应采取冬期施工技术措施。露天铺贴卷材、涂刷沥青胶结材料和铺设沥青砂浆找平层,仅允许在气温高于 −25℃时进行。此时,一般只能铺贴一层不低于 350 号的油毡,待天气转暖,经检查和必要的修补后,再铺贴其他的各层卷材。

干铺的隔离层允许在负温度时施工;用沥青胶结材料粘贴的板状材料隔热层,允许在气温超过 −20℃时施工;用水泥砂浆粘贴的板状材料隔热层和水泥蛭石混凝土整体隔热层,应在气温高于 5℃时施工。否则应采取保温或防冻措施,还应遵守以下几点:

(1)不得在下霜、下雨、下雪和大风时进行露天作业;在晴天作业时宜在迎风面搭设活动的防风挡板。

(2)扫清基层上的霜雪、冰层、垃圾,然后涂刷冷底子油一度。铺贴卷材时,应做到随涂黏结剂随铺贴和压实卷材,以免沥青胶冷却黏结不好,产生孔隙气泡等。沥青胶厚度宜控制在 1～2 mm,最大不应超过 2 mm。

(3)当面层找平层上有冰块时,可采用撒工业用食盐的办法融化。撒上食盐后,经过 5～8 h,再铺上一层锯末,然后将食盐同锯末一同扫除。湿的找平层表面可采用移动式热风机或炭炉来进行烘干。

(4)铺设前,应检查基层的强度、含水率及平整度,并在铺设过程中防止水分冻结。基层含水率不超过 15%,防止基层含水率过大,转入常温后水分蒸发引起油毡鼓泡。

(5)采取分段流水作业,确保找平层、隔气层、隔热层、防水层连续施工。工作中断期间,应将已完成的部分用席子、油毡或毛毡、雨布覆盖,以免受冻受潮。

(6)柔毡卷材屋面不宜在低于0℃的情况下施工。冬期施工时,可利用日照采暖使基层达到正温进行柔毡铺贴。柔毡铺贴前,应先将柔毡卷材放在15℃以上的室内预热8 h,并在铺贴前将柔毡表面的滑石粉清扫干净,按施工进度的要求,分批送到屋面使用。

8.4.2 雨期施工

(1)卷材层面应尽量在雨季前施工,同时安装屋面的落水管。

(2)雨天严禁进行油毡屋面施工,油毡、保温材料不准淋雨。

(3)雨天屋面工程宜采用"湿铺法"施工工艺。"湿铺法"就是在"潮湿"基层上铺贴卷材,先喷刷1~2道冷底子油,喷刷工作宜在水泥砂浆凝结初期进行操作,以防基层浸水。如基层浸水,应在基层表面干燥后方可铺贴油毡。如基层潮湿且干燥有困难时,可采用排汽屋面。

习 题

1. 试述沥青卷材屋面防水层的施工过程。
2. 常用防水卷材有哪些种类?
3. 试述高聚物改性沥青卷材的冷黏法和热熔法的施工过程。
4. 简述合成高分子卷材防水施工的工艺过程。
5. 试述涂膜防水屋面的施工过程。
6. 刚性防水屋面的隔离层如何施工? 分格缝如何处理?
7. 试述屋面渗漏原因及其防止措施。
8. 地下构筑物的变形缝有哪几种形式? 各有哪些特点?
9. 防水混凝土如何分类?
10. 在防水混凝土施工中应注意哪些问题?

建筑节能工程施工

【学习重点】

1. 了解墙体外保温工程的起源及特点。
2. 掌握墙体外保温工程的基本知识。
3. 掌握保温材体系的组成。
4. 掌握对外墙外保温体系的质量要求。

学习情境 9

任务 1 墙体节能工程施工

9.1.1 外墙保温的基本构造及特点

外墙保温按保温层的位置分为外墙内保温系统和外墙外保温系统两大类,其基本构造做法如图 9.1 所示。

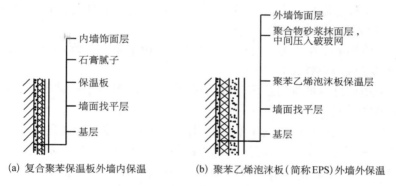

(a) 复合聚苯保温板外墙内保温   (b) 聚苯乙烯泡沫板(简称EPS)外墙外保温

图 9.1 外墙保温系统的基本构造

1. 外墙内保温的构造及特点

外墙内保温主要由基层、保温层和饰面层构成,其构造如图 9.1(a)所示。

外墙内保温施工是在外墙结构的内部加做保温层,内保温施工速度快,操作方便灵活,可以保证施工进度。内保温已有较长的使用时间,施工技术成熟,检验标准较为完善。在 2001 年前外墙保温中约有 90% 以上的工程应用了内保温技术。

目前,使用较多的内保温材料和技术有:增强石膏复合聚苯保温板、聚合物砂浆、复合聚苯保温板、增强水泥复合聚苯保温板、内墙贴聚苯板、粉刷石膏抹面及聚苯颗粒保温料浆加抗裂砂浆压入网格布抹面等施工方法。

但内保温要占用室内使用面积,热桥问题不易解决,容易引起开裂,还会影响施工速度,影响居民的二次装修,且内墙悬挂和固定物件也容易破坏内保温结构。内保温在技术上的不合理性决定了其必然要被外保温所替代。

2. 外墙外保温的构造及特点

（1）外墙外保温的构造

外墙外保温主要由基层、保温层、抹面层、饰面层构成，其构造见图 9.1(b)。

基层：是指外保温所依附的外墙。

保温层：由保温材料组成，在外保温系统中起保温作用的构造层。

抹面层：抹在保温层上，中间夹有增强网，保护保温层，并起防裂、防水和抗冲击作用的构造层。抹面层可分为薄抹面层和厚抹面层。用于 EPS 板和胶粉 EPS 颗粒保温浆料时为薄抹面层，用于 EPS 钢丝网架板时为厚抹面层。对于具有薄抹面层的系统，保护层厚度应不小于 3 mm 并且不宜大于 6 mm。对于具有厚抹面层的系统，厚抹面层厚度应为 25～30 mm。

饰面层：外保温系统的外装饰层。

通常把抹面层和饰面层总称保护层。

（2）外墙保温系统的特点

外保温是目前大力推广的一种建筑保温节能技术，外保温与内保温相比较，技术合理，有明显的优越性。使用同样规格同样尺寸和性能的保温材料，外保温比内保温的保温效果好。外保温技术不仅适用于新建的结构工程，也适用于旧楼改造。外墙外保温适用范围广，技术含量较高；外墙外保温是当前大力推广的节能保温应用技术。外墙外保温有如下的特点：

1）节能：由于采用导热系数较低的聚苯板，整体将建筑物外面包起来，消除了热桥，减少了外界自然环境对建筑的冷热冲击，可达到较好的保温节能效果。

2）牢固：由于外保温材料与墙体采用了可靠的连接技术，使外保温材料与墙面具有可靠的附载效果，耐候性、耐久性更好更强。

3）防水：外墙保温系统具有高弹性和整体性，解决了墙面开裂，表面渗水的通病，特别对陈旧墙面局部裂纹有整体覆盖作用。

4）体轻：采用该材料可将建筑房屋外墙厚度减小，不但减小了砌筑工程量、缩短工期，而且减轻了建筑物自重。

5）阻燃：外墙保温材料所用的聚苯板为阻燃型，具有隔热、无毒、自熄、防火功能。

6）易施工：施工简单，具有一般抹灰水平的技术工人，经短期培训，即可进行现场操作施工。对建筑物基层混凝土、红砖、砌块、石材、石膏板等有广泛的适用性。

目前比较成熟的外墙外保温技术主要有：聚苯板（EPS 板）薄抹灰面外保温系统、胶粉聚苯（EPS）颗粒保温浆料外保温系统、现浇混凝土复合无网 EPS 板外保温系统、现浇混凝土 EPS 钢丝网架板外保温系统、机械固定 EPS 钢丝网架板外保温系统等。

在选用外保温时，不得更改系统构造和组成材料，同时应做好外保温工程的密封和防水构造设计，确保水不会渗入保温层及基层，重要部位应有详图。水平或倾斜的出挑部位以及延伸至地面以下的部位应做防水处理。在外墙外保温系统上安装的设备或管道应固定于基层上，并应做密封和防水设计。我们重点介绍外墙外保温系统。

9.1.2 外墙保温的基本要求

1. 外墙保温工程的基本规定

外墙保温应能适应基层的正常变形而不产生裂缝或空鼓；应能长期承受自重而不产生有害的变形；外墙保温工程在遇地震发生时不应从基层上脱落；外保温复合墙体的保温、隔热和防潮性能应符合国家现行标准。

外墙外保温工程应能承受风荷载的作用而不产生破坏;外墙外保温工程应能耐受室外气候的长期反复作用而不产生破坏;高层建筑外保温工程应采取防火构造措施;外墙外保温工程应具有防水渗透性能;外墙外保温工程各组成部分应具有物理、化学稳定性。所有组成材料应彼此相容并应具有防腐性。在可能受到生物侵害(鼠害、虫害等)时,外墙外保温工程还应具有防生物侵害性能;在正确使用和正常维护的条件下,外墙外保温工程的使用年限不应少于 25 年。

2. 外墙保温工程的性能要求

(1) 外墙保温的性能要求

视频

挤塑板外墙
保温应用

外墙外保温应按规定进行耐候性检验,经耐候性试验后,不得出现饰面层起泡或剥落、保护层空鼓或脱落等破坏,不得产生渗水裂缝。具有薄抹面层的外保温系统,抹面层与保温层的拉伸黏结强度不得小于 $0.1\ \mathrm{MPa}$,并且破坏部位应位于保温层内。

胶粉 EPS 颗粒保温浆料外墙外保温系统应按规定进行抗拉强度检验,抗拉强度不得小于 $0.1\ \mathrm{MPa}$,并且破坏部位不得位于各层界面上。

EPS 板现浇混凝土外墙外保温应按规定做现场黏结强度检验,其现场黏结强度不得小于 $0.1\ \mathrm{MPa}$,并且破坏部位应位于 EPS 板内。

外墙外保温应按规定对胶黏剂进行拉伸黏结强度检验,胶黏剂与水泥砂浆的拉伸黏结强度在干燥状态下不得小于 $0.6\ \mathrm{MPa}$,浸水 48 h 后不得小于 $0.4\ \mathrm{MPa}$;与 EPS 板的拉伸黏结强度在干燥状态和浸水 48 h 后均不得小于 $0.1\ \mathrm{MPa}$,并且破坏部位应位于 EPS 板内。

外墙外保温应按规定对玻纤网进行耐碱拉伸断裂强力检验,增强玻纤网经向和纬向耐碱拉伸断裂强力均不得小于 $750\ \mathrm{N}/50\ \mathrm{mm}$,耐碱拉伸断裂强力保留率均不得小于 50%。

外墙外保温系统性能要求及实验方法应符合表 9.1 规定。

表 9.1　外墙外保温系统性能要求

检验项目	性能要求	试验方法
抗风荷载性能	系统抗风压值 Ra,不小于风荷载设计值。 EPS 板薄抹灰外墙外保温系统、胶粉、EPS 颗粒保温浆料外墙外保温系统、EPS 板现浇混凝土外墙外保温系统和 EPS 钢丝网架板现浇混凝土外墙外保温系统安全系数 K 应不小于 1.5,机械固定 EPS 钢丝网架板外墙外保温系统安全系数 K 应不小于 2	按规范规定方法实验;由设计要求值降低 1 kPa 作为试验起始点
抗冲击性	建筑物首层墙面以及门窗口等易受碰撞部位:10J 级;建筑物二层以上墙面等不易受碰撞部位:3J 级	按规范规定方法实验
吸水量	水中浸泡 1h,只带有抹面层和带有全部保护层的系统的吸水量均不得大于或等于 $1.0\ \mathrm{kg/m^2}$	
耐冻融性能	30 次冻融循环后保护层无空鼓. 脱落,无渗水裂缝;保护层与保温层的拉伸帖结强度不小于 $0.1\ \mathrm{MPa}$,破坏部位应位于保温层	
热阻	复合墙体热阻符合设计要求	
抹面层不透水性	2 h 不透水	
保护层	水蒸气渗透阻符合设计要求	

注:水中浸泡 24 h,只带有抹面层和带有全部保护层的系统的吸水量均小于 $0.5\ \mathrm{kg/m^2}$ 时,不检验耐冻融性能。

（2）主要组成材料性能要求

外墙外保温其他主要组成材料性能及实验方法应符合设计要求及相关规范的规定。

9.1.3 外墙保温施工的一般规定

视频

外墙保温施工

除采用现浇混凝土外墙外保温外，外保温工程的施工应在基层施工质量验收合格后进行；除采用现浇混凝土外墙外保温系统外，外保温工程施工前，外门窗洞口应通过验收，洞口尺寸、位置应符合设计要求和质量要求，门窗框或辅框应安装完毕。伸出墙面的消防梯、水落管、各种进户管线和空调器等的预埋件、连接件应安装完毕，并按外保温系统厚度留出间隙。

保温隔热材料的厚度必须符合设计要求。保温板材与基层及各构造层之间的黏结或连接必须牢固。黏结强度和连接方式应符合设计要求。保温板材与基层的黏结强度应做现场拉拔试验。保温浆料应分层施工。当采用保温浆料做外保温时，保温层与基层之间及各层之间的黏结必须牢固，不应脱层、空鼓和开裂。当墙体节能工程的保温层采用预埋或后置锚固件固定时，锚固件数量、位置、锚固深度和拉拔力应符合设计要求。后置锚固件应进行锚固力现场拉拔试验。

基层应坚实、平整。保温层施工前，应进行基层处理。

外保温工程的施工应具备施工方案，施工人员应经过培训并经考核合格。

9.1.4 膨胀聚苯薄抹灰外墙外保温体系

1. EPS 外墙保温施工工艺流程

EPS 外墙保温施工工艺流程为：基层检查、处理→配专用黏结剂→预黏翻包网格布→黏聚苯保温板→钻孔及安装固定件→保温板面打磨、找平→配聚合物砂浆→抹底层聚合物砂浆→埋贴网格布→抹面层聚合物砂浆→验收。

2. 施工工艺

（1）弹控制线

根据建筑立面设计和外墙外保温技术要求，在墙面弹出外门窗水平、垂直控制线及伸缩缝线、装饰缝线等。

（2）挂基准线

在建筑外墙大角（阴阳角）及其他必要处挂垂直基准钢线，每个楼层适当位置挂水平线，用以控制聚苯板的垂直度和平整度。

（3）配制专用黏结剂

① 根据专用黏结剂的使用说明书提供的掺配比例配制，专人负责，严格计量，机械搅拌，确保搅拌均匀。② 拌和好的黏结剂在静停 5 min 后再搅拌方可使用。③ 黏结剂必须随拌随用，拌和好的黏结剂应保证在 1 h 内用完。

（4）预黏翻包网格布

凡在聚苯板侧边外露处（如伸缩缝、门窗洞口处），都应做网格布翻包处理。

（5）粘贴聚苯板

① 外保温用聚苯板标准尺寸为 600 mm×900 mm、600 mm×1 200 mm 两种，非标准尺寸或局部不规则处可现场裁切，但必须注意切口与板面垂直。② 阴阳角处必须相互错茬搭接粘

贴。③ 门窗洞口四角不可出现直缝,必须用整块聚苯板裁切出刀把状,且小边宽度≥200 mm。④ 粘贴方法采用点黏法,且必须保证黏结面积不小于30%。⑤ 聚苯板抹完专用黏结剂后必须迅速粘贴到墙面上,避免黏结剂结皮而失去黏接性。⑥ 粘贴聚苯板时应轻柔、均匀挤压聚苯板,并用2 m靠尺和拖线板检查板面平整度和垂直度。粘贴时注意清除板边溢出的黏结剂,使板与板间不留缝。

（6）安装固定件

① 固定件安装应至少在黏完板的24 h后再进行。② 固定件长度为板厚＋50 mm。③ 用电锤在聚苯板表面向内打孔,孔径视固定件直径而定,进墙深度不小于60 mm,拧入固定件,钉头和压盘应略低于板面。

（7）板面打磨、找平

对板面接缝高低较大的区域用粗砂纸打磨找平,打磨时动作要轻,并以圆周运动打磨。

（8）配制聚合物砂浆

（方法及要求同配制专用黏结剂）

（9）抹聚合物砂浆

聚合物砂浆分底层和面层两次抹灰。① 在聚苯板面抹底层砂浆,厚度为2～2.5 mm,同时将翻包网格布压入砂浆中。门窗洞口的加强网格布也应随即压入砂浆中。② 贴网格布:将网格布紧绷后贴于底层抹面砂浆上,用抹子由中间向四周把网格布压入砂浆的表层,要平整压实,严禁网格布褶皱。网格布不得压入过深,表面必须暴露在底层砂浆之外。网格布上下搭接宽度不小于80 mm,左右搭接宽度不小于100 mm。③ 网格布粘贴完后,在表面抹一层0.5～1 mm面层聚合物砂浆。

9.1.5　外贴式聚苯板外墙外保温系统

1. 构造做法及施工顺序

（1）聚苯板涂料饰面系统

聚苯板涂料饰面系统基本构造如图9.2所示。施工程序为:清理基层墙体→胶黏剂粘贴、塑料膨胀锚栓固定聚苯板→抹聚合物抗裂砂浆中夹入耐碱玻纤网→柔性耐水腻子→涂料饰面。

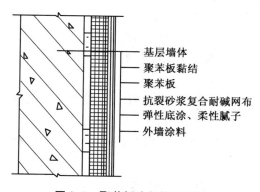

基层墙体
聚苯板黏结
聚苯板
抗裂砂浆复合耐碱网布
弹性底涂、柔性腻子
外墙涂料

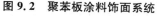

图 9.2　聚苯板涂料饰面系统

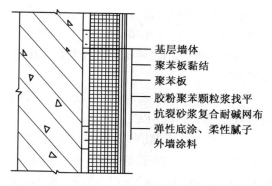

基层墙体
聚苯板黏结
聚苯板
胶粉聚苯颗粒浆找平
抗裂砂浆复合耐碱网布
弹性底涂、柔性腻子
外墙涂料

图 9.3　聚苯板复合 ZL 胶粉聚苯颗粒涂料饰面系统

（2）聚苯板复合 ZL 胶粉聚苯颗粒涂料饰面系统

聚苯板复合 ZL 胶粉聚苯颗粒涂料饰面系统基本构造如图9.3所示。施工程序为:清理基层墙体→胶黏剂粘贴、塑料膨胀锚栓固定聚苯板→抹胶粉聚苯颗粒浆 20 mm厚→抹聚合物抗裂砂浆中夹入耐碱玻纤网→刮柔性耐水腻子→涂料饰面。

（3）聚苯板复合 ZL 胶粉聚苯颗粒面砖饰面系统

聚苯板复合 ZL 胶粉聚苯颗粒面砖饰面系统基本构造如图 9.4 所示。施工程序为：清理基层墙体→胶黏剂粘贴聚苯板→抹 ZL 胶粉聚苯颗粒保温浆料→抹第一遍聚合物抗裂砂浆→塑料膨胀锚栓固定热镀锌钢丝网→抹第二遍聚合物抗裂砂浆→粘贴面砖。

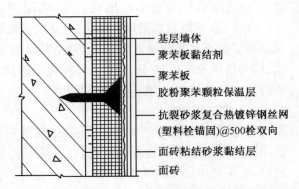

基层墙体
聚苯板黏结剂
聚苯板
胶粉聚苯颗粒保温层
抗裂砂浆复合热镀锌钢丝网
(塑料栓锚固)@500栓双向
面砖粘结砂浆黏结层
面砖

图 9.4 聚苯板复合 ZL 胶粉聚苯颗粒面砖饰面系统

2. 施工准备及材料配制

（1）聚苯板外墙保温系统施工主要施工工具有不锈钢抹子、槽抹子、搓抹子、角抹子、700～1 000 r/min 电动搅拌器（或可调速电钻加配搅拌器）、专用锯齿抹子以及黏有大于 20 粒度的粗砂纸的不锈钢打磨抹子。此外尚需配电热丝切割器、冲击钻、靠尺、刷子、多用刀、灰浆托板、拉线、墨斗、空所压缩机、开槽器、皮尺、毛辊等一般施工工具以及操作人员必需的劳保用品等。

（2）基层墙体表面应清洁、无油污、脱模剂等妨碍黏结的附着物。凸起、空鼓和疏松部位应剔除并找平。找平层应与墙体黏结牢固（应有可靠黏结力或界面处理措施），不得有脱层、空鼓、裂缝，面层不得有粉化、起皮、爆灰等现象。

（3）聚苯板的切割采用电热丝切割器切割成型，标准板尺寸一般为 1 200 mm×600 mm，对角误差为±1.6 mm，非标准板用整板按实际需要尺寸加工，尺寸允许偏差为±1.6 mm，大小面应互相垂直。

（4）胶黏剂的配制应严格按规定的配比和制作工艺现场进行，除规定外严禁添加任何添加剂。

（5）双组分胶黏剂。配制胶黏剂用的树脂乳液开罐后，一般有离析现象，应在掺加水泥前，用专用电动搅拌器将其充分搅拌至均匀，然后再加入一定比例水泥继续搅拌至充分均匀并静置 5 min 后，视其和易性，加入适量的水再进行搅拌，直至达到所需的黏稠度。

（6）单组分胶黏剂将干粉胶黏剂直接加入适量水，用专用电动搅拌器搅拌均匀，达到所需的黏稠度。

（7）每次配制的胶黏剂不宜过多，应视不同环境温度控制在 2 h 内用完，或按产品说明书中规定的时间内用完。

（8）聚苯板保温层应采用黏锚结合方案。当采用 EPS 板时，其锚栓数量为：对高层建筑标高 20 m 以下时不宜少于 3 个/m²；20～50 m 不宜少于 4 个/m²；50 m 以上时不宜少于 6 个/m²。当采用 XSP 板时，可参照图 9.5 进行布置锚栓，锚栓长度应保证进入基层墙体内 50 mm，锚栓固定件在阳角、檐口下、孔洞边缘四周应加密，其间距不应大于 300 mm，距基层边缘不小于 80 mm。

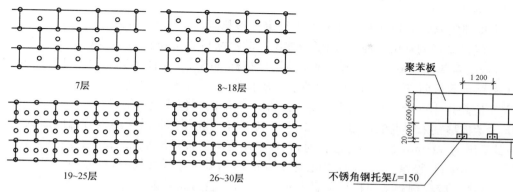

图 9.5　XPS 板排列锚固口布置图

图 9.6　不锈角钢托架布置图

（9）饰面层为面砖时，应在底部第一排以及每层标高保温板的每板端下方增设不锈角钢托架，间距小于或等于 1 200 mm，角钢托架长 150 mm，宽度由保温层厚度确定，每个托架由两个经防腐处理的膨胀螺栓与基层墙体固定，具体做法如图 9.6 所示。

（10）洞口四角的聚苯板应采用整块聚苯板切割成型，不得拼接。拼接缝距四角距离应大于 200 mm，且须有锚固措施，并应在洞口处增贴耐碱玻纤网，如图 9.7～图 9.9 所示。

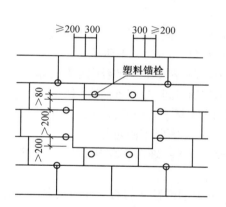

图 9.7　洞口 EPS 板排版及锚固示意图

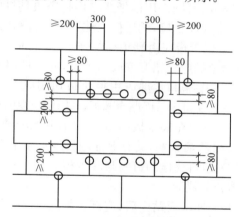

图 9.8　洞口 XPS 板排版及锚固

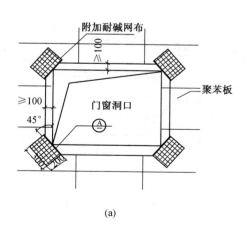

(a)

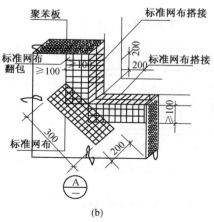

(b)

图 9.9　门窗洞口网格布加强

3. 施工操作要点

（1）根据建筑物体型和立面设计要求进行聚苯板排板设计，特别应做好门窗洞口的排板设计。在经过处理的基层墙面上，用墨线弹出距散水标高 20 mm 的水平线和保温层变形缝宽度线，排出聚苯板黏结位置。所有细部构造应按标准图或施工图的节点大样进行处理。

（2）粘贴聚苯板前，应按平整度和垂直度要求挂线（基层平整度偏差不宜超过 3 mm，垂直度偏差不应超过 10 mm）；应首先进行系统起端和终端的翻包或包边施工。

（3）聚苯板贴宜采用点框粘贴方法，如图 9.10 所示。先用抹子沿保温板背面四周抹上胶黏剂，其宽度为 50 mm，如采用标准板时，在板中还要均匀布置 8 个黏结饼，每个饼的黏结直径不小于 120 mm，胶厚 6～8 mm，中心距 200 mm，当采用非标准板时，板面中部黏结饼一般为 4～6 个。胶黏剂黏结面积与保温板面积比：当外表为涂料饰面时不得小于 40%；当为面砖饰面时不得小于 45%。

（4）胶黏剂应涂抹在聚苯板上，不应涂在基层上。涂胶点应按面积均布，板的侧边和底涂胶（需翻包标准网时除外），抹完胶黏剂后应立即就位粘贴。

（5）聚苯板粘贴时，应先轻柔滑动就位，再采用 2 m 靠尺进行压平操作。不得局部用力按压，聚苯板对头缝应挤紧，并与相邻板齐平，胶黏剂的压实厚度宜控制在 3～6 mm，贴好后应立即刮除板缝和板侧残留的黏结剂。聚苯板板间缝隙不应大于 2 mm，板间高差不得大于 1 mm，否则需用砂纸或专用打磨机具打磨平整。为了减少对头缝热桥影响，宜将聚苯板四周边裁成企口，然后按上述方法进行粘贴。

（6）聚苯板应由勒角部位开始，自下而上，沿水平方向铺设粘贴。竖缝应逐行缝 1/2 板长，在墙角处应交错互锁咬口连接，并保证墙角垂直度，如图 9.11 所示。

（7）门窗洞口角部应用整块板切割成 L 形进行粘贴，板间接缝距四角的距离不应小于 200 mm；门窗口内壁面贴聚苯板，其厚度应视门窗框与洞口间隙大小而定，一般不宜小于 30 mm。

（8）锚栓在聚苯板粘贴 24 h 后开始安装，按设计要求的位置用冲击钻钻孔，孔径 $\phi 10$，用 $\phi 10$ 聚乙烯胀塞，其有效锚固长度不小于 50 mm，并确保牢固可靠。

（9）塑料锚栓的钉帽与聚苯板表面齐平或略拧入些，确保膨胀栓钉尾部回拧使其与基层墙体充分锚固。

（10）聚苯板贴完后，应至少静默 24 h，才可用金刚砂锉子将板缝不平处磨平，然后将聚苯板面打磨一遍，并将板面清理干净。

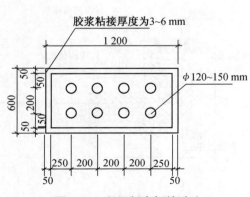

图 9.10　保温板点框粘贴法

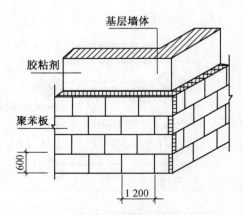

图 9.11　聚苯板转角板示意图

（11）标准网的铺设：先用抹子在聚苯板表面均匀涂抹一道厚度 1.5～2.0 mm 聚合物

抗裂砂浆(底层),面积略大于一块玻纤网范围,然后立即将耐碱玻纤网压入抗裂砂浆中,压出抗裂砂浆表面应平整,直至把整片墙面做完,待胶浆干硬至可碰触时,再抹第二遍。聚合物水泥抗裂砂浆(面层)厚度为 1.0~1.2 mm,直至全部覆盖玻纤网,使玻纤网约处于两道抗裂砂浆中的中间位置,表面应平整。

(12) 加强网铺设同标准网铺设,但加强网应采用对接。

(13) 玻纤网铺设应自上而下,先从外墙转角处沿外墙一圈一圈铺设,当遇到门窗洞口时,要在洞口周边和四周,铺设加强网。

(14) 首层墙面及其他可能遭受冲击的部位,应加铺一层加强玻纤网;二层及二层以上如无特殊要求(门窗洞口除外)应铺标准网;勒角以下部位宜增设钢丝网,采用厚层抹灰。

(15) 标准网接缝为搭接,搭接长度不应少于 100 mm。转角处标准网应是连续的,从每边双向绕角后包墙的宽度(即搭接长度)不应小于 200 mm。加强玻纤网铺设完毕后,至少静默养护 24 h 方可进行,在寒冷和潮湿的气候条件下,可适当加长养护时间,养护应避免雨水渗透和冲刷。

(16) 标准网在下列终端应进行翻包处理:

1) 门窗洞口、管道或其他设备穿墙洞处;

2) 勒角、阴阳台、雨篷等系统的尽端部位;

3) 变形缝等需终止系统的部位;

4) 女儿墙顶部。

(17) 翻包标准网施工应按下列步骤进行:

1) 裁剪窄幅标准网,长度由需翻包的墙体部位尺寸而定;

2) 在基层墙体上所有洞口周边及保温系统起、终端处涂抹宽 100 mm、厚 2~3 mm 的胶黏剂;

3) 将窄幅标准网的一端压入胶黏剂内 10 mm,其余甩出备用,并保持清洁;

4) 将聚苯板背面抹好胶黏剂,将其压在墙上,然后用抹子轻轻拍击,使其与墙面粘贴牢固;

5) 将翻包部位的聚苯板的正面和侧面均涂抹上聚合物抗裂砂浆,将预先甩出的窄幅标准网沿板厚翻包,并压入抗裂砂浆内。当需要铺高加强网时,则应先铺设加强网,再将翻包标准压在加强网之上。

(18) 主体结构变形缝、保温层的伸缩缝和饰面层的分格缝的施工应符合下列要求:

1) 主体结构缝,应按标准图或设计图纸进行施工,其金属调节片,应在保温层粘贴前按设计要求安装就位,并与基层墙体牢固固定,作好防锈处理。缝外侧需采用橡胶密封条或采用密封膏的部位应留出嵌缝背衬及密封膏的深度,无密封条或密封膏的部位应与保温板面平齐;

2) 保温层的伸缩缝,应按标准图或设计图纸进行施工。缝内应填塞比缝宽大于 1.3 倍的嵌缝衬条(如软聚乙烯泡沫塑料条),并分两次勾填密封膏,密封膏应凹进保温层外表面 5 mm;当在饰面层施工完毕后,再勾填密封膏时,应事先用胶带保护墙面,确保墙面免受污染;

3) 饰面层分格缝,按设计要求进行分格,槽深小于等于 8 mm,槽宽 10~12 mm。抹聚合物抗裂砂浆时,应先处理槽缝部位,在槽口加贴一层标准玻纤网,并伸出槽口两边 10 mm;分格缝亦可采用塑料分隔条进行施工。

（19）装饰线条安装应按下列步骤进行：

1）装饰线条应采用与墙体保温材料性能相同的聚苯板；

2）装饰线条凸出墙面时,可采用两种安装方式：一种是在保温用聚苯板粘贴完毕后,按设计要求用墨线在聚苯板面弹出装饰线具体位置,将装饰线条用胶黏剂粘贴在设计位置上,表面用聚合物抗裂砂浆铺贴标准网,并留出大于等于 100 mm 的搭接长度,如图 9.12 所示；另一种是将凸出装饰线按设计要求先用胶黏剂粘贴在基层墙面上,然后再用胶黏剂粘贴装饰线,上下保温用聚苯板,如图 9.13 所示；

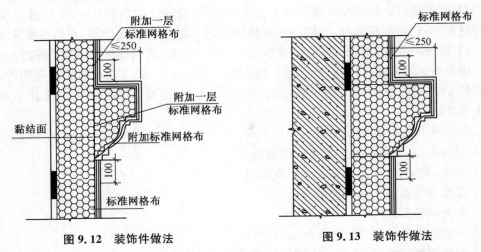

图 9.12　装饰件做法　　　　　图 9.13　装饰件做法

3）装饰线条凹进墙面时,应在粘贴完毕的保温聚苯板上,按设计要求用墨线弹出装饰线具体位置,用开槽器按图纸要求将聚苯板切出凹线或图案,凹槽处聚苯板的实际厚度不得小于 20 mm,然后压入标准网。墙面粘贴的标准网与凹槽周边甩出的网布需搭接；

4）装饰线条凸出墙面保温板的厚度不得大于 250 mm,且应采取安全锚固措施；

5）装饰件铺网时,饰件应在大面积网外装贴,再加附加网,附加网与大面积网应有一定的搭接宽度。

（20）饰面层施工应符合下列要求：

1）施工前,应首先检查聚合物抗裂砂浆是否有抹子抹痕,耐碱玻纤网是否全部嵌入,然后修补抗裂砂浆缺陷和凹凸不平处,并用细砂纸打磨一遍；

2）待聚合物抗裂砂浆表干后,即可进行柔性耐水腻子施工。用镘刀或刮板批刮,待第一遍柔性腻子表干后,再刮第二遍柔性腻子。压实磨光成活,待柔性腻子完全干固后,即可进行与保温系统配套的涂料施工；

3）采用涂料饰面系统,应采用高弹性防水耐擦洗外墙涂料,并按《建筑装饰工程施工及验收规范》(GB 50210—2001)规定进行施工；

4）采用面砖饰面系统,应增设热镀锌钢丝网和锚栓固定,并按《外墙饰面砖工程施工及验收规程》(JGJ 126—2015)规定进行施工；

5）当采用模塑或挤塑聚苯板复合 ZL 胶粉聚苯颗粒浆料饰面系统时,仅需在聚苯板黏结和用塑料膨胀锚栓固定并清除表面污物后,增抹一层厚 15 mm ZL 胶粉聚苯颗粒浆料作为保温找平层,然后再做饰面层施工即可；

6）当采用模塑胶或挤塑聚苯板复合 ZL 胶粉聚苯板复合 ZL 胶粉聚苯颗粒面砖饰面系统时,则在聚苯板黏结牢固,并清除表面污物后,增抹一层厚 15 mm ZL 胶粉聚苯颗粒浆料作为保温找平层,然后抹第一遍厚 3～4 mm 聚合物抗裂砂浆,并用塑料膨胀锚栓双 @500 将热镀锌钢丝网固定,再抹第二遍厚 5～6 mm 聚合物抗裂砂浆,最后用专用黏结砂浆粘贴面砖。

9.1.6 大模内置无网保温系统

1. 构造做法及施工顺序

(1) 大模内置无网聚苯板保温系统(涂料饰面)

大模内置无网聚苯板保温系统(涂料饰面)基本构造如图 9.14 所示。施工程序为:绑扎外墙钢筋骨架、验收→聚苯板内外表面喷涂界面砂浆→置入聚苯板、用塑料锚栓或塑料卡钉固定在钢筋骨架上→安装大模板→浇筑混凝土→拆除大模板→抹聚合物抗裂砂浆中夹入耐碱玻纤网→刮柔性耐水腻子→涂料饰面。

(2) 大模内置无网聚苯板复合 ZL 胶粉聚苯颗粒浆料外保温系统(涂料饰面)

大模内置无网聚苯板复合 ZL 胶粉聚苯颗粒浆料外保温系统(涂料饰面)基本构造如图 9.15 所示。仅在拆除大模板后增加抹 20 mm 厚 ZL 胶粉聚苯颗粒浆料保温找平层,其余皆与前述相同。

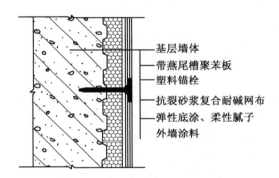

图 9.14　大模内置无网聚苯板
保温系统(涂料饰面)

基层墙体
带燕尾槽聚苯板
塑料锚栓
抗裂砂浆复合耐碱网布
弹性底涂、柔性腻子
外墙涂料

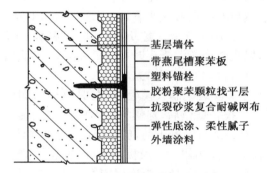

图 9.15　大模内置无网聚苯板复合 ZL 胶粉聚苯
颗粒浆料外保温系统(涂料饰面)

基层墙体
带燕尾槽聚苯板
塑料锚栓
胶粉聚苯颗粒找平层
抗裂砂浆复合耐碱网布
弹性底涂、柔性腻子
外墙涂料

(3) 大模内置无网聚苯板复合 ZL 胶粉聚苯颗粒浆料外保温系统(面砖饰面)

大模内置无网聚苯板复合 ZL 胶粉聚苯颗粒浆料外保温系统(面砖饰面)基本构造参见图 9.4。施工程序为:以前工序同(1)→拆除大模板→抹 ZL 胶粉聚苯颗粒浆料抹第一遍厚聚合物抗裂砂浆→ϕ0.9 热镀锌钢丝网用塑料锚栓与基层墙体固定→抹第二遍聚合物抗裂砂浆→专用黏结砂浆粘贴面砖。

注:拆除大模板前的所有工序皆与(1)相同。

2. 施工准备及材料配制

(1) 施工所用的主要工具及设备主要施工工具有不锈钢抹子、槽抹子、搓抹子、角抹子、700～1 000 r/min 电动搅拌器(或可调速电钻加配搅拌器)、专用锯齿抹子以及黏有大于 20 粒度的粗砂纸的不锈钢打磨抹子。此外尚需配电热丝切割器、冲击钻、靠尺、刷子、多用刀、灰浆托板、拉线、墨斗、空所压缩机、开槽器、皮尺、毛辊等一般施工工具以及操作人员必需的劳保用品等。

(2) 聚苯板宽度宜为 1 200 mm,高度宜为建筑物高度,即与大模板同高;大小面互相垂直,对角误差为±1.6 mm,聚苯板单面开矩形(燕尾)槽,聚苯板两侧边庆裁成企口。

（3）高层建筑,对于 EPS 板的塑料锚栓数量为:标高 20 m 以下不应少于 3 个/m²;20～30 m 不应少于 4 个/m²;50 m 以上时不应少于 6 个/m²;对于 XPS 板可参照图 9.4 布置塑料锚栓,锚栓长度为保温层厚度加 80 mm。

（4）外墙体钢筋安装绑扎完毕,预验合格,水电等专业预埋预留完成,预验合格。

（5）墙体大模板位置、控制线及控制各大角垂直线均设置完毕并预验合格。

（6）用于控制钢筋保护层水泥砂浆垫块已按要求绑扎完毕(每平方米保温板面不得少于 3 块)。

（7）聚苯板已开好单面矩形(燕尾)槽,并在内外表面喷涂界面砂浆;大模板对拉螺栓穿孔,聚苯板锚栓穿孔。

（8）加工好浇筑混凝土和振捣时保护聚苯板所用的门形镀锌铁皮保护套,高度视实际情况而定,宽度为保温板厚＋大模板厚,材料为镀锌铁皮。

3. 施工操作要求

（1）根据弹好的墨线安装保温板,保温板凹槽面朝里,平面朝外,先安装阴阳角保温构件,再安装大面积保温板;安装时板缝不能留在门窗四角,将分块进行标记。

（2）安装前保温板两侧企口处均匀涂刷胶黏剂,保证将保温板竖缝之间相互黏结在一起。

（3）在安装好的保温板面上弹线,标出锚栓位置,用电烙铁或其他工具在锚栓定位处穿孔,然后在孔内塞入胀管,其尾部与墙体钢筋绑扎以固定保温板。

（4）用 100 mm 宽、10 mm 厚保温板,满涂胶黏剂填补门窗洞口两边齿槽缝隙的凹槽处,以免在浇筑混凝土时在该处跑浆(冬期施工时,保温板上可不开洞口,待全部保温板安装完毕后,再切割出洞口)。

（5）安装钢制大模板,应在保温板外侧根部采取可靠的定位措施,以防模板压损保温板。大模板就位后,穿螺栓紧固校正,连接必须严密、牢固,以防出现错台或漏浆现象。

（6）浇筑混凝土前,应在保温板和大模板上部扣上"门"形镀锌铁皮保护套,将保温板和大模板一同扣住。大模板吊环处,可在保护套上侧开口将吊环放在开口内。

（7）浇筑混凝土应确保混凝土振捣密实,门窗洞口处浇灌混凝土时应沿洞口两边同时下料,使两侧浇灌高度大体一致。严禁振捣棒紧靠保温板。

（8）拆除模板后应及时修整墙面混凝土边角和板面余浆。

（9）穿墙套管拆除后,应以干硬性砂浆堵塞孔洞。保温板孔洞部位须用 ZL 胶粉聚苯颗粒浆料堵塞,并深入墙内大于 50 mm。

（10）抹面层聚合物抗裂砂浆前,应先清理保温层面层污物,板面、门窗洞口保温板如有缺损应采用 ZL 胶粉聚苯颗粒浆料或聚苯板进行修补,不平之处应进行打磨。

（11）抹聚合物抗裂砂浆标准网和加强网的铺设,门窗洞口的处理,玻纤网翻包,沉降缝、抗震缝、伸缩缝、分格缝的处理,装饰线条的安装以及柔性防水腻子和涂料施工皆与装饰工程施工相同。

（12）采用大模内置无网聚苯板复合 ZL 胶粉聚苯颗粒浆料外保温系统(涂料饰面和面砖饰面)拆除大模板前皆与本节 1～11 相同,拆除大模板后,对于涂料饰面,增加抹 20 mm 胶粉聚苯颗粒浆料保温找平层;对于面砖饰面,应先用塑料锚栓固定设热镀锌钢丝网,再抹 20 mm 胶粉聚苯颗粒保温浆料找平层,其余施工方法皆与本节 7～11 规定相同。

9.1.7 外墙保温砂浆施工

外墙保温砂浆是将无机保温砂浆、弹性腻子(粗灰腻子、细灰腻子)与保温涂料(含抗碱防水底漆)或与面砖和勾缝剂按照一定的方式复合在一起,设置于建筑物墙体表面。对建筑物起保温隔热、装饰和保护作用的体系称无机保温隔热系统。保温砂浆由下列材料组成:

无机空心体:为中空的球体或不规则体,里面封闭不流动的空气或氮气,形成阻断热传导的物质;

对流阻断体:填充无机空心体之间的孔隙,防止其间的空气出现对流,提高隔热效果;

少量硅酸盐:提高无机保温砂浆层硬度;

无机黏结剂:改善无机保温砂浆层和基层的黏结效果,提高无机保温砂浆层本身的强度;

助剂:改善无机保温砂浆的贮存性能、施工性能、保水性能等。

1．基层墙体准备

(1)施工前清除墙面浮灰、油污、隔离剂及墙角杂物,保证施工作业面干净,混凝土墙面上因有不同的隔离剂,需做适当的界面处理。其他墙面只要剔除突出墙面大于 10 mm 的异物保证干净即可,不需特殊处理。

(2)基层墙面,外墙四角,洞口等处的表面平整及垂直度应满足有关施工验收规范的要求。

(3)按垂直、水平方向在墙角、阳台栏板等处弹好厚度控制线。

(4)按厚度控制线,用膨胀玻化微珠保温防火砂浆做标准厚度灰饼,冲筋,间隔适度。

2．施工工艺

(1)工艺流程

面饰涂料工艺流程:基层墙面清理(混凝土墙面界面处理)→测量垂直度、套方、弹控制线→做灰饼、冲筋、做口→抹保温砂浆→弹分格线、开分格槽、嵌贴滴水槽→抹抗裂砂浆→刮柔性耐水腻子→面层装饰涂料。

面饰瓷砖工艺流程:基层墙面清理(混凝土墙面界面处理)→测量垂直度、套方、弹控制线→做灰饼、冲筋、做口→抹保温砂浆→铺设低碳镀锌钢丝网→打锚固钉固定在主体墙体上→抹聚合物罩面砂浆→用专用瓷砖黏结砂浆粘贴瓷砖→瓷砖勾缝处理。

(2)作业条件:结构工程全部完工,并经有关部门验收合格;门窗框与墙体联结处的缝隙按规范规定嵌塞;施工墙面的灰尘、污垢和油渍应清理干净;脚手架搭设完成并验收合格;横竖杆与墙面、墙角的间距应保证满足保温层厚度和满足施工要求;施工环境温度不低于5℃,严禁雨天施工。

3．施工方法

(1)当窗框安装完毕后将窗框四周分层填塞密实,保温层包裹窗框尺寸控制在 10 mm。

(2)在清理干净的墙面上,用配好的保温料浆压抹第一层(厚度不低于 10 mm),使料浆均匀密实将墙面覆盖,待稍干燥后按设计要求抹至规定厚度,并且大杠搓平,门窗、洞口的垂直度平整度均达到了规范质量要求后,再在表面进行收平压实。

(3)抹灰厚度大于 25 mm 时,可分二次抹涂,待第一次抹浆硬化后(24 小时)即可进行第二次抹浆,抹涂方法与普通砂浆相同。

(4)对于外饰涂料的墙体,待保温砂浆硬化后在其表面涂刮抗裂砂浆罩面,涂刮厚度为1~2 mm,使其具有很好的防渗抗裂性能。同时对后续装饰工程形成很好的界面层,增强装饰装修效果。

(5)对于外贴瓷砖的墙体,待保温砂浆硬化后在其表面涂刮上 3 mm 聚合物抹面抗裂砂浆,铺设低碳镀锌钢丝网,打上锚固钉,固定在主体墙壁上,再涂刮上 2 mm 的聚合物抗裂砂浆,然后待其干燥后用专用的瓷砖黏结砂浆粘贴瓷砖。

(6)首层外保温的阳角,需用专用金属护角或网格布护角处理。其余各层阴角、阳角以及门窗洞口角各部用玻纤网格布搭接增强,网格布翻包尺寸 150～200 mm。

(7)色带:设计要求用色带来体现立面效果时,在保温砂浆施工完毕后,弹出色带控制线,用壁纸刀开出设定的凹槽,深度约为 10 mm,处理时应做工精细,保证色带内表面和侧面的平整和光滑。聚合物抹面抗裂砂浆施工时,色带和大面同时进行,色带部位用专用小型工具,作出阴阳角,并保证平整和顺直。

(8)滴水槽:根据设计要求弹出滴水槽控制线,然后用壁纸刀沿控制线划开设定的凹槽,用聚合物抹面抗裂砂浆填满凹槽,并与聚合物抹面抗裂砂浆黏结牢固,然后将挤出的抗裂砂浆清理掉,确保黏结牢固。滴水槽的位置应处于同一水平面上,并距窗口外边缘距离相等。

(9)外装饰:保温砂浆属于柔性涂层,所以严禁在其表面进行刚性涂层施工。其外装饰可按照设计要求进行施工。

(10)料装饰、贴瓷砖、干挂石材等,与其配套使用的涂料必须是弹性涂料和柔性耐水腻子、专用面砖黏结砂浆等,以保证工程质量和施工效果。

工程图集

任务 2　屋面保温工程施工

9.2.1　普通保温工程施工

1. 保温材料及要求

保温材料既起到阻止冬季室内热量通过屋面散发到室外,同时也防止夏季室外热量(高温)传到室内,它起到保温和隔热的双重作用。

(1)材料分类

我国目前屋面保温层按形状可分为松散材料保温层、板状保温层和整体现浇保温层三种;按材料性质可分为有机保温材料和无机保温材料;按吸水率可分为高吸水率和低吸水率保温材料,如表 9.2 所示。

屋面保温
工程施工

表 9.2　保温材料分类及品种举例

分类方法	类型	品种举例
按形状划分	松散材料	炉渣、膨胀珍珠岩、膨胀蛭石、岩棉
	板状材料	加气混凝土、泡沫混凝土、微孔硅酸钙、憎水珍珠岩、聚苯泡沫板、泡沫玻璃
	整体现浇材料	泡沫混凝土、水泥蛭石、水泥珍珠岩、硬泡聚氨酯
按材性划分	有机材料	聚苯乙烯泡沫板、硬泡聚氨酯
	无机材料	泡沫玻璃、加气混凝土、泡沫混凝土、蛭石、珍珠岩
按吸水率划分	高吸水率(>20%)	泡沫混凝土、加气混凝土、珍珠岩、憎水珍珠岩、微孔硅酸钙
	低吸水率(<6%)	泡沫玻璃、聚苯乙烯泡沫板、硬泡聚氨酯

（2）材料要求

材料的密度、导热系数等技术性能，必须符合设计要求和施工及验收规范的规定，应有试验资料。松散的保温材料应使用无机材料，如选用有机材料时，应先做好材料的防腐处理。

1）松散材料：炉渣或水渣，粒径一般为 5～40 mm，不得含有石块、土块、重矿渣和未燃尽的煤块，堆积密度为 500～800 kg/m³，导热系数为 0.16～0.25 W/(m·K)。膨胀蛭石粒径一般为 3～15 mm，导热系数 0.14 W/(m·K)。膨胀珍珠岩粒径小于 0.15 mm 的含量不应大于 8%。

2）板状保温材料：产品应有出厂合格证，根据设计要求选用。厚度、规格应一致，外形应整齐；密度、导热系数、强度应符合设计要求。

① 泡沫混凝土板块：表现密度不大于 500 kg/m³，抗压强度应不低于 0.4 MPa；

② 加气混凝土板块：表观密度 500～600 kg/m³，抗压强度应不低于 0.2 MPa；

③ 聚苯板：表观密度≤45 kg/m³，抗压强度不低于 0.18 MPa，导热系数为 0.043 W/(m·K)。

（3）作业条件

1）铺设保温材料的基层（结构层）施工完以后，将预制构件的吊钩等进行处理，处理点应抹入水泥砂浆，经检查验收合格，方可铺设保温材料。

2）铺设隔气层的屋面应先将表面清扫干净，且要求干燥、平整，不得有松散、开裂、空鼓等缺陷；隔气层的构造做法必须符合设计要求和施工及验收规范的规定。

3）穿过结构的管根部位，应用细石混凝土填塞密实，以使管子固定。

4）板状保温材料运输、存放应注意保护，防止损坏和受潮。

2．操作工艺

（1）工艺流程

视频

工艺流程为：基层清理→弹线找坡→管根固定→隔气层施工→保温层铺设→抹找平层。

屋面保温
隔热层施工

（2）基层清理：预制或现浇混凝土结构层表面，应将杂物、灰尘清理干净。

（3）弹线找坡：按设计坡度及流水方向，找出屋面坡度走向，确定保温层的厚度范围。

（4）管根固定：穿结构的管根在保温层施工前，应用细石混凝土塞堵密实。

（5）隔气层施工：2～4 道工序完成后，设计有隔气层要求的屋面，应按设计做隔气层，涂刷均匀无漏刷。

（6）保温层铺设

1）松散保温层铺设。是一种干做法施工的方法，材料多使用炉渣或水渣，粒径为 5～40 mm。使用时必须过筛，控制含水率。铺设松散材料的结构表面应干燥、洁净，松散保温材料应分层铺设，适当压实，压实程度应根据设计要求的密度，经试验确定。每步铺设厚度不宜大于 150 mm，压实后的屋面保温层不得直接推车行走和堆积重物。松散膨胀蛭石保温层铺设时使膨胀蛭石的层理平面与热流垂直。

2）板块状保温层铺设

① 干铺板块状保温层：直接铺设在结构层或隔气层上，分层铺设时上下两层板块缝应错开，表面两块相邻的板边厚度应一致。一般在块状保温层上用松散料作找坡。

② 黏结铺设板块状保温层:板块状保温材料用黏结材料平黏在屋面基层上,一般用低标号水泥、石灰混合砂浆;聚苯板材料应用沥青胶结料粘贴。

一般在施工板状保温层时,应立即做保护层。如遇两层铺设,板缝应错开,不要上下重缝。

3) 整体保温层

① 水泥石灰炉渣保温层:施工前用石灰水将炉渣闷透,不得少于 3 d,闷制前应将炉渣或水渣过筛,粒径控制在 5~40 mm。最好用机械搅拌,一般配合比为水泥:白灰:炉渣为1:1:8,铺设时分层、滚压,控制虚铺厚度和设计要求的密度,应通过试验,保证保温性能。

② 沥青蛭石、沥青珍珠岩、现浇硬泡聚氨酯等整体现浇保温层:沥青蛭石和沥青珍珠岩要搅拌均匀一致,虚铺厚度和压实厚度均要先行试验。施工时表面要平整,压实程度要一致。硬泡聚氨酯现浇喷涂施工时,气温应在 15~35℃,风速不要超过 5 m/s,相对湿度应小于 85%,否则会影响硬泡聚氨酯质量。施工时还应注意配比准确,一般应做配比试验,使发泡均匀,表观密度保持在 30~45 kg/m³。喷涂时,工人应进行培训,掌握喷枪的工人应使喷枪运行均匀,使发泡后表面平整,在完全发泡前应避免上人踩踏。发泡厚度允许误差在+10%~−5%之间。

硬泡聚氨酯保温层完成且经检查合格后,应立即进行保护层施工,如系刚性砂浆或混凝土保护层,则应在保温层上铺聚酯毡等材料作为隔离层。

3. 排气屋面

保温层材料当采用吸水率低($\omega<6\%$)的材料时,它们不会再吸水,保温性能就能得到保证。如果保温层采用吸水率大的材料,施工时如遇雨水或施工用水侵入,造成很大含水率时,则应使它干燥,但许多工程已施工找平层,一时无法干燥,为了避免因保温层含水率高而导致防水层起鼓,使屋面在使用过程中逐渐将水分蒸发(需几年或几十年时间),过去采取称为"排气屋面"的技术措施,也有人称呼吸屋面(图 9.16)。就是在保温层中设置纵横排气道,在交叉处安放向上的排气管,目的是当温度升高,水分蒸发,气体沿排气道、排气管与大气连通,不会产生压力,潮气还可以从孔中排出。排气屋面要求排气道不得堵塞,确实收到了一定效果。所以在规范中规定如果保温层含水率过高(超过 15% 以上)时,不管设计时是否规定,施工时都必须作排气屋面处理。当然如果采用低吸水率保温材料,就可以不采取这种做法。

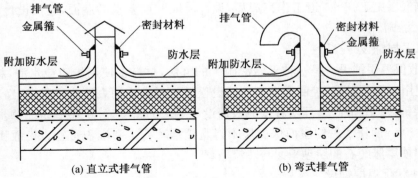

图 9.16　排汽出口构造

1—防水层;2—附加防水层;3—密封材料;4—金属箍;5—排气管

9.2.2 倒置保温工程施工

倒置式屋面是把原屋面"防水层在上,保温层在下"的构造设置倒置过来,将憎水性或吸水率较低的保温材料放在防水层上,使防水层不易损伤,提高耐久性,并可防止屋面结构内部结露。具有节能保温隔热、延长防水层使用寿命、施工方便、劳动效率高、综合造价经济等特点。

1. 材料

（1）保温材料

保温材料应选用高热绝缘系数大、低吸水率的新型材料,如聚苯乙烯泡沫塑料、聚烯泡沫塑料、聚氨酯泡沫塑料、泡沫玻璃等,也可选用蓄热系数和热绝缘系数都较大的水泥聚苯乙烯复合板等保温材料。倒置式保温防水屋面常用的保温材料技术数据如表 9.3 所示。

（2）防水材料

倒置式保温防水屋面主防水层(保温层之下的防水层)应选用合成高分子防水材料和中高档高聚物改性沥青防水卷材,也可选用改性沥青涂料与卷材复合防水。不宜选用刚性防水材料和松散憎水性材料,如防水宝、拒水粉等。也不宜选用胎基易腐烂的防水材料和易腐烂的涂料加筋布等。

表 9.3　倒置式保温防水屋面常用保温材料质量要求

项目	桑苯乙烯泡沫塑料类		泡沫玻璃	微孔混凝土类	硬质聚氨酯泡沫塑料	膨胀蛭石（珍珠岩制品）
	挤压	模压				
表观密度/$(kg \cdot m^{-3})$	≥32	15～30	≥150	500～700	≥30	300～800
导热系数/$[W/(m \cdot K)]$	≤0.03	≤0.041	≤0.062	≤0.22	≤0.027	≤0.26
抗压强度/MPa			≥0.4	≥0.4		≥0.3
在 10%形变下的压缩应力/MPa	≥0.15	≥0.06			≥0.15	
70℃,48 h 后尺寸变化率/%	≤2.0	≤5.0	≤0.5		≤5	
吸水率/%	≤1.5	≤6	≤0.5		≤3	
外观质量	板的外形基本平整,无严重凹凸不平,厚度允许偏差为 5%且不大于 4 mm					

屋面工程所采用的防水材料应有材料质量证明文件,优先选用省部级推广和认可产品,确保其质量符合技术要求。材料进场后,施工单位应按规定取样复试,提交试验报告,严禁在工程使用不合格的材料。

2. 施工准备

（1）技术准备

防水保温工程施工应编制专项施工方案或技术措施,掌握施工图中的细部构造及有关技术要求。并根据施工方案进行技术交底,详细交代施工部位、构造作法、细部构造、技术要求、安全措施、质量要求和检验方法等。

（2）材料准备

屋面工程负责人应根据设计要求,按面积计算各种材料的总用量,防水材料应抽检合格后方准许使用。

现场应准备足够的高压吹风机、平铲、扫帚、滚刷、压辊、剪刀、墙纸刀、卷尺、粉线包及灭火器等施工机具或设施,并保证完好。

(3)结构基层。防水层施工前,基层必须干净干燥,表面不得有疏松、起皮起砂现象。

3.施工工艺

(1)工艺流程。工艺流程为:基层清理检查、工具准备、材料检验→节点增强处理→防水层施工、检验→保温层铺设、检验→现场清理→保护层施工→验收。

(2)防水层施工。根据不同的材料,采用相应的施工工法和工艺施工、检验。

(3)保温层施工。保温材料可以直接干铺或用专用黏结剂粘贴,聚苯板不得选用溶剂型胶黏剂粘贴。保温材料接缝处可以是平缝也可以是企口缝,接缝处可以灌入密封材料以连成整体。块状保温材料的施工应采用斜缝排列,以利于排水。

当采用现喷硬泡聚氨酯保温材料时,要在成型的保温层面进行分格处理,以减少收缩开裂。大风天气和雨天不得施工,同时注意喷施人员的劳动保护。

(4)面层施工

1)上人屋面

① 采用 40～50 mm 厚钢筋细石混凝土作面层时,应按刚性防水层的设计要求进行分格缝的节点处理。

② 采用混凝土块材上人屋面保护层时,应用水泥砂浆坐浆平铺,板缝用砂浆勾缝处理。

2)不上人屋面

① 当屋面是非功能性上人屋面时,可采用平铺预制混凝土板的方法进行压埋,预制板要有一定强度,厚度也应小于 30 mm。

② 选用卵石或砂砾作保护层时,其直径应在 20～60 mm,铺埋前,应先铺设 250 g/m² 的聚酯纤维无纺布或油毡等隔离,再铺埋卵石,并要注意雨水口的畅通。压置物的质量应保证最大风力时保温板不被刮起和保证保温层在积水状态下不浮起。

③ 聚苯乙烯保温层不能直接接受太阳照射,以防紫外线照射导致老化,还因避免与溶剂接触和在高温环境下(80℃以上)使用。

习　题

1. 简述膨胀聚苯薄抹灰外墙外保温体系施工工艺流程。

2. 简述外贴式聚苯板外墙外保温系统施工工艺流程。

3. 简述大模内置无网保温系统施工工艺流程。

4. 简述外墙保温砂浆施工工艺流程。

5. 简述普通屋面保温工程施工工艺流程。

6. 简述倒置屋面保温工程施工工艺流程。

装饰装修工程施工

【学习重点】

1. 了解室内外抹灰工程、饰面工程、涂饰工程、裱糊工程等。
2. 了解幕墙工程、楼地面工程、吊顶工程、轻质隔墙工程、门窗工程等。
3. 了解装饰工程施工验收。

资源合集

学习情境 10

任务 1 抹灰工程

10.1.1 抹灰的分类和组成

1. 抹灰工程分类

抹灰工程分一般抹灰和装饰抹灰两大类。一般抹灰有石灰砂浆、水泥石灰砂浆、水泥砂浆、聚合物水泥砂浆以及麻刀灰、纸筋灰、石膏灰等;按使用要求、质量标准和操作工序不同,又分为普通抹灰、中级抹灰和高级抹灰。装饰抹灰有水刷石、水磨石、斩假石(剁斧石)、干黏石、拉毛灰、撒毛灰以及喷砂、喷涂、滚涂、弹涂等。

2. 抹灰的组成

一般抹灰工程施工是分层进行的,以便于抹灰牢固、抹面平整和保证质量。如果一次抹得太厚,由于内外收水快慢不同,容易出现干裂、起鼓和脱落现象。

(1) 底层

底层主要起与基层的黏结和初步找平作用。底层所使用材料随基层不同而异,室内砖墙面常用石灰砂浆、水泥石灰混合砂浆;室外砖墙面和有防潮防水的内墙面常用水泥砂浆或混合砂浆;对混凝土基层宜先刷素水泥浆一道,采用混合砂浆或水泥砂浆打底,更易于黏结牢固,而高级装饰工程的预制混凝土板顶棚宜用 108 水泥砂浆打底;木板条、钢丝网基层等,用混合砂浆、麻刀灰和纸筋灰并将灰浆挤入基层缝隙内,以加强拉结。

(2) 中层

中层主要起找平作用。使用砂浆的稠度为 70~80 mm。根据基层材料的不同,其做法基本上与底层的做法相同。按照施工质量要求可一次抹成,也可分遍进行。

(3) 面层

面层主要起装饰作用,所用材料根据设计要求的装饰效果而定。室内墙面及顶棚抹灰,常用麻刀灰或纸筋灰;室外抹灰常用水泥砂浆或做成水刷石等饰面层。

10.1.2 抹灰基体的表面处理

为保证抹灰层与基体之间能黏结牢固,不致出现裂缝、空鼓和脱落等现象,在抹灰前基体表面上的灰土、污垢、油渍等应清除干净,基体表面凹凸明显的部位应事先剔平或用水泥砂浆补平。基体表面应具有一定的粗糙度。砖石基体面灰缝应砌成凹缝式,使砂浆能嵌入灰缝内与砖石基体黏结牢固。混凝土基体表面较光滑,应在表面先刷一道水泥浆或喷一道水泥砂浆疙瘩,如刷一道聚合物水泥浆效果更好。加气混凝土表面抹灰前应清扫干净,并需刷一道聚合物胶水溶液,然后才可抹灰。板条墙或板条顶棚,各板条之间应预留 8～10 mm 缝隙,以便底层砂浆能压入板缝内结合牢固。木结构与砖石结构、混凝土结构等相接处应先铺设金属网,并绷紧牢固。门窗框与墙连接处的缝隙,应用水泥砂浆嵌塞密实,以防因振动而引起抹灰层剥落、开裂。不同材料基体交接处的处理如图 10.1 所示。

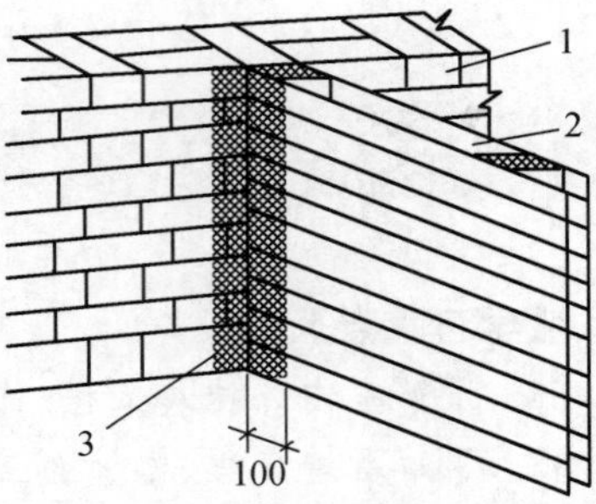

图 10.1　不同材料基体交接处的处理

1—砖墙;2—板条墙;3—钢丝网

10.1.3　一般抹灰施工工艺

一般抹灰按表面质量的要求分为普通、中级和高级抹灰 3 级。外墙抹灰层的平均总厚度不得超过 20 mm,勒脚及突出墙面部分不得超过 25 mm。顶棚抹灰层的平均总厚度对板穿及现浇混凝土基体不得超过 15 mm,对预制混凝土基体则不得超过 18 mm。严格控制抹灰层的厚度不仅是为了取得较好的技术经济效益,而且还是为了保证抹灰层的质量。抹灰层过薄达不到预期的装饰效果,过厚则由于抹灰层自重增大,灰浆易下坠脱离基体导致出现空鼓,而且由于砂浆内外干燥速度相差过大,表面易产生收缩裂缝。

一般抹灰常用的工具如图 10.2 所示。

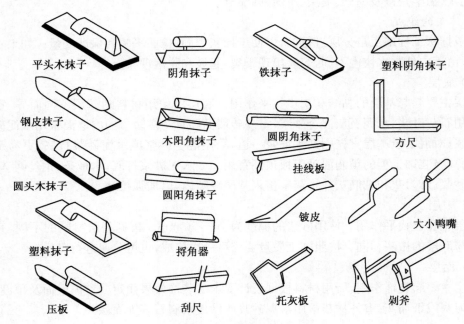

平头木抹子　　阴角抹子　　铁抹子　　塑料阴角抹子

钢皮抹子　　木阳角抹子　　圆阴角抹子　　方尺

圆头木抹子　　圆阳角抹子　　挂线板

塑料抹子　　抒角器　　铵皮　　大小鸭嘴

压板　　刮尺　　托灰板　　剁斧

图 10.2　常用抹灰工具

木抹子——其作用是抹平压实灰层。木抹子有圆头、方头两种。

塑料抹子——是用硬质聚乙烯塑料做成的抹灰器具。其用途是压光纸筋灰等面层,有圆头、方头两种。

铁抹子——用于抹底子灰层,有圆头、方头两种。

钢抹子——因其较薄,弹性好,适用于抹平抹光水泥砂浆面层。

压板——适用于压光水泥砂浆面层和纸筋灰罩面等。

阴角抹子——适用于压光阴角,分小圆角及尖角两种。

阳角抹子——适用于压光阳角,分小圆角及尖角两种。

捋角器——用来捋水泥抱角的素水泥浆。

托灰板——用于作业时承托砂浆。

挂线板——主要用来挂垂直线,板上附有带线锤的标准线。

方尺——用来测量阴阳角方正。

八字靠尺及钢筋卡子——用来做棱角。钢筋卡子用来卡八字靠尺,常用直径 8 mm 的钢筋加工而成。

刮尺——即木杠,有长杠、中杠、短杠三种。一般长杠长为 250～350 mm,适用于冲筋;中杠长为 200～250 mm;短杠长为 150 mm,用来刮平墙面和地面。

剁斧——用来剁砖石和清理混凝土基层。

筛子——用来筛分砂子,去除块状杂物。常用筛孔直径有 10、8、5、3、1.5、1 mm 六种。

尼龙线——用来拉直线。

一般抹灰随抹灰等级的不同,其施工工序也有所不同。普通抹灰只要求分层涂抹、赶平、修整、表面压光。中级抹灰则要求阳角找方、设置标筋、分层涂抹、赶平、修整、表面压光。高级抹灰要求阴阳角找方、设置标筋、分层涂抹、赶平、修整、表面压光等。

一般抹灰的施工工艺如下。

1. 设置标筋

为了有效地控制墙面抹灰层的厚度与垂直度,使抹灰面平整,抹灰层涂抹前应设置标筋(又称冲筋),作为底、中层抹灰的依据。

设置标筋时,先用托线板检查墙面的平整垂直程度,据此确定抹灰厚度(最薄处不宜小于 7 mm),再在墙两边上角离阴角边 100～200 mm 处按抹灰厚度用砂浆做一个四方形(边长约 50 mm)标准块,称为"灰饼",然后根据这两个灰饼,用托线板或线锤吊挂垂直,做墙面下角的两个灰饼(高低位置一般在踢脚线上口),随后以上角和下角左右两灰饼面为准拉线,每隔 1.2～1.5 m 上下加做若干灰饼。待灰饼稍干后在上下灰饼之间用砂浆抹上一条宽 100 mm 左右的垂直灰埂,此即为标筋,作为抹底层及中层的厚度控制和找平的标准。如图 10.3 所示。

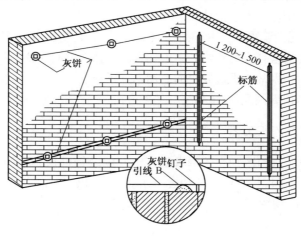

图 10.3　灰饼、标筋

顶棚抹灰一般不做灰饼和标筋,而是在靠近顶棚四周的墙面上弹一条水平线以控制抹灰层厚度,并作为抹灰找平的依据。

2. 做护角

室外内墙面、柱面和门窗洞口的阳角抹灰要求线条清晰、挺直,并防止碰坏,故该处用1：2水泥砂浆做护角,砂浆收水稍干后,用捋角器抹成小圆角。

3. 抹灰层的涂抹

当标筋稍干后,即可进行抹灰层的涂抹。涂抹应分层进行,以免一次涂抹厚度较厚,砂浆内外收缩不一致而导致开裂。一般涂抹水泥砂浆时,每遍厚度以 5～7 mm 为宜;涂抹石灰砂浆和水泥混合砂浆时,每遍厚度以 7～8 mm 为宜。

分层涂抹时,应防止涂抹后一层砂浆时破坏已抹砂浆的内部结构而影响与前一层的黏结,应避免几层湿砂浆合在一起造成收缩率过大,导致抹灰层开裂、空鼓。因此,水泥砂浆和水泥混合砂浆应待前一层抹灰层凝结后,方可涂抹后一层;石灰砂浆应待前一层发白(约七八成干)后,方可涂抹后一层。抹灰用的砂浆应具有良好的工作性(和易性),以便于操作。砂浆稠度一般宜控制为:底层抹灰砂浆 100～120 mm;中层抹灰砂浆 70～80 mm。底层砂浆与中层砂浆的配合比应基本相同。中层砂浆强度不能高于底层,底层砂浆强度不能高于基体,以免砂浆在凝结过程中产生较大的收缩应力,破坏强度较低的抹灰底层或基体,导致抹灰层产生裂缝、空鼓或脱落。另外底层砂浆强度与基体强度相差过大时,由于收缩变形性能相差悬殊也易产生开裂和脱离,故混凝土基体上不能直接抹石灰砂浆。为使底层砂浆与基体黏结牢固,抹灰前基体一定要浇水湿润,以防止基体过干而吸去砂浆中的水分,使抹灰层产生空鼓或脱落。砖基体一般宜浇水 2 遍,使砖面渗水深度达 8～10 mm 左右。混凝土基体宜在抹灰前一天即浇水,使水渗入混凝土表面 2～3 mm。如果各层抹灰相隔时间较长,已抹灰砂浆层较干时,也应浇水湿润,才可抹下一层砂浆。

抹灰层除用手工涂抹外,还可利用机械喷涂。机械喷涂抹灰将砂浆的拌制、运输和喷涂三者有机地衔接起来。

4. 罩面压光

室内常用的面层材料有麻刀石灰、纸筋石灰、石膏灰等。应分层涂抹,每遍厚度为 1～2 mm,经赶平压实后,面层总厚度对于麻刀石灰不得大于 3 mm;对于纸筋石灰、石膏灰不得大于 2 mm。罩面时应待底子灰五六成干后进行。如底子灰过干应先浇水湿润。分纵横 2 遍涂抹,最后用钢抹子压光,不得留抹纹。

室外抹灰常用水泥砂浆罩面。由于面积较大,为了不显接茬,防止抹灰层收缩开裂,一般应设有分格缝,留茬位置应留在分格缝处。由于大面积抹灰罩面抹纹不易压光,在阳光照射下极易显露而影响墙面美观,故水泥砂浆罩面宜用木抹子抹成毛面。为防止色泽不匀,应用同一品种与规格的原材料,由专人配料,采用统一的配合比,底层浇水要匀,干燥程度基本一致。

10.1.4 装饰抹灰施工工艺

装饰抹灰与一般抹灰的区别在于两者具有不同的装饰面层,其底层和中层的做法基本相同。按装饰面层的不同,装饰抹灰的种类有水刷石、水磨石、斩假石、拉毛灰、撒毛灰、拉条灰、假面砖、喷砂、喷涂、滚涂、弹涂等。

1. 水刷石

水刷石主要用于室外的装饰抹灰。对于高层建筑大面积水刷石,为加强底层与混凝土基体的黏结,防止空鼓、开裂,墙面要加钢筋做拉结网。为防止大面积水刷石开裂需适当分格,施工时按设计要求在抹灰中层表面弹出分格线,粘贴分格条。

工程图集

水刷石

水刷石施工时,先将已硬化的 1∶3 水泥砂浆中层(一般 12 mm 厚)表面浇水湿润,再薄刮一层素水泥浆(水灰比为 0.37~0.40),厚约 1 mm,以便面层与中层结合牢固,随即抹水泥石子浆。水泥石子浆的配合比视石子粒径大小而定,如为大八厘石子(粒径为 8 mm),则水泥与石子的比例约为 1∶1(体积比,以下同);中八厘石子(粒径为 6 mm)为 1∶1.25;小八厘石子(粒径为 4 mm)为 1∶1.5。其基本要求是以水泥用量正好能填满石子之间的空隙,便于抹压密实为原则,水泥用量不宜偏多。水泥石子浆的稠度以 50~70 mm 为宜。面层厚度一般为石子粒径的 2.5 倍,故用大八厘石子时厚度约为 20 mm,中八厘石子时约为 15 mm,小八厘石子时约为 10 mm。

抹水泥石子浆时,应随抹随用铁抹子用力压实压平。当水泥石子浆开始凝固时(大致是以手指按上去无指痕,用刷子刷石子,石子不掉下为准),便可进行刷洗,用刷子从上而下蘸水刷掉石子间表层水泥浆,使石子露出灰浆面 1~2 mm 为度。刷洗时间要严格掌握,刷洗过早或过度,则石子颗粒露出灰浆面过多,容易脱落;刷洗过晚,则灰浆洗不净,石子不显露,饰面浑浊不清晰,影响美观。

水刷石的外观质量应满足:石粒清晰、分布均匀、紧密平整、色泽一致、不得有掉粒和接茬痕迹。

2. 水磨石

水磨石具有整体性好、耐磨不起灰、光滑美观、可根据设计要求制成各种图案、装饰效果好等优点。按装饰效果可分为普通水磨石和美术水磨石,按施工方法分为预制和现浇两种。白色或浅色的水磨石面层应采用白水泥,深色的水磨石面层宜采用硅酸盐水泥、普通水泥或矿渣水泥,同颜色的面层应使用同一批水泥,以保证面层色泽一致。水磨石面层所用的石粒应采用质地密实磨面光亮但硬度不太高的大理石、白云石、方解石加工而成,硬度过高的石英岩、长石、刚玉等不宜采用,石粒粒径规格习惯上用大八厘、中八厘、小八厘、米粒石来表示。颜料对水磨石面层的装饰效果有很大影响,应采用耐光、耐碱和着色力强的矿物颜料。颜料的掺入量对面层的强度影响也很大,面层中颜料的掺入量宜为水泥质量的 3%~6%。同时不得使用酸性颜料,因其与水泥中的水化产物氢氧化钙起作用,使面层易产生变色、褪色现象。常用的矿物颜料有氧化铁红(红色)、氧化铁黄(黄色)、氧化铁绿(绿色)、氧化铁棕(棕色)、群青(蓝色)等。

现浇水磨石施工时,在 1∶3 水泥砂浆底层上洒水湿润,刮水泥浆一层(厚 1~1.5 mm)作为黏结层,找平后按设计要求布置并固定分格嵌条(铜条、铝条、玻璃条),随后将不同色彩的水泥石子浆[水泥∶石子＝1∶(1~1.25)]填入分格中,厚为 8 mm(比嵌条高出 1~2 mm),抹平压实。待罩面灰有一定强度(1~2 d)后,用磨石机浇水开磨至光滑发亮为止。每次磨光后,用同色水泥浆填补砂眼,视环境温度不同每隔一定时间再磨第二遍、第三遍,要求磨光遍数不少于 3 遍,补浆 2 次,此即所谓"二浆三磨"法。最后,有的工程还要求用革酸擦洗和进行打蜡。

3. 斩假石(剁斧石)

斩假石又称剁斧石,是仿制天然石料的一种饰面,用不同的骨料或掺入不同的颜料,可以仿制成仿花岗石、玄武石、青条石等。施工时先用 1 : (2~2.5)水泥砂浆打底,待 24 h 后浇水养护,硬化后在表面洒水湿润,刮素水泥浆一道,随即用 1 : 1.25 水泥石子浆(内掺 30%石屑)罩面,厚为 10 mm;抹完后要注意防止日晒或冰冻,并养护 2~3 d(强度达 60%~ 70%)即可试剁,如石子颗粒不发生脱落便可正式斩假加工。加工时用剁斧将面层斩毛,剁的方向要一致,剁纹深浅要均匀,一般两遍成活,分格缝周边、墙角、柱子的棱角周边留 15~ 20 mm不剁,即可做出似用石料砌成的装饰面。

4. 干黏石

先在已经硬化的厚为 12 mm 的 1 : 3 水泥砂浆底层上浇水湿润,再抹上一层厚为 6 mm 的 1 : (2~2.5)的水泥砂浆中层,随即紧跟抹厚为 2 mm 的 1 : 0.5 水泥石灰膏浆黏结层,同时将配有不同颜色的(或同色的)小八厘石碴略掺石屑后甩黏拍平压实在黏结层上。拍平压实石子时,不得把灰浆拍出,以免影响美观,待有一定强度后洒水养护。

有时可用喷枪将石子均匀有力地喷射于黏结层上,用铁抹子轻轻压一遍,使表面搓平。如在黏结砂浆中掺入 108 胶或其他聚合物胶乳,则可使黏结层砂浆抹得更薄,石子黏得更牢。

5. 拉毛灰和撒毛灰

拉毛灰是将底层用水湿透,抹上 1 : (0.05~0.3) : (0.5~1)水泥石灰罩面砂浆,随即用硬棕刷或铁抹子进行拉毛。棕刷拉毛时,用刷蘸砂浆往墙上连续垂直拍拉,拉出毛头。铁抹子拉毛时,则不蘸砂浆,只用抹子黏结在墙面随即抽回,要做到拉的快慢一致、均匀整齐、色泽一致、不露底,在一个平面上要一次成活,避免中断留茬。

撒毛灰(又称撒云片)是用茅草小帚蘸 1 : 1 水泥砂浆或 1 : 1 : 4 水泥石灰砂浆,由上往下洒在湿润的底层上,撒出的云朵须错乱多变、大小相称、空隙均匀,形成大小不一而有规律的毛面。亦可在未干的底层上刷上颜色,再不均匀地撒上罩面灰,并用抹子轻轻压平,使其部分地露出带色的底子灰,使撒出的云朵具有浮动感。

6. 喷涂饰面

喷涂饰面是用喷枪将聚合物砂浆均匀喷涂在底层上,此种砂浆由于掺入聚合物乳液因而具有良好的和易性及抗冻性,能提高装饰面层的表面强度与黏结强度。通过调整砂浆的稠度和喷射压力的大小,可喷成砂浆饱满、波纹起伏的"波面",或表面不出浆而满布细碎颗粒的"粒状",亦可在表面涂层上再喷以不同色调的砂浆点,形成"花点套色"。

7. 滚涂饰面

滚涂饰面是将带颜色的聚合物砂浆均匀涂抹在底层上,随即用平面或带有拉毛、刻有花纹的橡胶、泡沫塑料滚子,滚出所需的图案和花纹。其分层做法为:以 10~13 mm 厚水泥砂浆打底,木抹搓平;粘贴分格条(施工前在分格处先刮一层聚合物水泥浆,滚涂前将涂有。聚合物胶水溶液的电工胶布贴上,等饰面砂浆收水后揭下胶布);用 3 mm 厚色浆罩面,随抹随用辊子滚出各种花纹;待面层干燥后,喷涂有机硅水溶液。

8. 弹涂饰面

彩色弹涂饰面是用电动弹力器将水泥色浆弹到墙面上,形成 1~3 mm 左右的圆状色点。由于色浆一般由 2~3 种颜色组成,不同色点在墙面上相互交错、相互衬托,犹如水刷石、干黏石,亦可做成单色光面、细麻面、小拉毛拍平等多种形式。这种工艺可在墙面上做底灰,再作弹涂饰面,也可直接弹涂在基层平整的混凝土板、加气板、石膏板、水泥石棉板等板材上。其施工流程为:基层找平修正或做砂浆底灰→调配色浆刷底色→弹力器做头道色点→弹力器做二道色点→弹力器局部找均匀→树脂罩面防护层。

任务 2　饰面工程

饰面工程是指将块料面层镶贴（或安装）在墙柱表面以形成装饰层。块料面层的种类基本可分为饰面砖和饰面板两大类。饰面砖分有釉和无釉两种，包括：釉面瓷砖、外墙面砖、陶瓷锦砖、玻璃锦砖、劈离砖以及耐酸砖等；饰面板包括：天然石饰面板（如大理石、花岗石和青石板等）、人造石饰面板（如预制水磨石板，合成石饰面板等）、金属饰面板（如不锈钢板、涂层钢板、铝合金饰面板等）、玻璃饰面、木质饰面板（如胶合板、木条板）、裱糊墙纸饰面等。

10.2.1　饰面砖镶贴

1. 施工准备

工程图集

墙面砖铺贴

饰面砖的基层处理和找平层砂浆的涂抹方法与装饰抹灰基本相同。

饰面砖在镶贴前，应根据设计对釉面砖和外墙面砖进行选择，要求挑选规格一致，形状平整方正，不缺棱掉角，不开裂和脱釉，无凹凸扭曲，颜色均匀的面砖及各种配件。按标准尺寸检查饰面砖，分出符合标准尺寸和大于或小于标准尺寸三种规格的饰面砖，同一类尺寸应用于同一层间或同一面墙上，以做到接缝均匀一致。陶瓷锦砖应根据设计要求选择好色彩和图案，统一编号，便于镶贴时依号施工。

釉面砖和外墙面砖镶贴前应先清扫干净，然后置于清水中浸泡。釉面砖浸泡到不冒气泡为止，一般约 2～3 小时。外墙面砖则需隔夜浸泡，取出晾干。以饰面砖表面有潮湿感，手按无水迹为准。

饰面砖镶贴前应进行预排，预排时应注意同一墙面的横竖排列，均不得有一行以上的非整砖。非整砖应排在最不醒目的部位或阴角处，用接缝宽度调整。

外墙面砖预排时应根据设计图纸尺寸，进行排砖分格并绘制大样图。一般要求水平缝应与磁脸、窗台齐平，竖向要求阴角及窗口处均为整砖，分格按整块分匀，并根据已确定的缝子大小做分格条和划出皮数杆。对墙、墙垛等处要求先测好中心线、水平分格线和阴阳角垂直线。

2. 釉面砖镶贴

（1）墙面镶贴方法。釉面砖的排列方法有"对缝排列"和"错缝排列"两种（图 10.4）。

1）在清理干净的找平层上，依照室内标准水平线，校核地面标高和分格线。

2）以所弹地平线为依据，设置支撑釉面砖的地面木托板，加木托板的目的是为防止釉面砖因自重向下滑移，木托板表面应加工平整，其高度为非整砖的调节尺寸。整砖镶贴应从木托板开始自下而上进行。每行的镶贴宜从阳角开始，把非整砖留在阴角。

(a) 矩形砖对缝　　　(b) 方形砖对缝

图 10.4　釉面砖镶贴形式

3）调制糊状的水泥浆，其配合比为水泥∶砂＝1∶2（体积比），内掺水泥重量 3％～4％的建筑用胶，掺时先将建筑用胶用两倍的水稀释，然后加在搅拌均匀的水泥砂浆中，继续搅拌至混合为止。也可按水泥∶建筑用胶水∶水＝100∶5∶26 的比例配制纯水泥浆进行镶贴。镶贴时，用铲刀将水泥砂浆或水泥浆均匀涂抹在釉面砖背面（水泥砂浆厚度 6～10 mm,水泥浆厚度 2～3 mm 为宜),四周刮成斜面,按线就位后,用手轻压,然后用橡皮锤或小铲把轻轻敲击,使其与中层贴紧,确保釉面砖四周砂浆饱满,并用靠尺找平。镶贴釉面砖宜先沿底尺横向贴一行,再沿垂直线竖向贴几行,然后从下往上从第二横行开始,在已贴的釉面砖口间拉上准线(用细铁丝),横向各行釉面砖依准线镶贴。

釉面砖镶贴完毕后,用清水或棉纱,将釉面砖表面擦洗干净。室外接缝应用水泥浆或水泥砂浆勾缝,室内接缝宜用与釉面砖相同颜色的填缝剂擦嵌密实,并将釉面砖表面擦净。全部完工后,根据污染的不同程度,用棉纱或稀盐酸刷洗并及时用清水冲净。

镶贴墙面时,应先贴大面,后贴阴阳角、凹槽等难度较大、耗工较多的部位。

(2)顶棚镶贴方法。镶贴前,应把墙上的水平线翻到墙顶交接处(四边均弹水平线),校核顶棚方正情况,阴阳角应找直,并按水平线将顶棚找平。如果墙与顶棚均贴釉面砖时,则房间要求规方,阴阳角都须方正,墙与顶棚成 90°直角,排砖时,非整砖应留在同一方向,使墙顶砖缝交圈。镶贴时应先贴标志块,间距一般为 1.2 m,其他操作与墙面镶贴相同。

3.外墙釉面砖镶贴

外墙釉面砖镶贴由底层灰、中层灰、结合层及面层组成。

外墙釉面砖的镶贴形式由设计而定。矩形釉面砖宜竖向镶贴;釉面砖的接缝宜采用离缝,缝宽不大于 10 mm;釉面砖一般应对缝排列,不宜采用错缝排列。

工程图集

马赛克铺贴

(1)外墙面贴釉面砖应从上而下分段,每段内应自下而上镶贴。

(2)在整个墙面两头各弹一条垂直线,如墙面较长,在墙面中间部位再增弹几条垂直线,垂直线之间距离应为釉面砖宽的整倍数(包括接缝宽),墙面两头垂直线应距墙阳角(或阴角)为一块釉面砖的宽度。垂直线作为竖行标准。

(3)在各分段分界处各弹一条水平线,作为贴釉面砖横行标准。各水平线的距离应为釉面砖高度(包括接缝)的整倍数。

(4)清理底层灰面,并浇水湿润,刷一道素水泥浆,紧接着抹上水泥石灰砂浆,随即将釉面砖对准位置镶贴上去,用橡胶锤轻敲,使其贴实平整。

(5)每个分段中宜先沿水平线贴横向一行砖,再沿垂直线贴竖向几行砖,从下往上第二横行开始,应在垂直线处已贴的釉面砖上口间拉上准线,横向各行釉面砖依准线镶贴。

(6)阳角处正面的釉面砖应盖住侧面的釉面砖的端边,即将接缝留在侧面,或在阳角处留成方口,以后用水泥砂浆勾缝。阴角处应使釉面砖的接缝正对阴角线。

(7)镶贴完一段后,即把釉面砖的表面擦洗干净,用水泥细砂浆勾缝,待其干硬后,再擦洗一遍釉面砖面。

(8)墙面上如有突出的预埋件时,此处釉面砖的镶贴,应根据具体尺寸用整砖裁割后贴上去,不得用碎块砖拼贴。

10.2.2 大理石板、花岗石板、青石板等饰面板的安装

1.小规格饰面板的安装

小规格大理石板、花岗石板、青石板,板材尺寸小于 300 mm×300 mm,板厚 8～12 mm,粘贴高度低于 1 m 的踢脚线板、勒脚、窗台板等,可采用水泥砂浆粘贴的方法安装。

（1）踢脚线粘贴

用 1∶3 水泥砂浆打底，找规矩，厚约 12 mm，用刮尺刮平，划毛。待底子灰凝固后，将经过湿润的饰面板背面均匀地抹上厚 2～3 mm 的素水泥浆，随即将其贴于墙面，用木锤轻敲，使其与基层黏结紧密。随之用靠尺找平，使相邻各块饰面板接缝齐平，高差不超过 0.5 mm，并将边口和挤出拼缝的水泥擦净。

（2）窗台板安装

安装窗台板时，先校正窗台的水平，确定窗台的找平层厚度，在窗口两边按图纸要求的尺寸在墙上剔槽。多窗口的房屋剔槽时要拉通线，并将窗口找平。

清除窗台上的垃圾杂物，洒水润湿。用 1∶3 干硬性水泥砂浆或细石混凝土抹找平层，用刮尺刮平，均匀地撒上干水泥，待水泥充分吸水呈水泥浆状态，再将湿润后的板材平稳地安上，用木锤轻轻敲击，使其平整并与找平层有良好黏结。在窗口两侧墙上的剔槽处要先浇水润湿，板材伸入墙面的尺寸（进深与左右）要相等。板材放稳后，应用水泥砂浆或细石混凝土将嵌入墙的部分塞密堵严。窗台板接槎处注意平整，并与窗下槛同一水平。

若有暗炉片槽，且窗台板长向由几块拼成，在横向挑出墙面尺寸较大时，应先在窗台板下预埋角铁，要求角铁埋置的高度、进出尺寸一致，其表面应平整，并用较高强度等级的细石混凝土灌注，过一周后再安装窗台板。

（3）碎拼大理石

大理石厂生产光面和镜面大理石时，裁割的边角废料，经过适当的分类加工，可作为墙面的饰面材料，能取得较好的装饰效果。如矩形块料、冰裂状块料、毛边碎块等各种形体的拼贴组合，都会给人以乱中有序、自然优美的感觉。主要是采用不同的拼法和嵌缝处理，来求得一定的饰面效果。

1）矩形块料：对于锯割整齐而大小不等的正方形大理石边角块料，以大小搭配的形式镶拼在墙面上，缝隙间距 1～1.5 mm，镶贴后用同色水泥色浆嵌缝，可嵌平缝，也可嵌凸缝，擦净后上蜡打光。

2）冰状块料：将锯割整齐的各种多边形大理石板碎料，搭配成各种图案。缝隙可做成凹凸缝，也可做成平缝，用同色水泥色浆嵌抹，擦净后上蜡打光。平缝的间隙可以稍小，凹凸缝的间隙为 10～12 mm，凹凸为 2～4 mm。

3）毛边碎料：选取不规则的毛边碎块，因不能密切吻合，故镶拼的接缝比以上两种块料为大，应注意大小搭配，乱中有序，生动自然。

2．湿法粘贴工艺

湿法粘贴工艺适用于板材厚为 20～30 mm 的大理石、花岗石或预制水磨石板，墙体为砖墙或混凝土墙。

湿法粘贴工艺是传统的粘贴方法，即在竖向基体上预挂钢筋网（图 10.5），用铜丝或镀锌钢丝绑扎板材并灌水泥砂浆黏牢。这种方法的优点是牢固可靠，缺点是工序烦琐，卡箍多样，板材上钻孔易损坏，特别是灌注砂浆易污染板面和使板材移位。

采用湿法粘贴工艺，墙体应设置锚固体。砖墙体应在灰缝中预埋 φ6 钢筋钩，钢筋钩中距为 500 mm 或按板材尺寸，当挂贴高度大于 3 m 时，钢筋钩改用 φ10 钢筋，钢筋钩埋入墙体内深度应不小于 120 mm，伸出墙面 30 mm，混凝土墙体可射入 φ3.7×62 的射钉，中距亦为 500 mm 或按材尺寸，射钉打入墙体内 30 mm，伸出墙面 32 mm。

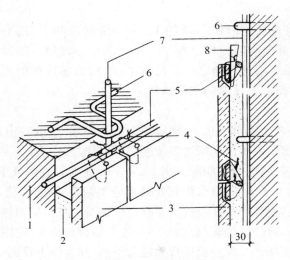

图 10.5 饰面板钢筋网片固定及安装方法
1—墙体；2—水泥砂浆；3—大理石板；4—铜丝；5—横筋；
6—铁环；7—立筋；8—定位木楔

挂贴饰面板之前，将 φ6 钢筋网焊接或绑扎于锚固件上。钢筋网双向中距为 500 mm 或按板材尺寸。

在饰面板上、下边各钻不少于两个 φ5 的孔。孔深 15 mm，清理饰面板的背面。用双股 18 号铜丝穿过钻孔，把饰面板绑牢于钢筋网上。饰面板的背面距墙面应不小于 50 mm。

饰面板的接缝宽度可垫木楔调整，应确保饰面板外表面平整、垂直及板的上沿平顺。

每安装好一行横向饰面板后，即进行灌浆。灌浆前，应浇水将饰面板背面及墙体表面湿润，在饰面板的竖向接缝内填塞 15～20 mm 深的麻丝或泡沫塑料条以防漏浆（光面、镜面和水磨石饰面板的竖缝，可用石膏灰临时封闭，并在缝内填塞泡沫塑料条）。

拌和好 1：2.5 水泥砂浆，将砂浆分层灌注到饰面板背面与墙面之间的空隙内，每层灌注高度为 150～200 mm，且不得大于板高的 1/3，并插捣密实。待砂浆初凝后，应检查板面位置，如有移动错位应拆除重新安装；若无移位，方可安装上一行板。施工缝应留在饰面板水平接缝以下 50～100 mm 处。

突出墙面的勒脚饰面板安装，应待墙面饰面板安装完工后进行。

待水泥砂浆硬化后，将填缝材料清除。饰面板表面清洗干净。光面和镜面的饰面经清洗晾干后，方可打蜡擦亮。

3. 干挂法施工

工程图集

干挂石材

干挂法施工，即在饰面板材上直接打孔或开槽，用连接件与结构基体连接，饰面板与墙体之间留出 40～50 mm 的空腔，空腔内不需要灌注砂浆或细石混凝土，这种方法适用于30 m 以下的钢筋混凝土结构墙体，不适用于砖墙和加气混凝土墙。

干法施工的主要特点是：

（1）在风力和地震作用时，允许产生适量的变位，而不致出现裂缝和脱落。

（2）冬季照常施工，不受季节限制。

（3）没有湿作业施工，既改善了施工环境，也避免了浅色板材透底污染的问题以及空鼓、脱落等问题的发生。

（4）可以采用大规格的饰面石材铺贴，从而提高了施工效率。

（5）可自上而下拆换、维修，无损于板材和连接件，使饰面工程拆改翻修方便。

干法施工采用扣件固定法，其连接构造如图 10.6 所示。

扣件固定法的安装施工步骤如下：

（1）板材切割。按照设计图图纸要求在施工现场进行切割，由于板块规格较大，宜采用石材切割机切割，注意保持板块边角的挺直和规矩。

（2）磨边。板材切割后，为使其边角光滑，可采用手提式磨光机进行打磨。

（3）钻孔。相邻板块采用不锈钢销钉连接固定，销钉插在板材侧面孔内。孔径 ϕ5 mm，深度 12 mm，用电钻打孔。由于它关系到板材的安装精度，因而要求钻孔位置准确。

（4）开槽。由于大规格石板的自重大，除了由钢扣件将板块下口托牢以外，还需在板块中部开槽设置承托扣件以支承板材的自重。

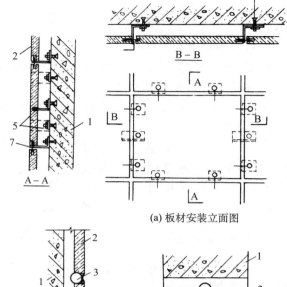

(a) 板材安装立面图

(b) 板块水平接缝剖面图　　(c) 板块垂直接缝剖面图

图 10.6　干挂法饰面连接构造
1—混凝土外墙；2—饰面石板；3—泡沫聚乙烯嵌条；
4—密封硅胶；5—钢扣件；6—胀铆螺栓；7—销钉

（5）涂防水剂。在板材背面涂刷一层丙烯酸防水涂料，以增强外饰面的防水性能。

（6）墙面修整。如果混凝土外墙表面有局部凸出处会影响扣件安装时，须进行凿平修整。

（7）弹线。从结构中引出楼面标高和轴线位置，在墙面上弹出安装板材的水平和垂直控制线。

（8）墙面涂刷防水剂。由于板材与混凝土墙身之间不填充砂浆，为了防止因材料性能或施工质量可能造成的渗漏，在外墙面上涂刷一层防水剂，以加强外墙的防水性能。

（9）板材安装。安装板材的顺序是自下而上进行，在墙面最下一排板材安装位置的上下口拉两条水平控制线，板材从中间或墙面阳角开始就位安装。先安装好第一块作为基准，其平整度以事先设置的灰饼为依据，用线垂吊直，经校准后加以固定。一排板材安装完毕，再进行上一排扣件固定和安装。板材安装要求四角平整，纵横对缝。

（10）板材固定。钢扣件和墙身用膨胀螺栓固定，扣件为一块钻有螺栓安装孔和销钉孔的平钢板，根据墙面与板材之间的安装距离，在现场用手提式折压机将其加工成角型钢。扣件上的孔洞均呈椭圆形，以便安装时调节位置。

（11）板材接缝的防水处理。石板饰面接缝处的防水处理采用密封硅胶嵌缝。嵌缝之前先在缝隙内嵌入柔性条状泡沫聚乙烯材料作为衬底，以控制接缝的密封深度和加强密封胶的黏接力。

任务 3　地面工程

10.3.1　楼地面的组成及分类

1. 楼地面的组成

楼地面是房屋建筑底层地坪与楼层地坪的总称。主要由面层、垫层和基层构成。

2. 楼地面的分类

按面层材料分有：土、灰土、三合土、菱苦土、水泥砂浆混凝土、水磨石、陶瓷锦砖、木、砖和塑料地面等。

按面层结构分有：整体面层(如灰土、菱苦土、三合土、水泥砂浆、混凝土、现浇水磨石、沥青砂浆和沥青混凝土等)，板块面层(如缸砖、塑料地板、陶瓷锦砖、水泥花砖、预制水磨石块、大理石板材、花岗石板材等)和木、竹面层(实木地板，复合木地板、竹地板等)。

10.3.2　基层施工

(1)抄平弹线，统一标高。检测各个房间的地坪标高，并将同一水平标高线弹在各房间四壁上，离地面 500 mm 处。

(2)楼面的基层是楼板，应做好楼板板缝灌浆、堵塞工作和板面清理工作。

(3)地面下的填土应采用素土分层夯实。土块的粒径不得大于 50 mm。每层虚铺厚度：用机械压实不应大于 300 mm，用人工夯实不应大于 200 mm。每层夯实后的干密度应符合设计要求。回填土的含水率应按照最佳含水率进行控制，太干的土要洒水湿润，太湿的土应晾干后使用，遇有橡皮土必须挖除更换，或将其表面挖松 100～150 mm，掺入适量的生石灰(其粒径小于 5 mm，每平方米约掺 6～10 kg)，然后再夯实。

用碎石、卵石或碎砖等作地基表面处理时，直径应为 40～60 mm，并应将其铺成一层，采用机械压进适当湿润的土中，其深度不应小于 400 mm，在不能使用机械压实的部位，可采用夯打压实。

淤泥、腐殖土、冻土、耕植土、膨胀土和有机含量大于 8% 的土，均不得用作地面下的填土。

地面下的基土，经夯实后的表面应平整，用 2 m 靠尺检查，要求基土表面凹凸不大于 15 mm，标高应符合设计要求，其偏差应控制在 0～−50 mm。

10.3.3　垫层施工

1. 刚性垫层

刚性垫层指用水泥混凝土、水泥碎砖混凝土、水泥炉渣混凝土和水泥石灰炉渣混凝土等各种低强度等级混凝土做的垫层。

混凝土垫层的厚度一般为 60～100 mm。混凝土强度等级不宜低于 C10，粗骨料粒径不应超过 50 mm，并不得超过垫层厚度的 2/3，混凝土配合比按普通混凝土配合比设计进行试配。其施工要点如下：

（1）清理基层，检测弹线。

（2）浇筑混凝土垫层前，基层应洒水湿润。

（3）浇筑大面积混凝土垫层时，应纵横每 6～10 m 设中间水平桩，以控制厚度。

（4）大面积浇筑宜采用分仓浇筑的方法，要根据变形缝位置、不同材料面层的连接部位或设备基础位置情况进行分仓，分仓距离一般为 3～4 m。

2. 柔性垫层

柔性垫层包括用土、砂、石、炉渣等散状材料经压实的垫层。砂垫层厚度不小于 60 mm，应适当浇水并用平板振动器振实；砂石垫层的厚度不小于 100 mm，要求粗细颗粒混合摊铺均匀，浇水使砂石表面湿润，碾压或夯实不少于三遍至不松动为止。

根据需要可在垫层上做水泥砂浆、混凝土、沥青砂浆或沥青混凝土找平层。

10.3.4　整体面层施工

1. 水泥砂浆面层

水泥砂浆地面面层的厚度应不小于 20 mm，一般用硅酸盐水泥、普通硅酸盐水泥，用中砂或粗砂配制，配合比应为 1∶2（体积比）。

面层施工前，先按设计要求测定地平面层标高，校正门框，将垫层清扫干净洒水湿润，表面比较光滑的基层，应进行凿毛，并用清水冲洗干净。铺抹砂浆前，应在四周墙上弹出一道水平基准线，作为确定水泥砂浆面层标高的依据。面积较大的房间，应根据水平基准线在四周墙角处每隔 1.5～2 m 用 1∶2 水泥砂浆抹标志块，以标志块的高度做出纵横方向通长的标筋来控制面层厚度。

面层铺抹前，先刷一道含 4%～5% 的建筑用胶水泥浆，随即铺抹水泥砂浆，用刮尺赶平，并用木抹子压实，在砂浆初凝后终凝前，用铁抹子反复压光三遍。砂浆终凝后铺盖草袋、锯末等浇水养护。当施工大面积的水泥砂浆面层时，应按设计要求留分格缝，防止砂浆面层产生不规则裂缝。

水泥砂浆面层强度小于 5 MPa 之前，不准上人行走或进行其他作业。

2. 细石混凝土面层

细石混凝土面层可以克服水泥砂浆面层干缩较大的弱点。这种面层强度高，干缩值小。与水泥砂浆面层相比，它的耐久性更好，但厚度较大，一般为 30～40 mm。混凝土强度等级不低于 C20，所用粗骨料要求级配适当，粒径不大于 15 mm，且不大于面层厚度的 2/3。用中砂或粗砂配制。

细石混凝土面层施工的基层处理和找规矩的方法与水泥砂浆面层施工相同。

铺细石混凝土时，应由里向门口方向进行铺设，按标志筋厚度刮平拍实后，稍待收水，即用钢抹子预压一遍，待进一步收水，即用铁滚筒交叉滚压 3～5 遍或用表面振动器振捣密实，直到表面泛浆为止，然后进行抹平压光。细石混凝土面层与水泥砂浆面层基本相同，必须在水泥初凝前完成抹平工作，终凝前完成压光工作，要求其表面色泽一致，光滑无抹子印迹。

钢筋混凝土现浇楼板或强度等级不低于 C15 的混凝土垫层兼面层时，可用随捣随抹的方法施工，在混凝土楼地面浇捣完毕，表面略有吸水后即进行抹平压光。混凝土面层的压光和养护时间和方法与水泥砂浆面层同。

3. 水磨石地面面层

水磨石地面构造层如图 10.7 所示。

水磨石地面面层施工，一般是在完成顶棚、墙面等抹灰后进行。也可以在水磨石楼、地面磨光两遍后再进行顶棚、墙面抹灰，但对水磨石面层应采取保护措施。

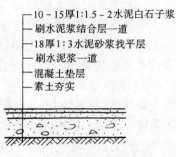

```
─ 10～15厚1:1.5～2水泥白石子浆
─ 刷水泥浆结合层一道
─ 18厚1:3水泥砂浆找平层
─ 刷水泥浆一道
─ 混凝土垫层
─ 素土夯实
```

图 10.7 水磨石地面构造层次

水磨石地面施工工艺流程如下：

基层清理→浇水冲洗湿润→设置标筋→铺水泥砂浆找平层→养护→嵌分格条→铺抹水泥石子浆→养护→研磨→打蜡抛光。

水磨石面层所用的石子应质地密实、磨面光亮。如硬度不大的大理石、白云石、方解石或质地较硬的花岗岩、玄武岩、辉绿岩等。石子应洁净无杂质，石子粒径一般为 4～12 mm。白色或浅色的水磨石面层，应采用白色硅酸盐水泥，深色的水磨石面层应采用普通硅酸盐水泥或矿渣硅酸盐水泥。水泥中掺入的颜料应选用遮盖力强，耐光性、耐候性、耐水性和耐酸碱性好的矿物颜料，掺量一般为水泥用量的 3‰～6‰，也可由试验确定。

（1）嵌分格条

在找平层上按设计要求的图案弹出墨线，然后按墨线固定分格条（铜条或玻璃条），如图 10.8 所示，嵌条宽度与水磨石面层厚度相同，分格条正确的黏嵌方法是纯水泥浆黏嵌玻璃条成八分角，略大于分格条的 1/2 高度，水平方向以 30°角为准。分格条交叉处应留出 15～20 mm 的空隙不填水泥浆，这样在铺设水泥石子浆时，石粒能靠近分格条交叉处。分格条应平直、牢固、接头严密。

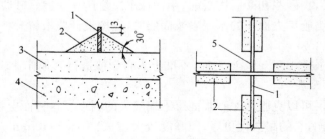

图 10.8 分格嵌条设置

1—分格条；2—素水泥浆；3—水泥砂浆找平层；
4—混凝土垫层；5—40～50 mm 内不抹素水泥浆

（2）铺水泥石子浆

分格条黏嵌养护 3～5 d 后，将找平层表面清理干净，刷水泥浆一道，随刷随铺面层水泥石子浆。水泥石子浆的虚铺厚度比分格条高 3～5 mm，以防在滚压时压弯铜条或压碎玻璃条。铺好后，用滚筒滚压密实，待表面出浆后，再用抹子抹平。在滚压过程中，如发现表面石子偏少，可补撒石子并拍平。如在同一平面上有几种颜色的水磨石，应先做深色，后做浅色；先做大面，后做镶边。待前一种色浆凝固后，再抹后一种色浆。

（3）研磨

水磨石的开磨时间与水泥强度和气温高低有关，应先试磨，在石子不松动时方可开磨。一般开磨时间见表 10.1。

表 10.1　水磨石面层开磨参考时间表

平均温度/℃	开磨时间/d	
	机　磨	人　工　磨
20～30	2～3	1～2
10～20	3～4	1.5～2.5
5～10	5～6	2～3

大面积施工宜用磨石机研磨,小面积、边角处,可用小型湿式磨光机研磨或手工研磨,研磨时应边磨边加水,对磨下的石浆应及时清除。

水磨石面一般采用"二浆三磨"法,即整修研磨过程中磨光三遍,补浆二次。第一遍先用 60～80 号粗金刚石粗磨,磨石机走"8"字形,边磨边加水冲洗,要求磨匀磨平,随时用 2 m 靠尺板进行平整度检查。磨后把水泥浆冲洗干净,并用同色水泥浆涂抹,填补研磨过程中出现的小孔隙和凹痕,洒水养护 2～3 d。第二遍用 120～150 号金刚石再平磨,方法同第一遍,磨光后再补一次浆。第三遍用 180～240 号油石精磨,要求打磨光滑,无砂眼细孔,石子颗颗显露,高级水磨石面层应适当增加磨光遍数及提高油石的号数。

（4）抛光

在影响水磨石面层质量的其他工序完成后,将地面冲洗干净,涂上 10％浓度的草酸溶液,随即用 280～320 号油石进行细磨或把布卷固定在磨石机上进行研磨,表面光滑为止。用水冲洗、晾干后,在水磨石面层上满涂一层蜡,稍干后再用磨光机研磨,或用钉有细帆布的木块代替油石,装在磨石机上研磨出光亮后,再涂蜡研磨一遍,直到光滑洁亮为止。

4. 整体面层的允许偏差和检验方法

整体面层的允许偏差和检验方法见表 10.2。

表 10.2　整体面层的允许偏差和检验方法

项次	项　目	允许偏差/mm						检验方法
		水泥混凝土面层	水泥砂浆面层	普通水磨石面层	高级水磨石面层	硬化耐磨面层	防油渗混凝土和不发火（防爆）面层	
1	表面平整度	5	4	3	2	4	5	用 2 m 靠尺和塞尺检查
2	踢脚线上口平直	4	4	3	3	4	4	拉 2 m 线和用钢尺检查
3	缝格平直	3	3	3	2	3	3	

10.3.5　板块面层施工

板块面层是在基层上用水泥砂浆或水泥浆、胶黏剂铺设块料面层（如水泥花砖、预制水磨石板、花岗石板、大理石板、马赛克等）形成的楼面面层,如图 10.9 所示。

1. 施工准备

铺贴前,应先挂线检查地面垫层的平整度,弹出房间中心"十"字线,然后由中央向四周弹出分块线,同时在四周墙壁上弹出水平

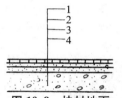

图 10.9　块材地面
1—块材面层；2—结合层；
3—找平层；4—基层（混凝土垫层或钢筋混凝土楼板）

控制线。按照设计要求进行试拼试排,在块材背面编号,以便安装时对号入座,根据试排结果,在房间的主要部位弹上互相垂直的控制线并引至墙上,用以检查和控制板块的位置。

2. 大理石板、花岗石板及预制水磨石板地面铺贴

(1) 板材浸水

视频

地砖铺贴施工

施工前应将板材(特别是预制水磨石板)浸水湿润,并阴干码好备用,铺贴时,板材的底面以内潮外干为宜。

(2) 摊铺结合层

先在基层或找平层上刷一遍掺有 4‰~5‰建筑用胶的水泥浆,水灰比为 0.4~0.5。随刷随铺水泥砂浆结合层,厚度 10~15 mm,每次铺 2~3 块板面积为宜,并对照拉线将砂浆刮平。

(3) 铺贴

正式铺贴时,要将板块四角同时坐浆,四角平稳下落,对准纵横缝后,用木槌敲击中部使其密实、平整,准确就位。

(4) 灌缝

要求嵌铜条的地面板材铺贴,先将相邻两块板铺贴平整,留出嵌条缝隙,然后向缝内灌水泥砂浆,将铜条敲入缝隙内,使其外露部分略高于板面即可,然后擦净挤出的砂浆。

对于不设镶条的地面,应在铺完 24 h 后洒水养护,2 d 后用填缝剂进行灌缝,灌缝力求达到紧密。

(5) 上蜡磨亮

板块铺贴完工,待结合层砂浆强度达到 60%~70%即可打蜡抛光,3 d 内禁止上人走动。

3. 墙地砖面层施工

铺贴前应先将地砖浸水湿润后阴干备用,阴干时间一般 3~5 d,以地砖表面有潮湿感但手按无水迹为准。

(1) 铺结合层砂浆

提前一天在楼地面基体表面浇水湿润后,铺 1∶3 水泥砂浆结合层。

(2) 弹线定位

根据设计要求弹出标高线和平面中线,施工时用尼龙线或棉线在墙地面拉出标高线和垂直交叉的定位线。

(3) 铺贴地砖

用 1∶2 水泥砂浆摊抹于地砖背面,按定位线的位置铺于地面结合层上,用木槌敲击地砖表面,使之与地面标高线吻合贴实,边贴边用水平尺检查平整度。

(4) 擦缝

整幅地面铺贴完成后,养护 2 d 后进行擦缝,擦缝时用水泥(或专用勾缝剂)调成干团,在缝隙上擦抹,使地砖的拼缝内填满水泥(或勾缝剂),再将砖面擦净。

视频

实木地板施工

10.3.6　木质地面施工

木质地面施工通常有架铺和实铺两种。架铺是在地面上先做出木搁栅,然后在木搁栅上铺贴基面板,最后在基面板上镶铺面层木地板[图 10.10(b)]。实铺是在建筑地面上直接拼铺木地板[图 10.10(a)]。

1. 基层施工

（1）高架木地板基层施工

1）地垄墙或砖墩。地垄墙应用水泥砂浆砌筑，砌筑时要根据地面条件设地垄墙的基础。每条地垄墙、内横墙和暖气沟墙均需预留120 mm×120 mm 的通风洞两个，而且要在一条直线上，以利通风。暖气沟墙的通风洞口可采用缸瓦管与外界相通。外墙每隔 3～5 m 应预留不小于180 mm×180 mm 的通风孔洞，洞口下皮距室外地坪标高

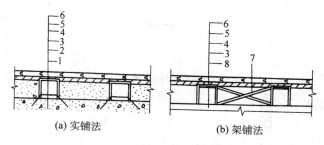

(a) 实铺法　　　　(b) 架铺法

图 10.10　双层企口硬木地板构造

1—混凝土基层；2—预埋铁（铁丝或钢筋）；3—木搁栅；
4—防腐剂；5—毛地板；6—企口硬木地板；7—剪刀撑；8—垫木

不小于200 mm，孔洞应安设算子。如果地垄不易做通风处理，需在地垄顶部铺设防潮油毡。

2）木搁栅。木搁栅通常是方框或长方框结构，木搁栅制作时，与木地板基板接触的表面一定要刨平，主次木方的连接可用榫结构或钉、胶结合的固定方法。无主次之分的木搁栅，木方的连接可用半槽式扣接法。通常在砖墩上预留木方或铁件，然后用螺栓或骑马铁件将木搁栅连接起来。

（2）一般架铺地板基层施工

一般架铺地板是在楼面上或已有水泥地坪的地面上进行。

1）地面处理。检查地面的平整度，做水泥砂浆找平层，然后在找平层上刷二遍防水涂料或乳化沥青。

2）木搁栅。直接固定于地面的木搁栅所用的木方，可采用截面尺寸为 30 mm×40 mm 或 40 mm×50 mm 的木方。组成木搁栅的木方统一规格，其连接方式通常为半槽扣接，并在两木方的扣接处涂胶加钉。

3）木搁栅与地面的固定。木搁栅直接与地面的固定常用埋木楔的方法，即用 $\phi 16$ 的冲击电钻在水泥地面或楼板上钻洞，孔洞深 40 mm 左右，钻孔位置应在地面弹出的木搁栅位置线上，两孔间隔 0.8 m 左右。然后向孔洞内打入木楔。固定木方时可用长钉将木搁栅固定在打入地面的木楔上。

（3）实铺木地板的基层要求

木地板直接铺贴在地面时，对地面的平整度要求较高，一般地面应采用防水水泥砂浆找平或在平整的水泥砂浆找平层上刷防潮层。

2. 面层木地板铺设

木地板铺在基面或基层板上，铺设方法有钉接式和黏结式两种。

（1）钉接式

木地板面层有单层和双层两种。单层木地板面层是在木搁栅上直接钉直条企口板；双层木地板面层是在木搁栅架上先钉一层毛地板，再钉一层企口板。

双层木地板的下层毛地板，其宽度不大于 120 mm，铺设时必须清除其下方空间内的刨花等杂物。毛地板应与木搁栅成 30°或 45°斜面钉牢，板间的缝隙不大于

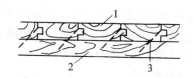

图 10.11　企口板钉设

1—毛地板；2—木搁栅；3—圆钉

3 mm,以免起鼓,毛地板与墙之间留 8～12 mm 的缝隙,每块毛地板应在其下的每根木搁栅上各用两个钉固结,钉的长度应为板厚的 2.5 倍,钉帽砸扁,钉从板的侧边凹角处斜向钉入(图 10.11),板与搁栅交处至少钉一颗。面板铺钉时,其顶面要刨平,侧面带企口,板宽不大于 120 mm,地板应与木搁栅或毛地板垂直铺钉,并顺进门方向。接缝均应在木搁栅中心部位,且间隔错开。木板应材心朝上铺钉。钉到最后一块,可用明铺钉牢,钉帽砸扁冲入板内 30～50 mm。硬木地板面层铺钉前应先钻圆钉直径 0.7～0.8 倍的孔,然后铺钉。双层板面层铺钉前应在毛板上先铺一层沥青油纸或油毡隔潮。

木板面层铺完后,清扫干净。先按垂直木纹方向粗刨一遍,再顺木纹方向细刨一遍,然后磨光,待室内装饰施工完毕后再进行油漆并上蜡。

(2)黏结式

黏结式木地板面层,多用实铺式,将加工好的硬木地板块材用黏结材料直接粘贴在楼地面基层上。

拼花木地板粘贴前,应根据设计图案和尺寸进行弹线。对于成块制作好的木地板块材,应按所弹施工线试铺,以检查其拼缝高低、平整度、对缝等。符合要求后进行编号,施工时按编号从房中间向四周铺贴。

1)沥青胶铺贴法。先将基层清扫干净,用大号鬃板刷在基层上涂刷一层薄而匀的冷底子油待一昼夜后,将木地板背面涂刷一层薄而匀的热沥青,同时在已涂刷冷底子油的基层上涂刷热沥青一道,厚度一般为 2 mm,随涂随铺。木地板应水平状态就位,同时要用力与相邻的木地板压得严密无缝隙,相邻两块木地板的高差不应超过 +1.5～−1 mm,缝隙不大于 0.3 mm,否则重铺。铺贴时要避免热沥青溢出表面,如有溢出应及时刮除并擦拭干净。

2)胶黏剂铺贴法。先将基层表面清扫干净,用鬃刷在基层上涂刷一层薄而匀的底子胶。底子胶应采用原黏剂配制。待底子胶干燥后,按施工线位置沿轴线由中央向四面铺贴。其方法是按预排编号顺序在基层上涂刷一层厚约 1 mm 的胶黏剂,再在木地板背面涂刷一层厚约 0.5 mm 的胶黏剂,待表面不黏手时,即可铺贴。铺贴时,人员随铺贴随往后退,要用力推紧、压平,并随即用砂袋等物压 6～24 h,其质量要求与前述沥青胶黏结法相同。

目前,可用于粘贴木地板的胶黏剂较多,可根据实际需要选择,如专用的木地板胶水、万能胶、白乳胶等。

地板粘贴后应自然养护,养护期内严禁上人走动。养护期满后,即可进行刮平、磨光、油漆和打蜡工作。

3. 木踢脚板的施工

木地板房间的四周墙脚处应设木踢脚板,踢脚板一般高 100～200 mm,常用 150 mm,厚 20～25 mm。所用木板一般也应与木地板面层所用的材质品种相同。踢脚板应预先刨光,上口刨成线条。为防止翘曲,在靠墙的一面应开成凹槽,当踢脚板高 100 mm 时开一条凹槽,150 mm 时开两条凹槽,超过 150 mm 时开三条凹槽,凹槽深度为 3～5 mm。为了防潮通风,木踢脚板每隔 1～1.5 m 设一组通风孔,一般采用

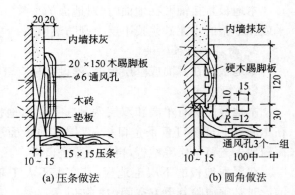

图 10.12　木踢脚板做法示意图

φ6 孔。在墙内每隔 400 mm 砌入防腐木砖。在防腐木砖上钉防腐木垫块。一般木踢脚板与地面转角处安装木压条或安装圆角成品木条，其构造做法如图 10.12 所示。

木踢脚板应在木地板刨光后安装。木踢脚板接缝处应做暗榫或斜坡压槎，在 90°转角处可做成 45°斜角接缝。接缝一定要在防腐木块上。安装时木踢脚板与立墙贴紧，上口要平直，用明钉钉牢在防腐木块上，钉帽要砸扁并冲入板内 2～3 mm。

4. 木质地面面层的允许偏差和检验方法。

木质地面面层的允许偏差和检验方法见表 10.3。

表 10.3　竹、木质地面面层的允许偏差和检验方法

项次	项　目	允许偏差/mm				检验方法
		实木地板、实木集成地板、竹地板面层			浸渍纸层压木质地板实木复合地板、软木类地板	
		松木地板	硬木地板	拼花地板		
1	板面缝隙宽度	1.0	0.5	0.2	0.5	用钢尺检查
2	表面平整度	3.0	2.0	2.0	2.0	用 2 m 靠尺和塞尺检查
3	踢脚线上口平齐	3.0	3.0	3.0	3.0	拉 5 m 线，不足 5 m 拉通线用钢尺检查
4	板面拼缝平直	3.0	3.0	3.0	3.0	
5	相邻板材高差	0.5	0.5	0.5	0.5	用钢尺和塞尺检查
6	踢脚线与面层的接缝	1.0				用塞尺检查

任务 4　吊顶和隔墙工程

10.4.1　吊顶工程

吊顶采用悬吊方式将装饰顶棚支承于屋顶或楼板下面。

1. 吊顶的构造组成

吊顶主要由支承、基层和面层三个部分组成。

(1) 支承

吊顶支承由吊杆(吊筋)和主龙骨组成。

轻钢龙骨与铝合金龙骨吊顶的主龙骨截面尺寸取决于荷载大小，其间距尺寸应考虑次龙骨的跨度及施工条件，一般采用 1～1.5 m。其截面形状较多，主要有 U 形、T 形、C 形、L 形等。主龙骨与屋顶结构楼板结构多通过吊杆连接，吊杆固定方法如图 10.13 所示。吊杆与主龙骨用特制的吊杆件或套件连接。金属吊杆和龙骨应作防锈处理。

(2) 基层

基层用木材、型钢或其他轻金属材料制成的次龙骨组成。吊顶面层所用材料不同，其基层部分的布置方式和次龙骨的间距大小也不一样，但一般不应超过 600 mm。

吊顶的基层要结合灯具位置、风扇或空调透风口位置等进行布置，留好预留洞穴及吊挂设施等，同时应配合管道、线路等安装工程施工。

（3）面层

木龙骨吊顶,其面层多用人造板(如胶合板、纤维板、木丝板、刨花板)面层或板条(金属网)抹灰面层。轻钢龙骨、铝合金龙骨吊顶,其面板多用装饰吸声板(如纸面石膏板、钙塑泡沫板、纤维板、矿棉板、玻璃丝棉板等)制作。

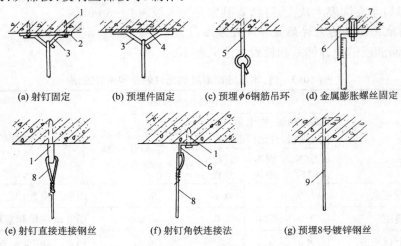

(a) 射钉固定　　(b) 预埋件固定　　(c) 预埋φ6钢筋吊环　(d) 金属膨胀螺丝固定

(e) 射钉直接连接钢丝　　(f) 射钉角铁连接法　　(g) 预埋8号镀锌钢丝

图 10.13　吊杆固定

1—射钉;2—焊板;3—φ10 钢筋吊环;4—预埋钢板;5—φ6 钢筋;6—角钢;

7—金属膨胀螺丝;8—镀锌钢丝(8 号、12 号、14 号);9—8 号镀锌钢丝

2. 轻金属龙骨吊顶施工

轻金属龙骨按材料分为轻钢龙骨和铝合金龙骨。

（1）轻钢龙骨装配式吊顶施工。利用薄壁镀锌钢板带经机械冲压而成的轻钢龙骨即为吊顶的骨架型材。轻钢吊顶龙骨有 U 形和 T 形两种。

U 形上人轻钢龙骨安装方法如图 10.14 所示。

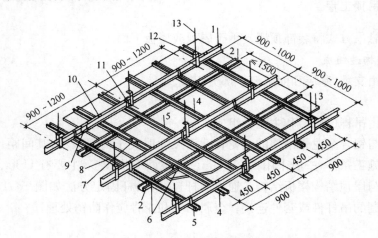

图 10.14　U 形龙骨吊顶示意图

1—BD 大龙骨;2—UZ 横撑龙骨;3—吊顶板;4—UZ 龙骨;5—UX 龙骨;

6—UZ$_3$ 支托连接;7—UZ$_2$ 连接件;8—UX$_2$ 连接件;9—BD$_2$ 连接件;10—UX$_1$ 吊挂;

11—UX$_2$ 吊件;12—BD$_1$ 吊件;13—UX$_3$ 吊杆 φ8～φ10

施工前,先按龙骨的标高在房间四周的墙上弹出水平线,再根据龙骨的要求按一定间距弹出龙骨的中心线,找出吊点中心,将吊杆固定在埋件上。吊顶结构未设埋件时,要按确定的节点中心用射钉固定螺钉或吊杆,吊杆长度计算好后,在一端套丝,丝口的长度要考虑紧固的余量,并分别配好紧固用的螺母。

主龙骨的吊顶挂件连在吊杆上校平调正后,拧紧固定螺母,然后根据设计和饰面板尺寸要求确定的间距,用吊挂件将次龙骨固定在主龙骨上,调平调正后安装饰面板。

饰面板的安装方法有:

搁置法:将饰面板直接放在 T 形龙骨组成的格框内。有些轻质饰面板,考虑刮风时会被掀起(包括空调口,通风口附近),可用木条、卡子固定。

嵌入法:将饰面板事先加工成企口暗缝,安装时将 T 形龙骨两肢插入企口缝内。

粘贴法:将饰面板用胶黏剂直接粘贴在龙骨上。

钉固法:将饰面板用钉、螺钉、自攻螺钉等固定在龙骨上。

卡固法:多用于铝合金吊顶,板材与龙骨直接卡接固定。

(2)铝合金龙骨装配式吊顶施工。铝合金龙骨吊顶按罩面板的要求不同分龙骨底面不外露和龙骨底面外露两种形式;按龙骨结构形式不同分 T 形和 TL 形。TL 形龙骨属于安装饰面板后龙骨底面外露的一种(图 10.15、图 10.16)。

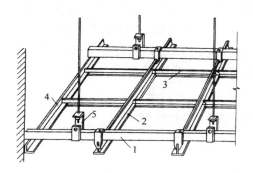
图 10.15 TL 形铝合金吊顶
1—大龙骨;2—大 T;3—小 T;
4—角条;5—大吊挂件

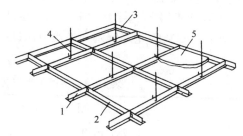
图 10.16 TL 形铝合金不上人吊顶
1—大 T;2—小 T;3—吊件;
4—角条;5—饰面板

铝合金吊顶龙骨的安装方法与轻钢龙骨吊顶基本相同。

(3)常见饰面板的安装。铝合金龙骨吊顶与轻钢龙骨吊顶饰面板安装方法基本相同。石膏饰面板的安装可采用钉固法、粘贴法和暗式企口胶接法。U 形轻钢龙骨采用钉固法安装石膏板时,使用镀锌自攻螺钉与龙骨固定。钉头要求嵌入石膏板内 0.5～1 mm,钉眼用腻子刮平,并用石膏板与同色的色浆腻子涂刷一遍。螺钉规格为 M5×25 或 M5×35。螺钉与板边距离

视频

铝扣板吊顶

应不大于 15 mm,螺钉间距以 150～170 mm 为宜,均匀布置,并与板面垂直。石膏板之间应留出 8～10 mm 的安装缝。待石膏板全部固定好后,用塑料压缝条或铝压缝条压缝,钙塑泡沫板的主要安装方法有钉固和粘贴两种。钉固法即用圆钉或木螺钉,将面板钉在顶棚的龙骨上,要求钉距不大于 150 mm,钉帽应与板面齐平,排列整齐,并用与板面颜色相同的涂料装饰。钙塑板的交角处,用木螺钉将塑料小花固定,并在小花之间沿板边按等距离加钉固

定。用压条固定时,压条应平直,接口严密,不得翘曲。钙塑泡沫板用粘贴法安装时,胶黏剂可用 401 胶或氧丁胶浆——聚异氧酸酯胶(10∶1)涂胶后应待稍干,方可把板材粘贴压紧。胶合板、纤维板安装应用钉固法:要求胶合板钉距 80~150 mm,钉长 25~35 mm,钉帽应打扁,并进入板面 0.5~1 mm,钉眼用油性腻子抹平;纤维板钉距 80~120 mm,钉长 20~30 mm,钉帽进入板面 0.5 mm,钉眼用油性腻子抹平;硬质纤维板应用水浸透,自然阴干后安装。矿棉板安装的方法主要有搁置法、钉固法和粘贴法。顶棚为轻金属 T 形龙骨吊顶时,在顶棚龙骨安装放平后,将矿棉板直接平放在龙骨上,矿棉板每边应留有板材安装缝,缝宽不宜大于 1 mm。顶棚为木龙骨吊顶时,可在矿棉板每四块的交角处和板的中心用专门的塑料花托脚,用木螺钉固定在木龙骨上;混凝土顶面可按装饰尺寸做出平顶木条,然后再选用适宜的胶黏剂将矿棉板粘贴在平顶木条上。金属饰面板主要有金属条板、金属方板和金属格栅。板材安装方法有卡固法和钉固法。卡固法要求龙骨形式与条板配套;钉固法采用螺钉固定时,后安装的板块压住前安装的板块,将螺钉遮盖,拼缝严密。方形板可用搁置法和钉固法,也可用铜丝绑扎固定。格栅安装方法有两种,一种是将单体构件先用卡具连成整体,然后通过钢管与吊杆相连接;另一种是用带卡口的吊管将单体物体卡住,然后将吊管用吊杆悬吊。金属板吊顶与四周墙面空隙,应用同材质的金属压缝条找齐。

3. 吊顶工程质量要求

吊顶工程所用的材料品种、规格、颜色以及基层构造、固定方法等应符合设计要求。罩面板与龙骨应连接紧密,表面应平整,不得有污染、折裂、缺棱掉角、锤伤等缺陷,接缝应均匀一致,粘贴的罩面不得有脱层,胶合板不得有创透之处,搁置的罩面板不得有漏、透、翘角现象。

吊顶工程安装的允许偏差和检验方法应符合表 10.4 的规定。

表 10.4 吊顶工程安装的允许偏差和检验方法

项次	项 目	允许偏差/mm								检验方法
		暗龙骨吊顶				明龙骨吊顶				
		纸面石膏板	金属板	矿棉板	木板、塑料板、格栅	石膏板	金属板	矿棉板	塑料板玻璃板	
1	表面平整度	3	2	2	2	3	2	3	2	用 2 m 靠尺和塞尺检查
2	接缝直线度	3	1.5	3	3	3	2	3	3	拉 5 m 线,不足 5 m 拉通线,用钢直尺检查
3	接缝高低差	1	1	1.5	1	1	1	2	1	用钢直尺和塞尺检查

10.4.2 隔墙工程

1. 隔墙的构造类型

隔墙依其构造方式,可分为砌块式、骨架式和板材式。砌块式隔墙构造方式与黏土砖墙相似,装饰工程中主要为骨架式和板材式隔墙。骨架式隔墙骨架多为木材或型钢(轻钢龙骨、铝合金骨架),其饰面板多用纸面石膏板、人造板(如胶合板、纤维板、木丝板、刨花板、水泥纤维板)。板材式隔墙采用高度等于室内净高的条形板材进行拼装,常用的板材有:复合轻质墙板、石膏空心条板、预制或现制钢丝网水泥板等。

2. 轻钢龙骨纸面石膏板隔墙施工

轻钢龙骨纸面石膏板墙体具有施工速度快、成本低、劳动强度小、装饰美观及防火、隔声性能好等特点。因此其应用广泛,具有代表性。

用于隔墙的轻钢龙骨有 C50、C75、C100 三种系列,各系列轻钢龙骨由沿顶龙骨、沿地龙骨、竖向龙骨、加强龙骨和横撑龙骨以及配件组成(图 10.17)。

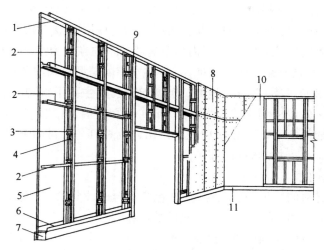

图 10.17　轻钢龙骨纸面石膏板隔墙

1—沿顶龙骨;2—横撑龙骨;3—支撑卡;4—贯通孔;5—石膏板;6—沿地龙骨

7—混凝土踢脚座;8—石膏板;9—加强龙骨;10—塑料壁纸;11—踢脚板

轻钢龙骨墙体的施工操作工序有:

弹线→固定沿地、沿顶和沿墙龙骨→龙骨架装配及校正→石膏板固定→饰面处理。

(1)弹线。根据设计要求确定隔墙的位置、隔墙门窗的位置,包括地面位置、墙面位置、高度位置以及隔墙的宽度。并在地面和墙面上弹出隔墙的宽度线和中心线,按所需龙骨的长度尺寸,对龙骨进行画线配料。按先配长料,后配短料的原则进行。量好尺寸后,用粉饼或记号笔在龙骨上画出切截位置线。

(2)固定沿地沿顶龙骨。沿地沿顶龙骨固定前,将固定点与竖向龙骨位置错开,用膨胀螺栓和打木楔钉、铁钉与结构固定,或直接与结构预埋件连接。

(3)骨架连接。按设计要求和石膏板尺寸,进行骨架分格设置,然后将预选切裁好的竖向龙骨装入沿地、沿顶龙骨内,校正其垂直度后,将竖向龙骨与沿地、沿顶龙骨固定起来,固定方法用点焊将两者焊牢,或者用连接件与自攻螺钉固定。

(4)石膏板固定。固定石膏板用平头自攻螺钉,其规格通常为 M4×25 或 M5×25 两种,螺钉间距 200 mm 左右。安装时,将石膏板竖向放置,贴在龙骨上用电钻同时把板材与龙骨一起打孔,再拧上自攻螺钉。螺钉要沉入板材平面 2～3 mm。

石膏板之间的接缝分为明缝和暗缝两种做法。明缝是用专门工具和砂浆胶合剂勾成立缝。明缝如果加嵌压条,装饰效果较好。暗缝的做法首先要求石膏板有斜角,在两块石膏板拼缝处用嵌缝石膏腻子嵌平,然后贴上 50 mm 的穿孔纸带,再用腻子补一道,与墙面刮平。

(5)饰面。待嵌缝腻子完全干燥后,即可在石膏板隔墙表面裱糊墙纸、织物或进行涂料施工。

3. 铝合金隔墙施工

铝合金隔墙是用铝合金型材组成框架,再配以玻璃等其他材料装配而成。其主要施工工序为:弹线→下料→组装框架→安装玻璃。

(1)弹线。根据设计要求确定隔墙在室内的具体位置、墙高、竖向型材的间隔位置等。

(2)画线。在平整干净的平台上,用钢尺和钢划针对型材画线,要求长度误差±0.5 mm,同时不要碰伤型材表面。下料时先长后短,并将竖向型材与横向型材分开。沿顶、沿地型材要划出与竖向型材的各连接位置线。划连接位置线时,必须划出连接部位的宽度。

(3)铝合金隔墙的安装固定。半高铝合金隔墙通常先在地面组装好框架后再竖立起来固定,全封铝合金隔墙通常是先固定竖向型材,再安装横档型材来组装框架。铝合金型材相互连接主要用铝角和自攻螺钉,它与地面、墙面的连接,则主要用铁脚固定法。

(4)玻璃安装。先按框洞尺寸缩小 3～5 mm 裁好玻璃,将玻璃就位后,用与型材同色的铝合金槽条,在玻璃两侧夹定,校正后将槽条用自攻螺钉与型材固定。安装活动窗口上的玻璃,应与制作铝合金活动窗口同时安装。

4. 隔墙的质量要求

(1)隔墙所用材料的品种、规格、性能、颜色应符合设计要求。有隔声、隔热、阻燃、防潮等特殊要求的工程,板材应有相应性能等级的检测报告。

(2)板材隔墙安装所需预埋件、连接件的位置、数量及连接方法应符合设计要求,与周边墙体连接应牢固。隔墙骨架与基体结构连接牢固,并应平整、垂直、位置正确。

(3)隔墙板材安装应垂直、平整、位置正确,板材不应有裂缝或缺损;表面应平整光滑、色泽一致、洁净,接缝应均匀、顺墙体表面应平整、接缝密实、光滑、无凸凹现象、无裂缝。

(4)隔墙上的孔洞、槽、盒应位置正确、套割方正、边缘整齐。

(5)隔墙安装的允许偏差和检验方法应符合表 10.5 的要求。

表 10.5　隔墙安装的允许偏差和检验方法

项次	项　目	允许偏差/mm						检验方法
		板材隔墙				骨架隔墙		
		金属夹芯板	其他复合板	石膏空心板	钢丝网水泥板	纸面石膏板	人造木板、水泥纤维板	
1	立面垂直度	2	3	3	3	3	4	用 2 m 垂直检测尺检查
2	表面平整度	2	3	3	3	3	3	用 2 m 直尺和塞尺检查
3	阴阳角方正	3	3	3	4	3	3	用直角检测尺检查
4	接缝直线度	—	—	—	—	—	3	拉 5 m 线,不足 5 m 拉通线,用钢直尺检查
5	压条直线度	—	—	—	—	—	3	
6	接缝高低差	1	2	2	3	1	1	用钢直尺和塞尺检查

任务5　涂料及裱糊工程

10.5.1　涂料工程

涂料涂刷于建筑物表面并与基体材料很好地黏结,干结成膜后,既对建筑物表面起到一定的保护作用,又能起到建筑装饰的效果。

涂料主要由胶黏剂、颜料、溶剂和辅助材料等组成。涂料的品种繁多,按装饰部位不同有内墙涂料、外墙涂料、顶棚涂料、地面涂料;按成膜物质不同有油性涂料(也称油漆)、有机高分子涂料、无机高分子涂料、有机无机复合涂料;按涂料分散介质不同有:溶剂型涂料、水性涂料、乳液涂料(乳胶漆)。

涂料工程施工技术有:

1. 基层处理

混凝土和抹灰表面为:基层表面必须坚实,无酥板、脱层、起砂、粉化等现象,否则应铲除。基层表面要求平整,如有孔洞、裂缝,须用同种涂料配制的腻子批嵌,除去表面的油污、灰尘、泥土等,清洗干净。对于施涂溶剂型涂料的基层,其含水率应控制在8%以内,对于施涂乳液型涂料的基层,其含水率应控制在10%以内。

木材基层表面:应先将木材表面上的灰尘,污垢应清除,并把木材表面的缝隙、毛刺等用腻子填补磨光,木材基层的含水率不得大于12%。

金属基层表面:将灰尘、油渍、锈斑、焊渣、毛刺等清除干净。

2. 涂料施工

涂料施工主要操作方法有:刷涂、滚涂、喷涂、刮涂、弹涂、抹涂等。

(1)刷涂。是人工用刷子蘸上涂料直接涂刷于被饰涂面。要求:不流、不挂、不皱、不漏、不露刷痕。刷涂一般不少于两道,应在前一道涂料表面干后再涂刷下一道。两道施涂间隔时间由涂料品种和涂刷厚度确定,一般为2~4 h。

(2)滚涂。是利用涂料辊子蘸上少量涂料,在基层表面上下垂直来回滚动施涂。阴角及上下口一般需先用排笔、鬃刷刷涂。

(3)喷涂。是一种利用压缩空气将涂料制成雾状(或粒状)喷出,涂于被饰涂面的机械施工方法。其操作过程为:

1)将涂料调至施工所需黏度,将其装入贮料罐或压力供料筒中。

2)打开空压机,调节空气压力,使其达到施工压力,一般为0.4~0.8 MPa。

3)喷涂时,手握喷枪要稳,涂料出口应与被涂面保持垂直,喷枪移动时应与喷涂面保持平行。喷距500 mm左右为宜,喷枪运行速度应保持一致。

4)喷枪移动的范围不宜过大,一般直接喷涂700~800 mm后折回,再喷涂下一行,也可选择横向或竖向往返喷涂。

5)涂层一般两遍成活,横向喷涂一遍,竖向再涂一遍。两遍之间间隔时间由涂料品种及喷涂厚度而定,要求涂膜应厚薄均匀、颜色一致、平整光滑,不出现露底、皱纹、流挂、钉孔、气泡和失光现象。

(4)刮涂。是利用刮板,将涂料厚浆均匀地批刮于涂面上,形成厚度为1~2 mm的厚涂层。这种施工方法多用于地面等较厚层涂料的施涂。

刮涂施工的方法为：

1）腻子一次刮涂厚度一般不应超过 0.5 mm，孔眼较大的物面应将腻子填嵌实，并高出物面，待干透后再进行打磨。待批刮腻子或者厚浆涂料全部干燥后，再涂刷面层涂料。

2）刮涂时应用力按刀，使刮刀与饰面成 50°～60°角刮涂。刮涂时只能来回刮 1～2 次，不能往返多次刮涂。

3）遇有圆、棱形物面可用橡皮刮刀进行刮涂。刮涂地面施工时，为了增加涂料的装饰效果，可用划刀或记号笔刻出席纹、仿木纹等各种图案。

（5）弹涂。先在基层刷涂 1～2 道底涂层，待其干燥后通过机械的方法将色浆均匀地溅在墙面上，形成 1～3 mm 左右的圆状色点。弹涂时，弹涂器的喷出口应垂直正对被饰面，距离 300～500 mm，按一定速度自上而下，由左至右弹涂。选用压花型弹涂时，应适时将彩点压平。

（6）抹涂。先在基层刷涂或滚涂 1～2 道底涂料，待其干燥后，使用不锈钢抹灰工具将饰面涂料抹到底层涂料上。一般抹 1～2 遍，间隔 1 小时后再用不锈钢抹子压平。涂抹厚度内墙为 1.5～2 mm，外墙 2～3 mm。

在工厂制作组装的钢木制品和金属构件，其涂料宜在生产制作阶段施工，最后一遍安装后在现场施涂。现场制作的构件，组装前应先施涂一遍底子油（干油性且防锈的涂料），安装后再施涂。

3. 喷塑涂料施工

（1）喷塑涂料的涂层构造

按喷塑涂料层次的作用不同，其涂层构造分为封底涂料、主层涂料、罩面涂料。按使用材料分为底油、骨架和面油。喷塑涂料质感丰富、立体感强，具有乳雕饰面的效果。

1）底油：底油是涂布在基层上的涂层。它的作用是渗透到基层内部，增强基层的强度，同时又对基层表面进行封闭，并消除基层表面有损于涂层附着的因素，增加骨架涂料与基层之间的结合力。作为封底涂料，可以防止硬化后的水泥砂浆抹灰层可溶性盐渗出而破坏面层。

2）骨架：骨架是喷塑涂料特有的一层成型层，是喷塑涂料的主要构成部分。使用特制大口径喷枪或喷斗，喷涂在底油之上，再经过滚压，即形成质感丰富，新颖美观的立体花纹图案。

3）面油：面油是喷塑涂料的表面层。面油内加入各种耐晒彩色颜料，使喷塑涂层具有理想的色彩和光感。面油分为水性和油性两种，水性面油无光泽，油性面油有光泽，但目前大都采用水性面油。

（2）喷塑涂料施工

喷涂程序：刷底油→喷点料（骨架材料）→滚压点料→喷涂或刷涂面层。

底油的涂刷用漆刷进行，要求涂刷均匀不漏刷。

喷点施工的主要工具是喷枪，喷嘴有大、中、小三种，分别可喷出大点、中点和小点。施工时可按饰面要求选择不同的喷嘴。喷点操作的移动速度要均匀，其行走路线可根据施工需要由上向下或左右移动。喷枪在正常情况下其喷嘴距墙 50～60 cm 为宜。喷头与墙面成60°～90°夹角，空压机压力为 0.5 MPa。如果喷涂顶棚，可采用顶棚喷涂专用喷嘴。

如果需要将喷点压平,则喷点后 5～10 min 便可用胶辊蘸松节水,在喷涂的圆点上均匀地轻轻滚,将圆点压扁,使之成为具有立体感的压花图案。

喷涂面油应在喷点施工 12 min 进行,第一道滚涂水性面油,第二道可用油性面油,也可用水性面油。

如果基层有分格条,面油涂饰后即行揭去,对分格缝可按设计要求的色彩重新描绘。

4. 多彩喷涂施工

多彩喷涂具有色彩丰富、技术性能好、施工方便、维修简单、防火性能好、使用寿命长等特点,因此运用广泛。

多彩喷涂的工艺可按底涂、中涂、面涂或底涂、面涂的顺序进行。

底涂:底层涂料的主要作用是封闭基层,提高涂膜的耐久性和装饰效果。底层涂料为溶剂性涂料,可用刷涂、滚涂或喷涂的方法进行操作。

中涂:中层为水性涂料,涂刷 1～2 遍,可用刷涂、滚涂及喷涂施工。

面涂(多彩)喷涂:中层涂料干燥约 4～8 h 后开始施工。操作时可采用专用的内压式喷枪,喷涂压力 0.15～0.25 MPa,喷嘴距墙 300～400 mm,一般一遍成活,如涂层不均匀,应在 4 h 内进行局部补喷。

5. 聚氨酯仿瓷涂料层施工

这种涂料是以聚氨酯-丙烯酸树脂溶液为基料,加入优质大白粉、助剂等配制而成的双组分固化型涂料。涂膜外观是瓷质状,其耐沾污性、耐水性及耐候性等性能均较优异。可以涂刷在木质、水泥砂浆及混凝土饰面上,具有优良的装饰效果。

聚氨酯仿瓷复层涂料一般分为底涂、中涂和面涂三层,其操作要点如下:

(1)基层表面应平整、坚实、干燥、洁净,表面的蜂窝、麻面和裂缝等缺陷应采用相应的腻子嵌平。金属材料表面应除锈,有油渍斑污者,可用汽油,二甲苯等溶剂清理。

(2)底涂施工。底涂施工可采用刷涂、滚涂、喷涂等方法进行。

(3)中涂施工。中涂一般均要求采用喷涂,喷涂压力依照材料使用说明,喷嘴口径一般为 φ4。根据不同品种,将其甲乙组分进行混合调制或直接采用配套中层涂料均匀喷涂,如果涂料太稠,可加入配套溶液或醋酸丁酯进行稀释。

(4)面涂施工。面涂可用喷涂、滚涂或刷涂方法施工,涂层施工的间隔时间一般在 2～4 h 之间。

仿瓷涂料施工要求环境温度不低于 5℃,相对湿度不大于 85%,面涂完成后保养 3～5 d。

6. 质量要求和检验方法

涂料工程应待涂层完全干燥后,方可进行验收。验收时,应检查所用的材料品种、型号和性能应符合设计要求;施工后的颜色、图案应符合设计要求;涂料在基层上涂饰应均匀、黏结牢固,不得漏涂、透底、起皮和反锈。

施涂薄涂料的涂饰质量和检验方法,应符合表 10.6 的规定;施涂厚涂料、复层涂料的涂饰质量和检验方法,应符合表 10.7 的规定;施涂色漆的涂饰质量和检验方法,应符合表 10.8 的规定;清漆的涂饰质量和检验方法,应符合表 10.9 的规定。

表 10.6 薄涂料的涂饰质量和检验方法

项次	项目	普通涂饰	高级涂饰	检验方法
1	颜色	均匀一致	均匀一致	观察
2	泛碱、咬色	允许少量轻微	不允许	
3	流坠、疙瘩	允许少量轻微	不允许	
4	砂眼、刷纹	允许少量轻微砂眼,刷纹通顺	无砂眼、无刷纹	
5	装饰线、分色线直线度允许偏差/mm	2	1	拉 5 m 线,不足 5 m 拉通线,用钢直尺检查

表 10.7 厚涂料、复层涂料的涂饰质量和检验方法

项次	项目	普通厚涂料	厚涂料	复层涂料	检验方法
1	颜色	均匀一致	均匀一致	均匀一致	观察
2	泛碱、咬色	允许少量轻微	不允许	不允许	
3	点状分布	—	疏密均匀	—	
4	喷点疏密程度	—	—	均匀,不允许连片	

表 10.8 色漆的涂饰质量和检验方法

项次	项目	普通涂饰	高级涂饰	检验方法
1	颜色	均匀一致	均匀一致	观察
2	光泽、光滑	光泽基本均匀,光滑无挡手感	光泽均匀一致,光滑	观察,手摸检查
3	刷纹	刷纹通顺	无刷纹	观察
4	裹棱、流坠、皱皮	明显处不允许	不允许	观察
5	装饰线、分色线直线度允许偏差(mm)	2	1	拉 5 m 线,不足 5 m 拉通线,用钢直尺检查

表 10.9 清漆的涂饰质量和检验方法

项次	项目	普通涂饰	高级涂饰	检验方法
1	颜色	基本一致	均匀一致	观察
2	木纹	棕眼刮平、木纹清楚	棕眼刮平、木纹清楚	观察
3	光泽、光滑	光泽基本均匀,光滑无挡手感	光泽均匀一致,光滑	观察,手摸检查
4	刷纹	无刷纹	无刷纹	观察
5	裹棱、流坠、皱皮	明显处不允许	不允许	观察

7. 涂料工程的安全技术

涂料材料和所用设备,必须要有经过安全教育的专人保管,设置专用库房,各类储油原

料的桶必须封盖。

涂料库房与建筑物必须保持一定的安全距离，一般在 2 m 以上。库房内严禁烟火，且有足够的消防器材。

施工现场必须具有良好的通风条件，通风不良时须安置通风设备，喷涂现场的照明灯应加保护罩。

使用喷灯，加油不得过满，打气不能过足，使用时间不宜过长，点火时火嘴不准对人。

使用溶剂时，应做好眼睛、皮肤等的防护，并防止中毒。

10.5.2　刷浆工程

1. 刷浆材料

刷浆所用材料主要是指石灰浆、水泥色浆、大白浆和可赛银浆等，石灰浆和水泥浆可用于室内外墙面，大白浆和可赛银浆只用于室内墙面。

工程图集

刷浆工程

（1）石灰浆

用生石灰块或淋好的石灰膏加水调制而成，可在石灰浆内加 $0.3\%\sim$ 0.5% 的食盐或明矾，或 $20\%\sim30\%$ 的建筑用胶，目的在于提高其附着力。如需配色浆，应先将颜料用水化开，再加入石灰浆内拌匀。

（2）水泥色浆

由于素水泥浆易粉化、脱落，一般用聚合物水泥浆，其组成材料有：白水泥、高分子材料、颜料、分散剂和憎水剂。高分子材料采用建筑用胶时，一般为水泥用量的 20%。分散剂一般采用六偏磷酸钠，掺量约为水泥用量的 1%，或木质素磺酸钙，掺量约为水泥用量的 0.3%，憎水剂常用甲基硅醇钠。

（3）大白浆

由大白粉加水及适量胶结材料制成，加入颜料，可制成各种色浆。胶结材料常用建筑用胶（掺入量为大白粉的 $15\%\sim20\%$）或聚醋酸乙烯液（掺入量为大白粉的$8\%\sim10\%$），大白浆适于喷涂和刷涂。

（4）可赛银浆

可赛银浆是由可赛银粉加水调制而成。可赛银粉由碳酸钙、滑石粉和颜料研磨，再加入干酪素胶粉等混合配制而成。

2. 施工工艺

（1）基层处理和刮腻子

刷浆前应清理基层表面的灰尘、污垢、油渍和砂浆流痕等。在基层表面的孔眼、缝隙、凸凹不平处应用腻子找补并打磨齐平。

对室内中、高级刷浆工程，在局部找补腻子后，应满刮 $1\sim2$ 道腻子，干后用砂纸打磨表面。大白浆和可赛银浆要求墙面干燥。为增加大白浆的附着力，在抹灰面未干前应先刷一道石灰浆。

（2）刷浆

刷浆一般用刷涂法、滚涂法和喷涂法施工。其施工要点同涂料工程的涂饰施工。

聚合物水泥浆刷浆前，应先用乳胶水溶液或聚乙烯醇缩甲醛胶水溶液湿润基层。

室外刷浆在分段进行时，应以分格缝、墙角或水落管等处为分界线。同一墙面应用相同的材料和配合比,浆料必须搅拌均匀。

刷浆工程的质量要求和检验方法应符合薄涂料的涂饰质量和检验方法(表 10.6)的规定。

10.5.3 裱糊工程施工

裱糊施工是目前国内外使用较为广泛的施工方法,可用在墙面、顶棚、梁柱等上作贴面装饰。墙纸的种类较多,工程中常用的有普通墙纸、塑料墙纸和玻璃纤维墙纸。从表面装饰效果看,有仿锦缎、静电植绒、印花、压花、仿木、仿石等墙纸。

按照装饰施工的规范要求,在不同基层上的复合墙纸、塑料墙纸、墙布及带胶墙纸裱糊的主要工序见表 10.10。

表 10.10 裱糊的主要工序

项次	工作名称	抹灰面、混凝土面				石膏板面				木料面			
		复合壁纸	VPC壁纸	墙布	带背胶壁纸	复合壁纸	VPC壁纸	墙布	带背胶壁纸	复合壁纸	VPC壁纸	墙布	带背胶壁纸
1	清扫基层、填补缝隙、用砂纸磨平	+	+	+	+	+	+	+	+	+	+	+	+
2	接缝处糊条					+	+	+	+	+	+	+	+
3	找补腻子、磨砂纸					+	+	+	+	+	+	+	+
4	满刮腻子、磨平	+	+	+	+								
5	涂刷涂料一遍	+	+	+	+								
6	涂刷底胶一遍	+	+	+	+	+	+	+	+	+	+	+	+
7	墙面划准线	+	+	+	+	+	+	+	+	+	+	+	+
8	壁纸浸水润湿		+				+				+		
9	壁纸涂刷胶黏剂	+			+								
10	基层涂刷胶黏剂	+	+	+		+	+	+		+	+	+	
11	纸上墙、裱糊	+	+	+	+	+	+	+	+	+	+	+	+
12	拼缝、搭接、对花	+	+	+	+	+	+	+	+	+	+	+	+
13	赶压胶黏剂、气泡	+	+	+	+	+	+	+	+	+	+	+	+
14	裁边		+				+				+		
15	擦净挤出的胶液	+	+	+	+	+	+	+	+	+	+	+	+
16	清理修整	+	+	+	+	+	+	+	+	+	+	+	+

注:1. 表中"+"号表示应进行的工序。

　　2. 不同材料的基层相接处应糊条。

　　3. 混凝土表面和抹灰表面必要时可增加满刮腻子遍数。

　　4. "裁边"工序,在使用宽为 920 mm,1 000 mm,1 100 mm 等需重叠对花的 PVC 压延壁纸时进行。

1. 基层处理

要求基层平整、洁净,有足够的强度并适宜与墙纸牢固粘贴。基层应基本干燥,混凝土和抹灰层含水率不高于 8%，木制品不高于 12%。对局部麻点、凹坑须先用腻子找平，再满刮腻子，砂纸磨平。然后在表面满刷一遍底胶或底油，作为对基体表面的封闭，其作用是以免基层吸水太快，引起胶黏剂脱水，影响墙纸黏结。底胶或底油所用材料应视装饰部位及等级和环境情况而定，一般是涂刷 1∶(0.5～1) 的建筑用胶水溶液。南方地区做室内高级装饰时用酚醛清漆或光油效果更好。

2. 弹分格线

底胶干燥后，在墙面基层上弹水平、垂直线，作为操作时的标准。取线位置从墙的阴角起，用粉线在墙面上弹出垂直线，宽度以小于墙纸幅 10～20 mm 为宜。为使墙纸花纹对称，应在窗口弹好中心线，由中心线往两边分线，如窗口不在中间，应弹窗间墙中心线，再向其两侧分格弹线，在墙纸粘贴前，应先预拼试贴，观察其接缝效果，以决定裁纸边沿尺寸及对好花纹图案。

3. 裁纸

根据墙纸规格及墙面尺寸统筹规划裁纸，纸幅应编号，按顺序粘贴。墙面上下要预留裁制尺寸，一般两端应多留 30～40 mm。当墙纸有花纹、图案时，要预先考虑完工后的花纹、图案、光泽，且应对接无误，不要随便裁割。同时还应根据墙纸花纹、纸边情况采用对口或搭口裁割接缝。

4. 焖水

纸基塑料墙纸遇到水或胶液，开始自由膨胀，约在 5～10 min 时胀足，干后自行收缩，干纸刷胶立即上墙裱贴必定会出现大量气泡，皱折而不能成活。因此，必须先将墙纸在水槽中浸泡几分钟，或在墙纸背后刷清水一道，或墙纸刷胶后叠起静置 10 min，使墙纸湿润，然后再裱糊，水分蒸发后墙纸便会收缩、绷紧。

5. 刷胶

墙面和墙纸各刷黏结剂一道，阴阳角处应增刷 1～2 遍，刷胶应满而匀，不得漏刷。墙面涂刷黏结剂的宽度应比墙纸宽 20～30 mm。墙纸背面刷胶后，应将胶面与胶面反复对迭，以免胶干得太快，也便于上墙，并使裱糊的墙面整洁平整。

6. 裱贴

(1) 裱贴墙纸时，首先要垂直，后对花纹拼缝，再用刮板用力抹压平整。先贴长墙面，后贴短墙面。每个墙面从显眼的墙角以整幅纸开始，将窄条纸的裁边留在不明显的阴角处。墙面裱糊原则是先垂直面后水平面，先细部后大面。贴垂直面时先上后下，贴水平面时先高后低。

(2) 裱糊墙纸时，阳角处不得拼缝。墙纸应绕过墙角，宽度不超过 12 mm。包角要压实，阴角墙纸搭接时，应先裱糊压在里面的转角墙纸，再粘贴非转角的墙纸，搭接宽度一般不小于 2～3 mm，且保持垂直无毛边。

采用搭口拼缝时，要待胶黏剂干到一定程度后，才用刀具裁割墙纸，小心地撕去割出部分，再刮压密实。

(3) 粘贴的墙纸应与挂镜线、门窗贴脸板和踢脚板等紧接，不得有缝隙。

(4) 在吊顶面上裱贴壁纸，第一段通常要贴靠近主窗，与墙壁平行的部位。长度小于 2 m 时，则可跟窗户成直角粘贴。

在裱贴第一段前，须先弹出一条直线。其方法为，在距吊顶面两端的主窗墙角 10 mm 处用铅笔等做两个记号。在其中的一个记录处敲一枚钉子，在吊顶上弹出一道与主窗墙面平行的粉线。

裁纸、浸水、刷胶后,将整条壁纸反复折叠。然后用一卷未开封的壁纸卷或长刷撑起折叠好的一段壁纸,展开顶折的端头部分,并将边缘靠齐弹线,用排笔敷平一段,再展开下折,沿着弹线敷平,直到截贴好为止。

(5) 墙纸粘贴后,若发现空鼓、气泡时,可用针刺放气,再注射挤进黏结剂,也可用墙纸刀切开泡面,加涂黏结剂后,用刮板压平密实。

7. 成品保护

(1) 为避免损坏、污染,裱贴墙纸应尽量放在施工作业的最后一道工序,特别应放在塑料踢脚板铺贴之后。

(2) 裱贴墙纸时空气相对湿度不应过高,一般应低于85%,湿度不应剧烈变化。

(3) 在潮湿季节裱贴好的墙纸工程竣工后,应在白天打开门窗,加强通风,夜晚关闭门窗,防止潮湿气体侵蚀。

(4) 基层抹灰层宜具有一定吸水性。混合砂浆和纸筋灰罩面的基层,较为适宜于裱贴墙纸。若用石膏罩面效果更佳。水泥砂浆抹光基层的裱贴效果较差。

8. 裱糊工程的质量要求

裱糊工程材料品种、颜色、图案应符合设计要求。裱糊工程的质量应符合下列规定:

(1) 壁纸和墙必须粘贴牢固,表面色泽一致,不得有气泡、空鼓、裂缝、翘边、皱折和斑污,斜视时无胶痕。

(2) 表面平整,无波纹起伏。壁纸、墙布与挂镜线、贴脸板和踢脚板紧接,不得有缝隙。

(3) 各幅拼接应横平竖直,拼接处花纹、图案吻合,不离缝,不搭接,距墙面1.5 m处正视不显拼缝。

(4) 阴阳转角垂直,棱角分明,阴角处搭接顺光,阳角处无接缝。

(5) 壁纸、墙布边缘平直整齐,不得有纸毛。

(6) 不得有漏贴、补贴和脱层等缺陷。

任务6 门窗工程

门窗按材料分为木门窗、钢门窗、铝合金门窗和塑钢门窗四大类。木门窗应用最早且最普通,但越来越多地被钢门窗、铝合金门窗和塑钢门窗所代替。

10.6.1 木门窗

木门窗大多在木材加工厂内制作。

施工现场一般以安装木门窗框及内扇为主要施工内容。安装前应按设计图纸检查核对好型号,按图纸对号分发到位。安门框前,要用对角线相等的方法复核其兜方程度。

木门窗的安装一般有立框安装和塞框安装两种方法。

(1) 立框安装

在墙砌到地面时立门樘,砌到窗台时立窗樘。立框时应先在地面(或墙面)划出门(窗)框的中线及边线,而后按线将门窗框立上,用临时支撑撑牢,并校正门窗框的垂直度及上、下槛水平。

立门窗框时要注意门窗的开启方向和墙面装饰层的厚度,各门框进出一致,上、下层窗框对齐。在砌两旁墙时,墙内应砌经防腐处理的木砖。垂直间隔0.5~0.7 m一块,木砖大小为 115 mm×115 mm×53 mm。

（2）塞框安装

塞框安装是在砌墙时先留出门窗洞口，然后塞入门窗框尺寸要比门窗框尺寸每边大 20 mm。门窗框塞入后，先用木楔临时塞住，要求横平竖直。校正无误后，将门窗框钉牢在砌于墙内的木砖上。

（3）门窗扇的安装

安装前要先测量一下门窗樘洞口净尺寸，根据测得的准确尺寸来修刨门窗扇。扇的两边要同时修刨。门窗冒头的修刨是，先刨平下冒头，以此为准再修刨上冒头。修刨时要注意留出风缝，一般门窗扇的对口处及扇与樘之间的风缝需留出 20 mm 左右。门窗扇安装时，应保持冒头、窗芯水平，双扇门窗的冒头要对齐，开关灵活，但不准出现自开或自关的现象。

（4）玻璃安装

清理门窗裁口，在玻璃底面与门窗裁口之间，沿裁口的全长均匀涂抹1～3 mm 的底灰，用手将玻璃摊铺平正，轻压玻璃使部分底灰挤出槽口，待油灰初凝后，顺裁口刮平底灰，然后用1/2～1/3 寸的小圆钉沿玻璃四周固定玻璃，钉距 200 mm，最后抹表面油灰即可。油灰与玻璃、裁口接触的边缘平齐，四角成规则的八字形。

（5）木门窗安装的留缝限值、允许偏差和检验方法应符合表 10.11 的规定。

表 10.11　木门窗安装的留缝限值、允许偏差和检验方法

项次	项　目		留缝限值/mm		允许偏差/mm		检验方法
			普通	高级	普通	高级	
1	门窗槽口对角线长度差		—	—	3	2	用钢尺检查
2	门窗框的正、侧面垂直度		—	—	2	1	用垂直检测尺检查
3	框与扇、扇与扇接缝高低差		—	—	2	1	用钢直尺和塞尺检查
4	门窗扇对口缝		1～2.5	1.5～2	—	—	用塞尺检查
5	工业厂房双扇大门对口缝		2～5	—	—	—	
6	门窗扇与上框间留缝		1～2	1～1.5	—	—	
7	门窗扇与侧框间留缝		1～2.5	1～1.5	—	—	
8	窗扇与下框间留缝		2～3	2～2.5	—	—	
9	门扇与下框间留缝		3～5	3～4	—	—	
10	双层门窗内外框间距		—	—	4	3	用钢尺检查
11	无下框时门扇与地面间留缝	外　门	4～7	5～6	—	—	用塞尺检查
		内　门	5～8	6～7	—	—	
		卫生间门	8～12	8～10	—	—	
		厂房大门	10～20	—	—	—	

10.6.2　钢门窗

建筑中应用较多的钢门窗有：薄壁空腹钢门窗和实腹钢门窗。钢门窗在工厂加工制作

后整体运到现场进行安装。

　　钢门窗现场安装前应按照设计要求,核对型号、规格、数量、开启方向及所带五金零件是否齐全,凡有翘曲、变形者,应调直修复后方可安装。

　　钢门窗采用后塞口方法安装。可在洞口四周墙体预留孔埋设铁脚连接件固定,或在结构内预埋铁件,安装时将铁脚焊在预埋件上。

　　钢门窗制作时将框与扇连成一体,安装时用木楔临时固定。然后用线锤和水准尺校正垂直与水平,做到横平竖直,成排门窗应上、下高低一致,进出一致。

　　门窗位置确定后,将铁脚与预埋件焊接或埋入预留墙洞内,用1∶2水泥砂浆或细石混凝土将洞口缝隙填实。铁脚尺寸及间隙按设计要求留设,但每边不得少于2个,铁脚离端角距离约180 mm。

　　大面组合钢窗可在地面上先拼装好,为防止吊运过程中变形,可在钢窗外侧用木方或钢管加固。

　　砌墙时门窗洞口应比钢门窗框每边大15～30 mm,作为嵌填砂浆的留量。其中:清水砖墙不小于15 mm;水泥砂浆抹面混水墙不小于20 mm;水刷石墙不小于25 mm;贴面砖或板材墙不小于30 mm。

　　玻璃安装:清理槽口,先在槽口内涂小于4 mm厚的底灰,用双手将玻璃揉平放正,挤出油灰,然后将油灰与槽口、玻璃接触的边缘刮平、刮齐。安卡子间距不小于300 mm,且每边不少于2个,卡脚长短适当,用油灰填实抹光,卡脚以不露出油灰表面为准。

　　钢门窗安装的留缝限值、允许偏差和检验方法应符合表10.12的规定。

表 10.12　钢门窗安装的留缝限值、允许偏差和检验方法

项次	项目		留缝限值/mm	允许偏差/mm	检验方法
1	门窗槽口宽度、高度	≤1 500	—	2.5	用钢尺检查
		>1 500	—	3.5	
2	门窗槽口对角线长度差	≤2 000	—	5	用钢尺检查
		>2 000	—	6	
3	门窗框的正、侧面垂直度		—	3	用1 m垂直检测尺检查
4	门窗横框的水平度		—	3	用1 m水平尺和塞尺检查
5	门窗横框标高		—	5	用钢尺检查
6	门窗竖向偏离中心		—	4	用钢尺检查
7	双层门窗内外框间距		—	5	用钢尺检查
8	门窗框、扇配合间隙		≤2	—	用塞尺检查
9	无下框时门扇与地面间留缝		4～8	—	用塞尺检查

10.6.3　铝合金门窗

　　铝合金门窗是用经过表面处理的型材,通过下料、打孔、铣槽、攻丝和制窗等加工过程而制成的门窗框料构件,再与连接件、密封件和五金配件一起组装而成。

1. 弹线

铝合金门、窗框一般是用后塞口方法安装。在结构施工期间,应根据设计将洞口尺寸留出。门窗框加工的尺寸应比洞口尺寸略小,门窗框与结构之间的间隙,应视不同的饰面材料而定。抹灰面一般为 20 mm;大理石、花岗石等板材,厚度一般为 50 mm。以饰面层与门窗框边缘正好吻合为准,不可让饰面层盖住门窗框。

弹线时应注意:

(1) 同一立面的门窗在水平与垂直方向应做到整齐一致。安装前,应先检查预留洞口的偏差。对于尺寸偏差较大的部位,应剔凿或填补处理。

(2) 在洞口弹出门、窗位置线。安装前一般是将门窗立于墙体中心线部位。也可将门窗立在内侧。

(3) 门的安装,须注意室内地面的标高。地弹簧的表面,应与室内地面饰面的标高一致。

2. 门窗框就位和固定

按弹线确定的位置将门窗框就位,先用木楔临时固定,待检查立面垂直、左右间隙、上下位置等符合要求后,用射钉将铝合金门窗框上的铁脚与结构固定。

3. 填缝

铝合金门窗安装固定后,应按设计要求及时处理窗框与墙体缝隙。若设计未规定具体堵塞材料时,应采用矿棉或玻璃棉毡分层填塞缝隙,外表面留 5～8 mm 深槽口,槽内填嵌缝油膏或在门窗两侧作防腐处理后填 1∶2 水泥砂浆。

4. 门、窗扇安装

门窗扇的安装,需在土建施工基本完成后进行,框装上扇后应保证框扇的立面在同一平面内,窗扇就位准确,启闭灵活。平开窗的窗扇安装前应先固定窗,然后再将窗扇与窗铰固定在一起;推拉式门窗扇,应先装室内侧门窗扇,后装室外侧门窗扇;固定扇应装在室外侧,并固定牢固,确保使用安全。

5. 安装玻璃

平开窗的小块玻璃用双手操作就位。若单块玻璃尺寸较大,可使用玻璃吸盘就位。玻璃就位后,即以橡胶条固定。型材凹槽内装饰玻璃,可用橡胶条挤紧,然后再在橡胶条上注入密封胶;也可以直接用橡胶衬条封缝、挤紧,表面不再注胶。

为防止因玻璃的胀缩而造成型材的变形,型材下凹槽内可先放置橡胶垫块,以免因玻璃自重而直接落在金属表面上,并且也要使玻璃的侧边及上部不得与框、扇及连接件相接触。

6. 清理

铝合金门窗交工前,将型材表面的保护胶纸撕掉,如有胶迹,可用香蕉水清理干净,擦净玻璃。

铝合金门窗安装的允许偏差和检验方法应符合表 10.13 的规定。

表 10.13　铝合金门窗安装的允许偏差和检验方法

项次	项　目		允许偏差/mm	检验方法
1	门窗槽口宽度、高度	≤1 500	1.5	用钢尺检查
		>1 500	2	

项次	项 目		允许偏差/mm	检验方法
2	门窗槽口对角线长度差	≤2 000	3	用钢尺检查
		>2 000	4	
3	门窗框的正、侧面垂直度		2.5	用垂直检测尺检查
4	门窗横框的水平度		2	用1 m水平尺和塞尺检查
5	门窗横框标高		5	用钢尺检查
6	门窗竖向偏离中心		5	用钢尺检查
7	双层门窗内外框间距		4	用钢尺检查
8	推拉门窗扇与框搭接量		1.5	用直钢尺检查

任务7 幕墙工程

10.7.1 幕墙工程分类

建筑幕墙是由支承结构体系与面板组成的,可相对主体结构有一定位移能力,但不分担主体结构荷载与作用的建筑外围护结构或装饰性结构。

1. 按建筑幕墙的面板材料分类

工程图集　　(1)玻璃幕墙

玻璃幕墙

1)框支承玻璃幕墙

玻璃面板周边由金属框架支承的玻璃幕墙,主要包括下列类型:

① 明框玻璃幕墙。金属框架的构件显露于面板外表面的框支承玻璃幕墙;

② 隐框玻璃幕墙。金属框架完全不显露于面板外表面的框支承玻璃幕墙;

③ 半隐框玻璃幕墙。金属框架的竖向或横向构件显露于面板外表面的框支承玻璃幕墙。

2)全玻幕墙

由玻璃肋和玻璃面板构成的玻璃幕墙。

3)点支承玻璃幕墙

由玻璃面板、点支承装置和支承结构构成的玻璃幕墙。

(2)金属幕墙

面板为金属板材的建筑幕墙,主要包括:单层铝板幕墙、铝塑复合板幕墙、蜂窝铝板幕墙、不锈钢板幕墙、搪瓷板幕墙等。

(3)石材幕墙

面板为建筑石材板的建筑幕墙。

(4)人造板材幕墙

面板由瓷板、陶板、微晶玻璃板等。

(5)组合幕墙

面板由玻璃、金属、石材、人造板材等不同面板组成的建筑幕墙。

2. 按幕墙施工方法分类

（1）单元式幕墙

将面板与金属框架（横梁、立柱）在工厂组装为幕墙单元，以幕墙单元形式在现场完成安装施工的框支承建筑幕墙（一般的单元板块高度为一个楼层的层高）。

（2）构件式幕墙

在现场依次安装立柱、横梁和面板的框支承建筑幕墙。

3. 新型幕墙

有双层幕墙、光电幕墙等。

10.7.2 幕墙工程一般要求

1. 对主体结构偏差复测

（1）根据土建施工单位给出的标高基准点和轴线位置，对已施工的主体结构与幕墙安装有关的部位进行全面复测。复测内容包括：轴线位置、各层标高、垂直度、局部凹凸程度等。

（2）在对主体结构测量的同时，应对预埋件的实际位置进行测绘，对照幕墙设计图纸，测出每一块预埋件位置偏差的数据。

（3）幕墙分格轴线的测量应与主体结构的测量相配合。

（4）对高层建筑的测量应在风力不大于 4 级时进行，以保证施工安全和测量数据的正确。

（5）绘制测量成果图。根据主体结构和预埋件位置偏差程度，对幕墙的分格进行调整，力求偏差分段消化，避免积累。

（6）预埋件位置偏差过大或未设预埋件的部位，应将补救措施和施工图修改意见提交给建设（监理）、设计和土建施工单位，按照设计修改的程序，由设计单位修改施工图后，方可按图进行施工。

（7）因主体结构施工偏差而妨碍幕墙施工安装时，应会同建设（监理）、土建施工单位采取相应措施，并在幕墙安装前实施。

2. 幕墙预埋件制作及安装

（1）预埋件制作的技术要求

常用建筑幕墙预埋件有平板形和槽形两种，其中平板形预埋件应用最为广泛。

1）平板形预埋件的加工要求

① 锚板宜采用 Q235 级钢，锚筋应采用 HPB235、HRB335 或 HRB400 级热轧钢筋，严禁使用冷加工钢筋。

② 直锚筋与锚板应采用 T 形焊。当锚筋直径≤20 mm 时，宜采用压力埋弧焊；当锚筋直径＞20 mm 时，宜采用穿孔塞焊。不允许把锚筋弯成 Ⅱ 或 L 形与锚板焊接。当采用手工焊时，焊缝高度不宜小于 6 mm 和 $0.5d$（HPB235 级钢筋）或 $0.6d$（HRB335 级、HRB400 级钢筋），d 为锚筋直径。

③ 预埋件都应采取有效的防腐处理，当采用热镀锌防腐处理时，锌膜厚度应大于40 μm。

④ 预埋件制作的允许偏差应符合规范要求。

2）槽形预埋件的加工材料和技术要求

与平板形预埋件基本相同，允许偏差应符合规范对槽形预埋件的要求，且应注意预埋件的长度、宽度和厚度，槽口尺寸，锚筋长度均不允许有负偏差。

（2）预埋件安装的技术要求

1）预埋件应在主体结构浇捣混凝土时按照设计要求的位置、规格埋设。

2）为保证预埋件与主体结构连接的可靠性，连接部位的主体结构混凝土强度等级不应低于 C20。

3）为防止预埋件在混凝土浇捣过程中产生位移，应将预埋件与钢筋或模板连接固定；在混凝土浇捣过程中，派专人跟踪观察；若有偏差，应及时纠正。

4）幕墙与砌体结构连接时，宜在连接部位的主体结构上增设钢筋混凝土或钢结构梁、柱。轻质填充墙不应作幕墙的支承结构。

3．幕墙防火构造要求

（1）幕墙与各层楼板、隔墙外沿间的缝隙，应采用不燃材料或难燃材料封堵，填充材料可采用岩棉或矿棉，其厚度不应小于 100 mm，并应满足设计的耐火极限要求，在楼层间和房间之间形成防火烟带。防火层应采用厚度不小于 1.5 mm 的镀锌钢板承托，不得采用铝板。承托板与主体结构、幕墙结构及承托扳之间的缝隙应采用防火密封胶密封；防火密封腔应有法定检测机构的防火检验报告。

（2）无窗槛墙的幕墙，应在每层楼板的外沿设置耐火极限不低于 1.0 h、高度不低于 0.8 m 的不燃烧实体裙墙或防火玻璃墙。在计算裙墙高度时可计入钢筋混凝土楼板厚度或边梁高度。

（3）当建筑设计要求防火分区分隔有通透效果时，可采用单片防火玻璃或由其加工成的中空、夹层防火玻璃。

（4）防火层不应与幕墙玻璃直接接触，防火材料朝玻璃面处宜采用装饰材料覆盖。

（5）同一幕墙玻璃单元不应跨越两个防火分区。

4．幕墙的防雷构造要求

（1）幕墙的防雷设计应符合国家现行标准《建筑物防雷设计规范》[GB 50057—94（2004 版）]和《民用建筑电气设计规范》（JGJ 16—2008）的有关规定。

（2）幕墙的金属框架应与主体结构的防雷体系可靠连接。

（3）幕墙的铝合金立柱，在不大于 10 m 范围内宜有一根立柱采用柔性导线，把每个上柱与下柱的连接处连通。导线截面积铜质不宜小于 25 mm²，铝质不宜小于 30 mm²。

（4）主体结构有水平均压环的楼层，对应导电通路的立柱预埋件或固定件应用圆钢或扁钢与均压环焊接连通，形成防雷通路。圆钢直径不宜小于 12 mm，扁钢截面不宜小于 5 mm×40 mm。避雷接地一般每三层与均压环连接。

（5）兼有防雷功能的幕墙压顶板宜采用厚度不小于 3 mm 的铝合金板制造，与主体结构屋顶的防雷系统应有效连通。

（6）在有镀膜层的构件上进行防雷连接，应除去其镀膜层。

（7）使用不同材料的防雷连接应避免产生双金属腐蚀。

（3）防雷连接的钢构件在完成后都应进行防锈油漆。

5．幕墙的保温、隔热构造要求

（1）有保温要求的玻璃幕墙应采用中空玻璃，必要时采用隔热铝合金型材；有隔热要求的玻璃幕墙，宜设计适宜的遮阳装置或采用遮阳型玻璃。

（2）玻璃幕墙的保温材料应安装牢固，并应与玻璃保持 30 mm 以上的距离。保温材料填塞应饱满、平整，不留间隙，其填塞密度、厚度应符合设计要求。

（3）玻璃幕墙的保温、隔热层安装内衬板时，内衬板四周宜套装弹性橡胶密封条，内衬板应与构件接缝严密。

（4）在冬季取暖地区，保温面板的隔汽铝箔面应朝向室内；无隔汽铝箔面时，应在室内侧有内衬隔汽板。

（5）金属与石材幕墙的保温材料可与金属板、石板结合在一起，但应与主体结构外表面有 50 mm 以上的空气层（通气层），以供凝结水从幕墙层间排出。

10.7.3　框支玻璃幕墙

1. 框支承玻璃幕墙构件的制作

（1）铝合金横梁、立柱、窗框等构件的截料，钻孔，槽、豁、榫的加工和构件的装配都应根据有关幕墙技术规范的规定加工；钢结构构件、配件都应根据有关钢结构施工规范的规定加工。

（2）玻璃面板由专业厂或企业内部玻璃加工厂（车间）加工，应根据玻璃幕墙技术规范和检验标准进行验收。

（3）半隐框、隐框玻璃幕墙的玻璃板块制作是保证玻璃幕墙工程质量的一项关键性的工作，而在注胶前对玻璃面板及铝框的清洁工作又是关系到玻璃板块加工质量的一个重要工序。清洁工作应采用"两次擦"的工艺进行，玻璃面板和铝框清洁后应在 1 h 内注胶；注胶前再度污染时，应重新清洁。

（4）硅酮结构密封胶注胶前必须取得合格的相容性检验报告，必要时应加涂底漆。不得使用过期的密封胶。

（5）玻璃板块应在洁净、通风的室内注胶。室内的环境温度、湿度条件应符合结构胶产品的规定。要求室内洁净，温度应在 15～30℃之间，相对湿度在 50％以上。板块加工完成后，应在温度 20℃、温度 50％以上的干净室内养护。单组分硅酮结构密封胶固化时间一般需 14～21d；双组分硅酮结构密封胶一般需 7～10 d。

（6）玻璃板块制作时，应正确掌握玻璃朝向。单片镀膜玻璃的镀膜面一般应朝向室内一侧；阳光控制镀膜中空玻璃的镀膜面应朝向中空气体层；低辐射镀膜中空玻璃的镀膜面位置应符合设计要求。

（7）注胶必须密实、均匀、无气泡，胶缝表面应平整、光滑。

（8）做好板块生产记录和各项试验记录。

2. 框支承玻璃幕墙的安装

（1）立柱安装

1）立柱可采用铝合金型材或钢型材。铝合金型材截面开口部位的厚度不应小于 3.0 mm；闭口部位的厚度不应小于 2.5 mm；钢型材截面受力部位的厚度不应小于 3.0 mm。

2）铝合金立柱一般宜设计成受拉构件，上支承点宜用圆孔，下支承点宜用长圆孔，形成吊挂受力状态。上、下立柱之间，闭口型材可采用长度不小于 250 mm 的芯柱连接，芯柱与立柱应紧密配合；开口型材可采用等强型材机械连接。上、下柱之间应留不小于 15 mm 的缝隙，并打注硅酮耐候密封胶密封。

3）立柱应先与钢连接件（角码）连接，钢连接件再与主体结构连接。立柱与主体结构连接必须具有一定的适应位移能力，采用螺栓连接时，应有可靠的防松、防滑措施。每个连接部位的受力螺栓，至少需要布置 2 个，螺栓直径不宜少于 10 mm。

4）凡是两种不同金属的接触面之间，除不锈钢外，都应加防腐隔离柔性垫片，以防止产生双金属腐蚀。

5）立柱先进行预装，初步定位后，应进行自检，不符合规范之处应进行调校修正。自检合格后，报请业主（监理）部门检验，检验合格后，才能将连接件焊接牢固。立柱安装就位、调整后，也应及时紧固。

6）立柱安装的允许偏差应符合规范和质量检验标准的要求。

（2）横梁安装

1）横梁可采用铝合金型材或钢型材。当铝合金型材横梁跨度不大于 1.2 m 时，其截面主要受力部位的厚度不应小于 2.0 mm；当铝合金型材横梁跨度大于 1.2 m 时，其截面主要受力部位厚度不应小于 2.5 mm。

2）横梁一般分段与立柱连接。横梁与立柱之间的连接紧固件应按照设计要求采用不锈钢螺栓、螺钉等连接。为了适应热胀冷缩和防止产生摩擦噪声，横梁与立柱连接处应避免刚性接触，可设置柔性垫片或预留 1～2 mm 间隙，间隙内填胶。隐框玻璃幕墙采用挂钩式连接固定玻璃组件时，挂钩接触面宜设置柔性垫片。

3）明框玻璃幕墙横梁及组件上的导气孔和排水孔位置应符合设计要求，安装时应保证导气孔和排水孔通畅。

4）当横梁安装完成一层高度时，应及时进行检查、校正，合格后及时固定。

5）横梁安装的允许偏差应符合规范和质量检验标准的要求。

（3）玻璃面板安装

1）玻璃面板出厂前，应按规格编号，运到现场后分别放置在其所在楼层的室内，对号入座，避免多次搬运。玻璃面板应靠墙（或用专用钢架）竖放并加强保护，防止碰撞损坏。

2）明框玻璃幕墙的玻璃面板安装时不得与框构件直接接触，玻璃四周与构件凹槽底部保持一定的空隙。每块玻璃下面应至少放置 2 块宽度与槽宽相同、长度不小于 100 mm 的弹性定位垫块，玻璃四边嵌入量及空隙应符合设计要求。玻璃面板的镀膜面的朝向与隐框玻璃幕墙同，但隐框玻璃幕墙的玻璃朝向在板块制作时已经定型，而明框玻璃幕墙的玻璃朝向必须在现场安装时掌握。

3）明框玻璃幕墙橡胶条镶嵌应平整、密实，橡胶条的长度宜比框内槽口长 1.5%～2.0%，斜面断开，断口应留在四角；拼角处应采用胶黏剂黏结牢固后嵌入槽内。不得采用自攻螺钉固定承受水平荷载的玻璃压条。压条的固定方法、固定点数量应符合设计要求。

4）半隐框、隐框玻璃幕墙的玻璃板块在经过抽样剥离试验和质量检验合格后，方可运输到现场。

5）安装半隐框、隐框玻璃幕墙的玻璃板块前，应对四周的立柱、横梁和板块铝合金副框进行清洁工作，以保证嵌缝密封胶的黏结强度。固定板块的压块或勾块，其规格和间距应符合设计要求。固定点的间距不宜大于 300 mm，并不得采用自攻螺钉固定玻璃板块。

6）隐框和横向半隐框玻璃幕墙的玻璃板块依靠胶缝承受玻璃的自重，而硅酮结构密封胶承受永久荷载的能力很低，所以应在每块玻璃下端设置两个铝合金或不锈钢托条，以保证安全。

7）玻璃幕墙开启窗的开启角度不宜大于 30°，开启距离不宜大于 300 mm。开启窗周边缝隙宜采用氯丁橡胶、三元乙丙橡胶或硅橡胶密封条制品密封。开启窗的五金配件应齐全，应安装牢固、开启灵活、关闭严密。

8）玻璃幕墙表面应平整、洁净；整幅玻璃的色泽应均匀一致；不得有污染和镀膜损坏。玻璃面板安装的允许偏差应符合规范和质量检验标准的要求。明框玻璃幕墙的外露框或压条应横平竖直，颜色、规格应符合设计要求，压条安装应牢固。

9）半隐框、隐框玻璃幕墙玻璃板块安装完成后，在密封胶嵌缝前应送行隐蔽工程验收。

验收后应及时进行密封胶嵌缝。

（4）密封胶嵌缝

1）硅酮耐候密封胶嵌缝前应将板缝清洁干净，并保持干燥。

2）为保护已安装好的玻璃表面不被污染，应在胶两侧粘贴纸基胶带，胶缝嵌好后及时将胶带除去。

3）密封胶的施工厚度应大于 3.5 mm，一般控制在 4.5 mm 以内。太薄对保证密封质量不利；太厚也容易被拉断或破坏，失去密封和防渗漏作用。密封胶的施工宽度不宜小于厚度的 2 倍。

4）密封胶在接缝内应两对面黏结，不应三面黏结；否则，胶在反复拉压时，容易被撕裂。为了防止形成三面黏结，可用无黏结胶带置于胶缝（槽口）的底部，将缝底与胶隔离。较深的槽口可用聚乙烯发泡垫杆填塞，既可控制胶缝的厚度，又起到了与缝底的隔离作用。

5）不宜在夜晚、雨天打胶；打胶温度应符合设计要求和产品要求。

6）严禁使用过期的密封胶；硅酮结构密封胶不宜作为硅酮耐候密封胶作用，两者不能互代。

7）密封胶注满后，应检查胶缝，如有气泡、空心、断缝、夹杂等缺陷，应及时处理。应保证胶缝饱满、密实、连续、均匀、无气泡，宽度和厚度符合设计和标准的规定；胶缝外观横平竖直、深浅一致、宽窄均匀、光滑顺直。

10.7.4　全玻幕墙

为游览观光需要，在建筑物底层，顶层及旋转餐厅的外墙，使用玻璃板，其支承结构采用玻璃肋，称之为全玻璃墙。

高度不超过 4.5 m 的全玻璃幕墙，可以用下部直接支承的方式来进行安装，超过 4.5 m 的全玻幕墙，宜用上部悬挂方式安装（图 10.18）。

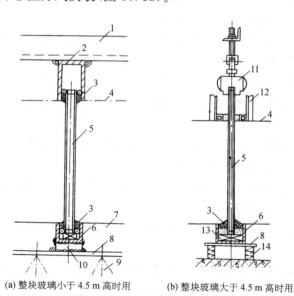

(a) 整块玻璃小于 4.5 m 高时用　　(b) 整块玻璃大于 4.5 m 高时用

图 10.18　结构玻璃幕墙构造

1—顶部角铁吊架；2—5 mm 厚钢顶框；3—硅胶嵌缝；4—吊顶面；5—15 mm 厚玻璃；
6—钢底框；7—地平面；8—铁板；9—M12 螺栓；10—垫铁；
11—夹紧装置；12—角钢；13—定位垫块；14—减震垫块

1. 全玻幕墙安装的一般技术要求

(1) 全玻幕墙面板玻璃厚度不宜小于 10 mm;夹层玻璃单片厚度不应小于 8 mm;玻璃肋截面厚度不应小于 12 mm,截面高度不应小于 100 mm。

(2) 全玻幕墙玻璃面板的尺寸一般较大,宜采用机械吸盘安装。

(3) 全玻幕墙玻璃两边嵌入槽口深度及预留空隙应符合设计和规范要求,以防止玻璃受力弯曲变形后从槽内拔出或因空隙不足而使玻璃变形受到限制造成破损。嵌入左右两边槽口的空隙宜相同。

(4) 全玻幕墙安装过程中,应随时检测和调整面板、玻璃肋的水平度和垂直度,使墙面安装平整。每次调整后应采取临时固定措施,在完成注胶后拆除,并对胶缝进行修补处理。

(5) 全玻幕墙面板承受的荷载和作用是通过胶缝传递到玻璃肋上去,其胶缝必须采用硅酮结构密封胶。胶缝的厚度应通过设计计算决定,施工中必须保证胶缝尺寸,不得削弱胶缝的承载能力。当胶缝的尺寸满足结构计算要求时,允许在全玻幕墙的板缝中填入合格的发泡垫杆等材料后,再进行前后两面打胶。

(6) 全玻幕墙允许在现场打注硅酮结构密封胶。

(7) 由于酸性硅酮结构密封胶对各种镀膜玻璃的膜层、夹层玻璃的夹层材料和中空玻璃的合片胶缝都有腐蚀作用,所以使用上述几种玻璃的全玻幕墙,不能采用酸性硅酮结构密封胶和酸性硅酮耐候密封胶嵌缝。

(8) 全玻幕墙的板面不得与其他刚性材料直接接触。板面与装修面或结构面之间的空隙不应小于 8 mm,且应采用密封胶密封。

2. 吊挂式全玻幕墙安装的技术要求

(1) 当幕墙玻璃高度超过 4 m(玻璃厚度 10 mm、12 mm)、5 m(玻璃厚度 15 mm)、6 m(玻璃厚度 19 mm)时,全玻幕墙应悬挂在主体结构上。

(2) 吊挂全玻幕墙主体结构的结构构件应有足够的刚度,采用钢桁架或钢梁作为受力构件时,其中心线必须与幕墙中心线相一致,椭圆螺孔中心线与幕墙吊杆锚栓位置一致。

(3) 吊挂式全玻幕墙的吊夹与主体结构之间应设置刚性水平传力结构。吊夹安装应通顺平直,要分段拉通线校核,对焊接造成的偏位要进行调直。每块玻璃的吊夹应位于同一平面,吊夹的受力应均匀。

(4) 所有钢结构焊接完毕后,应进行隐蔽工程验收,验收合格后再涂刷防锈漆。

(5) 吊挂玻璃下端与下槽底应留空隙,以满足玻璃伸长变形要求。玻璃与下槽底应采用弹性垫块支承或填塞。垫块长度不宜小于 100 mm,厚度不宜小于 10 mm。槽壁与玻璃之间应采用硅酮耐候密封胶密封。

(6) 吊挂玻璃的夹具不得与玻璃直接接触,夹具衬垫材料与玻璃应平整结合、紧密牢固。

(7) 吊挂玻璃的夹具等支承装置应符合现行行业标准《吊挂式玻璃幕墙支承装置》(JG 139—2001)的规定。

3. 全玻幕墙安装质量要求

墙面外观应平整,胶缝应均匀、密实、连续、平整、光滑。幕墙垂直度、水平度,胶缝宽度、直线度的允许偏差均应符合规范和质量检验标准的要求。

10.7.5　点支承玻璃幕墙

1. **点支承玻璃幕墙的支承形式**

(1) 玻璃肋支承的点支承玻璃幕墙；

(2) 单根型钢或钢管支承的点支承玻璃幕墙；

(3) 钢桁架支承的点支承玻璃幕墙；

(4) 拉索式支承的点支承玻璃幕墙。

2. **点支承玻璃幕墙制作安装的技术要求**

(1) 点支承玻璃幕墙的玻璃面板厚度：采用浮头式连接件时，不应小于 6 mm；采用沉头式连接件时，不应小于 8 mm。安装连接件的夹层玻璃和中空玻璃，其单片玻璃厚度也应符合上述要求。沉头式连接件应采用锥形孔洞，使连接件"沉入"玻璃面板，与板面平齐。

(2) 点支承玻璃幕墙的面板应采用钢化玻璃或半钢化玻璃合成的夹层玻璃和中空玻璃；玻璃肋应采用钢化夹层玻璃。

(3) 玻璃支承孔边与板边的距离不宜小于 70 mm。孔洞边缘应倒棱和磨边。倒棱宽度不小于 1 mm，磨边宜细磨。

(4) 夹层玻璃、中空玻璃的钻孔可采用大孔、小孔相对的方式，使合片时多孔可完全对位。

(5) 矩形玻璃面板一般采用四点支承玻璃，但当设计需要加大面板尺寸而导致玻璃跨中挠度过大时，也可采用六点支承；三角形面板可采用三点支承。

(6) 点支承装置应符合现行行业标准《点支式玻璃幕墙支承装置》(JG 138—2001)的规定。支承头应能适应支承点处的转动变形。安装时，支承头的钢材与玻璃之间宜设置厚度不小于 1 mm 的弹性材料衬垫或衬套。

(7) 玻璃幕墙的支承钢结构制作安装过程中，制孔、组装、焊接、螺栓连接和涂装等工序均应符合《钢结构工程施工质量验收规范》(GB 50205—2001)的有关规定。

习　题

1. 一般抹灰各抹灰层厚度如何确定？为什么不宜过厚？

2. 装饰抹灰有哪些种类？试述水刷石、水磨石、干黏石的做法及质量要求。

3. 简述饰面砖的镶贴方法。

4. 简述大理石及花岗岩石的安装方法。

5. 试述水泥砂浆地面、细石混凝土地面的施工方法和要点。

6. 试述地面砖的铺贴工艺及工艺要点。

6. 试述铝合金龙骨吊顶、轻钢龙骨吊顶的构造和施工要点。

7. 试述轻钢龙骨纸面石膏板隔墙的施工要点。

8. 试述木门窗的安装方法及注意事项。

9. 试述铝合金门窗的安装方法及注意事项。

10. 试述框支玻璃幕墙施工的技术要求。

11. 试述全玻幕墙的施工技术要求。

12. 试述点支承玻璃幕墙的施工技术要求

参考文献

[1] 建筑施工手册本书编委会. 建筑施工手册[M]. 第 5 版. 北京：中国建筑工业出版社，2013

[2] 应惠清. 土木工程施工. 第 2 版. 北京：高等教育出版社，2010

[3] 姚谨英. 建筑施工技术. 第 6 版. 北京：中国建筑工业出版社，2017

[4] 李洪军. 建筑施工技术. 北京：中国水利水电出版社，2009

[5] 陈守兰. 建筑施工技术. 第 4 版. 北京：科学出版社，2011

[6] 王强. 建筑施工技术. 北京：高等教育出版社，2016

[7] 陈锦平. 建筑施工技术. 武汉：华中科技大学出版社，2016

[8] 吴继伟. 建筑施工技术. 杭州：浙江大学出版社，2010

[9] 张伟. 建筑施工技术. 第 2 版. 上海：同济大学出版社，2015

[10] 徐淳. 建筑施工技术管理实训. 上海：同济大学出版社，2010

[11] 侯红霞. 新编建筑施工技术. 天津：天津科学技术出版社，2015